动物生物化学（第3版）

DONGWU SHENGWU HUAXUE

主　编：姜光丽
副主编：王永芬

重庆大学出版社

内容提要

本书重点介绍了动物生物化学的基本理论及其在动物生产和实验室检测中的应用。其主要内容有:构成动物机体的主要化学组成、结构及结构与功能的关系,四大分子(核酸、蛋白质、糖和脂类)的代谢,遗传信息的传递,现代生物技术在动物生产及实验室检测中的应用。重点强化了现代生物技术,如分光光度技术、酶联免疫技术、聚合酶链式反应(PCR)技术、大分子分离技术等原理、操作方法及应用。

本教材适用于全国高等职业院校、高等专科院校及高等成人教育院校畜牧兽医及相关专业的教学或学生自学。

图书在版编目(CIP)数据

动物生物化学/姜光丽主编.—3版.—重庆:
重庆大学出版社,2011.3(2023.1重印)
高职高专畜牧兽医类专业系列教材
ISBN 978-7-5624-4172-4

Ⅰ.①动… Ⅱ.①姜… Ⅲ.①动物学:生物化学—高等学校:技术学校—教材 Ⅳ.①Q5

中国版本图书馆CIP数据核字(2010)第259208号

高职高专畜牧兽医类专业系列教材
动物生物化学
(第3版)
主 编 姜光丽
副主编 王永芬
责任编辑:沈 静 版式设计:沈 静
责任校对:任卓惠 责任印制:赵 晟
*
重庆大学出版社出版发行
出版人:饶帮华
社址:重庆市沙坪坝区大学城西路21号
邮编:401331
电话:(023) 88617190 88617185(中小学)
传真:(023) 88617186 88617166
网址:http://www.cqup.com.cn
邮箱:fxk@cqup.com.cn(营销中心)
全国新华书店经销
重庆华林天美印务有限公司印刷
*
开本:787mm×1092mm 1/16 印张:17.5 字数:437千
2017年7月第3版 2023年1月第10次印刷
印数:19 001—21 000
ISBN 978-7-5624-4172-4 定价:45.00元

Farming
GAOZHI GAOZHUAN
XUMU SHOUYI LEI ZHUANYE
XILIE JIAOCAI
高职高专畜牧兽医类专业
系列教材

编委会

arming

GAOZHI GAOZHUAN
XUMU SHOUYI LEI ZHUANYE
XILIE JIAOCAI

高职高专畜牧兽医类专业
系列教材

高等职业教育是我国近年高等教育发展的重点。随着我国经济建设的快速发展,对技能型人才的需求日益增大。社会主义新农村建设为农业高等职业教育开辟了新的发展阶段。培养新型的高质量的应用型技能人才,也是高等教育的重要任务。

畜牧兽医不仅在农村经济发展中具有重要地位,而且畜禽疾病与人类安全也有密切关系。因此,对新型畜牧兽医人才的培养已迫在眉睫。高等职业教育的目标是培养应用型技能人才。本套教材是根据这一特定目标,坚持理论与实践结合,突出实用性的原则,组织了一批有实践经验的中青年学者编写。我相信,这套教材对推动畜牧兽医高等职业教育的发展,推动我国现代化养殖业的发展将起到很好的作用,特为之序。

中国工程院院士

2007 年 1 月于重庆

修订版编者序

随着我国畜牧兽医职业教育的迅速发展,有关院校对具有畜牧兽医职业教育特色教材的需求也日益迫切,根据国发〔2005〕35号《国务院关于大力发展职业教育的决定》和教育部《普通高等学校高职高专教育指导性专业目录专业简介》,重庆大学出版社针对畜牧兽医类专业的发展与相关教材的现状,在2006年3月召集了全国开设畜牧兽医类专业精品专业的高职院校教师以及行业专家,组成这套"高职高专畜牧兽医类专业系列教材"编委会,经各方努力,这套"以人才市场需求为导向,以技能培养为核心,以职业教育人才培养必需知识体系为要素,统一规范并符合我国畜牧兽医行业发展需要"的高职高专畜牧兽医类专业系列教材得以顺利出版。

几年的使用已充分证实了它的必要性和社会效益。2010年4月重庆大学出版社再次组织教材编委会,增加了参编单位及人员,使教材编委会的组成更加全面和具有新气息,参编院校的教师以及行业专家针对这套"高职高专畜牧兽医类专业系列教材"在使用中存在的问题以及近几年我国畜牧兽医业快速发展的需要进行了充分的研讨,并对教材编写的架构设计进行统一,明确了统稿、总纂及审阅。通过这次研讨与交流,教材编写的教师将这几年的一些好的经验以及最新的技术融入到了这套再版教材中。可以说,本套教材内容新颖,思路创新,实用性强,是目前国内畜牧兽医领域不可多得的实用性实训教材。本套教材既可作为高职高专院校畜牧兽医类专业的综合实训教材,也可作为相关企事业单位人员的实务操作培训教材和参考书、工具书。本套再版教材的主要特点有:

第一,结构清晰,内容充实。本教材在内容体系上较以往同类教材有所调整,在学习内容的设置、选择上力求内容丰富、技术新颖。同时,能够充分激发学生的学习兴趣,加深他们的理解力,强调对学生动手能力的培养。

第二,案例选择与实训引导并用。本书尽可能地采用最新的案例,同时针对目前我国畜牧兽医业存在的实际问题,使学生对畜牧兽医业生产中的实际问题有明确和深刻的理解和认识。

第三,实训内容规范,注重其实践操作性。本套教材主要在模板和样例的选择中,注意集系统性、工具性于一体，具有“拿来即用”“改了能用”“易于套用”等特点，大大提高了实训的可操作性，使读者耳目一新，同时也能给业界人士一些启迪。

值这套教材的再版之际，感谢本套教材全体编写老师的辛勤劳作，同时，也感谢重庆大学出版社的专家、编辑及工作人员为本书的顺利出版所付出的努力！

高职高专畜牧兽医类专业系列教材编委会

2010 年 10 月

arming

GAOZHI GAOZHUAN
XUMU SHOUYI LEI ZHUANYE
XILIE JIAOCAI

高职高专畜牧兽医类专业
系列教材

编者序

我国作为一个农业大国，农业、农村和农民问题是关系到改革开放和现代化建设全局的重大问题，因此，党中央提出了建设社会主义新农村的世纪目标。如何增加经济收入，对于农村稳定乃至全国稳定至关重要，而发展畜牧业是最佳的途径之一。目前，我国畜牧业发展迅速，畜牧业产值占农业总产值的32%，从事畜牧业生产的劳动力就达1亿多人，已逐步发展成为最具活力的国家支柱产业之一。然而，在我国广大地区，从事畜牧业生产的专业技术人员严重缺乏，这与我国畜牧兽医职业技术教育的滞后有关。

随着职业教育的发展，特别是在周济部长于2004年四川泸州发表“倡导发展职业教育”的讲话以后，各院校畜牧兽医专业的招生规模不断扩大，截至2006年底，已有100多所院校开设了该专业，年招生规模近两万人。然而，在兼顾各地院校办学特色的基础上，明显地反映出了职业技术教育在规范课程设置和专业教材建设中一系列亟待解决的问题。

虽然自2000年以来，国内几家出版社已经相继出版了一些畜牧兽医专业的单本或系列教材，但由于教学大纲不统一，编者视角各异，许多高职院校在畜牧兽医类教材选用中颇感困惑，有些职业院校的老师仍然找不到适合的教材，有的只能选用本科教材，由于理论深奥，艰涩难懂，导致教学效果不甚令人满意，这严重制约了畜牧兽医类高职高专的专业教学发展。

2004年底教育部出台了《普通高等学校高职高专教育指导性专业目录专业简介》，其中明确提出了高职高专层次的教材宜坚持“理论够用为度，突出实用性”的原则，鼓励各大出版社多出有特色的、专业性的、实用性较强的教材，以繁荣高职高专层次的教材市场，促进我国职业教育的发展。

2004年以来，重庆大学出版社的编辑同志们，针对畜牧兽医类专业的发展与相关教材市场的现状，咨询专家，进行了多次调研论证，于2006年3月召集了全国以开设畜牧兽医专业为精品专业的高职院校，邀请众多长期在教学第一线的资深教师和行业专家组成编委会，召开了“高职高专畜牧兽医类专业系列教材”建设研讨会，多方讨论，群策群力，推出了本套高职高专畜牧兽医类专业系列教材。

本系列教材的指导思想是适应我国市场经济、农村经济及产业结构的变化、现代化养殖业的出现以及畜禽饲养方式等引起疾病发生的改变的实践需要，为培养适应我国现代化养殖业发展的新型畜牧兽医专业技术人才。

本系列教材的编写原则是力求新颖、简练，结合相关科研成果和生产实践，注重对学生的启发性教育和培养解决问题的能力，使之能具备相应的理论基础和较强的实践动手能力。在本系列教材的编写过程中，我们特别强调了以下几个方面：

第一，考虑高职高专培养应用型人才的目标，坚持以"理论够用为度，突出实用性"的原则。

第二，遵循市场的认知规律，在广泛征询和了解学生和生产单位的共同需要，吸收众多学者和院校意见的基础之上，组织专家对教学大纲进行了充分的研讨，使系列教材具有较强的系统性和针对性。

第三，考虑高等职业教学计划和课时安排，结合各地高等院校该专业的开设情况和差异性，将基本理论讲解与实例分析相结合，突出实用性，并在每章中安排了导读、学习要点、复习思考题、实训和案例等，编写的难度适宜、结构合理、实用性强。

第四，按主编负责制进行编写、审核，再经过专家审稿、修改，经过一系列较为严格的过程，保证了整套书的严谨和规范。

本套系列教材的出版希望能给开办畜牧兽医类专业的广大高职院校提供尽可能适宜的教学用书，但需要不断地进行修改和逐步完善，使其为我国社会主义建设培养更多更好的有用人才服务。

高职高专畜牧兽医类专业系列教材编委会
2006 年 12 月

Preface
修订版前言

动物生物化学是动物生命科学的基础，是畜牧兽医及其相关专业的重要专业基础课程。本书在修订过程中，努力适应新形式下高职教育的发展方向，紧扣高职高专教育的指导思想，突出高职高专教育的基本特征，在保持第1版优点的同时，结合《国家中长期教育改革和发展纲要》的有关精神，以服务为宗旨，以就业为导向，重点反映生物化学领域内的新成果、新知识，使之能更好地适应当前畜牧兽医及其相关专业发展需要的特点。

在内容编排上，除了体现"基础性、实用性、适用性、够用性"的原则外，重点对实验部分进行修订，紧密结合生产需要，以工作任务为载体设计实验，帮助学生了解现代生物技术在动物生产及实验室检测中的应用，通过工作任务的实施，掌握相关的知识和技能，体现工作与学习相结合，理论与实践相结合，同时对常用现代生物检测技术的原理和方法进行了较为详细的介绍，也可以作为专业检测学习的工具参考书。为了方便教师教学和学生自学、复习，本书在每章节后设置了深浅适度的目标测试题，并附有参考答案，通过每章后的知识拓展材料，帮助学生理解动物生物化学在专业学习中的地位和发展前沿动态，形成本书的特色。

本教材共有10章，第1章由襄樊职业学院熊江林编写修订；第2章由郑州牧业工程高等专科学校王永芬编写修订；绪论、第3章、第8章由成都农业科技职业学院姜光丽编写修订；第4章、第9章由廊坊职业学院何凤琴编写，熊江林修订；第5章由玉溪农业职业技术学院付林编写修订；第6章由廊坊职业学院安秀莲编写，姜光丽修订；第7章由河南商邱职业学院肖尚修编写修订；第10章由姜光丽、王永芬编写。全书由姜光丽担任主编，王永芬担任副主编。

本书在编写过程中参阅了大量的书籍文献，还得到了许多专家、同行的指导与支持，在此编者对他们一并表示感谢！

由于编者水平有限，对高职高专教育的指导思想也还处于不断学习和领会之中，加之时间仓促，书中难免存在不足之处，敬请广大读者和同行专家在使用中提出宝贵意见。

编　者

2017年6月

Preface
前言

动物生物化学是动物生命科学的基础,是畜牧兽医及其相关专业的重要专业基础课程。本教材在编写过程中,努力适应新形势下高职教育的发展方向,紧扣高职高专教育的指导思想,突出高职高专教育的基本特征,力图内容简要精练,重点突出,反映生物化学领域内的新成果、新知识,并紧密联系后续专业学习,使之能更好地适应当前畜牧兽医及其相关专业发展的需要。

在内容编排上,着重体现"基础性、实用性、适用性、够用性"的原则,结合高职高专学生的基础和培养要求,适当降低理论难度,在每章节后设置了深浅适度的复习思考题、阅读材料,便于学生复习和自学,并帮助学生理解动物生物化学在专业学习中的地位,同时也与本科教材相区别,形成本教材的特色。

本教材由理论和实验两部分构成,其中理论部分共有 9 章,第 1 章由襄樊职业学院熊江林编写;第 2 章由郑州牧业工程高等专科学校王永芬编写;第 3 章由广西职业学院蒋治国和成都农业科技职业学院姜光丽共同编写;第 4 章、第 9 章由廊坊职业学院何凤琴编写;第 5 章由玉溪农业职业技术学院付林编写;第 6 章由廊坊职业学院安秀莲编写;第 7 章由河南商丘职业学院肖尚修编写;绪论、第 8 章及实验部分由成都农业科技职业学院姜光丽编写。全书由姜光丽担任主编,何凤琴、王永芬担任副主编。

本教材在编写过程中参阅了大量的书籍文献,还得到了许多专家、同行的指导与支持,在此编者对他们一并表示感谢!

由于编者水平有限,加之时间仓促,书中难免存在不足之处,敬请广大读者和同行专家在使用中多提宝贵意见。

编　者

2007 年 2 月

Directory
目录

0 绪论

本章导读:本章重点介绍了动物生动化学研究的主要内容,帮助学生了解生物化学发展历史及其在整个专业学习中的地位,明确学习目的。

生物化学是研究生命现象化学本质的科学,是以生物体为研究对象,运用化学、物理及生物学的理论与技术,研究生物体的物质组成与结构,物质在体内发生的化学变化,以及这些变化与生理机能之间的关系,并从分子水平阐明生命现象化学本质的一门学科。动物生物化学是以动物为研究对象,故称为动物生物化学。

0.1 动物生物化学研究的主要内容

0.1.1 动物体的物质组成、分子结构和功能

组成动物体的化学元素主要有碳、氢、氧、氮、磷、硫、钙、镁、钠、钾、氯、铁等,这些元素构成了动物机体内各种有机物和无机物,如蛋白质、核酸、糖类、脂类、维生素、水和无机盐等,进而形成亚细胞结构、组织和器官,并在一定条件下表现出各种功能。其中,蛋白质、核酸、糖类以及复合脂类等是生物体所特有的大分子物质,称为生物大分子。各种蛋白质表现出的功能,体现了不同的生命活动现象,是生命活动的物质基础。核酸是生命体遗传信息储存、传递和个体生长发育的物质基础,指导着各种蛋白质的合成并能将生命特征代代相传。

在生物体内,糖、脂类、蛋白质、核酸以及对代谢起调节作用的酶、维生素和激素,被称为生物化学中的四大基本物质和3大活性物质。研究这些物质的结构、性质和功能的内容,被称为静态生物化学。本书在第1~3章介绍这部分内容。

0.1.2 新陈代谢的研究

生命活动的最基本特征是新陈代谢,在生物化学中,对新陈代谢的研究内容被称为动态生物化学,它包含着很多复杂而有规律的化学变化过程。代谢是生物体与外界进行物质交换的过程,由物质代谢和能量代谢两方面组成。机体通过新陈代谢来实现生长、发育和繁殖。如果新陈代谢失调,机体就会出现疾病;新陈代谢停止,生命也就终止。

动态生物化学以代谢途径为中心，研究物质在细胞内的变化规律及同时发生的能量变化。本书在第5～7章以及第9章介绍这部分内容。

0.1.3 遗传的分子基础及新陈代谢的调节与控制

DNA是遗传信息的载体，通过DNA的半保留复制，将遗传信息传递给子代细胞，再通过蛋白质的生物合成，将生物的遗传性状表达出来。动物机体的新陈代谢是由很多代谢途径组成，而且相互间还存在着复杂的联系和影响，但它们却能有条不紊地按生命活动的规律进行，这说明机体有一个控制系统进行调节和控制。这个调节控制系统的功能主要是依赖酶、激素和神经的作用实现的。本书在第8章中对遗传的分子基础进行讲解，新陈代谢的调控分散在部分章节中简要介绍。

0.1.4 现代生物技术及其在动物生产中的应用

生物化学是基础性学科，也是一门实验学科。生物化学理论是在实验研究基础上发展起来的，同时，以生物化学理论为基础建立的检测技术又广泛地应用于动物疫病诊断、饲料与食品安全检测、生物制品生产、提纯与检验等方面。这些实验技术主要包括生物大分子的提取、分离、纯化与检测技术、分光光度技术、酶联免疫技术、PCR技术等。本书结合现代动物生产实际，以工作任务为载体设计实验，帮助学生了解现代生物技术检测方法及其在生产中的应用，各院校可根据条件和学生实际进行安排。

0.2 生物化学的应用与发展

我国人民在长期的生产、生活中，很早就应用了生物化学的知识。如酿酒、发酵制酱、用含碘丰富的海藻治“瘿病”（甲状腺肿）、用猪肝治疗“雀目”（夜盲症）、用含维生素B_1的草药治疗脚气病等。

近代生物化学的研究始于18世纪，德国药剂师谢利（K. Scheel）对生物体各组织化学成分的分析为近代生物化学奠定了基础。19世纪生物化学的主要成就是分析和研究了生物体的组成成分、性质和含量等，揭示了蛋白是生命的表现形式，并成功地结晶了血红蛋白，提纯了麦芽糖酶。1903年，德国人C. Neuberg提出了“生物化学”的概念，使生物化学成为一门独立学科，促进了生物化学的发展。

从20世纪20年代到20世纪50年代，桑孟尔（J. B. Sumner）首次分离出脲酶，并证实为蛋白质后，推动了新陈代谢的研究。科学家们相继搞清了生物化学中物质代谢、能量代谢及维生素的作用，称此为“动态生物化学”阶段。这一时期主要是研究生物体内主要物质的代谢转变过程，以及酶、维生素、激素等在代谢中的作用。

20世纪50年代后，由于电泳、层析、电镜、同位素、高速离心等新技术的应用，使生物化学得到了空前发展。这一时期，研究了生物大分子的结构、性质和功能，以及它们与生理功能之间的关系。生物化学经历了基因时代、基因组时代、后基因组时代。这一时期的主要标志是1953年沃森（J. D. watson）和克里克（F. H. C. Cnck）提出的DNA分子双螺旋结构模型，为进一步阐明遗传信息的储存、传递和表达，揭开生命的奥秘奠定了基础。

同年,Frederick Sanger 完成了胰岛素一级结构的测定,开始了以核酸、蛋白质结构和功能为研究焦点的分子生物学时代。20 世纪 80—90 年代核酶和抗体酶相继发现,PCR 技术发明,新兴的生物技术,成为技术革命优先发展的领域,主要包括:基因工程、酶工程、细胞工程和发酵工程。到 20 世纪末,整个生命科学领域的最大课题——人类"基因组"的解密,生物化学出现了惊人的进展,引起了学术界的普遍关注,特别是在破解"基因组"的工作中,我国科学工作者仅用了 1 年的时间完成了 1% 的工作,这说明,我国已跻身于国际生物科学领域的前沿。为了揭开生命的奥秘,"后基因组"即基因表达的全部蛋白质的整体研究及近年来发现的、有着重要信息功能的、糖链的研究等也已经兴起。生物化学的发展,必将对生命的本质,生物的进化、遗传、变异,疾病的预防、诊断、治疗,新药的开发等产生深远的影响,进一步促进医药卫生和农牧业等产业的迅猛发展。

0.3 动物生物化学与畜牧、兽医等学科的关系

动物生物化学的基础理论和实验技术是畜牧、兽医、动物营养等专业重要的基础课之一。通过对动物生物化学的学习,可以了解动物体内生化物质的组成、物质与能量代谢、营养物质代谢及相互转化、相互影响的规律。可以进一步促进动物营养机理的研究,合理调配饲料,开发新型饲料和新型饲料添加剂。当前动物饲料的配比及一些成分的添加,都是针对动物体的代谢特点,以达到使动物机体能够合理有效地利用及转化饲料,避免代谢性疾病的发生,提高生产效益的目的。

学习生物化学的理论和实验技术,可为正确探讨动物疾病的病因、诊断和治疗以及科学合理用药、加强疫病防治等提供理论基础。学好动物生物化学,不仅是学好畜牧、兽医、动物检疫等专业课程的保证,而且可以运用近代生物化学的理论与技术,研究解决当前畜牧、兽医学科中存在的问题,促进畜牧业的发展。

掌握生物化学基本理论和实验技能,还能为学好动物解剖、动物微生物、动物营养与饲料加工、动物遗传育种、动物病理、动物药理、动物临床诊疗技术、动物检疫检验、畜产品加工等专业课程以及终生学习打下坚实基础。

复习思考题

1. 什么是生物化学? 动物生物化学研究的对象是什么?
2. 举例说明动物生物化学课与专业课有何联系?
3. 结合动物生产和专业特点,谈谈学习动物生物化学的目的和意义。

第1章 蛋白质

本章导读:本章重点讲述氨基酸和蛋白质的结构、分类及其理化性质,蛋白质结构与功能的关系等。通过学习要求牢固掌握氨基酸的结构特点及其与蛋白质之间的关系,理解和描述蛋白质的一、二、三、四级结构层次,掌握蛋白质结构与功能的关系,了解蛋白质在动物生产实践中的应用。

1.1 蛋白质的生物学功能

蛋白质是一类最重要的生物大分子,在生命活动中具有重要的作用。生物界中的蛋白质种类繁多,估计在10^{10} ~ 10^{12}数量级,因生物种类的不同,其蛋白质的种类和含量有很大差别,例如人体大约含有30万种蛋白质,一个大肠杆菌的蛋白质虽少,但也含有1 000种以上。各种蛋白质都有其特定的结构,其结构的差异赋予了它们多种多样的生物学功能,一切生命过程和物种的繁衍活动都与蛋白质的合成、分解和变化密切相关,生物体复杂的生命现象和生命活动基本都是通过蛋白质的功能来实现的。

蛋白质是生物体的重要组成成分,是细胞的组成物质,细胞膜(或生物膜)结构中要镶嵌、贯穿、附着多种蛋白质,细胞质也是以蛋白质为主的溶液,所以,无论是简单的低等生物如病毒和细菌,还是复杂的高等生物如植物和动物等,都含有蛋白质。

蛋白质是构成生物体各组织器官的主要高分子有机化合物,其含量约占生物体干重的50%。如在人体内,肺脏蛋白质含量高达84%;肌肉组织中蛋白质约占80%;动物的角、毛、蹄、肉等组织结构的干物质主要成分也都是蛋白质。可以说,迄今为止,尚未发现不含蛋白质的生物体。

蛋白质不仅是生物体的重要组成成分,更重要的是具有不同的生物学功能。生物体内的各种生理现象都是通过蛋白质来体现的,并以各种形式表现出来。

1.1.1 生物催化作用

生物体内的各种生化反应都是在相应酶的参与下完成的,绝大多数的酶都是蛋白质。由于酶的作用,物质代谢才能沿着一定的方向、以适当的速度进行,从而表现出各种生命现象。

1.1.2 代谢调节作用

高等生物体各组织细胞所含有的基因组虽然相同,但不同器官、组织或不同时期的基因表达则不完全相同,都要受到严格的调控。许多蛋白质具有调节其他蛋白质执行其生理功能的能力,这些蛋白质称为调节蛋白。参与基因表达调控的蛋白质有组蛋白、非组蛋白、阻遏蛋白、基因激活蛋白和蛋白类激素等;此外,还有一些调节蛋白参与细胞间的信息传递与信号传导。

1.1.3 运输储存作用

蛋白质在体内物质的运输与储存过程中起着重要作用。如血红蛋白运输氧及二氧化碳,脂蛋白运输脂类,铁在细胞内的储存必须与铁蛋白结合等;卵中的卵清蛋白、乳中的酪蛋白及种子中的谷蛋白等还可以储存胚胎或幼体生长发育所必需的氨基酸。

1.1.4 运动作用

某些蛋白质赋予细胞以运动的能力。如肌动蛋白与肌球蛋白间的相对滑动,导致肌肉的收缩与舒张;动力蛋白与驱动蛋白的相互作用,可驱使小泡、颗粒和细胞器沿微管轨道运动以进行物质交流。

1.1.5 免疫作用

生物体内的防御系统也是高度专一的蛋白质,它们可以识别外来入侵物,并通过相应的免疫球蛋白的结合或特定细胞的吞噬作用消灭异源物。

1.1.6 生物膜作用

生物膜是生物体内物质和信息流通的必经之路,也是能量转换的重要场所。蛋白质是生物膜的重要组分,对维持生物膜结构和功能起着决定性作用。如细胞膜上附着、镶嵌的蛋白常常充当信息传递的受体。

1.1.7 其他作用

蛋白质在机械支持、营养、凝血及动物的记忆和识别活动等方面也起着非常重要的作用,有些蛋白质还具有一定的甜度或特殊的弹性等。此外,蛋白质还是生物体生长发育不可缺少的营养物质,不仅可以为生物体提供所需的氨基酸,而且还可为生物体提供能量。

综上所述,蛋白质具有广泛的生物学功能,参与生命的各种活动。生命活动不能离开蛋白质,蛋白质是生命的物质基础。随着蛋白质化学研究的不断发展,有关生命的奥秘将会被逐渐揭开。

1.2 蛋白质的化学组成

1.2.1 蛋白质的元素组成

根据元素分析可知,蛋白质主要由碳(50% ~55%)、氢(6.9% ~7.7%)、氧(21% ~24%)、氮(15% ~17%)和硫(0.3% ~2.3%)等元素组成。除此之外,不同种类的蛋白质中还含有微量的磷、铁、铜、锌等金属元素,个别蛋白质还含有碘。

蛋白质在元素组成方面的一个重要特征是:无论样品来源如何,其氮含量一般都在15% ~17%,平均为16%,若取其倒数,即100/16 =6.25,这就是蛋白质换算系数,它表示样品中每存在1 g氮,就含有6.25 g蛋白质。蛋白质换算系数是以测定样品中氮的含量来测定其中蛋白质含量的依据,是凯氏定氮法测定蛋白质含量的计算基础。其计算公式如下:

$$蛋白质含量 = 氮含量 \times 6.25$$

凯氏定氮法的测定原理是将被测定的蛋白质样品与浓硫酸共热消化,氮转化成的氨与硫酸结合成硫酸铵;待分解完成后,在凯氏定氮仪中加入强碱放出氨,借助水蒸气将氨蒸入过量的硼酸中,然后用标准盐酸溶液滴定,根据消耗的盐酸量计算出样品的含氮量,再乘以6.25即可得到蛋白质的含量,这是测定粗蛋白含量的常用方法。

1.2.2 蛋白质的基本组成单位——氨基酸

虽然蛋白质种类繁多,结构复杂,功能多样,但都可以被酸、碱或蛋白酶作用而彻底水解,水解的最终产物都是各种氨基酸的混合物。所以,氨基酸是蛋白质组成的基本单位,氨基酸的结构与分类如表1.1所示。

1)氨基酸的结构

氨基酸是含有氨基($-NH_2$)和羧基($-COOH$)的有机分子。目前,自然界中已发现的氨基酸有300多种,但参与组成蛋白质分子的氨基酸只有20种,这20种氨基酸称为编码氨基酸。除脯氨酸及其衍生物外,这些氨基酸在结构上都有一个共同点,即与羧基相邻的α-碳原子上都连有一个氨基,因此称为α-氨基酸,并且在α-碳原子上还连接有一个氢原子和一个可变的侧链,称为R基或R侧链。α-氨基酸的结构通式如下:

$$N_2N-\underset{\displaystyle R}{\overset{\displaystyle COOH}{\underset{|}{\overset{|}{C}}}}-H \quad 或 \quad H_3^+N-\underset{\displaystyle R}{\overset{\displaystyle COO^-}{\underset{|}{\overset{|}{C}}}}-H$$

表 1.1 氨基酸的结构与分类

分类		名称	缩写符号	分子结构	化学名称	等电点
中性氨基酸	脂肪族氨基酸	甘氨酸	甘,Gly	$H-\underset{NH_2}{\underset{\mid}{CH}}-COOH$	氨基乙酸	5.97
		丙氨酸	丙,Ala	$CH_3-\underset{NH_2}{\underset{\mid}{CH}}-COOH$	α-氨基丙酸	6.00
		缬氨酸	缬,Val	$\genfrac{}{}{0pt}{}{CH_3\diagdown}{CH_3\diagup}CH-\underset{NH_2}{\underset{\mid}{CH}}-COOH$	α-氨基异戊酸	5.96
		亮氨酸	亮,Leu	$\genfrac{}{}{0pt}{}{CH_3\diagdown}{CH_3\diagup}CH-CH_2-\underset{NH_2}{\underset{\mid}{CH}}-COOH$	α-氨基异己酸	5.98
		异亮氨酸	异亮,Ile	$CH_3-CH_2-\underset{CH_3}{\underset{\mid}{CH}}-\underset{NH_2}{\underset{\mid}{CH}}-COOH$	α-氨基-β-甲基戊酸	6.02
	含羟基氨基酸	丝氨酸	丝,Ser	$HO-CH_2-\underset{NH_2}{\underset{\mid}{CH}}-COOH$	α-氨基-β-羟基丙酸	5.68
		苏氨酸	苏,Thr	$CH_3-\underset{OH}{\underset{\mid}{CH}}-\underset{NH_2}{\underset{\mid}{CH}}-COOH$	α-氨基-β-羟基丁酸	5.60
	含硫氨基酸	半胱氨酸	半,Cys	$HS-CH_2-\underset{NH_2}{\underset{\mid}{CH}}-COOH$	α-氨基-β-巯基丙酸	5.07
		甲硫氨酸	蛋,Met	$CH_3-S-CH_2-CH_2-\underset{NH_2}{\underset{\mid}{CH}}-COOH$	α-氨基-γ-甲硫基丁酸	5.74

续表

分类		名称	缩写符号	分子结构	化学名称	等电点
中性氨基酸		脯氨酸	脯,Pro	吡咯烷环(N—H)—COOH	β-吡咯烷基-α-羧酸	6.30
	芳杂环氨基酸	苯丙氨酸	苯丙,Phe	$C_6H_5—CH_2—CH(NH_2)—COOH$	α-氨基-β-苯基丙酸	5.48
		酪氨酸	酪,Tyr	$HO—C_6H_4—CH_2—CH(NH_2)—COOH$	α-氨基-β-对羟基苯丙酸	5.66
		色氨酸	色,Trp	吲哚环(N—H)—$CH_2—CH(NH_2)—COOH$	α-氨基-β-吲哚基丙酸	5.89
	酰胺	天冬酰胺	Asn	$H_2N—C(=O)—CH_2—CH(NH_2)—COOH$	α-氨基-β-酰胺丙酸	5.41
		谷氨酰胺	Gln	$H_2N—C(=O)—CH_2—CH_2—CH(NH_2)—COOH$	α-氨基-γ-酰胺丁酸	5.65
酸性氨基酸		天冬氨酸	天冬,Asp	$HOOC—CH_2—CH(NH_2)—COOH$	α-氨基丁二酸	2.77
		谷氨酸	谷,Glu	$HOOC—CH_2—CH_2—CH(NH_2)—COOH$	α-氨基戊二酸	3.22
碱性氨基酸		精氨酸	精,Arg	$(NH_2)_2C—NH—(CH_2)_3—CH(NH_2)—COOH$	α-氨基-σ-胍基戊酸	10.76
		组氨酸	组,His	咪唑环(N, NH)—$CH_2—CH(NH_2)—COOH$	α-氨基-β-咪唑基丙酸	7.59
		赖氨酸	赖,Lys	$H_2N—CH_2—(CH_2)_3—CH(NH_2)—COOH$	α,ε-氨基己酸	9.74

各种氨基酸的区别就在于R基的不同,20种氨基酸的结构详见表1.1。R基对氨基酸的理化性质和蛋白质的空间结构有重要的影响,除甘氨酸(R基为H)外,其余19种氨基酸的α-碳原子都是手性碳原子,都具有旋光性,可以形成D-型和L-型两种异构体。到目前为止,所发现的游离氨基酸和蛋白质温和水解得到的氨基酸主要是L-型氨基酸,D-型和L-型氨基酸在化学性质、熔点、溶解度等性质方面没有区别,但生理功能却完全不同。D-型氨基酸一般不能被人或动物利用,某些微生物和植物体常含有D-型氨基酸,如具有抗菌作用的短杆菌肽中含有D-苯丙氨酸,多黏菌肽中含D-丝氨酸和D-亮氨酸,细菌细胞壁中也含有多种D-型氨基酸。

2)氨基酸的分类

从不同的角度出发可以将20种氨基酸分为不同的类别。

(1)根据R基结构不同分类

根据R基结构不同,20种氨基酸可以分为脂肪族、芳香族、杂环族3类。

①脂肪族氨基酸。包括甘氨酸、丙氨酸、缬氨酸、亮氨酸、异亮氨酸、甲硫氨酸、半胱氨酸、丝氨酸、苏氨酸、谷氨酸、谷氨酰胺、天冬氨酸、天冬酰胺、赖氨酸、精氨酸,共15种。

②芳香族氨基酸。包括苯丙氨酸、酪氨酸、色氨酸。

③杂环族氨基酸。包括组氨酸和脯氨酸。

(2)根据氨基酸分子中所含氨基和羧基的数目不同分类

根据氨基酸分子中所含氨基和羧基的数目不同,可以将20种氨基酸分为中性、酸性、碱性3大类。

①中性氨基酸。氨基酸分子中含有一个氨基、一个羧基。此类氨基酸种类最多,包括甘氨酸、丙氨酸、缬氨酸、亮氨酸、异亮氨酸、苯丙氨酸、酪氨酸、脯氨酸、色氨酸、丝氨酸、苏氨酸、半胱氨酸、甲硫氨酸(蛋氨酸)、天冬酰胺、谷氨酰胺,共15种。

②酸性氨基酸。这类氨基酸分子含羧基数目大于氨基数目,包括天冬氨酸和谷氨酸两种。

③碱性氨基酸。这类氨基酸分子含氨基的数目大于羧基数目,包括精氨酸、赖氨酸和组氨酸3种。

(3)从营养学角度分类

从营养学角度,可以将氨基酸分为必需氨基酸和非必需氨基酸两类。

①必需氨基酸。是指维持正常生命不可缺少,但生物体不能合成或合成的量很少,必须从食物中获得的氨基酸,主要包括缬氨酸、异亮氨酸、亮氨酸、苯丙氨酸、甲硫氨酸、赖氨酸、色氨酸、苏氨酸等。饲料中缺乏这些氨基酸时,就会影响动物的生长发育。

②非必需氨基酸。是指生物体可以自己合成,不必依赖从外界食物中摄取,称为非必需氨基酸。

除了上述的编码氨基酸外,自然界中还存在着许多的天然氨基酸,它们以游离的状态存在于生物的某些组织或细胞中,如脑组织中的γ-氨基丁酸、西瓜中含有的瓜氨酸、动物细胞中的牛磺酸和鸟氨酸。它们都不参与任何蛋白质的合成,但在生命活动中也起着非常重要的作用。

3)氨基酸的主要理化性质

(1)一般物理性质

氨基酸为无色晶体,每种氨基酸都有自己特有的结晶形状,可用于氨基酸的鉴定。氨基酸的熔点很高,一般在200~300 ℃,其原因是氨基酸在晶体状态时以两性离子的形式存在,类似于无机盐。

氨基酸一般都溶于水,但在水中的溶解度差别很大。胱氨酸和酪氨酸溶解度最小,25 ℃时100 g水中胱氨酸仅溶0.011 g,酪氨酸为0.045 g,酪氨酸在热水中的溶解度较大;脯氨酸、赖氨酸、精氨酸等极易溶于水。氨基酸均可溶于稀酸、稀碱溶液中,但不溶或微溶于有机溶剂,在配制氨基酸溶液时常用稀酸助溶,在氨基酸制备时常采用有机溶剂(常用乙醇)沉淀法。

各种氨基酸有不同的味感,赋予了食物不同的美味。如大米的香味是由于胱氨酸的存在;味精的鲜味是谷氨酸单钠盐的缘故;啤酒的苦味是由于3个支链氨基酸的存在;天冬氨酸、谷氨酸会使食物有一定的酸味。

氨基酸在可见光区都没有光吸收,在紫外区只有酪氨酸(Tyr)、色氨酸(Trp)和苯丙氨酸(Phe)具有光吸收能力。酪氨酸的最大吸收在278 nm,色氨酸的最大吸收在279 nm,而苯丙氨酸的最大吸收在259 nm。可利用该性质测定这3种特殊氨基酸的含量。

(2)氨基酸的两性解离与等电点

氨基酸分子中含有氨基($-NH_2$)和羧基($-COOH$),它的$-COOH$能像酸一样解离提供H^+,变为$-COO^-$;其$-NH_2$也能像碱一样接受H^+,变为$-NH_3^+$。所以,它是两性电解质。带有相反电荷的极性分子叫作两性离子,又称为兼性离子、偶极离子。

氨基酸作为一种两性电解质,它在水溶液中的带电状态随溶液的pH值的变化而变化。当向处于两性离子状态的氨基酸水溶液中加入酸时,溶液的pH值降低,羧基负离子($-COO^-$)接受质子(H^+),变成了不带电的羧基,而表现出碱的性质,整个氨基酸带的净电荷为正;加入碱时,溶液的pH值升高,铵离子($-NH_3^+$)释放出一个质子H^+,与OH^-结合生成水,整个氨基酸带的净电荷为负。在一定的pH值条件下,氨基酸分子中所带的正电荷与负电荷数相等,即净电荷为零,此时溶液的pH值称为氨基酸的等电点,用pI表示。氨基酸在等电点时主要以偶极离子形式存在。上述变化如下所示:

$$\underset{\text{(正离子)pH < pI}}{R{-}\overset{\displaystyle COOH}{\underset{\displaystyle NH_3^+}{CH}}} \underset{+H^+}{\overset{-H^+}{\rightleftharpoons}} \underset{\text{(偶极离子)pH = pI}}{R{-}\overset{\displaystyle COO^-}{\underset{\displaystyle NH_3^+}{CH}}} \underset{-OH^+}{\overset{+OH^-}{\rightleftharpoons}} \underset{\text{(负离子)pH > pI}}{R{-}\overset{\displaystyle COO^-}{\underset{\displaystyle NH_2}{C}}{-}H}$$

等电点是氨基酸的一个特征常数。在等电点时,氨基酸在溶液中以电中性状态存在,它与水分子的作用比阳离子或阴离子状态时弱,故溶解度最小,易于沉淀。在工业中常利用这一性质提取氨基酸,例如在味精的生产中,把发酵液的pH值调到谷氨酸的等电点附近,大量的谷氨酸就会结晶析出;利用毛发生产胱氨酸也是依据这一性质。

(3)与茚三酮的反应

氨基酸与茚三酮的反应是定性和定量检测氨基酸或蛋白质的重要反应。α-氨基酸与

水合茚三酮在弱酸性溶液中共热,可以生成蓝紫色的化合物,同时释放出 CO_2,其反应过程如下:

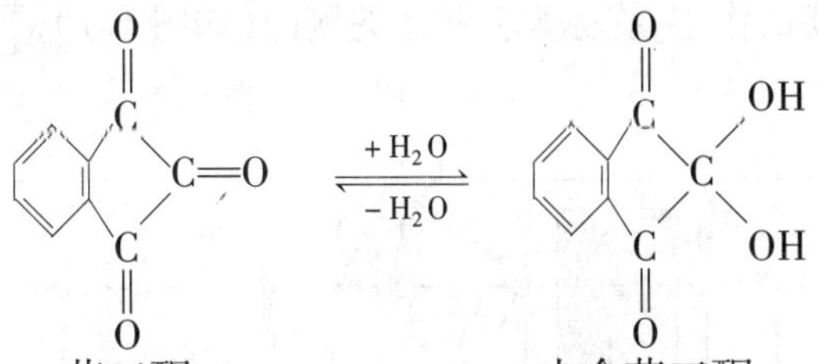

$$\text{茚三酮} \underset{-H_2O}{\overset{+H_2O}{\rightleftharpoons}} \text{水合茚三酮}$$

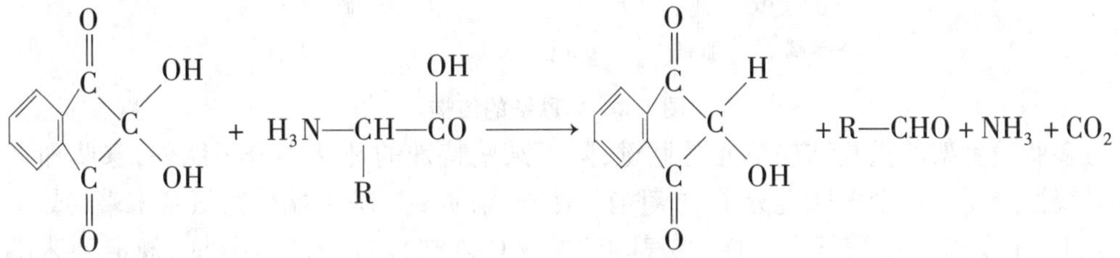

$$\text{水合茚三酮} + H_3N\text{—}\underset{\substack{|\\R}}{CH}\text{—}\overset{\substack{OH\\|}}{CO} \longrightarrow \text{还原茚三酮} + R\text{—}CHO + NH_3 + CO_2$$

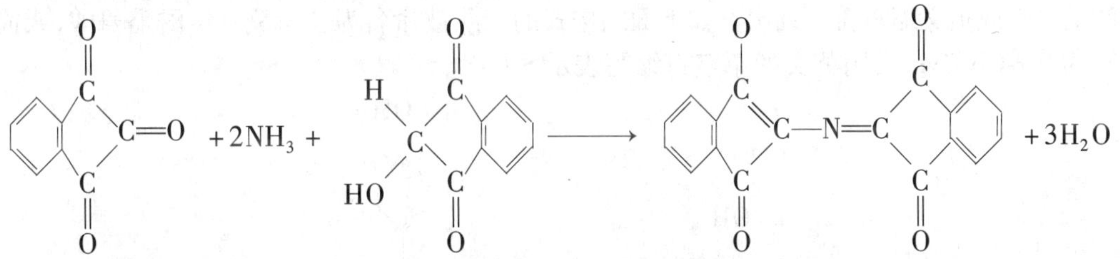

$$\text{茚三酮} + 2NH_3 + \text{还原茚三酮} \longrightarrow \text{蓝紫色化合物} + 3H_2O$$

1.3 肽

1.3.1 肽的结构

一个氨基酸的α-羧基和相邻的另一个氨基酸的α-氨基之间脱水缩合,通过形成的酰胺键将两个氨基酸连接在一起,这个酰胺键称为肽键。氨基酸依靠肽键缩合形成的化合物称为肽。

$$H_2N\text{—}\overset{\substack{R_1\\|}}{CH}\text{—}COOH + H\text{—}\overset{\substack{H\\|}}{N}\text{—}\overset{\substack{R_2\\|}}{CH}\text{—}COOH \rightarrow H_2N\text{—}\overset{\substack{R_1\\|}}{CH}\underbrace{\text{—}CO\text{—}NH\text{—}}_{\text{肽键}}\overset{\substack{R_2\\|}}{CH}\text{—}COOH + H_2O$$

肽是氨基酸的线性聚合物,因此也常称肽链。由 2 个氨基酸组成的肽称为二肽,由 3 个氨基酸组成的肽称为三肽,等等。按照习惯,含有少于 10 个氨基酸的肽称寡肽,含有 10 个以上氨基酸的肽为聚肽或多肽。可以看到,多肽链中的氨基酸单位已经不是原来完整的氨基酸分子,因此称氨基酸残基。蛋白质是由一条或多条多肽链以特殊方式结合而成的生物大分子。

多肽链中由氨基酸羧基与氨基形成的肽键部分重复规则排列，构成肽链骨架，称为肽主链。肽链上的 R 基代表各氨基酸不同侧链基团，它们对维护蛋白质分子的立体结构和行使功能都起着重要的作用，统称为多肽链的侧链（如图 1.1）。

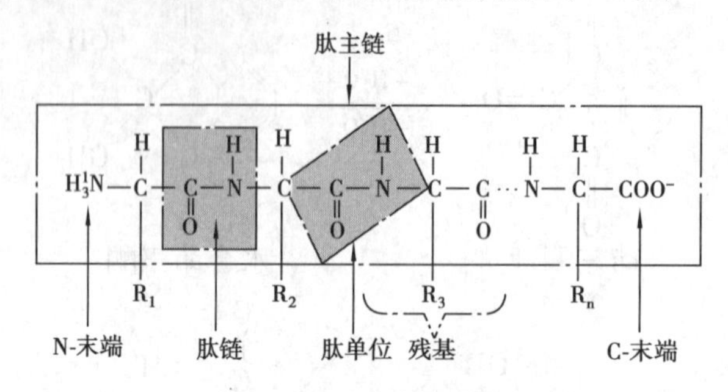

图 1.1　多肽链的结构

多肽链骨架的重复结构单元是肽键，除了某些特殊的环状小分子肽外，寡肽和多肽都是线性分子。每个多肽链分子中，都有一个游离的 α-氨基末端称为氨基末端（或 N-末端）和一个游离的 α-羧基末端称为羧基末端（或 C-末端）。在书写某肽时，规定 N-末端在左，C-末端在右。命名时，在每一个氨基酸名称后加一"酰"字组成，从左至右依次将各氨基酸的中文或英文缩写符号列出。如下面结构式的三肽被命名为丝氨酰甘氨酰酪氨酸，或简写为 Ser-Gly-Tyr，或用英文的单字符缩写表示 S-G-Y。

$$\underset{\text{N-末端}}{H_2N}-\underset{\text{Ser}}{\overset{CH_2OH}{CH}}-\overset{O}{\overset{\|}{C}}-\overset{H}{N}-\underset{\text{Gly}}{\overset{H}{CH}}-\overset{O}{\overset{\|}{C}}-\overset{H}{N}-\underset{\text{Tyr}}{\overset{CH_2-C_6H_4-OH}{CH}}-\underset{\text{C-末端}}{COOH}$$

1.3.2　天然存在的活性肽

除了蛋白质部分水解可以产生长短不一的各种肽段之外，生物体内还有很多游离存在、并且具有相应生物活性的肽类，通常把这种肽类统称为生物活性肽。生物活性肽在组成、结构和大小方面存在很大的差异，但它们作为重要的化学信使，在沟通细胞内部、细胞之间及器官之间的信息方面起着重要作用。

1）谷胱甘肽

谷胱甘肽是生物体内普遍存在的一种三肽，由谷氨酸、半胱氨酸和甘氨酸组成。谷胱甘肽存在还原型的谷胱甘肽（GSH）和氧化型的谷胱甘肽（GSSG）。谷胱甘肽的生理功能主要是通过还原型的谷胱甘肽与有害的氧化剂作用，保护生物体内含有巯基的蛋白不被氧化，使这些蛋白质保持生理活性。氧化型、还原型谷胱甘肽的转化如图 1.2 所示。

2）抗生素类活性肽

有些抗生素也属于肽类或肽的衍生物，主要是由细菌产生的，在它们的结构中含有环状的多肽链，如短杆菌肽是一个环状十肽，对革兰氏阳性细菌有强大的抑制作用，在临床上用于治疗及预防化脓性疾病，如图 1.3(a)所示；多粘菌素 E 结构中含有一个七肽的环，对革兰氏阴性细菌具有强大的杀菌作用，如图 1.3(b)所示。此外，还有一些肽类抗生素在研究 DNA 复制和 RNA 的合成中具有特别重要的作用。

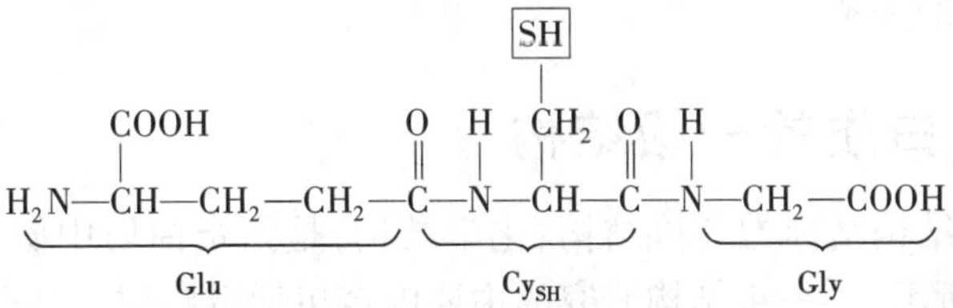

SH

COOH　O　H　CH_2　O　H

$H_2N—CH—CH_2—CH_2—C—N—CH—C—N—CH_2—COOH$

Glu　Cy_{SH}　Gly

谷胱甘肽的结构

$$\text{ZGSH} \underset{+2H}{\overset{-2H}{\rightleftharpoons}} \text{G—S—S—G}$$

图 1.2　氧化型、还原型谷胱甘肽的转化

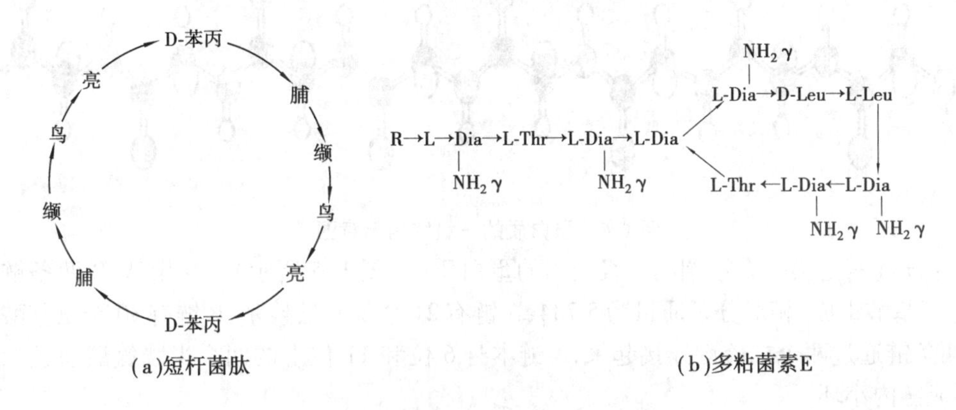

(a)短杆菌肽　(b)多粘菌素E

图 1.3　短杆菌肽和多粘菌素 E 的结构

3)激素类活性肽

许多重要的激素也是天然的生物活性肽，与细胞间和器官间的通讯有关。如加压素和催产素，就是由脑垂体腺细胞产生的两种九肽激素。加压素的主要功能是通过使周围血管收缩而起到升高血压的作用，催产素的主要作用是刺激平滑肌的收缩。

胰岛素是一个含有 51 个氨基酸残基的多肽，由 A 链和 B 链两条链构成，两条链间通过二硫键相连接。它的主要生理功能是促进组织吸收葡萄糖，促进肝糖原以及脂肪合成，降低血糖的浓度。我国科学家于 1965 年成功地合成牛胰岛素，在世界上引起了很大的震动。

此外，许多生物活性肽还具有重要的商品价值。由于在体内含量极少，难于提取、纯化，因此生物活性肽的化学合成具有重要的意义。例如，阿斯巴甜是一个人工合成的二肽，常用作食物和饮料的甜味剂，比蔗糖的甜度高 200 倍。

1.4　蛋白质的分子结构

蛋白质是具有重要生物学功能的生物大分子，结构十分复杂。20 世纪 50 年代初，Linder-Stron-Long 及其同事最先认识到蛋白质具有不同的结构层次，并引入一级、二级、三级、四级结构来描述这一现象，同时把蛋白质的二级、三级和四级结构统称为蛋白质的高级结构。这是蛋白质分子在结构上一个最显著的特征。目前，蛋白质的研究已经达到了很高的水平，已从原子分辨水平了解了成千上万个蛋白质的三维结构，从而揭示蛋白质结构与功能之间的关系。

1.4.1 蛋白质的一级结构

蛋白质的一级结构又称为共价结构、化学结构，是指蛋白质中氨基酸的组成及其排列顺序（如图1.4所示）。一级结构研究的主要内容包括蛋白质氨基酸的组成，氨基酸的排列顺序和二硫键的位置，肽链的数目以及末端氨基酸的种类等。维持一级结构的化学键主要是肽键。

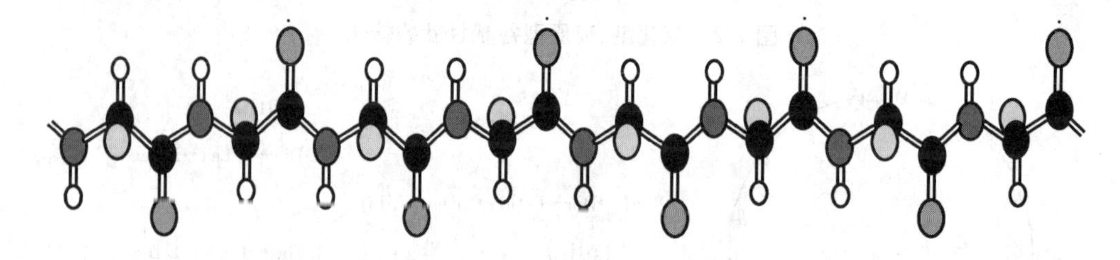

图1.4 蛋白质的一级结构示意图

牛胰岛素是第一个被阐明一级结构的蛋白质（如图1.5所示）。它由A，B两条链共51个氨基酸组成，相对分子质量为5 734，A链有21个氨基酸残基，B链有30个氨基酸残基，两条链通过两个二硫键连接起来，A链本身6位和11位上的两个半胱氨酸通过二硫键形成链内小环。

```
A链
                              ┌────────S──S────────┐
Hgly · He · Val · Glu · Gln · Cys · Cys · Ala · Ser · Val · Cys · Ser · Leu · Tyr · Gln · Leu · Glu · Asn · Tyr · Cys · AsnOH
1                         5     6     7                 10    11                15                            20     21
                                      |                                                                       |
                                      S                                                                       S
                                      |                                                                       |
                                      S                                                                       S
B链                                   |                                                                       |
HPhe · Val · Asn · Gln · His · Leu · Cys · Gly · Ser · His · Leu · Val · Glu · Ala · Leu · Tyr · Leu · Val · Cys · Gly · Glu
1                         5           7                 10                      15                        19     20    21
                                    · Arg · Gly · Phe · Phe · Tyr · Thr · Pro · Lys · AlaOH
                                                  25                              30
```

图1.5 牛胰岛素的一级结构

蛋白质的一级结构是蛋白质分子结构的基础，包含了决定蛋白质分子所有结构层次构象的全部信息。蛋白质一级结构的分析是揭示生命的本质，阐明结构与功能关系的基础，也是研究基因表达、克隆、核酸序列分析以及生物进化等方面的重要内容。

1.4.2 蛋白质的高级结构

蛋白质的高级结构又称空间结构或三维结构，是指蛋白质分子中的各原子或基团在空间的排列分布。蛋白质分子的多肽链并不是线性伸展，而是按一定方式折叠盘绕成特有的空间结构，这种空间的排列取决于各原子与基团绕键的旋转，而不是共价键的变化，因此通常又把蛋白质的空间结构称为蛋白质的构象。在正常的生理条件下,天然蛋白质仅具有一种独特而稳定的构象。根据折叠程度的不同,又常把蛋白质的空间结构细分为二级、三级和四级结构。

1)蛋白质的二级结构

蛋白质二级结构是指蛋白质多肽链主链本身在空间的折叠和盘旋形成的构象,它不涉及侧链构象。主要包括 α-螺旋、β-折叠、β-转角、无规则卷曲等几种形式。维持蛋白质二级结构的作用力是氢键。

(1)α-螺旋

α-螺旋是指多肽链主链骨架围绕螺旋的中心轴一圈一圈地上升而形成的螺旋式构象,是蛋白质中最常见的一种构象。α-螺旋有左手螺旋和右手螺旋两种,天然蛋白质的 α-螺旋都是右手螺旋。螺旋构象依靠氢键来维持,其特征如图 1.6。

①多肽链以 α-碳原子为转折点,以肽平面为单位,通过两侧结合键的旋转形成稳定的右手螺旋,仅个别蛋白质为左手螺旋。

②螺旋体中每隔 3.6 个氨基酸残基上升一圈,螺距为 0.54 nm,每个残基沿轴旋转 100°,上升 0.15 nm,螺旋体的表观直径约为 0.6 nm。

③相邻两螺旋之间形成链内氢键,其方向与螺旋轴大致平行。α-螺旋的结构允许所有肽键都能参与链内氢键的形成,因此 α-螺旋的构象相当稳定。

④各氨基酸残基侧链 R 基团均伸向螺旋外侧。R 基团的大小、电荷状态及形状均对 α-螺旋的形成及稳定有影响。

不同蛋白质中,α-螺旋结构的含量不同,如毛发、角、羽毛以及指甲中的角蛋白是以 α-螺旋作为基本结构的;肌红蛋白、血红蛋白中也含有一定的 α-螺旋结构;肌动蛋白、γ-球蛋白中几乎不含 α-螺旋结构。

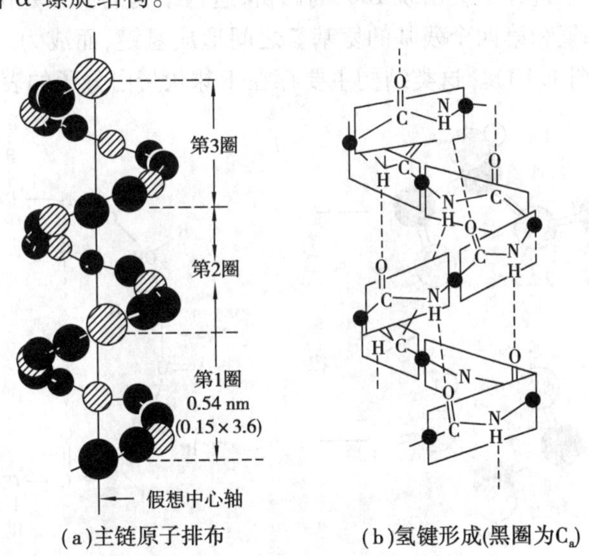

(a)主链原子排布　　(b)氢键形成(黑圈为$C_α$)

图 1.6　α-螺旋结构示意图

(2)β-折叠

β-折叠又称 β-片层结构,是一种肽链相当伸展的结构,呈锯齿状折叠。其特征如图

1.7 和图 1.8。

①β-折叠结构是肽链与肽链之间或一条肽链的不同肽段的氨基和羰基之间形成有规则的氢键,氢键几乎垂直于中心轴。

②相邻氨基酸的侧链 R 基团分布于片层的上方与下方,并与片层垂直,维持其结构的稳定性。

③β-折叠有两种类型。一种为平行式,即所有肽链的 N-端都在同一边,如 β-角蛋白;另一种为反平行式,就是两条肽链的 N-端一正一反地排列着,如丝心蛋白。从能量角度看,反平行式结构更为稳定。

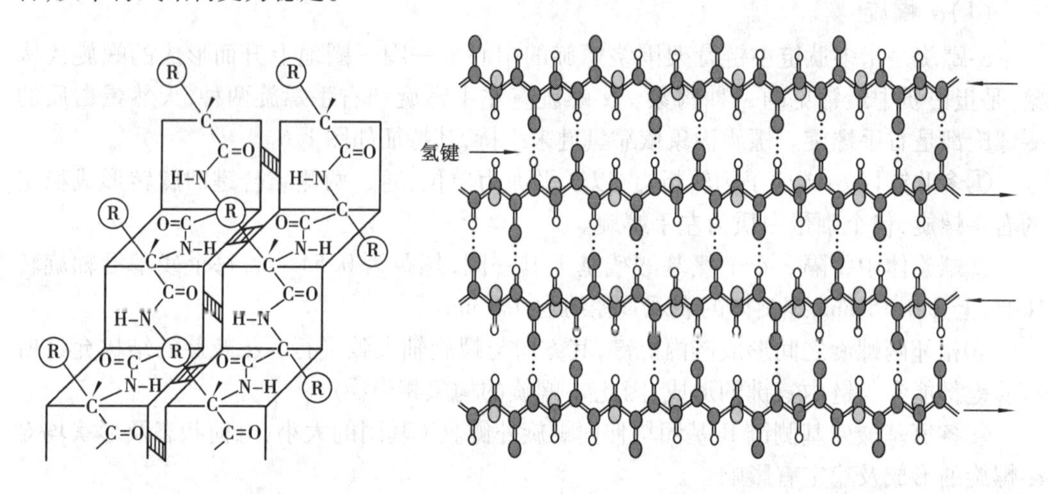

图 1.7 β-折叠结构　　图 1.8 β-折叠构象中氢键的形成

(3)β-转角

蛋白质分子中肽链经常会出现 180°的回折,这种结构的产生是由于弯曲处的第一个氨基酸残基的羰基氧和第四个残基的氨基氢之间形成氢键,而成为一个不很稳定的环状结构(如图 1.9 和图 1.10)。这类结构主要存在于球状蛋白分子的表面。

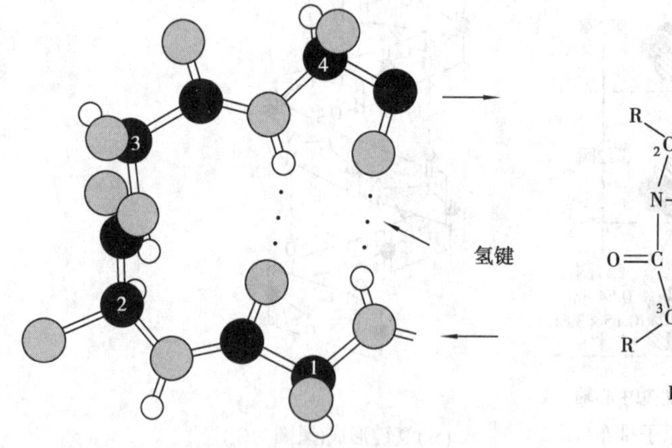

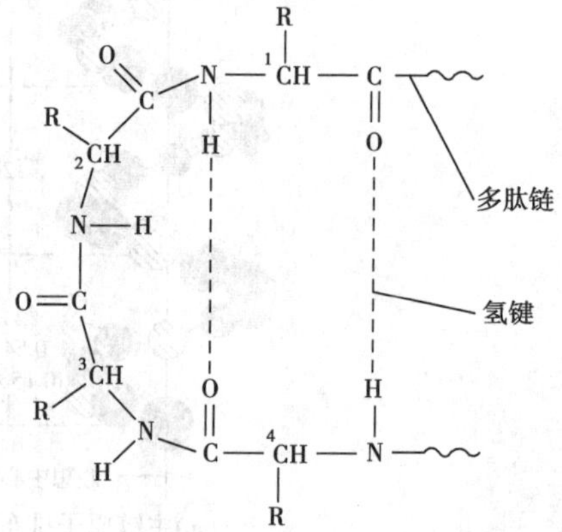

图 1.9 蛋白质分子中 β-转角结构　　图 1.10 在 β-转角中的氢键

(4)无规则卷曲

无规则卷曲又称无规则构象,是由于肽链上氨基酸残基的 R 侧链在大小、所带电荷性质等方面存在较大差别，排列顺序极为复杂，而导致许多蛋白质在主链上出现大量没有规则的那部分肽链的构象（见图1.11）。这种构象也是蛋白质表现生物活性所必需的一种结构形式，目前备受关注，如酶的功能部位常在这种构象区域中。

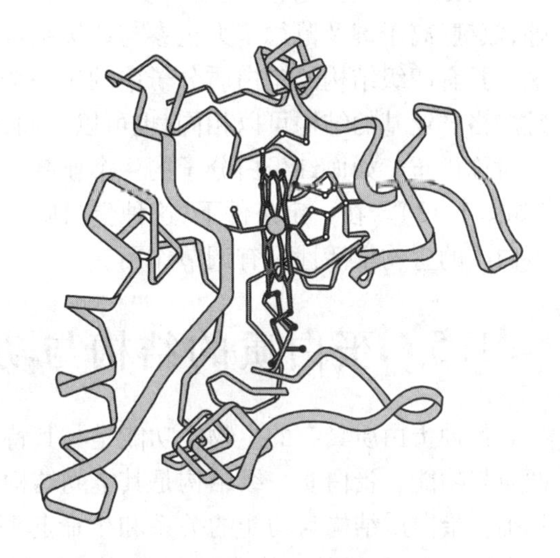

图1.11 无规则卷曲

2）蛋白质的三级结构

蛋白质在二级结构的基础上进一步折叠盘曲形成的三维空间结构，叫作蛋白质的三级结构。在蛋白质的三级结构中，亲水基团多位于分子表面，而疏水基团多位于分子内部，形成疏水的核心，而使其形状一般都为球形或椭圆形。维持三级结构的主要作用力是氢键、疏水键、离子键和范德华力等，尤其是疏水作用，在蛋白质三级结构中起着重要作用。

对于只有一条肽链构成的蛋白质，只要具有三级结构，就具有生物学活性；而三级结构一旦破坏，生物学活性就会丧失。如肌红蛋白，是由一条含153个氨基酸残基的多肽链组成（如图1.12），位于肌肉组织中，具有呼吸作用。

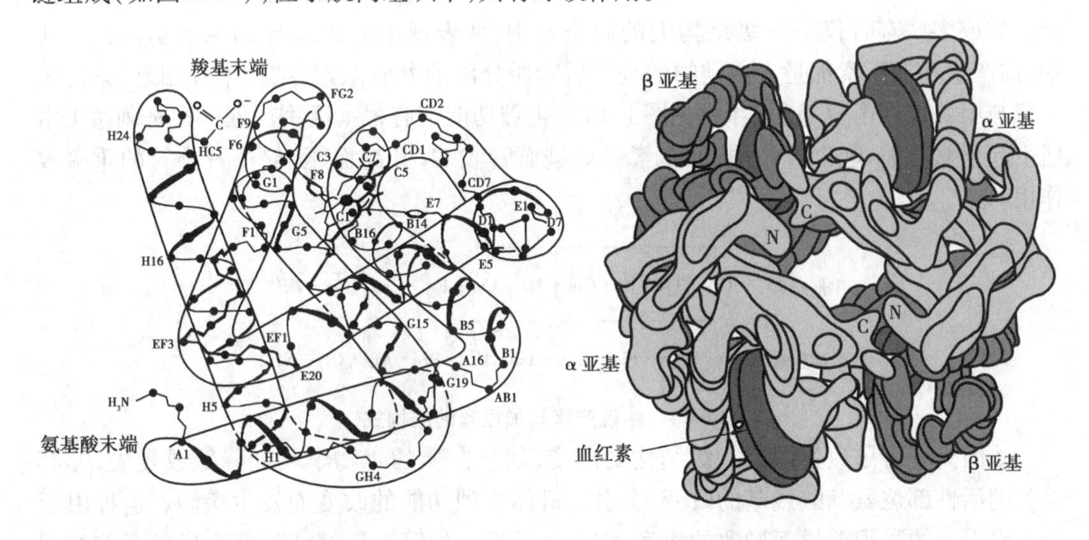

图1.12 肌红蛋白的三级结构

图1.13 血红蛋白的四级结构

3）蛋白质的四级结构

由两条或两条以上具有三级结构的多肽链相互作用，彼此以非共价键相连接形成的更加复杂的构象，称为蛋白质的四级结构。其中每条多肽链形成的独立三级结构单元称为亚基或亚单位，它一般由一条肽链构成（有的也由几条多肽链组成，通常以二硫键连接），常用希腊字母α，β，γ，δ等表示。由几个亚基相互作用构成的具有四级结构的蛋白，称为寡聚蛋白质。对于寡聚蛋白质来说，单独的亚基无生物学活性，只有聚合成完整的四级结构才具有生物学活性。维持蛋白质四级结构的作用力主要是疏水作用力，此外，氢键、离子键及范德华力也参与四级结构的形成。

具有四级结构的蛋白质分子中的每一个亚基种类、数目和亚基之间缔合的方式都非常严格。亚基的结构可以相同，也可以不同，并且亚基的数目一般为偶数（个别为奇数），呈对称排布。如血红蛋白分子的4个亚基（$\alpha_2\beta_2$四聚体）中有2个α-亚基和两个β-亚基（如图1.13）。在一定条件下，这种蛋白质分子可解聚成单个亚基，亚基的解聚或聚合对蛋白质的生物学活性具有调节作用。

1.5 蛋白质的结构与功能的关系

各种蛋白质具有的生物学功能是与其特定的结构紧密相连的，蛋白质的结构决定其性质与功能。蛋白质一级结构是其空间结构的基础，而空间结构则是实现生物学功能的基础。蛋白质结构与功能的关系和生命起源、细胞分化、代谢调节等重大理论问题的解决密切相关，能够从分子水平上揭示生命的现象。

1.5.1 一级结构与功能的关系

蛋白质的一级结构决定了多肽链的折叠、盘曲方式，是蛋白质特定生物学功能的基础。有什么样的结构，就决定有什么样的功能。例如，血红蛋白和胰岛素的结构不同，功能各异，前者主要负责氧气和二氧化碳的运输，而后者却是与糖代谢的调节有关。不同蛋白质或多肽有时仅是一级结构上的微小差别，就表现出较大差异的生物学功能。比如，催产素和加压素都是人或动物的垂体后叶所分泌的九肽激素，结构十分相近，只是第三位与第八位两个氨基酸不同（见图1.14），生理功能却有根本区别。催产素是刺激平滑肌引起子宫收缩，起催产作用；加压素是促进血管收缩，升高血压，促进肾小管的重吸收作用。

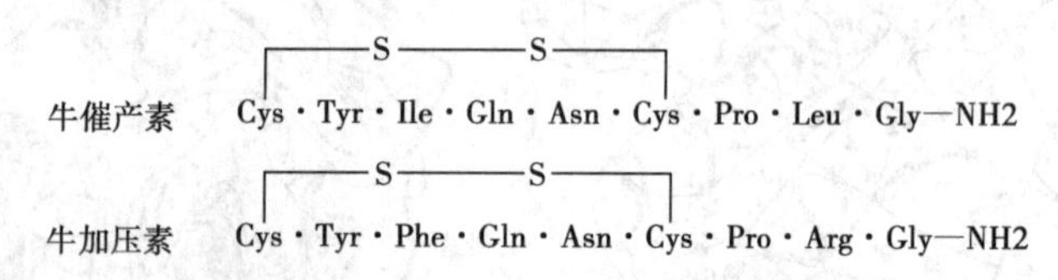

图1.14 牛催产素与加压素的结构式

基因突变可导致蛋白质一级结构的改变，使蛋白质的生物学功能降低或丧失，尤其是关键活性部位氨基酸残基的改变，会引起机体生理功能的改变而发生疾病。这种由于分子水平上的微观差异而导致的疾病，称为分子病。如镰刀型红细胞贫血症患者的红细胞呈镰刀状，易溶血，血红蛋白结合氧的能力下降，就是由于血红蛋白基因中的一个核苷酸的突变，即在β链的第6位上的正常谷氨酸被缬氨酸取代所致。

（HbA） Val-His-Leu-Thr-Pro-Glu-Glu-Lys------
（HbS） Val-His-Leu-Thr-Pro-Val-Glu-Lys------
（β链） 1 2 3 4 5 6 7 8------

有些蛋白质刚合成出来时，是以前蛋白质原的形式存在，无生物学活性，需经肽链的特异性分子局部断裂才可表现出生物学活性。如消化道中的胰蛋白酶、胃蛋白酶，血液中的一些凝血酶等,在细胞内都是以酶原形式合成的,在特定的环境和条件刺激下,会切除一部分肽段,酶原就会被激活而转变为有活性的酶。此外,还有一些蛋白质合成后,肽链中的某些氨基酸需进行修饰才能表现其生物学活性。如新合成的胶原蛋白分子中的某些脯氨酸必须转变为羟脯氨酸后,才可形成稳定的胶原分子。

生物体内,不同的物种执行相同功能的蛋白质具有一定的差异,这就是蛋白质物种的特异性。由于物种的变化源于生物的进化,根据它们在结构上的差异程度就可以判断它们之间的亲缘关系,可以反应出生物系统进化的情况。细胞色素C是一种广泛存在于生物体内、具有铁卟啉的色素蛋白,在生物氧化中起传递电子的作用。大多数生物的细胞色素C由100多个氨基酸残基组成。通过对120多种生物的细胞色素C的一级结构分析发现,人类和黑猩猩的细胞色素C分子无论是氨基酸的数目、种类、顺序,还是三级结构,大体上都相同,但人与马、鸡、昆虫、酵母等相比都有不同之处(见表1.2)。由此可以看出:亲缘关系越近,其氨基酸组成的差异越小;亲缘关系越远,氨基酸组成的差异就越大。

表1.2 不同生物细胞色素C的氨基酸差异(与人比较)

生物名称	与人不同的氨基酸数目	生物名称	与人不同的氨基酸数目
黑猩猩	0	响尾蛇	14
恒河猴	1	海龟	15
兔	9	金枪鱼	21
袋鼠	10	狗鱼	23
鲸	10	小蝇	25
牛、猪、羊	10	蜗牛	29
狗、驴	11	小麦	35
马	12	粗糙链孢霉	43
鸡	13	酵母	14

1.5.2 空间结构与功能的关系

蛋白质分子具有的特定空间构象是表现其生物学功能所必需的,若空间结构遭到破坏,则生物学功能就会丧失。某些蛋白质尤其是含有亚基的蛋白质,它们的功能往往是通过构象的变化而产生的别构效应来实现的。别构效应,又称别构现象,是指由于一个亚基与底物结合时发生构象的变化,进而引起其他亚基发生相应构象的变化和蛋白质活性改变的现象。具有别构效应的蛋白称为别构蛋白。

例如,血红蛋白(Hb)的主要作用是通过动脉和静脉循环着的血液在肺部与毛细血管之间转运O_2和CO_2,它有两种能够互变的天然构象,即紧密型(T型)和松弛型(R型)。T型对O_2的亲和力低,不易与O_2结合;R型则相反,它对O_2的亲和力比T型高数百倍。Hb随红细胞在血液循环中往返于肺及各组织之间,随着条件的变化,Hb的构象也不断地互变。在肺部毛细血管,O_2分压很高,促使T型转变成R型,有利于Hb与O_2结合,形成氧合血红蛋白(HbO_2)。在全身组织毛细血管中,O_2分压较低,促使 R 型 Hb 又转变成 T 型,有利于释放 O_2,形成脱氧血红蛋白。Hb 分子构象的变化,引起了结合 O_2与释放 O_2的变化,这就巧妙、有效地完成了运送 O_2的功能。

血红蛋白与氧的结合还受到环境中多种因素的影响。早在 1914 年,C. Borh 等就发现,增加 CO_2的浓度或降低 pH 值都能降低血红蛋白对氧的亲和性。这一现象被人们称为波尔效应,其过程可表示为:

$$HbO_2 + H^+ + CO_2 \underset{\text{在肺部(pH 值为 7.6)}}{\overset{\text{在肌肉中(pH 值为 7.2)}}{\rightleftharpoons}} Hb\begin{matrix} H^+ \\ \\ CO_2 \end{matrix} + O_2$$

波尔效应具有重要的生理意义。当血液流经代谢旺盛的组织时,因为 CO_2浓度较高,pH 值低,有利于血红蛋白对氧的释放,使组织比单纯的氧分压降低时获得更多的氧;当血液流经肺部时,由于肺泡氧分压的增高,有利于血红蛋白与氧的结合,并促进了 H^+和 CO_2的释放,同时 CO_2的释放又利于氧合血红蛋白的生成。

1.6 蛋白质的性质

蛋白质是由氨基酸组成的,它的理化性质与氨基酸的性质有些相似,如两性解离与等电点、紫外吸收等性质。但是蛋白质性质并不等于氨基酸性质的简单总和,从小分子的氨基酸到大分子的蛋白质,与氨基酸已有了质的区别,因此,蛋白质又具有一些其特有的性质。

1.6.1 蛋白质分子大小

蛋白质是一类生物大分子,分子质量一般为 6 ~ 1 000 ku(千道尔顿)或更大些(如表 1.3)。

表 1.3 一些蛋白质的分子质量

蛋白质名称	分子质量/u	亚基数	蛋白质名称	分子质量/u	亚基数
胰岛素	5 734	2	核糖核酸酶	12 640	1
细胞色素 C	12 398	1	天冬酰胺酶	255 000	2
血清蛋白	68 500	1	RNA 聚合酶	880 000	2
溶菌酶	14 300	1	脲酶	483 000	6
淀粉酶	97 600	1	烟草花叶病毒蛋白	40 000 000	2 130

1.6.2 蛋白质的两性解离与等电点

蛋白质与氨基酸相似,也是两性电解质,但蛋白质的解离情况比氨基酸复杂,在一定 pH 条件下可发生多价解离。因此,蛋白质分子所带电荷的性质和数量是由蛋白质分子中可解离基团的种类和数量以及溶液的 pH 所确定的。对某一蛋白质而言,处于等电点

(pI)的蛋白质,净电荷等于零,蛋白质分子在电场中不移动;在小于等电点的 pH 溶液中,蛋白质分子带正电荷,在电场中向阴极移动;在大于等电点的 pH 溶液中,蛋白质带负电荷,在电场中向阳极移动(如图 1.15)。

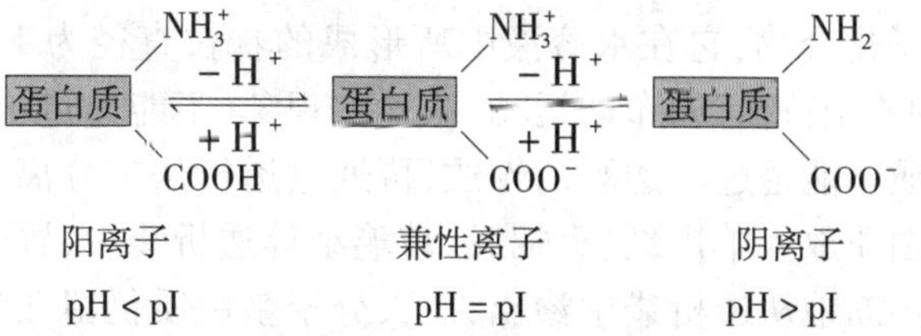

$$\text{蛋白质}\begin{cases}NH_3^+\\COOH\end{cases}\underset{+H^+}{\overset{-H^+}{\rightleftharpoons}}\text{蛋白质}\begin{cases}NH_3^+\\COO^-\end{cases}\underset{+H^+}{\overset{-H^+}{\rightleftharpoons}}\text{蛋白质}\begin{cases}NH_2\\COO^-\end{cases}$$

阳离子 兼性离子 阴离子

$pH < pI$ $pH = pI$ $pH > pI$

图 1.15 蛋白质的两性电离

蛋白质的等电点不是一成不变的,它随溶剂性质、离子强度等因素而改变。中性盐的存在,可以明显地改变蛋白质的等电点。这是由于蛋白质分子中的某些解离基团可以与中性盐中的阳离子(如 Na^+,Ca^{2+})或阴离子(如 Cl^-,SO_4^{2-})相结合。因此,蛋白质等电点在一定程度上取决于介质中的离子组成。体内多数蛋白质含酸性和碱性氨基酸残基数目相近,其等电点大多为 5.0 左右。表 1.4 列出了几种蛋白质的等电点值。

表 1.4 一些蛋白质的等电点(pI)

蛋白质	等电点	蛋白质	等电点
胃蛋白酶	2.2	血红蛋白	6.7
丝蛋白(家蚕)	2.2	肌红蛋白	7.0
卵清蛋白	4.6	α-凝乳蛋白酶	8.3
甲状腺球蛋白	4.6	核糖核酸酶	9.5
血清蛋白	4.7	细胞色素 C	10.7
脲酶	5.1	胸腺组蛋白	10.8
胰岛素(牛)	5.3	溶菌酶	11.0
过氧化酶	5.6	鱼精蛋白	12.0
羧肽酶	6.0	B-乳球蛋白	5.2

由于各种蛋白质的等电点不同,在同一 pH 的缓冲液中,各种蛋白质分子所携带的净电荷多少、电荷的性质及其他条件不同(如分子质量大小、分子形状等),因此,在同一电场的作用下,向相反的电极移动的速度也不同,从而可以将混合蛋白质溶液中的各种蛋白质彼此分开。这种在外加电场作用下,带电颗粒向相反电极移动的现象,称为电泳。蛋白质电泳技术是蛋白质制备、分析鉴定中常用的一种实验手段。

蛋白质在等电点时,其分子净电荷为零,因为没有相同电荷互相排斥的影响,蛋白质颗粒极易借静电引力迅速结合成较大的聚集体,从溶液中沉淀析出,因此,蛋白质在等电点时溶解度最小,最不稳定。等电点时,蛋白质的黏度、渗透压、膨胀性以及导电能力均为最小。

在蛋白质的分离、提纯和分析时,常利用其两性解离和等电点这一重要性质,如蛋白质的等电点沉淀、离子交换和电泳等就是利用各种蛋白质的等电点不同、分子质量大小和形状各异来进行的。

1.6.3 蛋白质的胶体性质

蛋白质是高分子化合物，它在水溶液中所形成的颗粒直径为 1 ~ 100 nm 的胶粒范围，具有胶体溶液的典型特征，如布朗运动、丁达尔现象、不能透过半透膜以及具有吸附能力等。利用蛋白质不能透过半透膜的性质，可通过透析法来分离纯化蛋白质，即将含有小分子杂质的蛋白质放入羊皮纸、火棉胶、玻璃纸等透析袋中，置于流水中进行透析，此时小分子化合物不断地从透析袋中渗出，而大分子蛋白质仍留在袋内，从而达到蛋白质分离纯化目的。

蛋白质的水溶液是一种比较稳定的亲水胶体，其原因主要有两个：一是蛋白质分子的亲水基团（如氨基、羧基、巯基和酰胺基等）一般都分布在蛋白质分子的表面，可以与水分子发生水化作用，在蛋白质分子表面形成一层水化膜，使蛋白质分子很难直接碰撞而凝集；二是蛋白质分子在非等电点状态下携带有相同性质的电荷。蛋白质胶体稳定性原理如图 1.16。

蛋白质的亲水胶体性质具有重要的生物学意义。生物体中最多的成分是水，蛋白质的生物学作用主要是在水中表现出来的，如细胞的原生质就是具有各种流动性的胶体系统。各种细胞组织之间具有一定形状、弹性、黏度等性质也都与蛋白质稳定胶体性质有关，如果这种稳定性被破坏，则体内代谢失调，导致病变乃至死亡。

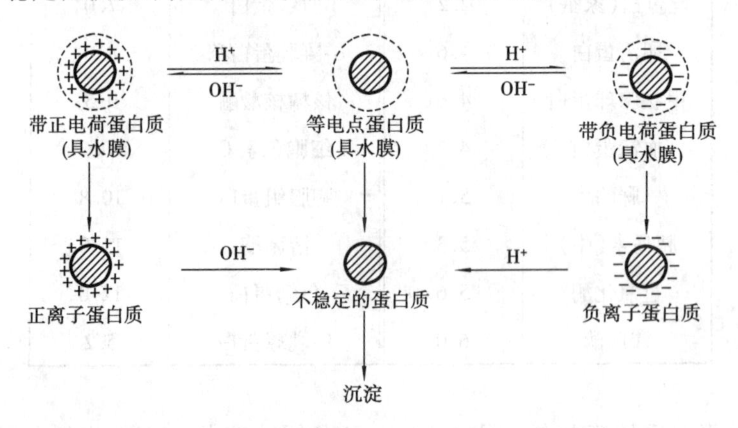

图 1.16　蛋白质胶体稳定性原理示意图

1.6.4 蛋白质的沉淀作用

蛋白质在溶液中的稳定性是有条件的、相对的。如果破坏了蛋白质溶液稳定性的条件，例如在蛋白质溶液中加入脱水剂除去水化膜，或者改变溶液的 pH 达到蛋白质的等电点，或者加入电解质使蛋白质分子表面失去同种电荷，蛋白质就会聚集而沉淀。这种由于受到某些因素的影响，使蛋白质亲水胶体失去稳定性，发生结絮沉淀的现象，称为蛋白质的沉淀作用。蛋白质的沉淀作用有可逆和不可逆的两种类型。可逆沉淀作用是指蛋白质发生沉淀后，若用透析等方法除去使蛋白质沉淀的因素，仍可使蛋白质恢复原来的溶解状态。该种沉淀方法常用于制备具有生物活性的酶制剂、抗体蛋白等蛋白质制品。

不可逆沉淀作用是指蛋白质发生沉淀后，不能用透析等方法除去沉淀剂而使蛋白质重新溶解于原来的溶剂中，这种沉淀作用往往使蛋白质变性，且不能恢复其天然生物活性，故常用于在生物制品提取过程中的除杂质。常用的沉淀蛋白质的方法有以下几种：

1）盐析法

在蛋白质水溶液中，加入少量的中性盐，会增加蛋白质分子表面的电荷，增强蛋白质分子与水分子的作用，从而使蛋白质在水溶液中的溶解度增大，这种现象称为盐溶。但如果在蛋白质溶液中加入大量的中性盐（如硫酸铵、硫酸钠、氯化钠等），不仅可以破坏蛋白质的水化膜，还可以中和其所带的电荷，使蛋白质从溶液中沉淀析出，这种现象称为盐析。盐析的原理主要是因为盐类既是电解质，又是脱水剂，使蛋白质失去电荷，脱去水化层而沉淀。在低温下，短时间内用盐析法沉淀的蛋白质，仍能保持原有生物学活性而未发生变性，除掉盐后，蛋白质又能重新溶解于水中，这是分离制备蛋白质的常用方法，属于可逆沉淀作用。硫酸铵由于在水中的溶解度较大，是常用的沉淀蛋白质的盐类。

2）有机溶剂沉淀法

在蛋白质溶液中，加入一定量的与水相溶的有机溶剂，如乙醇、丙酮等，由于这些溶剂与水的亲和力大，能破坏蛋白质分子表面的水膜，使蛋白质发生沉淀作用，如在等电点时，加入有机溶剂更易使蛋白质沉淀。有机溶剂沉淀法也可用于分离或纯化蛋白质，但有时该法会引起蛋白质的变性，这与有机溶剂的浓度、与蛋白质接触的时间以及沉淀时的温度有关。因此，在生产实践中，应注意控制有关方面的操作。

3）重金属盐沉淀法

当溶液的 pH 值大于等电点时，蛋白质颗粒带负电荷，很容易与重金属离子如 Ag^+，Hg^{2+}，Pb^{2+}结合，形成不溶性的重金属蛋白盐而沉淀。重金属盐常能使蛋白质变性，这可能是因为重金属盐水解生成酸或碱的缘故。

$$Pr\begin{cases}NH_2\\COO^-\end{cases} + Ag^+ \longrightarrow Pr\begin{cases}NH_2\\COOAg\end{cases}$$

临床上，误服重金属盐的病人可口服大量牛乳、豆浆、鸡蛋等蛋白质进行解救，这是因为蛋白质可以与重金属离子形成不溶性的盐，然后再服用催吐剂排出体外，以达到解毒的目的。

4）生物碱试剂沉淀法

生物碱是植物组织中具有显著生理作用的一类含氮的碱性物质。能够沉淀生物碱的试剂称为生物碱试剂，如单宁酸、苦味酸、三氯乙酸。当溶液 pH 值小于等电点时，蛋白质颗粒带正电荷，可与生物碱试剂的酸根离子发生反应生成不溶性的盐而沉淀。

$$Pr\begin{cases}NH_2\\COOH\end{cases} + CCl_3—COOH \longrightarrow Pr\begin{cases}NH_3^+\ O—\overset{\displaystyle O}{\overset{\|}{C}}—CI_3C\\COOH\end{cases}$$

这类沉淀常用于除去干扰的蛋白质，如在啤酒的生产工艺中有麦芽汁加啤酒花煮沸的工序，其目的之一就是借酒花中的单宁类物质与蛋白质生成盐而沉淀以去除杂蛋白，使麦芽汁得以澄清；临床上，常用钨酸法、三氯醋酸法沉淀血液中的蛋白质以制备无蛋白血滤液。

5）加热凝固沉淀法

几乎所有的蛋白质都因加热变性而凝固。在有少量盐类存在或将 pH 值调至等电点时，加热凝固发生的最完全和最迅速。

1.6.5　蛋白质的变性

天然蛋白质受到某些物理、化学的因素的影响后，其分子空间构象发生改变或破坏，致使生物学活性丧失，并伴随一些理化性质的改变，这种现象称为蛋白质变性。变性后的蛋白质叫变性蛋白质。

蛋白质变性的本质是蛋白质的空间结构被破坏，一级结构并未破坏，即主要是各种次级键的断裂，分子由紧密的构象变成了松散的无序状态，但其组成成分及相对分子质量没有改变。所以，凡是能破坏蛋白质的次级键的因素都可以引起蛋白质的变性。如物理四素有热、紫外线、超声波、高压、表面张力、搅拌、研磨等，化学因素有强酸、强碱、尿素、去污剂、重金属盐、苦味酸等。

1）变性蛋白质的特点

（1）物理性质改变

吸光度改变，黏度增加，光吸收性质增强，失去结晶能力。因为变性后，构象被破坏，原来掩盖在分子内部的疏水基团暴露，破坏了蛋白质分子表面的水化膜，致使其溶解度降低，一般较易发生沉淀。但是变性的蛋白质不一定都沉淀，如煮沸后的牛奶，其中酪蛋白已经变性，但并不沉淀；沉淀的蛋白质也不一定都变性，如等电点法沉淀的蛋白质并未变性。

（2）化学性质改变

因为变性后的蛋白质肽链暴露，易被蛋白酶酶解。因此，蛋白质煮熟食用比生吃易消化。

（3）生物学活性降低或丧失

这是蛋白质变性最重要的明显标志之一。如酶失活、激素失去调节作用、抗体失去免疫作用、血红蛋白变性后失去运输氧和二氧化碳的功能等。

2）蛋白质变性作用的意义

蛋白质变性原理的实际应用很广，如临床上使用煮沸、高压蒸气、紫外线照射等方法使菌体蛋白质变性，以达到灭菌的目的。当然，蛋白质变性也有其不利的一面，如酶制剂、血清等活性蛋白制品在分离、提取和保存过程就要尽量避免蛋白质变性；还有人体的各种衰老现象，也与生物体内的蛋白质逐渐变性，亲水性降低，生物学活性降低有关。

3）蛋白质的复性

蛋白质变性有可逆变性和不可逆变性两种。目前认为，蛋白质的复性与导致变性的因素、蛋白质的种类以及蛋白质分子结构改变的程度等有关系。变性作用不过于剧烈，除去变性因素,蛋白质可以恢复到原来空间构象的叫可逆变性(如图1.17所示);反之,不能恢复到原来空间构象的蛋白质变性就是不可逆变性。

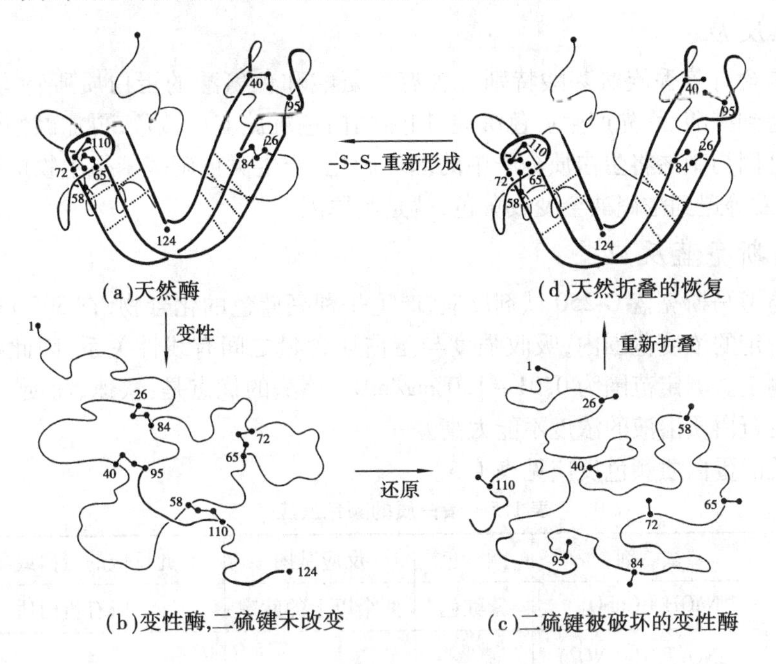

图1.17 核糖核酸酶的变性与复性

1.6.6 蛋白质的颜色反应

因为蛋白质分子中有某些特殊的氨基酸,它们可与多种化合物作用产生各种颜色反应,这些颜色反应可以作为蛋白质的定性、定量分析的依据,重要的颜色反应有以下几种:

1)双缩脲反应

双缩脲是两分子尿素经加热放出一分子NH_3而得到的化合物。在浓碱液中,双缩脲能与硫酸铜结合生成紫色或紫红色的化合物,这一反应称为双缩脲反应。反应生成物颜色的深浅与蛋白质或肽的含量成正比,在540 nm处比色,可以进行蛋白质的定性、定量分析。此方法简便、迅速,不受蛋白质特异性的影响,但方法的灵敏度较差,所需样品量大(0.2 ~ 1.7 mg/mL)。

$$\underset{\text{尿素}}{NH_2-\overset{\displaystyle O}{\overset{\|}{C}}-NH_2} + NH_2-\overset{\displaystyle O}{\overset{\|}{C}}-NH_2 \xrightarrow[\triangle]{180\ ℃} \underset{\text{双缩脲}}{H_2N-\overset{\displaystyle O}{\overset{\|}{C}}-NH-\overset{\displaystyle O}{\overset{\|}{C}}-NH_2} + NH_3$$

2)福林—酚试剂反应

蛋白质分子中的酪氨酸、色氨酸能将福林—酚试剂(碱性铜试剂和磷钼酸及磷钨酸的混合试剂)中的磷钼酸及磷钨酸还原成蓝色的化合物(即钼蓝与钨蓝的混合物)。所生成蓝色的深浅与蛋白质的含量成正比,因此,在650 nm或660 nm波长下测定光吸收值,即可测定蛋白质含量。该方法灵敏度较高,可测微克水平的蛋白质含量。

3)黄色反应

该反应是含有芳香族氨基酸特别是含有酪氨酸和色氨酸的蛋白质所特有的反应。蛋白质溶液遇到硝酸后,先产生白色沉淀,加热则白色沉淀变成黄色,再加碱颜色加深呈橙黄色。这是因为硝酸将蛋白质分子中的苯环硝化,产生黄色硝基苯衍生物的缘故。皮肤、指甲和毛发等遇到浓硝酸会变成黄色,就是此原因。

4)考马斯亮蓝反应

蛋白质与考马斯亮蓝G-250试剂反应,产生一种亮蓝色的化合物,在595 nm处有最大吸收。在一定的浓度范围内,吸收强度与蛋白质含量之间有线性关系,因此可用于蛋白质的定量测定。测定范围为0.01~1.0 mg/mL。该法的优点是:快速、简便,干扰因素少;其缺点是:蛋白质溶液的浓度不能太高。

具体有关的蛋白质颜色反应见表1.5。

表1.5 蛋白质的颜色反应

反应名称	试剂	颜色	反应基团	有此反应的蛋白或氨基酸
双缩脲反应	$NaOH + CuSO_4$	紫红色	两个以上的肽键	所有蛋白质
米伦反应	$HgNO_3$及$Hg(NO_3)$混合物	红色	酚基	酪氨酸、酪蛋白
黄色反应	浓硝酸及碱	黄色	苯基	苯丙氨酸、酪氨酸
乙醛酸反应	乙醛酸	紫色	吲哚基	色氨酸
茚三酮反应	茚三酮	蓝色	自由氨基及羧基	α-氨基酸、所有蛋白
酚试剂反应	碱性硫酸铜及磷钨酸-钼酸	蓝色	酚基、吲哚基	酪氨酸、色氨酸
α-萘酚-次氯酸盐反应(坂口反应)	α-萘酚-次氯酸钠	红色	胍基	精氨酸

1.7 蛋白质的分类及重要的动物蛋白

1.7.1 蛋白质的分类

蛋白质种类多,功能复杂,目前常用的分类方法如下:

1)根据分子形状分类

(1)**球状蛋白质**

分子比较对称,接近球形或椭圆形,溶解性较好,能形成结晶,大多数蛋白质属于这一类,如血红蛋白、肌红蛋白、各种抗体以及溶解于胞液或体液中的多种蛋白。

(2)纤维状蛋白质

分子形状不对称,类似纤维或细棒,大多数不溶于水,如角蛋白、胶原蛋白、弹性蛋白等。

2)根据生物功能分类

(1)活性蛋白质

如酶蛋白、激素蛋白、贮运蛋白、免疫球蛋白和运动蛋白等。

(2)非活性蛋白质

有些蛋白质具有一定的功能,但主要对生物体起支持和保护作用,没有生物学活性,如角蛋白、胶原蛋白和弹性蛋白等,这类蛋白主要存在于结缔组织与韧带中。

3)根据化学组成分类

(1)单纯蛋白质

单纯蛋白质又称为简单蛋白质,分子组成中除了氨基酸外,再无其他组分的蛋白质,如清蛋白、球蛋白等。简单蛋白的分类及其性质见表1.6。

表1.6 简单蛋白质的分类及其性质

类　别	特点及分类	举　例
清蛋白	溶于水,需饱和硫酸铵才能沉淀;含有酸性氨基酸较多,等电点4.5~5.5	血清蛋白、卵清蛋白、乳清蛋白
球蛋白	微溶于水,溶于稀盐溶液,需半饱和硫酸铵沉淀,等电点略高于清蛋白,为5.5~6.5	血清球蛋白、肌球蛋白、大豆球蛋白
谷蛋白	不溶于水、醇及中性盐溶液,易溶于稀酸或稀碱	米谷蛋白、麦谷蛋白
醇溶蛋白	不溶于水及盐溶液,但溶于70%~80%乙醇中	玉米、小麦等的醇溶蛋白
精蛋白	溶于水及稀酸,不溶于氨水,是碱性蛋白,含His,Arg多	鱼精蛋白
组蛋白	溶于水及稀酸,能溶于稀氨水,是碱性蛋白,含Lys,Arg多	小牛胸腺组蛋白
硬蛋白	不溶于水、盐、稀酸及稀碱溶液,只溶于强酸、强碱溶液	角蛋白、胶原蛋白、弹性蛋白、丝心蛋白

(2)结合蛋白质

结合蛋白质又称为复合蛋白质,由简单蛋白与非蛋白成分构成,其中非蛋白的部分,根据辅基的不同,结合蛋白主要有以下几类:

①磷蛋白。由蛋白质和磷酸组成,磷酸基往往与丝氨酸或苏氨酸侧链的羟基通过酯键相连。如酪蛋白、胃蛋白酶等。

②核蛋白。非蛋白部分为核酸。核蛋白分布广泛,存在于所有的细胞中。

③糖蛋白。由蛋白质与糖类结合构成。糖蛋白广泛分布在动物、植物、真菌、细菌及病毒中,具有重要的生物学功能。可作为机体内外表面的保护物及润滑剂,如鱼类体表

的黏液中含有丰富的糖蛋白,有防止在不利条件下水分的丧失作用;具有免疫防御作用,如血浆中 γ-球蛋白;具有信息传递作用,如细胞表面的许多膜蛋白。此外,有些糖蛋白还可充当维生素、激素等的载体,有助于这些物质在体内的转移和分配。

④脂蛋白。蛋白质与脂类结合构成脂蛋白,广泛分布于细胞和血液中,因此,脂蛋白可分为细胞脂蛋白和血浆脂蛋白。细胞脂蛋白主要是参与生物膜的构建;血浆脂蛋白是由蛋白质、磷脂、胆固醇酯、胆固醇和甘油三酯所组成的复合物,是不溶于水的脂类在血液中的运输方式。

⑤色素蛋白。由蛋白质和某些色素物质结合而成,多为卟啉类的色素蛋白,如血红蛋白、叶绿素、细胞色素类等都属于这一类结合蛋白。

⑥黄素蛋白。辅基为黄素腺嘌呤二核苷酸,琥珀酸脱氢酶即是此类蛋白。

⑦金属蛋白。直接与金属结合的蛋白质,如铁蛋白含铁,乙醇脱氢酶含锌,黄嘌呤氧化酶含钼和铁等。

1.7.2 重要的动物蛋白

1)血浆蛋白

血浆蛋白质包括多种蛋白质成分,用不同的分离方法,可以将血浆蛋白质分为不同的组分。如用盐析法可将血浆蛋白分为清蛋白、球蛋白及纤维蛋白原 3 种;用醋酸纤维薄膜电泳法分离时,可将血浆蛋白分为清蛋白、α_1-球蛋白、α_2-球蛋白、β-球蛋白、γ-球蛋白 5 种;用其他方法,如免疫电泳,还可以将血浆蛋白作更进一步的区分。这说明,血浆蛋白包括了很多分子大小和结构都不相同的蛋白质。

血浆中的纤维蛋白原完全是由肝脏合成。含量虽少,仅占血浆总蛋白的 4% ~6%,但有很重要的生理功能。当血管损伤而出血时,纤维蛋白原可转变为不溶的纤维蛋白,从而使血液凝固,有阻止血液继续流出而保护机体的功能。血浆蛋白质中数量最多的是清蛋白和球蛋白。正常动物血浆中,清蛋白、球蛋白的含量及比值都有一定的范围。清蛋白与球蛋白的比值称为血清的蛋白质系数。人的血清蛋白质系数大于 1,而多数动物的该系数小于 1。当患某些疾病时,如磷、氯仿中毒,肝合成清蛋白的能力下降;或患感染性疾病时,球蛋白增加的同时,清蛋白往往下降。因此,血清蛋白质系数在临床上作为疾病的辅助诊断,对判断治疗效果和疾病预后的观察都有一定的参考价值。

血浆蛋白的主要生理功能:

①维持血液正常的胶体渗透压和 pH 值。血浆蛋白质浓度比细胞间液高,胶体渗透压较大,能使水从细胞间液进入血浆。如血浆蛋白质含量减少到一定程度,由于血浆胶体渗透压下降,就可引起水肿。

血浆蛋白质的等电点大部分在 pH 值为 4.0 ~6.0,在血液正常 pH 范围内,它们都呈弱酸性,其中一部分以弱酸盐的形式存在。血浆蛋白质及其盐构成了缓冲体系,可以参与血液酸碱平衡的调节。

②运输作用。体内许多物质通过与血浆蛋白质结合被血液运输,如清蛋白能运输脂肪酸、胆红素等,α-球蛋白能运输脂类,β-球蛋白能运输铁等。

③免疫作用。机体对入侵的病原体能产生特异的抗体。抗体大部分是 γ-球蛋白,少

部分为β-球蛋白。抗体又称免疫球蛋白,它具有保护机体的重要作用。

④营养作用。血浆蛋白质可以被组织摄取,用以进行组织蛋白质的更新、组织修补,转化成其他重要的含氮化合物,以维持组织蛋白质的动态平衡。

⑤凝血作用。血浆中的纤维蛋白原和其他凝血因子在凝血过程中起着重要作用,当其含量降低时可引起凝血机能障碍。

2)乳蛋白质

乳中的蛋白质主要由乳清蛋白和酪蛋白组成。乳清是指脱脂乳用酸或凝乳酶凝固沉淀除去酪蛋白后的液体;存在于乳清中的蛋白质称为乳清蛋白,它主要包括β-乳球蛋白、α-乳清蛋白、血清蛋白、免疫球蛋白、乳铁蛋白及一些酶类。酪蛋白是乳腺自身合成的含磷的酸性蛋白质,在乳中与钙离子结合,成球形颗粒分散存在,称为"微团"。酪蛋白是主要的营养性蛋白质,也是乳中丰富钙、磷的来源。

乳蛋白在人或动物的生长发育过程中具有以下重要的生理功能:

①具有较高的营养价值。乳蛋白含有哺乳动物幼仔生长发育所需的几乎一切营养成分,是动物出生后早期最适宜的食物来源。乳蛋白中含有机体几乎所有的必需氨基酸,并且必需氨基酸的量与人类所需的最适氨基酸量关系密切,是人类营养价值最高的营养品。此外,乳蛋白还具有优良的加工特性,广泛应用于食品工业,受到消费者和营养学家的重视。

②具有较高的免疫功能。Gorlay 等(1990)研究发现,乳中的免疫球蛋白可抑制和杀灭肠道的病原菌,对动物或人体具有增强免疫功能。Bounous 和 Gold(1991)报道,乳中的酪蛋白和乳清蛋白具有抑制致癌物的致癌作用的效果,而乳蛋白的抗癌作用可能和增强免疫系统的活性有关。Shinoda 等(1996)同样也发现,乳中的乳铁蛋白具有活化宿主防御系统的免疫介导剂的作用,可抑制癌细胞的生长。

③具有保护作用。乳蛋白除了提供机体所需的氨基酸和氮源物质外,乳蛋白的消化所产生的一系列生物活性肽对动物体还具有保护功能,如调节生理功能、预防疾病和感染等。

④具有疾病治疗作用。乳蛋白消化产生的生物活性肽如阿片肽类、免疫活性肽、抗高血压肽、抗血凝肽等,可用于食品添加剂、药物生产,或用于矿物质的吸收障碍以及免疫缺乏的治疗,发挥其免疫调节、抗血栓、抗高血压和抗菌等功能。

3)肌蛋白

肉是人类重要的营养品,其中以肌肉组织占的比例最大,构成了肉在质和量上的决定因素。在肌肉组织中,蛋白质含量是最多和最重要的成分,占总重量的19%~20%,约为固体物质总量的75%,不仅含有人体需要的全部必需氨基酸,而且人体对肉中蛋白质的利用率也高。肌肉组织中的蛋白质由有收缩性的肌原纤维蛋白质、肌原纤维之间溶解状态的肌浆蛋白质以及构成肌纤维膜、毛细血管、结缔组织的基质蛋白组成。肌原纤维由许多的肌小节组成,是骨骼肌收缩的基本结构单位。肌小节是由粗、细肌丝组成的,粗肌丝由肌球蛋白分子组成,细肌丝由肌动蛋白、原肌凝蛋白和肌钙蛋白组成的。肌肉的收缩,就是由于肌细胞兴奋而引发细肌丝在粗肌丝之间滑动形成的。

肌肉中的蛋白质不仅在生命活动中具有重要的作用,而且在肉类的合理加工利用、安全储藏以及卫生防疫方面具有重要的意义。如肌肉中肌红蛋白与血红蛋白的含量决定了肉的颜色,成熟肉的色泽会变淡。由于肌肉收缩产生的持续张力,使肌原纤维小片化,从而使肌肉组织柔软而富有弹性等。

1.8 抗原与抗体

生物体免疫系统是通过免疫反应执行免疫功能,有利于使生物体免除疫病(传染病)及抵抗多种疾病的发生。免疫反应是指人与动物抵抗和消灭入侵病原微生物,以及对这些物质产生特异的排除或处理反应,能够刺激机体产生(特异性)免疫应答,并能与免疫应答产物抗体和致敏淋巴细胞在体外结合,从而产生免疫效应(特异性反应)的物质,称为抗原,或称免疫原。抗原通常是一种蛋白质,但多糖和核酸等也可作为抗原。抗原具有两个重要特性:一是诱导免疫应答的能力,即免疫原性;二是与免疫应答的产物发生反应,即抗原性。能与相应抗原(表位)特异性结合的具有免疫功能的球蛋白,称为抗体。1968 年和 1972 年世界卫生组织和国际免疫学会联合会先后决定,将具有抗体活性或化学结构与抗体相似的球蛋白统一命名为免疫球蛋白(Immunoglobulin,Ig)。

1.8.1 免疫球蛋白的结构

免疫球蛋白是一类血浆糖蛋白,糖蛋白中的蛋白质与糖以共价键连接,其蛋白质部分由四肽链分子组成,各肽链间有数量不等的链间二硫键。结构上 Ig 可分为 3 个长度大致相同的片段,其中 2 个长度完全一致的片段位于分子的上方,通过一易弯曲的区域与主干连接,形成一 Y 字形结构(如图 1.18),称为 Ig 单体,构成免疫球蛋白的基本单位。在组成免疫球蛋白的四条肽链中,其中分子量较大的为重链(H 链),分子量较小的为轻链(L 链),同一天然 Ig 分子中的两条 H 链和两条 L 链的氨基酸组成完全相同。

图 1.18 抗体立体模型

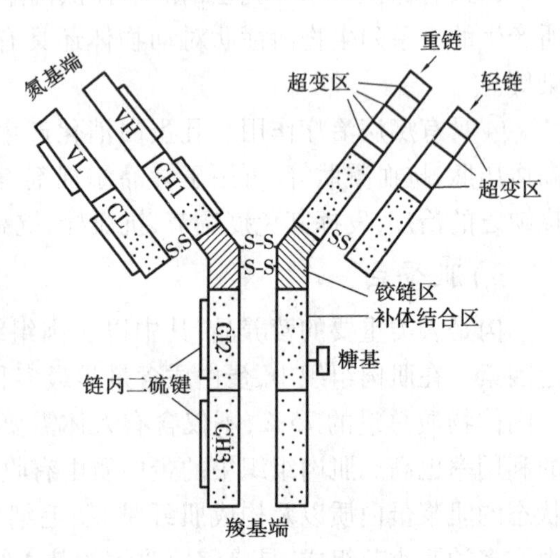

图 1.19 抗体的结构示意图

通过分析不同免疫球蛋白的重链和轻链的氨基酸序列,发现重链和轻链靠近 N 端的约 110 个氨基酸的序列变化很大,其他部分氨基酸序列则相对恒定。变化比较大的区域,称为可变区(Variable Region,V),而靠近C端氨基酸序列相对稳定的区域,称为恒定区(Constant Region,C区)(如图1.19)。可变区域是Ig的抗原结合部位,决定着抗体的特异性,负责识别及结合抗原,从而发挥免疫效应;恒定区决定了免疫球蛋白的免疫原性,同一个种属的个体,所产生针对不同抗原的同一类别Ig,其免疫原性相同,不同种类的免疫球蛋白重链恒定区的氨基酸组成和排列顺序不尽相同,因此其抗原性也不同。

Ig分子的两条重链和两条轻链都可折叠为数个球形结构域,每个结构域一般具有相应的功能。

1.8.2 免疫球蛋白的分类

到目前为止,发现人的Ig有5类:IgG,IgA,IgM,IgD和IgE;家畜和小动物有4类:IgG,IgA,IgM和IgE,尚未证实有IgD;禽类主要有3类:IgG,IgA和IgM。

IgA分为血清型和分泌型2种类型。血清型为单体,主要存在于血清中,仅占血清免疫球蛋白总量的10%~15%;分泌型为二聚体,由含J链和分泌片的二聚体组成,存在于胃肠道和支气管分泌液、初乳、唾液和泪液中,是参与黏膜局部免疫的主要抗体。

IgG多为单体,于出生3个月开始合成,3~5年接近成人水平,半衰期约为23天,是血清和细胞外液中含量最高的Ig,占血清总Ig的75%~80%。

IgM为五聚体,是分子量最大的Ig,称巨球蛋白,是个体发育过程中最早能产生的抗体,是抗原刺激后出现最早的抗体,因此,检测IgM水平可用于传染病的早期诊断。

IgE以单体形式存在,是正常人血清中含量最少的Ig,可以结合肥大细胞和嗜碱性粒细胞,参与I型超敏反应的发生。

IgD在正常人血清中浓度很低,仅占血清免疫球蛋白总量的0.2%,可以在个体发育的任何时间产生,半衰期很短(仅3天)。IgD分为两型:血清型和膜结合型。血清型IgD的生物学功能尚不清楚;膜结合型IgD是B细胞分化发育成熟的标志。

1.8.3 免疫球蛋白的异质性

免疫球蛋白的异质性可表现为:不同抗原表位刺激机体所产生的不同类型的免疫球蛋白分子,其识别抗原的特异性不同,其重链类别和轻链型别也有差异。不同抗原表位诱导的同一类型的免疫球蛋白(如IgG),其识别抗原的特异性不同。导致免疫球蛋白异质性的因素包括内源性因素和外源性因素。

1)外源性因素所致的异质性——免疫球蛋白的多样性

自然界存在的外源性抗原数目繁多,包括蛋白质、多糖、脂类等。每一种抗原分子的结构又十分复杂,含有多种不同的抗原表位。含多种不同抗原表位的抗原刺激机体免疫系统,导致免疫细胞的活化,产生多种不同特异性的抗体。抗体的这种异质性,反映出机体对抗原精细结构的识别和应答。

2)内源因素所致的异质性——免疫球蛋白的血清型

免疫球蛋白既可与相应的抗原发生特异性的结合,其本身又可激发机体产生特异性免疫应答。其结构和功能基础是在免疫球蛋白分子中包含多种不同的抗原表位,呈现出不同的免疫原性。

1.8.4 人工制备抗体

抗体的生物学特性使其在疾病诊断、免疫防治及其基础研究中发挥重要作用。人工制备抗体是大量获得抗体的有效途径。

1)多克隆抗体

天然抗原分子中常含有多种不同抗原特异性的抗原表位,以该抗原物质刺激机体免疫系统,体内多个B细胞克隆被激活,产生的抗体中实际上含有针对多种不同抗原表位的免疫球蛋白,称为多克隆抗体(Pdyclonal Antibody,pAb)。获得多克隆抗体的途径主要有:动物免疫血清、恢复期人血清或免疫接种人群。其优点是:作用全面,具有中和抗原,免疫调理,介导补体,介导的细胞毒的作用,来源广泛,制备容易;其缺点是:特异性不高,易发生交叉反应,从而应用受限。

2)单克隆抗体

一个B细胞针对一个抗原决定簇所产生的特异性抗体,称为单克隆抗体。单克隆抗体的获得通过杂交瘤技术。其优点是:结构均一,纯度高,特异性强,效价高,血清交叉反应少或无,制备成本低;其缺点是:其鼠源性对人具有较强的免疫原性,反复使用后可诱导产生人抗鼠的免疫应答,从而消弱了其作用,甚至导致机体组织细胞的免疫病理损伤。

3)基因工程抗体

随着DNA重组技术的发展,人们通过基因工程技术对Ig分子进行切割、拼接或修饰来制备的新型抗体分子,成为基因工程抗体。基因工程抗体是按照人类设计所重新组装的新型抗体分子,可保留或增加天然抗体的特异性和主要生物活性,去除或减少无关结构,从而克服单克隆抗体在临床应用方面的缺陷;其缺点是:亲和力不强,效价不高。

[本章小结]

蛋白质是生物体内重要的生物大分子,是生物体复杂生命现象和生命活动的主导者,也是生命活动的物质基础。蛋白质的基本结构单位是氨基酸,参与蛋白质组成的氨基酸只有20种。氨基酸通过肽键相互连接而成的化合物称为肽,蛋白质是由一条或多条多肽链以特殊方式结合而成的生物大分子。

不同的蛋白质都具有其特定的构象。其结构一般分为4个结构层次:一级、二级、三级和四级结构。蛋白质一级结构是指多肽链中氨基酸的排列顺序,是决定蛋白质空间结构的基础,肽键是维持该结构的稳定键;二级结构是指蛋白质多肽链主链本身在空间的折叠和盘旋形成的构象,主要包括α-螺旋、β-折叠、β-转角、无规则卷曲等几种形式,维持蛋白质二级结构的主要作用力是氢键;三级结构是建立在蛋白质二级结构基础上的,是由α-螺旋、β-折叠、β-转角等二级结构之间相互配置而成的构象,包括每一条多肽链中主链与侧链的所有原子与基团的空间排布。维持三级结构的主要作用力是氢键、疏水键、离子键和范德华力等,对于只有一条肽链构成的蛋白质,只要具有三级结构,就具有生物学活性;四级结构是由两条或两条以上具有三级结构的多肽链相互作用,彼此以非共价键相连接形成的更加复杂的构象,其中每条多肽链形成的独立三级结构单元称为亚基或亚单位,单独的一个亚基没有生物学活性,只有各个亚基彼此缔合成完整的四级结构才有生物学活性。

蛋白质的结构决定其性质与生物学功能。蛋白质的一级结构是其特定生物学功能的基础,一级结构改变,生物学功能降低或丧失。蛋白质的空间结构是实现其生物学功能的基础,蛋白质的功能往往是通过构象的变化而产生的别构效应来实现的。若蛋白质的特定空间结构遭到破坏,其生物学功能就会丧失。

蛋白质是由氨基酸组成的,它的理化性质与氨基酸的性质有些相似,它们都是两性化合物,不同蛋白质、氨基酸都具有特定的等电点,并且在等电点的状态下溶解度最小;由于色氨酸、酪氨酸、苯丙氨酸的存在,使蛋白质在波长 280 nm 处具有较强的吸光值;都能与茚三酮发生颜色反应等。蛋白质形成空间结构时,常为球形,在溶液中容易形成水化膜和同种电荷,而成为稳定的胶体溶液。蛋白质受到某些物理、化学因素的影响会发生沉淀或变性作用。

生物体免疫系统通过免疫反应执行免疫功能,使生物体免除疫病(传染病)及抵抗多种疾病的发生。参与生物免疫反应的抗原、抗体主要为蛋白质,其中免疫球蛋白在生物体免疫机制和实践应用中发挥着重要的作用。

[目标测试]

一、名词解释(2 分 ×9)

两性电解质　氨基酸等电点　肽　α-螺旋　电泳　盐析　复性　蛋白质变性作用　盐溶

二、填空题(1 分 ×34)

1. 各种蛋白质________元素的含量比较相近,平均为________。

2. 蛋白质的组成单位是________,它们之间依靠________键相连接。

3. 20 种氨基酸的结构通式是________,除了________氨酸外都是α-氨基酸;除了________氨酸外,都具有旋光性。

4. 人体需要的 8 种必需氨基酸分别为________、________、________、________、________、________、________和________。

5. 蛋白质溶液是稳定胶体的原因是________________和________________。

6. 蛋白质变性的实质是________________,变性后的蛋白质最显著的特点是________________。

7. 根据分子形状,蛋白质可以分为________、________两类;根据生物功能,蛋白质可以分为________、________两类;根据化学组成,蛋白质可以分为________、________两类。

8. 用分光光度计在 280 nm 测定蛋白质有强烈吸收,主要是由于________、________和________等氨基酸侧链基团起作用。

9. 蛋白质定量测定方法主要有________、________、________等。

10. 在 pH =4 的溶液中,Glu 带________电,在直流电场中向________极移动;Ile 带________电,在直流电场中向________移动。

三、选择题(2 分×15)

1. 某一氨基酸在 pH4 的溶液中带负电荷,其等电点必须(　　)。

A. pH 大于 4　　B. pH 等于 4　　C. pH 小于 4

2. 处于等电点的蛋白质(　　)。

A. 分子不带电　　B. 分子不稳定,易变性

C. 易聚集成多聚体　　D. 分子带的电荷最多

3. 下列哪种方式可以沉淀蛋白质而不使其变性?(　　)。

A. 加入中性盐　　B. 加入三氯乙酸

C. 常温下加入乙醇　　D. 加热

4. 下列叙述中不属于蛋白质一级结构内容的是(　　)。

A. 多肽链中氨基酸的种类、数目、排列次序

B. 多肽链中氨基酸残基键链方式

C. 多肽链中主肽链的空间走向,如 α-螺旋

D. 胰岛素分子中 A 链与 B 链间含有两条二硫键

5. 蛋白质变性伴随的结构上的变化是(　　)。

A. 肽键断裂　　B. 氨基酸残基的化学修饰

C. 一些侧链基团暴露　　D. 二硫键的拆开

6. 酪蛋白属于下列哪一种蛋白质?(　　)。

A. 磷蛋白　　B. 色蛋白　　C. 糖蛋白　　D. 简单蛋白质

7. 典型的 α-螺旋中每圈含氨基酸残基数为(　　)。

A. 4.6 个　　B. 3.6 个　　C. 2.6 个　　D. 5.6 个

8. 用下列方法以测定蛋白质含量时,哪种方法需要完整的肽键?(　　)。

A. 双缩脲法　　B. 凯氏定氮法　　C. 茚三酮反应　　D. 紫外吸收法

9. 氨基酸与蛋白质共有的性质是(　　)。

A. 胶体性质　　B. 沉淀反应　　C. 变性性质　　D. 两性性质

10. 含硫的必需氨基酸是(　　)。

A. 半胱氨酸　　B. 蛋氨酸　　C. 苏氨酸　　D. 亮氨酸

11. 免疫球蛋白是一种(　　)。

A. 铁蛋白　　B. 糖蛋白　　C. 铜蛋白　　D. 核蛋白

12. 茚三酮与脯氨酸反应时,在滤纸层析谱上呈现(　　)色斑点。

A. 蓝紫　　B. 红　　C. 黄　　D. 绿

13. 具有四级结构的蛋白质特征是(　　)。

A. 分子中必定含有辅基

B. 含有多条或两条以上的多肽链

C. 每条多肽链都具有独立性和生物学活性

D. 依赖肽键维系蛋白质分子的稳定

14. 含 4 个氮原子的氨基酸是(　　)。

A. 赖氨酸　　B. 精氨酸　　C. 酪氨酸　　D. 色氨酸

15. 镰刀状细胞贫血病是最早被认识的一种分子病,它是由于血红蛋白的两条 β 亚

基中的两个谷氨酸分别为下述哪种氨基酸所替代?(　　)。

A. 丙氨酸　　B. 缬氨酸　　C. 丝氨酸　　D. 苏氨酸

四、简答题(6 分×3)

1. 蛋白质有哪些结构层次?如何理解蛋白质结构与功能的关系?

2. 试述蛋白质的胶体性质及其与实践的关系。

3. 试述蛋白质沉淀的类型、原理及其与实践的关系。

复习思考题

1. 查阅相关资料,结合专业特点谈谈有关蛋白质的理论知识在实际生产中的应用。

2. 查阅资料,试完成读书报告《免疫球蛋白(或肽)在畜牧生产中的应用研究进展》。

[知识拓展]

绿色萤光蛋白

绿色萤光蛋白(Green Fluorescent Protein),简称 GFP,是由日本科学家下村修于 1962 年在水母(Aequorea Victoria)体内发现的发光蛋白。该蛋白分子的形状呈圆柱形,分子质量为 26kDa,由 238 个氨基酸构成,就像一个桶,第 65 ~ 67 位氨基酸(Ser-Tyr-Gly)形成发光团,是主要发光的位置,位于桶中央,因此,绿色荧光蛋白可形象地比喻成一个装有色素的"油漆桶"。装在"桶"中的发光基团对蓝色光照特别敏感。当它受到蓝光照射时,会吸收蓝光的部分能量,然后发射出绿色的荧光,并且其发光团的形成不具物种专一性,发出荧光稳定,且不需要依赖任何辅因子或其他基质而发光。

1993 年,美国科学家马丁·沙尔菲成功地通过基因重组的方法使得除水母以外的其他生物(如大肠杆菌等)也能产生绿色荧光蛋白,这不仅证实了绿色荧光蛋白与活体生物的相容性,而且建立了利用绿色荧光蛋白研究基因表达的基本方法,把原本透明的细胞或细胞器从黑暗的显微镜视场中"揪出来",就好像在细胞内装上了"摄像头",得以实时监测各种病毒"为非作歹"的过程。至此,生物医学研究的一场"绿色革命"揭开了序幕。

后来,美籍华人钱永健系统地研究了绿色荧光蛋白的工作原理,并对它进行了大刀阔斧地化学改造,不但大大增强了它的发光效率,还发展出了红色、蓝色、黄色荧光蛋白,使得荧光蛋白真正成为了一个琳琅满目的工具箱,供生物学家们选用。绿色荧光蛋白基因转化入宿主细胞后很稳定,对多数宿主的生理无影响,是常用的报道基因。

瑞典皇家科学院将绿色荧光蛋白的发现和改造与显微镜的发明相提并论,成为当代生物科学研究中最重要的工具之一。2008 年 10 月,日本科学家下村修、美国科学家马丁·查尔菲、美籍华人科学家钱永健 3 人共同分享了当年的诺贝尔化学奖。

第2章
核　酸

本章导读：本章主要阐述生物大分子——核酸的化学性质和生物学特性。通过学习，掌握核酸的基本化学组成，并能准确区分DNA和RNA在化学组成上的差别，了解重要核苷酸衍生物的一些生物学意义；掌握DNA和RNA各级分子结构特点，重点掌握DNA双螺旋结构的特点和生物学意义；掌握核酸的重要物理化学性质，了解DNA的变性、复性和分子杂交等性质。

2.1　概　述

核酸是含有磷酸基团的重要生物大分子，早在1868年，瑞士外科医生F. Miescher从外伤病人绷带上脓细胞的细胞核中分离得到一种酸性物质，即现在被称为核酸的物质。然而，直到1939年，Knapp E等才第一次用实验方法证实核酸是生命遗传的基础物质。目前的研究表明，一切生物都含有核酸，即从高等的动、植物到简单的病毒都含有核酸。核酸不仅是生物体重要的组成成分，而且与生命活动有着十分密切的关系，动物的生长、繁殖、遗传、变异等都与核酸有着极其重要的关联，所以，核酸的研究是生命科学的重要基础之一。

核酸可分为脱氧核糖核酸（DNA）和核糖核酸（RNA）两大类，并且一般都和蛋白质相结合，以核蛋白的形式存在。在真核细胞中，DNA主要存在于细胞核的染色质内，高等动物的线粒体中也有少量存在。核酸是遗传信息的真正携带者，兼具有存储和传递遗传信息的双重功能。核酸的相对分子质量一般都很大，如人细胞核中的DNA分子至少含有9×10^7个核苷酸。RNA主要存在于细胞质中，其余约10%主要存在于核仁，它负责DNA遗传信息的翻译和表达，相对分子质量要比DNA小得多。

2.2 核酸的化学组成

2.2.1 核酸的化学组成

1)元素组成

经元素分析证明,组成核酸的元素有碳、氢、氧、氮、磷,其中,磷的含量为9%~10%,且含量比较稳定,因此可以通过测定磷的含量来估计核酸的含量。

2)分子组成

核酸是多核苷酸的聚合物,其基本结构单位是单核苷酸。单核苷酸水解,可以得到磷酸和核苷,核苷进一步水解,生成戊糖和碱基。核酸的水解过程如图2.1所示。

核酸⟶低聚核苷酸⟶核苷酸⟶{磷酸; 核苷⟶{戊糖; 碱基}}

图2.1 核酸的水解顺序

由图2.1可见,核酸分子的基本组成成分包括磷酸、戊糖和碱基。

(1)**碱基**

构成核酸的碱基主要是嘧啶碱和嘌呤碱。

①嘧啶碱。核酸中常见的嘧啶衍生物有:胞嘧啶(Cyt)、尿嘧啶(Uda)和胸腺嘧啶(Thy)3类。此外,核酸中还有一些含量较少的碱基,称为稀有碱基(或修饰碱基),如有些噬菌体中就含有5-羟甲基胞嘧啶和5-羟甲基尿嘧啶。

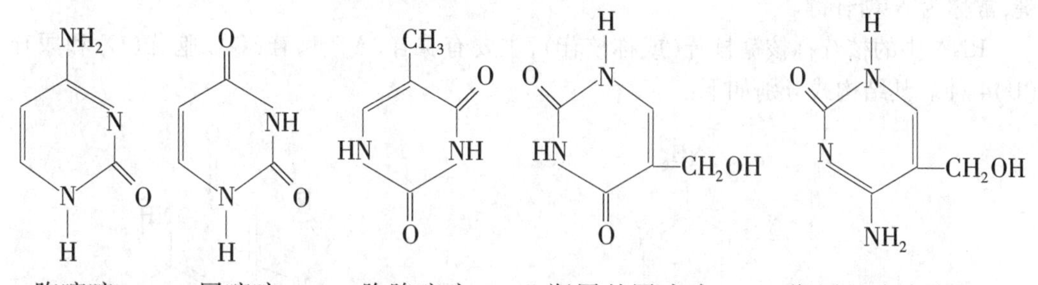

②嘌呤碱。核酸中所含的嘌呤碱主要有腺嘌呤(Adenine)和鸟嘌呤(Guanine)

嘌呤 **鸟嘌呤** **腺嘌呤**

RNA中主要含有腺嘌呤(A)、鸟嘌呤(G)、胞嘧啶(C)、尿嘧啶(U)4种碱基;DNA含有腺嘌呤(A)、鸟嘌呤(G)、胞嘧啶(C)、胸腺嘧啶(T)4种碱基。

(2)戊糖

戊糖有 D-核糖和 D-2-脱氧核糖两种，由此将核酸分为核糖核酸(RNA)和脱氧核糖核酸(DNA)。RNA 中含有 β-D-核糖，DNA 含有 β-D-2-脱氧核糖。核酸分子中的戊糖均为 β-D-型。戊糖碳原子序号上加上“′”，是为了区别碱基上碳原子序号。

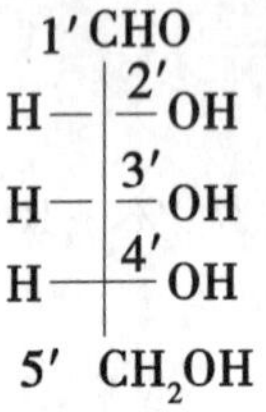

D-核糖（直链式）　β-D核糖（呋喃式）　D-2-脱氧核糖（直链式）　β-D-2脱氧核糖（呋喃式）

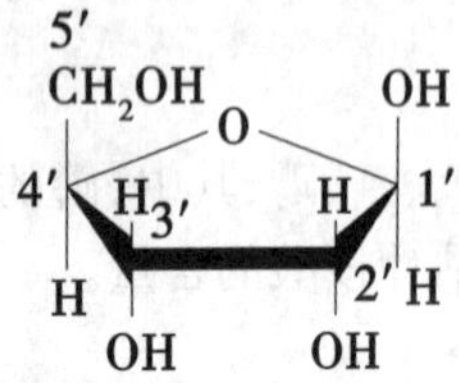

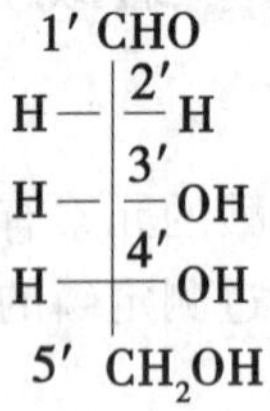

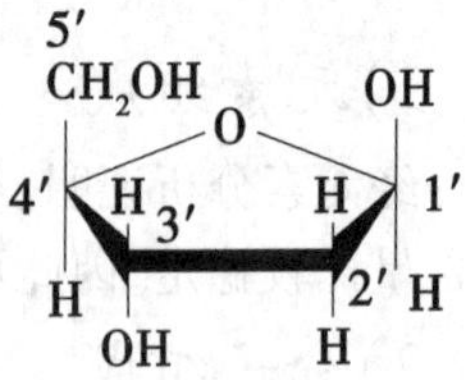

(3)磷酸

RNA 和 DNA 中都含有磷酸。磷酸还可与另一分子磷酸结合形成焦磷酸，其结构式分别如下：

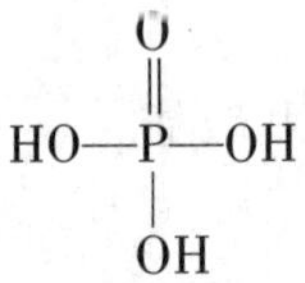

磷酸(pi) 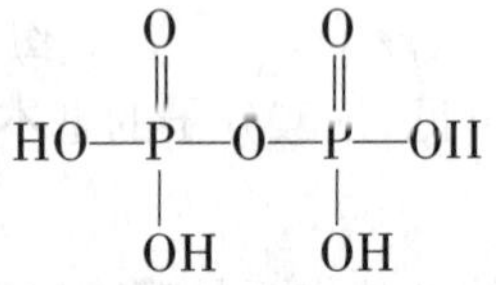　焦磷酸(ppi)

(4)核苷

核苷是由一个戊糖和一个碱基缩合而成的糖苷。戊糖和碱基之间的连接键是 N-C 键，常称为 N-糖苷键。

RNA 中的核苷称核糖核苷(或称核苷)，主要有腺苷(A)、鸟苷(G)、胞苷(C)和尿苷(U)4 种。其结构式分别如下：

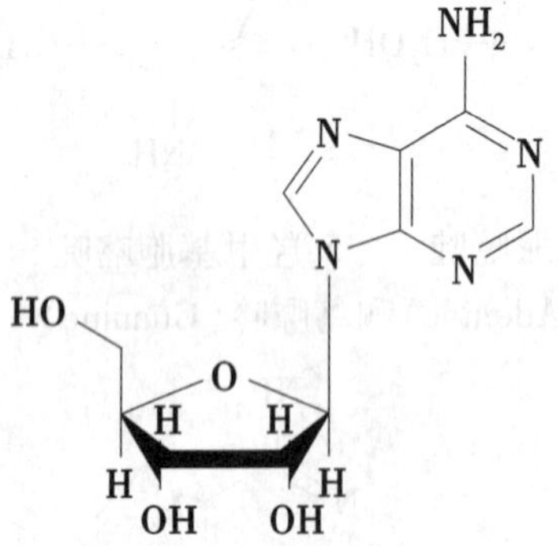

腺嘌呤核苷（A） 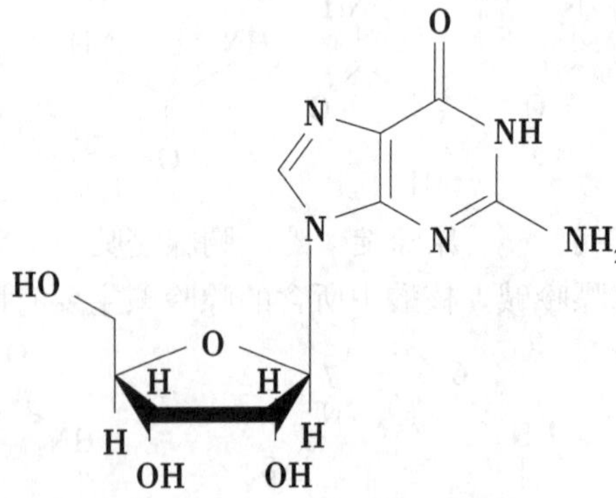　鸟嘌呤核苷（G）

胞嘧啶核苷（C） 尿嘧啶核苷（U）

DNA 中的核苷称为脱氧核糖核苷（或称脱氧核苷），主要有脱氧腺苷（dA）、脱氧鸟苷（dG）、脱氧胞苷（dC）和脱氧胸苷（dT）4 种，“d”表示脱氧。其结构式分别如下：

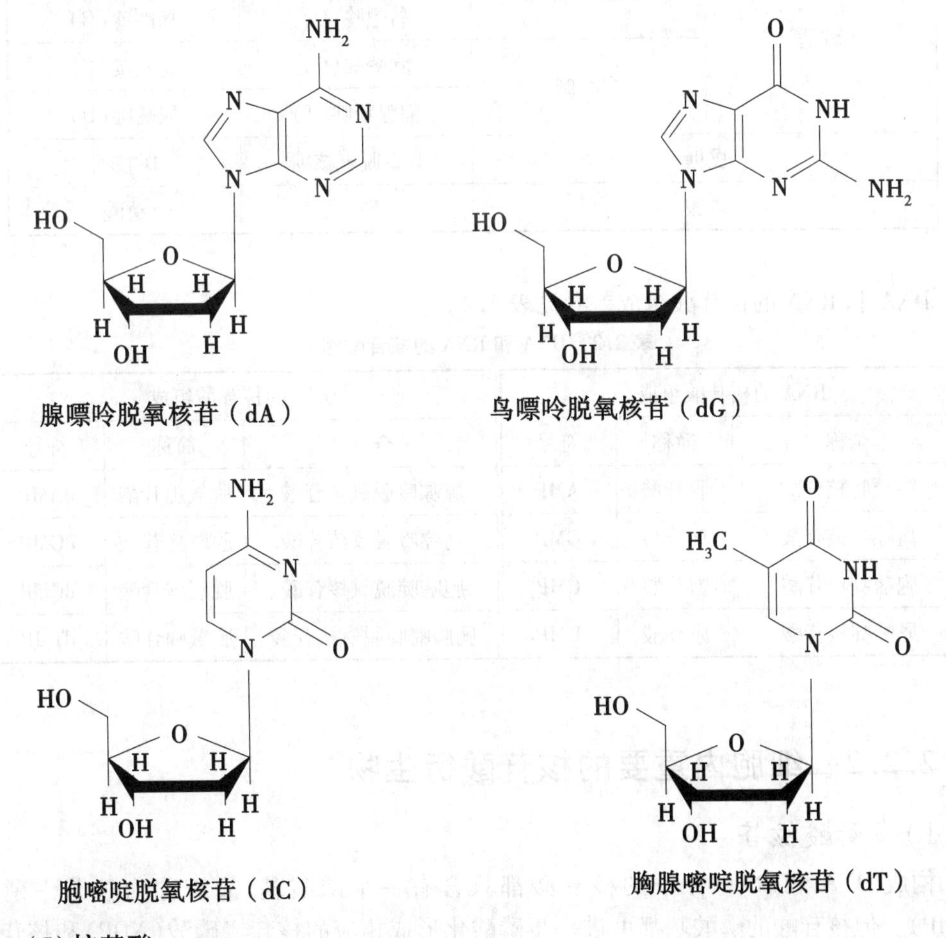

腺嘌呤脱氧核苷（dA） 鸟嘌呤脱氧核苷（dG）

胞嘧啶脱氧核苷（dC） 胸腺嘧啶脱氧核苷（dT）

(5)核苷酸

核苷酸是核苷的磷酸酯。自然界游离存在的核苷酸，仅 5′游离羟基连接磷酸，也即是作为 DNA 和 RNA 结构单元的核苷酸，分别是 5′-磷酸-脱氧核糖核苷和 5′-磷酸-核糖核苷。

5′-磷酸-核糖核苷
（结构式中B表示腺嘌呤、鸟嘌呤、胞嘧啶、尿嘧啶）

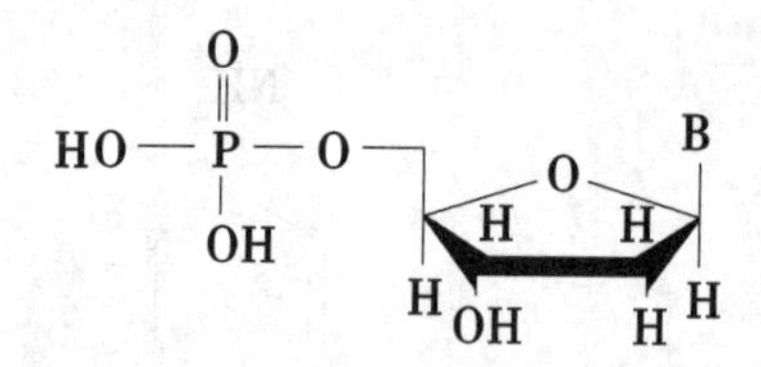

5′-磷酸-脱氧核糖核苷
（结构式中B表示腺嘌呤、鸟嘌呤、胞嘧啶、胸腺嘧啶）

DNA和RNA的基本化学组成差异见表2.1。

表2.1　DNA和RNA的基本化学组成

化学组成		DNA	RNA
碱基	嘌呤碱	腺嘌呤(A)	腺嘌呤(A)
		鸟嘌呤(G)	鸟嘌呤(G)
	嘧啶碱	胞嘧啶(C)	胞嘧啶(C)
		胸腺嘧啶(T)	尿嘧啶(U)
戊糖		D-2-脱氧核糖	D-核糖
磷酸		磷酸	磷酸

DNA和RNA的核苷酸组成差异见表2.2。

表2.2　DNA和RNA的核苷酸组成

RNA的核苷酸组成			DNA的核苷酸组成		
全称	简称	符号	全称	简称	符号
腺嘌呤核苷酸	腺苷酸	AMP	腺嘌呤脱氧核苷酸	脱氧腺苷酸	dAMP
鸟嘌呤核苷酸	鸟苷酸	GMP	鸟嘌呤脱氧核苷酸	脱氧鸟苷酸	dGMP
胞嘧啶核苷酸	胞苷酸	CMP	胞嘧啶脱氧核苷酸	脱氧胞苷酸	dCMP
尿嘧啶核苷酸	尿苷酸	UMP	胸腺嘧啶脱氧核苷酸	脱氧胸苷酸	dTMP

2.2.2　细胞内重要的核苷酸衍生物

1）多磷酸核苷

构成DNA和RNA分子的核苷酸都只含有一个磷酸基，故统称为核苷一磷酸(NMP)。但核苷酸的磷酸基都可进一步磷酸化形成相应的核苷二磷酸(NDP)和核苷三磷酸(NTP)。其结构简式如图2.2所示。

在图2.2所示的结构式中，B表示碱基，~表示高能磷酸键。比如，当B为腺嘌呤时可表示ATP，ATP上的磷酸残基用α，β，γ来编号。在这类化合物中，磷酸之间的焦磷酸键水解时可释放很高的能量，故称为高能磷酸键。二磷酸核苷和三磷酸核苷广泛存在于

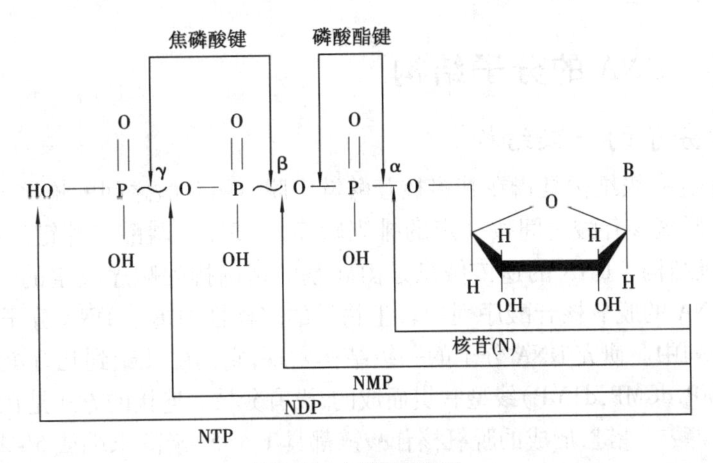

图2.2 多磷酸核苷

细胞内,参与许多重要的代谢过程,如 UTP 参与糖原的合成,CTP 参与磷脂的合成,GTP 参与蛋白质的生物合成等。ATP 是生物体内的直接功能物质,在能量代谢中起着极为重要的作用。

2)环化核苷酸

体内重要的环化核苷酸有 3′,5′-环化腺苷酸(cAMP)和 3′,5′-环化鸟苷酸(cGMP),其结构如下:

3′,5′-cAMP　　　　3′,5′-cGMP

环化核苷酸不是核酸的组成成分,在细胞中含量很少,主要参与调节细胞生理生化过程,控制生物的生长、分化和细胞对激素的效应。cAMP 和 cGMP 分别具有放大激素作用信号和缩小激素作用信号的功能,因此称为激素的第二信使。cAMP 还参与大肠杆菌中 DNA 转录的调控。

2.3 核酸的分子结构

自然界物种的多样化都与核酸特定的结构(基因)有关,基因是指 DNA 分子上具有遗传效应的特定核苷酸序列的总称,是 DNA 分子中最小的功能单位。通过基因的转录、翻译能体现物种特有的生命现象,而基因的复制则能够使上代的性状准确地在下一代表现出来。核酸这些重要功能与它的分子结构密切相关。

2.3.1 DNA 的分子结构

1)DNA 分子的一级结构

DNA 分子的一级结构是指在其多核苷酸链中脱氧核苷酸之间的连接方式、组成以及排列顺序。各脱氧核苷酸之间按一定的排列顺序,以 3′,5′-磷酸二酯键连接成的长链叫作 DNA 的一级结构。DNA 的遗传信息是由碱基的精确排列顺序决定的,生物的遗传信息就储存于 DNA 的脱氧核苷酸序列中。生物界的多样性即寓于 DNA 分子的 4 种核苷酸千变万化的排列中。研究 DNA 分子的一级结构发现,它是由几千到几万个脱氧核糖核苷酸(dAMP,dGMP,dCMP,dTMP)线型联贯而成的,没有分枝。连接的方式是在脱氧核苷酸之间形成 3′,5′-磷酸二酯键,形成的脱氧核苷酸链都具 1 个 5′-磷酸末端或 5′-末端,1 个 3′-羟基末端或 3′-末端,在表示 DNA 核苷酸延长的走向时,总是从 5′向 3′方向延伸(如图 2.3)。

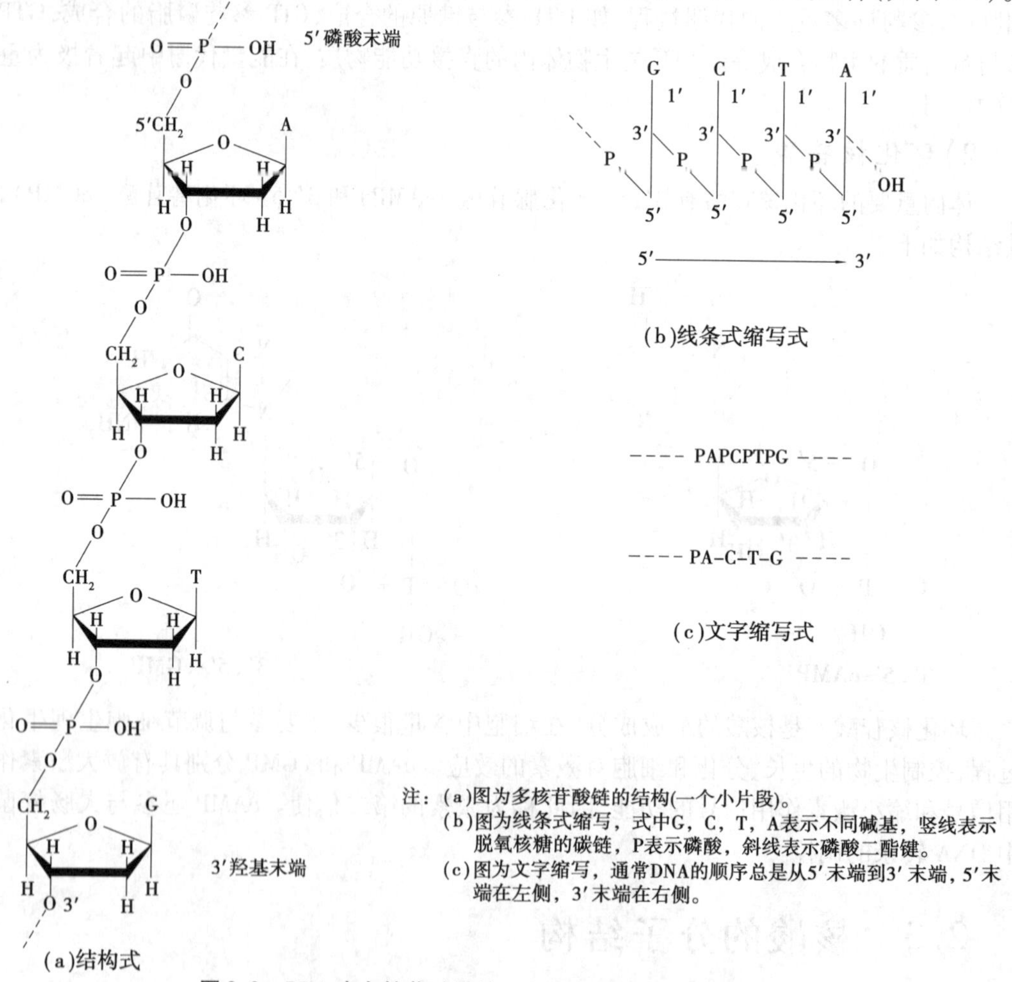

图 2.3 DNA 中多核苷酸链的一个小片断的结构及其缩写式

2)DNA 的二级结构

1953 年,美国的沃森(J. D. Watson)和英国的克里克(F. H. C. Crick)在前人工作的基础上提出了 DNA 的双螺旋结构模型(如图 2.4),其结构要点如下:

①DNA 分子由两条反向平行(一条链自上而下的走向为 5′→3′,另一条链自下而上的走向为是从 5′→3′)的多核苷酸链组成(如图 2.5)。两条链均为右手螺旋并缠绕同一个假想轴。

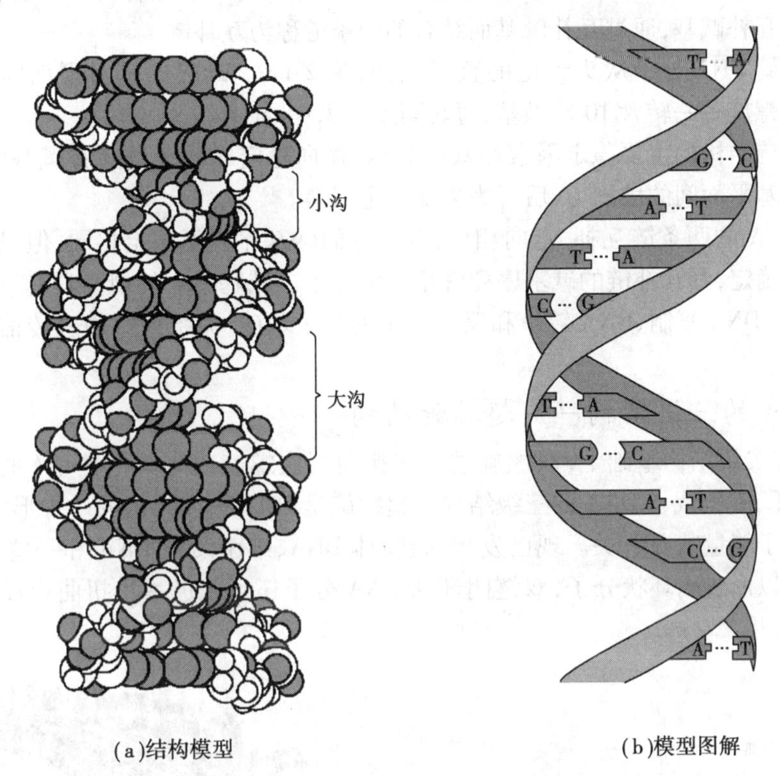

(a)结构模型　　(b)模型图解

图 2.4　DNA 分子双螺旋结构模型及其图解

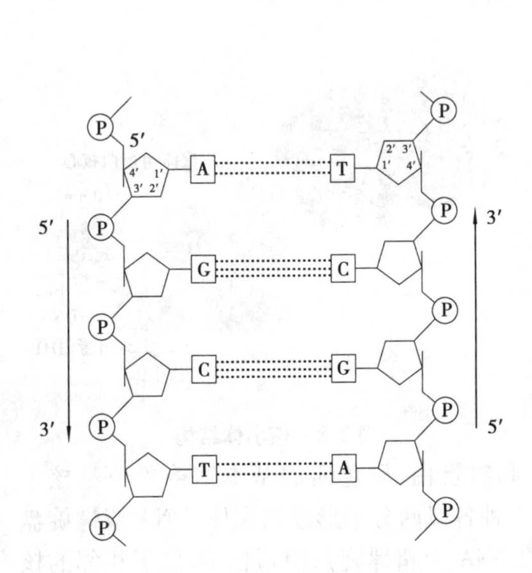

图 2.5　DNA 分子中多核苷酸的方向

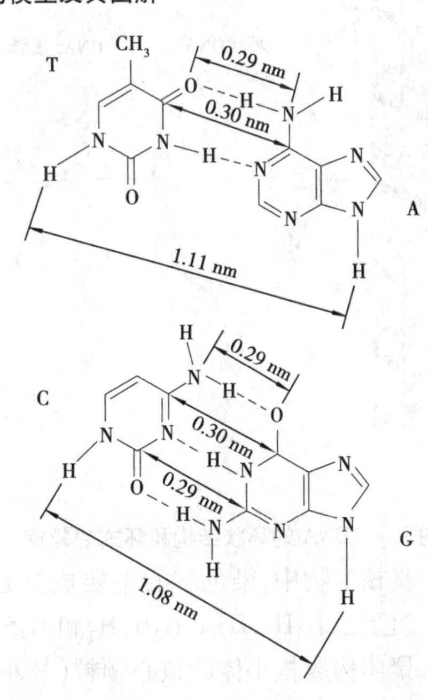

图 2.6　DNA 分子中的 A═T,C≡G 配对

②两条链上的碱基原子处在同一平面上,并通过氢键连接互相配对(如图2.6)。碱基配对有一定规律:鸟嘌呤(G)和胞嘧啶(C)配对(之间形成3个氢键);腺嘌呤(A)和胸腺嘧啶(T)配对(之间形成2个氢键)。这种配对规律称为碱基互补规律,碱基对中的两个碱基称为互补碱基,通过互补碱基而结合的两条链称为互补链。

③双螺旋DNA分子从头到尾的直径相同,为2 nm。毗邻碱基对平面间的距离是0.34 nm。双螺旋每一转含10对碱基,每转高度为3.4 nm。

④双螺旋结构的主要稳定因素在双螺旋内,横向稳定靠两条链互补碱基间的氢键,纵向则靠碱基平面间的堆积力,后者为主要稳定因素。

由于DNA的两条链互补,走向相反,两条链的碱基序列不一定相同,但只要一条链的碱基序列确定,其互补链的碱基序列就相应确立了。碱基配对的规律具有重要的生物学意义,它是DNA复制、RNA转录和反向转录的分子基础,关系到生物遗传信息的传递与表达。

3)DNA的三级结构——超螺旋结构

在DNA二级结构基础上,双螺旋进一步扭曲再次螺旋或与其他分子(主要是蛋白质)相互作用,就构成了DNA的三级结构。超螺旋是DNA三级结构的一种形式,超螺旋的形成与分子能量状况有关。现已发现,线粒体DNA、细菌质粒DNA和一些病毒DNA的双螺旋可以形成闭环状分子,双链闭环状DNA分子还可以进一步扭曲形成麻花状超螺旋结构(如图2.7)。

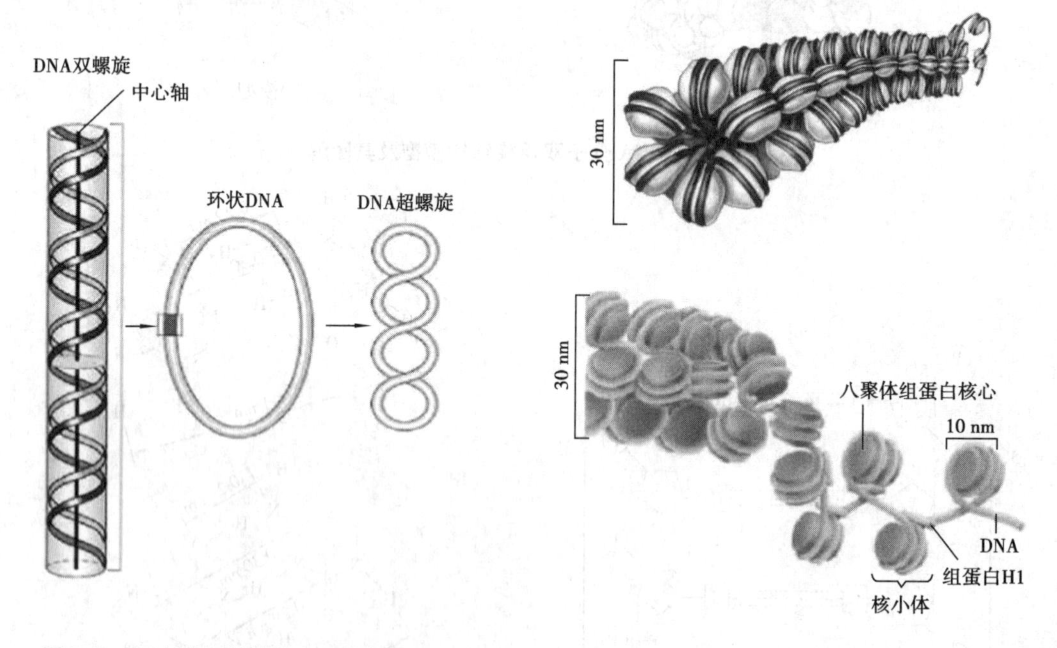

图2.7 DNA的环状结构和环式超螺旋

图2.8 核小体结构

真核生物中,染色质的主要成分是DNA和组蛋白,染色质的基本结构单位是核小体。组蛋白有H_1,H_2A,H_2B,H_3和$H_4$5种,后4种各以两分子形成八聚体,DNA双螺旋盘绕八聚体构成核小体的核心颗粒(核小体中的DNA为超螺旋);组蛋白H_1位于相邻的核心颗粒之间的连接区,并与长25~100个碱基对的DNA分子结合。核心颗粒与连接区构成一个核小体。许多核小体相连形成串珠状结构,这就是高等生物染色质的结构基础(如图2.8)。许多核小体组成的串珠结构经多层次的螺旋化形成染色单体,DNA分子的长度被压缩了近万倍。人类细胞中有46条(23对)染色体,这些染色体的DNA总长度可达1.7 m,经过上述近万倍的压缩,46条染色体的总长只有200 nm左右。

2.3.2 RNA的分子结构

1)RNA的结构特征

①RNA基本组成单位是AMP,GMP,CMP及UMP,一般含有较多种类的稀有碱基核苷酸,如假尿嘧啶(Ψ)核苷酸及带有甲基化碱基的多种核苷酸等。RNA的一级结构是指多核苷酸链中核苷酸的连接方式、组成及排列顺序。

②每分子RNA中约含有几十个至数千个NMP,与DNA相似,彼此通过3′,5′-磷酸二酯键连接而成多核苷酸链。

③除少数病毒外,RNA主要是单链结构,在同一条链的局部区域可卷曲形成双链螺旋结构,或称发夹结构(如图2.9)。双链部位的碱基一般也彼此形成氢键而相互配对,即A-U及G-C,双链区有些不参加配对的碱基往往被排斥在双链外,形成环状突起,这样的结构称为RNA的二级结构。不同的RNA分子其双螺旋区所占比例不同。RNA在二级结构的基础上还可以进一步折迭扭曲形成三级结构。

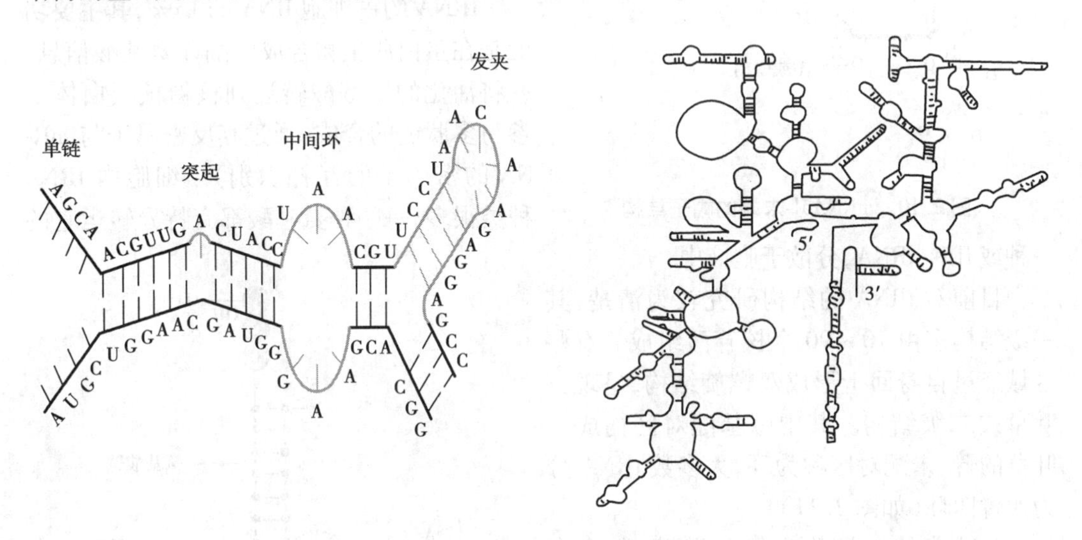

图2.9 RNA的发夹结构

2)RNA的分类及其分子结构

生物细胞中主要包括3类RNA,即mRNA,tRNA和rRNA,它们的碱基组成、分子大小、生物学功能以及在细胞中的分布都有不相同,结构也比较复杂。

(1)mRNA(**信使**RNA)

mRNA约占细胞RNA总量的5%左右,不同细胞的mRNA的链长和相对分子质量差异很大。它的功能是作为蛋白质生物合成的模板,将DNA的遗传信息传递到蛋白质合成基地——核糖核蛋白体。

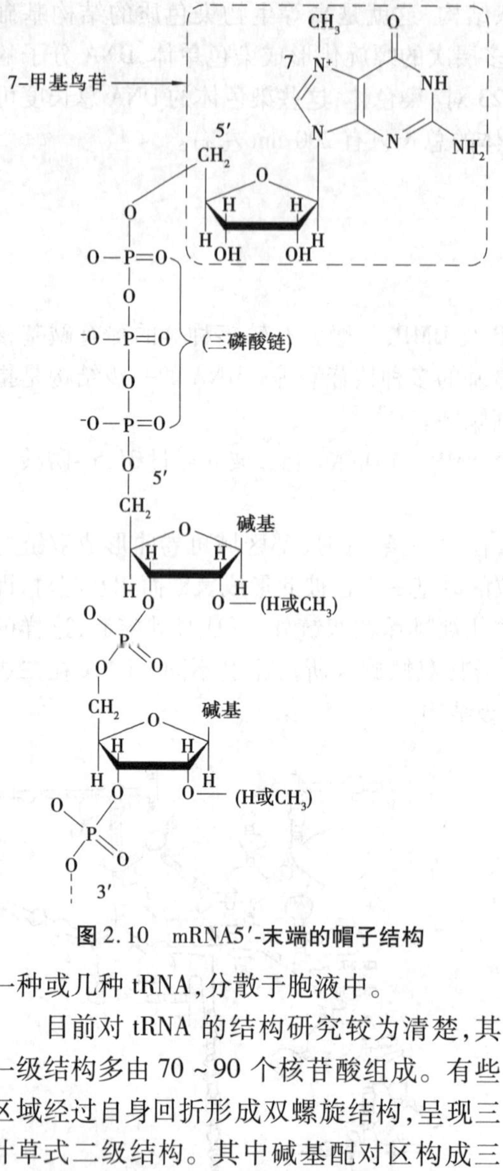

图 2.10 mRNA5′-末端的帽子结构

mRNA 的分子结构呈直线型，绝大多数真核细胞 mRNA 在 3′末端有一个多磷酸腺苷“尾”结构。它是在转录后经多磷酸腺苷聚合酶的作用而添加上去的。原核生物的 mRNA 一般无此结构，它与 mRNA 从细胞核到细胞质的转移有关。真核细胞 mRNA 在 5′端有帽子结构（如图 2.10）。该结构对稳定 mRNA 及其翻译具有重要意义，它作为蛋白质合成系统的辨认信号被专一的蛋白因子所识别，从而启动翻译过程。

mRNA 分子内有信息区即编码区（又称外显子）和非编码区（又称内含子），信息区内每 3 个核苷酸组成 1 个密码，称遗传密码或三联密码，每个密码代表 1 个氨基酸。因此，信息区是 RNA 分子的主要结构部分，在蛋白质合成中决定蛋白质的一级结构。

(2)tRNA（**转运** RNA）

tRNA 约占细胞 RNA 的 15%，其主要功能是在蛋白质生物合成中翻译氨基酸信息，并将活化的氨基酸转运到核糖核蛋白体上参与多肽链的合成（通过其反密码子与 mRNA 的密码子的互补识别）。细胞内 tRNA 种类很多，每一种氨基酸都有特异转运它的一种或几种 tRNA，分散于胞液中。

目前对 tRNA 的结构研究较为清楚，其一级结构多由 70～90 个核苷酸组成。有些区域经过自身回折形成双螺旋结构，呈现三叶草式二级结构。其中碱基配对区构成三叶草的臂，未配对区称为环，大多数 tRNA 分为四臂四环（如图 2.11）。

三叶草的叶柄称为氨基酸臂，包含有 tRNA 的 3′-末端和 5′-末端，在蛋白质合成中起携带氨基酸的作用；氨基酸臂对面的环叫反密码环，一般含有 7 个核苷酸残基，其中正中的 3 个核苷酸残基组成反密码子。在蛋白质生物合成时，反密码子与 mRNA 上的密码互补，以识别 mRNA 上相应的遗传密码；左臂连接一个二氢尿嘧啶环，又称 DHU 环；右臂有一个 TΨC 环，其排列顺序对 tRNA

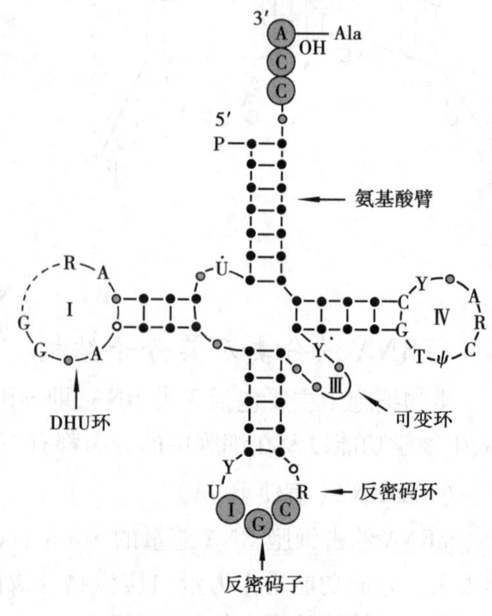

图 2.11 tRNA 的二级结构

与核糖体结合有重要作用;中间的环叫额外环,又称可变环,不同的 tRNA 该区变化较大,是 tRNA 的分类指标之一。

在三叶草型二级结构的基础上,突环上未配对的碱基由于整个分子的扭曲而配成对,形成三级结构。目前已知的 tRNA 的三级结构均为倒 L 型(如图 2.12)。

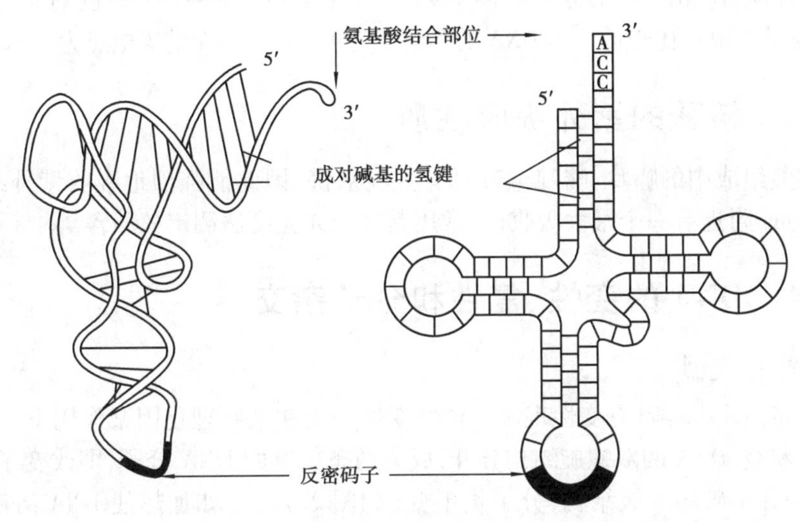

图 2.12 tRNA 的三级结构

(3) rRNA(**核糖体** RNA)

rRNA 约占细胞 RNA 总量的 80% 左右,它与蛋白质组成的核蛋白体,是蛋白质生物合成的主要场所。

rRNA 分子量最大,结构相当复杂。原核生物的 rRNA 有 3 种,即 5SrRNA,16SrRNA 和 23SrRNA。真核生物细胞核糖体 RNA 有 4 种,即 5SrRNA,5. 8SrRNA,18SrRNA 和 28SrRNA。其中,5SrRNA 与 tRNA 相似,具有类似三叶草型的二级结构。

S 是大分子在超速离心沉降中的一个物理学单位,其原理是大分子溶液(溶质密度大于溶剂的密度)受到强大的离心力作用时,分子就会下沉。每单位离心场强度的沉降速度为定值,称为沉降系数(S),以每单位重力的沉降时间表示,即 $1S = 1 \times 10^{-13}$ 秒,S 值随分子量增大而增大。如分子的沉降系数为 8×10^{-13} 秒,可以用沉降系数表示其相对分子量为 8S。其大小与大分子的大小正相关。

2.4 核酸的物理化学性质

2.4.1 核酸的一般性质

核酸都是白色固体,DNA 呈纤维状固体,RNA 呈粉末状结晶,均微溶于水,形成具有一定粘度的溶液,DNA 溶液比 RNA 黏度大。由于它不溶于乙醇、乙醚、氯仿等有机溶剂,因此可用乙醇从溶液中沉淀分离核酸。

2.4.2 核酸的两性性质

与蛋白质相似,核酸分子中既含有酸性基团(磷酸基),也含有碱性基团(氨基),因而核酸也具有两性性质。由于核酸分子中的磷酸是一个中等强度的酸,而碱性(氨基)是一个弱碱,所以核酸的等电点比较低。如DNA的等电点为4~4.5,RNA的等电点为2~2.5。

2.4.3 核酸的紫外吸收性质

由于核酸组成中的嘌呤、嘧啶碱都具有共轭双键,因此能强烈地吸收紫外线。核酸溶液在260 nm附近有一个最大吸收值,常用紫外分光光度法测定核酸含量。

2.4.4 DNA的变性、复性和分子杂交

1)核酸的变性

核酸和蛋白质一样具有变性现象。核酸变性是指在某些理化因素作用下,互补碱基之间的氢键断裂,DNA的双螺旋结构分开,成为两条单链的DNA分子,即改变了DNA的二级结构,但并不破坏一级结构,分子量不变(如图2.13)。如加热使DNA溶液温度升高,加酸或加碱改变溶液的pH值,加乙醇、丙酮或尿素等有机溶剂或试剂,都可引起变性。DNA变性后,其生物活性丧失(如细菌DNA的转化活性明显下降)。由于双螺旋分子中碱基处于双螺旋的内部,使光的吸收受到压抑,其值低于等摩尔的碱基在溶液中的光吸收。变性后,氢键断开,碱基堆积力破坏,碱基暴露,于260 nm处对紫外光的吸收就明显升高,这种现象称为增色效应。

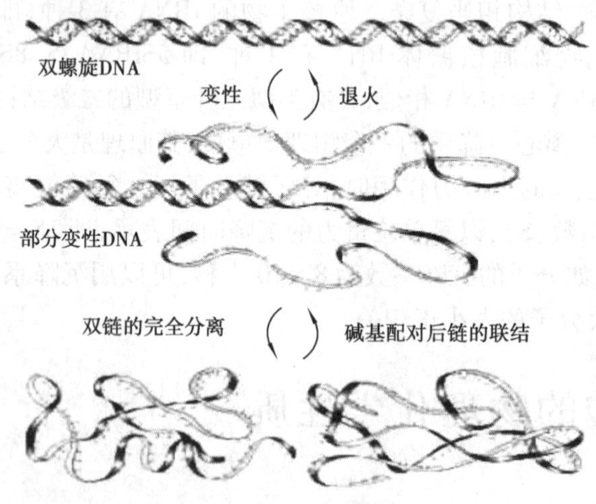

图2.13 DNA的变性过程

温度升高引起的DNA变性,称为热变性,是实验室常用的方法。当DNA加热变性时,先是局部双螺旋松开成为双螺旋的单链,然后整个双螺旋的两条链分开成不规则的卷曲单链,在链内可形成局部的氢键结合区,其产物是无规则的线团,因此核酸变性可看作是一种螺旋向线团转变的过渡。若仅仅是DNA分子某些部分的两条链分开,则变性是部分的;而当两条链完全离开时,则是完全的变性。DNA加热变性过程是在一个狭窄

的温度范围内迅速发生的,它有点像晶体的熔融。通常将50%的DNA分子发生变性时的温度称为解链温度或熔点,一般用“Tm”符号表示。DNA的Tm值一般为70~85 ℃(如图2.14)。在DNA的碱基组成中,由于G-C碱基对含有3个氢键,A-T碱基对只有两个氢键,因此G-C对含量愈高的DNA分子则愈不易变性,其Tm值也大。

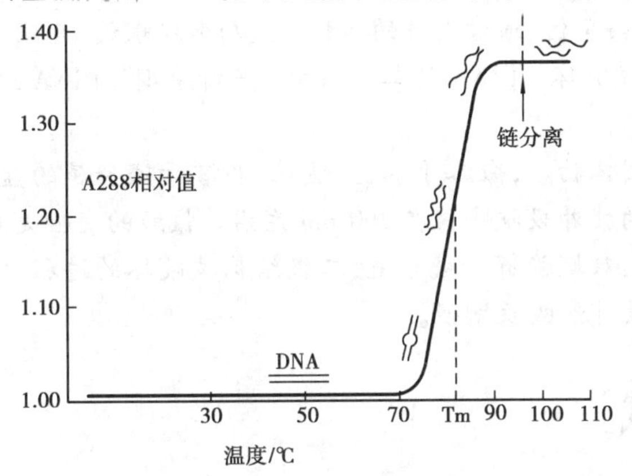

图2.14 DNA的解链曲线,表示Tm和不同程度解链时可能的分子构象

2)复性

DNA的变性是可逆过程,在适当的条件下,变性DNA分开的两条链又重新缔合而恢复成双螺旋结构,这个过程称为复性,又称为“退火”。复性后,DNA的一系列物理化学性质能得到恢复,如紫外光吸收值下降、黏度增高、比旋度增加,生物活性也得到部分恢复。

3)核酸的杂交

DNA的变性和复性都是以碱基互补为基础的,因此可以进行分子杂交。即不同来源的多核苷酸链间,经变性分离、退火处理后,若有互补的碱基顺序,就能发生杂交形成DNA-DNA杂合体,甚至可以在DNA和RNA间进行杂交。如果杂交的一条链是人工特定(已知核苷酸顺序)的DNA或RNA的序列,并经放射性同位素或其他方法标记,则称为探针(probe)。利用杂交方法,使“探针”与特定未知的序列发生“退火”形成杂合体,即可达到寻找和鉴定特定序列的目的。核酸的杂交在分子生物学和遗传学的研究中具有重要意义。

[本章小结]

本章主要阐述了核酸的化学性质和生物学特性。核酸包括脱氧核糖核酸(DNA)和核糖核酸(RNA),DNA主要存在于细胞核的染色体中,能储存、复制和传递遗传信息;RNA主要存在于细胞质中,参与蛋白质的生物合成。

构成核酸的基本单位是核苷酸。核苷酸水解的最终产物有碱基、戊糖和磷酸3种成分。DNA由dAMP,dGMP,dCMP,dTMP 4种脱氧核苷酸构成;RNA主要由AMP,GMP,CMP,UMP 4种核苷酸组成。

各脱氧核苷酸之间按一定的排列顺序,以3′,5′-磷酸二酯键连接成的长链为DNA的一级结构。DNA的二级结构是双螺旋结构,是由2条反向平行的多脱氧核苷酸链围绕同一中心轴盘绕形成的右手双螺旋。戊糖和磷酸交替排列形成的骨架位于螺旋外侧,碱基位于内侧,以A-T,C-G配对形成碱基对,双螺旋通过碱基对之间的氢键和碱基堆积力维持结构的稳定。DNA在二级结构的基础上盘绕扭曲成超螺旋三级结构。

RNA主要分为信使RNA(mRNA)、转运RNA(tRNA)和核糖体RNA(rRNA)3类。大多数RNA分子是一条单链,通过自身的回折形成局部双螺旋,其碱基配对关系是A-U,C-G,不能配对区则形成突环。tRNA的二级结构为三叶草型。tRNA通过二级结构的折叠,形成倒L形三级结构。

核酸都是白色固体物质,微溶于水,呈酸性,易溶于碱金属的盐溶液中,不溶于一般的有机溶剂。核酸的紫外吸收峰值在260 nm左右。核酸的变性是在某些理化因素作用下,双链间氢键断裂,双螺旋解开成单链,二级结构被破坏的过程。核酸变性后,生物活性丧失,黏度下降,紫外线吸收增强。

[目标测试]

一、名词解释(4分×5)

DNA的变性　分子杂交　增色效应　DNA的一级结构　Tm值

二、选择题(2分×10)

1.核酸中核苷酸之间的连接方式是(　　)。

A.肽键　B.氢键　C.3',5'-磷酸二酯键　D.糖苷键

2.下列关于DNA双螺旋结构模型叙述正确的是(　　)。

A.两条单链的走向是反向平行的　B.碱基A和G配对　C.碱基之间以共价键结合　D.磷酸戊糖位于双螺旋内侧

3.RNA,DNA彻底水解后的产物(　　)。

A.核糖相同,部分碱基不同　B.碱基相同,核糖不同　C.碱基不同,核糖不同　D.碱基部分不同,核糖不同

4.维系DNA双螺旋结构稳定的最主要因素是(　　)。

A.氢键　B.离子键　C.碱基堆积力　D.范德华力

5.Tm是指(　　)的温度。

A.双螺旋结构完全变性时　B.双螺旋结构开始变性时　C.双螺旋结构失去1/2时　D.双螺旋结构失去1/4时

6.某双链DNA纯样品含有15%的A,该样品中G的含量为(　　)。

A.35%　B.15%　C.30%　D.20%

7.某核苷酸水解的最终产物有鸟嘌呤、脱氧核糖核酸和磷酸各一分子,则此核苷酸可表示为(　　)。

A.G　B.dGMP　C.cGMP　D.dGTP

8.核酸变性后,表现为(　　)。

A.失去生理活性　B.分子量减少　C.一级结构被破坏　D.空间结构不变

9. 核酸变性后,可发生哪种效应?(　　)。

A. 增色效应　　B. 减色效应

C. 失去对紫外线的吸收能力　　D. 最大吸收峰波长发生转移

10. 热变性的DNA分子在适当条件下可以复性,条件之一是(　　)。

A. 骤然冷却　　B. 缓慢冷却　　C. 浓缩　　D. 加入浓的无机盐

三、填空(1分×20)

1. 核酸按组成成分的不同,可以分为两类:________和________,前者主要存在于________中,后者主要存在于________中。构成前者的核苷酸有________、________、________和________4种;构成后者的核苷酸主要有________、________、________和________4种。

2. 生物细胞中的RNA包括________、________和________3类,其中________的二级结构为三叶草型,________是合成蛋白质的场所。

3. 生物细胞中存在细胞内重要的核苷酸衍生物,作为分子货币的是________,________和________参与信号转导,具有放大激素作用信号和缩小激素作用信号的功能。

四、简答题(40分)

1. 简述DNA双螺旋结构的要点(15分)。

2. 比较DNA和RNA在化学组成上、大分子结构上和生物学功能上的特点(15分)。

3. 比较tRNA,rRNA和mRNA的结构和功能(10分)。

[知识拓展]

历史的启示——DNA双螺旋的发现

(1953年的沃森与克里克)

50多年前,只有一家英国报纸在一个不显眼的地方报道了沃森和克里克等发现DNA结构的消息,作者预言道:"要弄清这副'化学扑克'如何洗牌和搭配,够科学家再忙50年。"

50多年过去了,科学家确实忙了半个多世纪。遥想20世纪初,一批伟大的物理学理论成就直到今天还在不断给人类带来巨大恩惠,看来DNA结构的发现对人类生活的巨大影响还仅仅是开始。

发现双螺旋结构的影响是多方面的。本文拟就发现者当年的经历,谈一些可能仍然具有现实意义的看法。

一个重大理论成果的诞生,需要有良好的学术氛围

1962年,沃森在诺贝尔授奖宴会上代表医学生理学奖3位获得者的答谢词中说过,他们获得如此崇高的荣誉,非常重要的因素是有幸工作在一个博学而宽容的圈子中,科

学不是某个人的个人行为,而是许多人的创造。

沃森在美国本来是在微生物学家指导下从事噬菌体遗传学研究的,他们希望通过噬菌体来搞清楚基因如何控制生物的遗传。当他听了威尔金斯的学术报告,看到DNA的X射线衍射图片后,认定一旦搞清DNA的结构,就能了解基因如何起作用。于是他不等批准,就决定先斩后奏从丹麦去伦敦学习X射线衍射技术了。至于克里克,他是个不拘小节又相当狂妄的聪明人,不太受老板布喇格欢迎,甚至一度面临被炒鱿鱼的危险。但是,当因为学术问题引起的误会消除后,老板照样关心他的工作,在那篇划时代的论文写成后,布喇格认真修改并热情地写信向《自然》推荐。

沃森和克里克一起作出划时代贡献的研究机构,当时已经是一个闻名全球的单位——英国剑桥大学卡文迪许实验室。在这里,沃森遇到了物理学家克里克,又得到机会向威尔金斯、富兰克林等X射线衍射专家学习,还有包括著名蛋白质结构专家的儿子在内的一批科学家和他经常交换各种信息和意见,又得到实验室主任布喇格等老一辈的指导和鼓励,这些都是他取得成就的重要因素。

早在上世纪初,物理学家汤姆森领导这个实验室时,就形成了一个"Tea Break"习惯,每天上午和下午,都有一个聚在一起喝茶的时间,有时是海阔天空的议论,有时是为某个具体实验设计的争论,不分长幼,不论地位,彼此可以毫无顾忌地展开辩论和批评。历史证明,这种文化氛围确实有利于学术进步,所以这种习惯现在已经被国外许多大学和研究机构仿效,就连国际学术会议的日程安排中,这个节目也是必不可少的。

创新者必须破除迷信,敢于向权威挑战

1953年,沃森和克里克都是名不见经传的小人物,37岁的克里克连博士学位都还没有得到。在发现正确的双股螺旋结构前2个月,他们看到蛋白质结构权威——鲍林一篇即将发表的关于DNA结构的论文,鲍林错误地确定为3股螺旋。沃森在认真考虑并向同事们请教后,决然地否定了权威的结论。正是在否定权威之后,他们加快了工作,在不到两个月内终于取得了后来震惊世界的成果。

原始性创新,是原创性技术发展的基础

第一流理论性突破,也就是我们今天常说的原始性创新,是原创性技术发展的基础。50多年来的实践生动地表明,正是DNA双螺旋结构的发现和随后20年中的大量科学实验,奠定了基因分子生物学的坚实基础,在20世纪70年代基因工程才得以应运而生,而且迅速形成了今天前途光明的生物技术产业。

理论上的原始性创新成就和产业上的应用通常相距很遥远,有时甚至在相当长的时间或相当广的空间内难以预料这些成就的应用前景。可以说,第一流的理论突破总是和急功近利无缘的。当DNA结构刚被发现时,也许只有少数从事研究工作的人能够朦胧地认识它的重大意义,在社会上并没有引起多少轰动。

DNA双螺旋结构发现50多年来,生命的很多秘密已经被解开,但剩下的秘密更多。一切不过只是刚刚开始。"今天比我起步的时候有更多的新的疆域,"沃森在接受美国《时代》周刊采访时曾表示,"未来几百年中,还会有足够多的问题需要人们去应对。"

(摘自:《科技日报》历史的启示——纪念DNA双螺旋结构发现50周年,并经部分修改)

第3章 酶与维生素

本章导读：在本章的学习中，将主要了解酶的定义、酶的特性、酶的分类以及酶的作用机理等。维生素也是生物体不可缺少的生物活性物质，对生物体的新陈代谢起促进作用，维生素发挥生理作用是因为多数维生素参与了辅酶或辅基的构成。掌握这些知识，对于我们了解生命活动的规律，指导生产实践具有非常重要的意义。

3.1 概　述

3.1.1 酶的概念和特性

生命活动的基本特征是新陈代谢，表现为生物体不断从外界摄取所需要的物质组成自身成分，同时将体内产生的废物排出体外，这一系列新陈代谢反应过程都是在酶的催化下进行的。没有酶，新陈代谢中的各种反应就无法完成。因此，酶在生命活动中起着重要作用，在生物化学中占有突出地位。早在1833年，Payen和Persoz就从麦芽中抽提出一种能将淀粉水解成可溶性糖的物质，被称为淀粉糖化酶。19世纪，西方对发酵现象的研究推动了对酶的进一步研究。1913年，米凯利斯（Michaelis）和门顿（Menten）利用物理化学方法提出了酶促反应的动力学原理——米氏学说，使酶学可以定量研究。目前，已发现2 500多种酶，其中有200多种酶制得了结晶，研究清楚了数十种酶的氨基酸排列顺序，有的还确定了空间结构，并对酶的化学本质有了实质性的认识。

1）酶的概念与化学本质

酶是由生物活细胞合成的具有催化功能的生物大分子，也可称为生物催化剂。由酶催化的化学反应叫酶促反应。在酶促反应中，被酶催化的物质称为底物（S），反应中生成的物质被称为产物（P）。1926年，美国人J. B. Sumner从刀豆中结晶出脲酶（第一个酶结晶），并提出酶的化学本质是蛋白质的观点。20世纪80年代以后，人们发现多种具有催化功能的RNA，被称为核酶，甚至有人发现博莱霉素等肽类抗生素也有催化能力。

2）酶的特性

酶作为一种生物催化剂，除了具有一般催化剂的共性，与一般的无机催化剂相比还有以下特点：

(1)催化的高效性

酶的催化效率比无机催化剂高10^6~10^{13}倍。例如1 mol过氧化氢酶在一定条件下可催化5×10^6 mol过氧化氢分解，在同样条件下1 mol铁只能催化6×10^{-4} mol过氧化氢分解。因此，这个酶的催化效率是铁的10^{10}倍。也就是说，用过氧化氢酶在1秒内催化的反应，同样数量的铁需要300年才能反应完。

(2)高度的专一性

一种酶只能催化某一种或一类物质发生特定的化学反应，生成特定的产物称为酶的专一性。

各种酶的专一性不同，包括结构专一性和立体异构专一性两大类。

①结构专一性。是指酶对底物的化学结构有特殊的要求和选择，有绝对专一性和相对专一性之分。绝对专一性是指酶只催化一种底物，生成特定的产物。如氨基酸-tRNA连接酶，只催化一种氨基酸与其受体tRNA的连接反应。相对专一性是指酶催化一类底物或化学键的反应。例如，脂肪酶不仅能水解脂肪，也能水解酯类；蛋白酶都能水解肽键，但胰蛋白酶只能水解碱性氨基酸羧基形成的肽键，胰凝乳蛋白酶只能水解芳香族氨基酸羧基形成的肽键等。

②立体异构专一性。对有立体异构体的底物，几乎所有的酶对底物的构型都有严格的要求，即一种酶只能催化一种立体异构体发生特定的化学反应，对另一种立体异构体无催化作用。如乳酸脱氢酶只能催化L-乳酸，不能催化D-乳酸的反应；精氨酸酶只作用于L-精氨酸，不能催化D-精氨酸等。

(3)反应条件温和

酶促反应不需要高温、高压及强酸、强碱等剧烈条件，在常温、常压、近中性条件下即可完成。

(4)酶的活性受多种因素调节

无机催化剂的催化能力一般是不变的，而酶的活性则受到很多因素的影响。如底物和产物的浓度、pH值以及各种激素的浓度都对酶活性有较大影响。酶活性的变化使酶能适应生物体内复杂多变的环境条件和多种多样的生理需要。生物通过变构、酶原活化、可逆磷酸化等方式对机体的代谢进行调节。

(5)高度的不稳定性

酶是蛋白质，只能在常温、常压、近中性的条件下发挥作用。高温、高压、强酸、强碱、有机溶剂、重金属盐、超声波、剧烈搅拌，甚至泡沫的表面张力等都有可能使酶变性失活。不过，自然界中的酶是多种多样的，有些酶可以在极端条件下起作用，如超嗜热菌可以生活在90 ℃以上环境中，高限为110 ℃；嗜冷菌最适温度为-2 ℃，高于10 ℃不能生长；嗜酸菌最适pH小于1，嗜碱菌的最适pH大于11；嗜压菌最高可耐受1 035个大气压。这些嗜极菌的胞内酶较为正常，但胞外酶却可以耐受极端条件的作用。有些酶在有机溶剂中可以催化在水相中无法完成的反应。

3.1.2 酶的命名、分类与酶活力

1)酶的命名

酶的命名法有习惯命名法与系统命名法两种。习惯命名以酶的底物和反应类型命名,有时还加上酶的来源。习惯命名简单、常用,但缺乏系统性,不准确。1961 年,国际酶学会议提出了酶的系统命名法,规定应标明酶的底物名称及反应类型。若反应中有两个底物,则在底物间用冒号隔开,水可省略。如乙醇脱氢酶的系统命名是:“醇:NAD^+氧化还原酶。”

2)酶的分类

按照催化反应的类型,国际酶学委员会将酶分为 6 大类。

①氧化还原酶类。催化氧化还原反应的酶,如葡萄糖氧化酶、各种脱氢酶等。这是已发现的量最大的一类酶,具有氧化、产能、解毒功能,在生产中的应用仅次于水解酶。

②转移酶类。催化功能基团的转移反应,如各种转氨酶和激酶分别催化转移氨基和磷酸基的反应。

③水解酶类。催化底物的水解反应,如蛋白酶、脂肪酶等。起降解作用,多位于胞外或溶酶体中。

④裂解酶类。催化从底物上移去一个小分子而留下双键的反应或其逆反应。包括醛缩酶、水化酶、脱羧酶等。

⑤异构酶类。催化同分异构体之间的相互转化。包括消旋酶、异构酶、变位酶等。

⑥合成酶类。催化由两种物质合成一种物质,必须与 ATP 分解相偶联。也叫连接酶,如 DNA 连接酶。

3)酶活力

①酶活力定义。酶活力也称为酶活性,是指酶催化某种底物反应的能力。酶活力越强,酶促反应速率越快;反之,酶活力越弱,反应速率越慢。因此,测定酶活力本质上就是测定酶促反应的速率,通常是测定酶促反应的初速率。

②酶活力单位。酶的活力大小是用酶的活力单位来度量的,简称酶单位(用“U”表示)。1961 年,国际生化协会酶委员会建议采用统一的国际单位(IU)来表示酶活力。具体规定为:在最适条件下(25 ℃),每分钟内催化 1 μmol 底物转化为产物的酶量为一个酶活力单位(1 IU =1 μmol 底物/min)。

③比活力。酶的纯度常用比活力表示。比活力为每毫克酶蛋白所具有的酶单位(U/mg酶蛋白质)。但有时也用每克酶制剂或每毫克酶制剂含有多少个活力单位来表示(U/g酶制剂或 U/mL 酶制剂)。比活力可以用来比较单位质量酶蛋白的催化能力,对同一种酶来说,酶的比活力越高,其纯度越高。

3.2 酶的结构与催化功能

3.2.1 酶分子的化学组成

到目前为止,人类提纯的酶均为蛋白酶,酶的本质主要是蛋白质。根据酶分子的组成,酶可以分为单纯蛋白酶和结合蛋白酶;根据酶蛋白的结构特点,又可以将酶分为单体酶、寡聚酶和多酶体系。

1)单纯蛋白酶和结合蛋白酶

单纯蛋白酶分子中只含有蛋白质部分,不含非蛋白质成分,其水解产物只有氨基酸,一般的水解酶类如蛋白酶、淀粉酶、脂肪酶、核糖核酸酶等都属于单纯蛋白酶。

结合蛋白酶分子中除了蛋白质部分外,还含有非蛋白质成分。其中,蛋白质部分称为酶蛋白,非蛋白质部分称为辅助因子。酶蛋白与辅助因子单独存在时,均无活性,两者结合后形成全酶才具有酶的活性。

全酶 = 酶蛋白 + 辅助因子

辅助因子包括金属离子和小分子有机物。金属离子主要有 Zn^{2+},Mo^{2+},Mg^{2+},Fe^{2+},Fe^{3+},Cu^{2+}等,一般起携带及转移电子或功能基团的作用。小分子有机物中与酶蛋白以共价键紧密结合的,称为辅基;与酶蛋白以非共价键松散结合,可以用物理方法除去的,称为辅酶,但两者之间并无严格界限。

在生物体内酶的种类很多,但辅助因子的种类并不多。一种酶蛋白只能与一种辅助因子相结合构成一种有活性的全酶,而同一种辅酶或辅基却可以与多种酶蛋白结合构成多种全酶,参与催化多种反应。例如,NAD^+可以作为许多脱氢酶的辅酶。因此,酶蛋白决定了酶的专一性和高效性,辅酶或辅基则决定了酶促反应的类型,参与电子、原子或某些基团的传递过程。

2)单体酶、寡聚酶和多酶体系

由一条肽链构成的酶称为单体酶,如溶菌酶、胰蛋白酶等。

由多个亚基构成的酶称为寡聚酶,这些亚基可以是相同的肽链,也可以是不同的肽链。亚基之间以非共价键结合。

在生物体内一些功能相关的酶被组织起来,彼此嵌合,构成的复合体称为多酶体系。多酶体系能依次催化有关的反应,降低底物和产物的扩散限制,提高总反应的速度和效率。

3.2.2 酶的必需基团和活性中心

酶是具有一定空间结构的大分子,其相对分子质量一般在 1 万以上,由数百个氨基酸组成。而酶的底物一般很小,所以,直接与底物接触并起催化作用的只是酶分子中的一小部分。有些酶的底物虽然较大,但与酶接触的也只是一个很小的区域。因此,人们认为,酶分子中只有一小部分结构与酶的催化活性有关,通常把与酶的催化活性密切相关、维持酶特定空间构象的基团称为必需基团。必需基团在一级结构上相距很远,甚至位于不同的肽链上。由于肽链的盘曲折叠,致使必需基团在空间位置上相互靠近,组成具有特定空间结构的区域,能直接结合底物并催化底物转变为产物,这一特殊的空间区域称为酶的活性中心。对结合蛋白酶来说,其辅助因子也是活性中心的组成部分(如图3.1)。

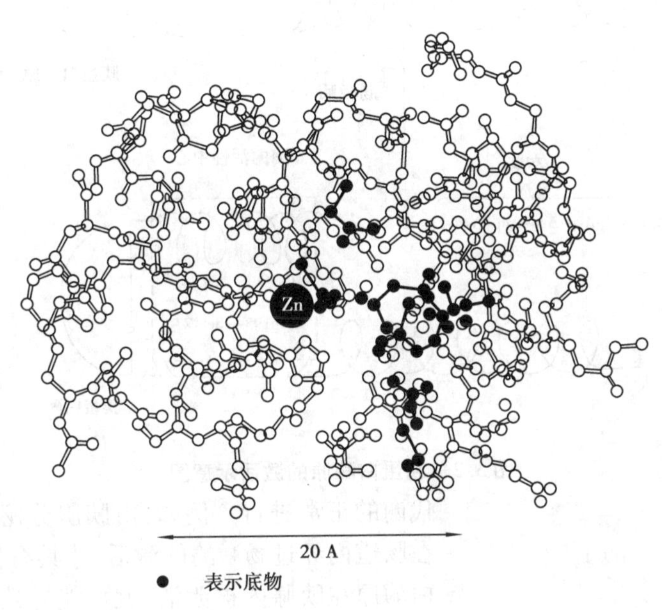

图3.1 羧肽酶的必需基团和活性中心

活性中心包括两个功能部位:底物结合部位和催化部位。前者负责识别特定的底物并与之结合,它决定了酶的底物专一性;催化部位是起催化作用的,底物的敏感键在此被切断或形成新键,并生成产物,因此这一部位决定了酶的催化能力。但两者的区别并不是绝对的,有些基团既有底物结合功能又有催化功能。

活性中心一般位于酶分子的表面,或为裂缝,或为凹陷,是酶发挥催化作用的关键部位,当活性中心被破坏或被占据,酶就会失去催化活性。但活性中心以外的部分并不是无用的,有一类必需基团位于活性中心以外,不直接参与结合和催化过程,但能够维持酶的空间结构,使活性中心保持完整,称为活性中心以外的必需基团。而非必需基团的替换虽然对酶的活性无影响,但与酶的免疫、运输、调控、寿命等有关。

3.2.3 酶原及酶原的激活

生物体内大多数酶一旦生成即具有酶的活性,但也有些酶在细胞内刚刚合成或分泌时,尚不具有催化活性,这些无活性的酶的前体称为酶原。酶原转变化为有活性酶的过程称为酶原的激活。酶原的激活的实质是通过肽链的剪切,改变蛋白的构象,从而使酶的活性中心形成或暴露的过程。例如胰蛋白酶刚从胰脏分泌出来时是没有活性的酶原,进入小肠时,在肠激酶的作用下,酶的构象发生改变,构成了酶的活性中心,于是无活性的酶原就被激活形成胰蛋白酶(如图3.2)。

酶原的存在具有重要的生理意义,它既可以避免细胞产生的蛋白酶对细胞进行自身消化,防止细胞自溶,又可以使酶原在到达指定部位或在特定条件下发挥作用,保证体内

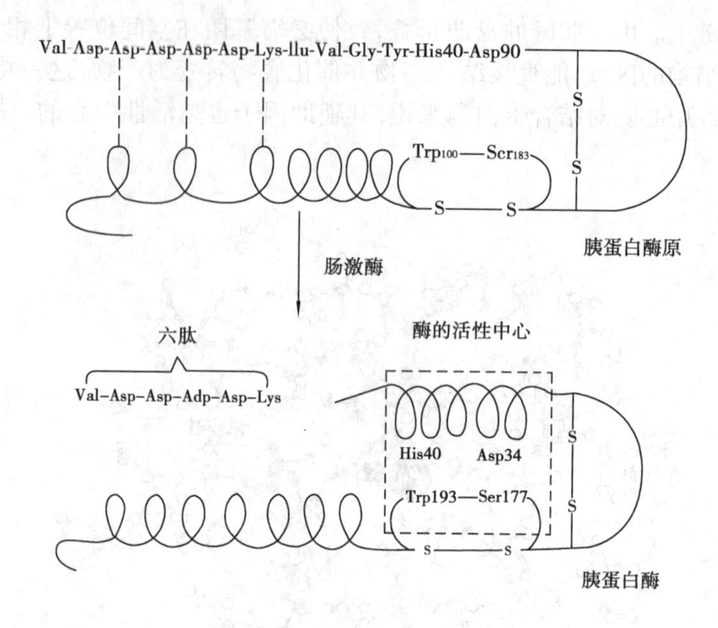

图 3.2　胰蛋白酶原的激活示意图

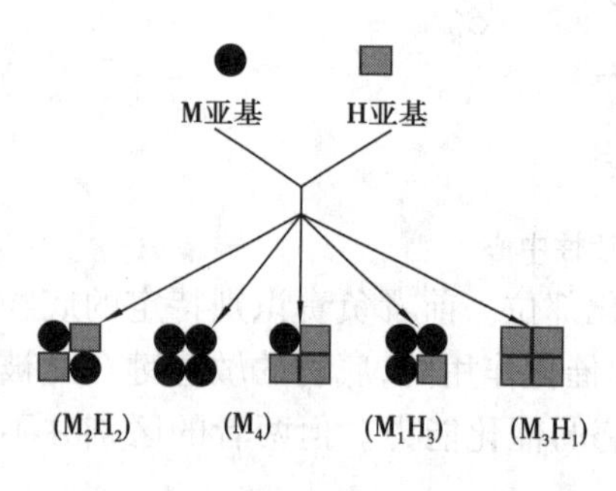

图 3.3　乳酸脱氢酶的 5 种同工酶

代谢的正常进行。例如,由胰腺分泌的蛋白酶必须在肠道内经过肠激酶的激活,才具有催化活性,若蛋白酶原在胰腺内被激活,就可能导致胰腺组织细胞被破坏而发生急性胰腺炎;胃蛋白酶初分泌时,以酶原的形式存在,能防止胃壁被胃液消化形成胃溃疡和胃穿孔;血管内凝血酶以凝血酶原的形式存在,能防止血液在血管内凝固而形成血栓。但当创伤出血时,大量凝血酶原被激活为凝血酶,促进了血液凝固,防止大量出血。

3.2.4　同工酶

同工酶是指存在于同一种属或同一生物个体中催化同一反应,而分子结构、理化性质、生物学性质均不相同的一组酶分子。不同种生物有相同功能的酶,不是同工酶。同工酶具有相同或相似的活性中心,但其理化性质和免疫学性质不同。同工酶的细胞定位、专一性、活性及其调节可有所不同。例如,乳酸脱氢酶(LDH)是由 4 个亚基组成的四聚体(如图 3.3)。亚基有 M 和 H 两种,组成 5 种同工酶:LDH_1(H_4),LDH_2(MH_3),LDH_3(M_2H_2),LDH_4(M_3H)和 LDH_5(M_4)。M,H 两个亚基由不同基因编码,在不同细胞中合成速度不同,所以在不同的组织器官中,5 种同工酶的比例不同,经电泳分离后会得到不同的同工酶谱。临床上,通过分析病人血清 LDH 同工酶谱,可诊断病变发生的部位。如血清中 LDH_1 升高预示心肌受到损害,LDH_5 升高则预示肝脏发生病变。

3.2.5　别构酶

有些酶分子表面除了具有活性中心外,还存在被称为调节位点(或变构位点)的调节物特异结合位点,调节物结合到调节位点上引起酶的构象发生变化,导致酶的活性提高或下降,这种现象称为别构效应(Allosteric Effect),具有上述特点的酶称别构酶(如图3.4)。

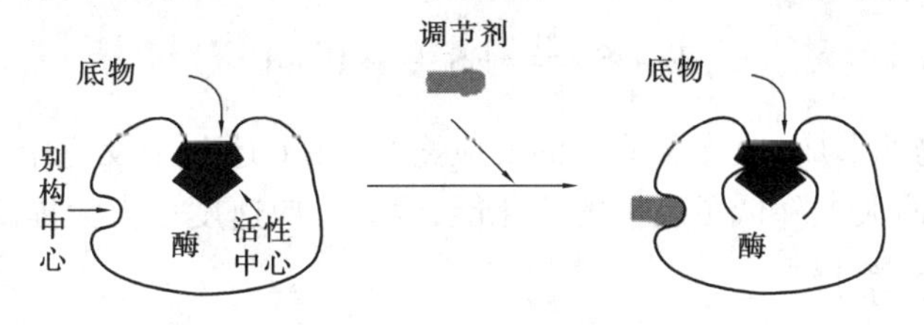

图3.4 酶的别构(变构)效应示意图

别构酶在结构上应具有以下特点:

①都是寡聚酶,有两个或两个以上的亚基。

②都有四级结构。

③除了具有活性中心以外,还有可以结合调节物的别构中心,这两个中心位于蛋白质不同部位上或处在不同亚基上,其活性中心负责与底物结合并催化底物转化为产物,而别构中心则负责调节酶反应速度。

当酶与调节物结合后,使酶的构象发生改变,这种新的构象如果大大地促进了酶对底物的亲合性,从而更有利于后续分子与酶的结合,这种作用称为正协同效应,这种别构酶称为具有正协同效应的别构酶;反之,则称为负协同效应。正协同效应,可以使酶的反应速度对底物浓度的变化极为敏感;而负协同效应则使酶的反应速度对外界环境中底物浓度的变化极不敏感。

3.3 酶作用的基本原理

3.3.1 酶的催化作用与分子活化能

在一个化学反应体系中,只有那些能量较高,能发生有效碰撞的分子才能发生化学反应,通常把这些分子称为活化分子。而要使能量较低的分子变为活化分子,就必须消耗能量。这种使一般分子变为活化分子所需要的能量称为活化能。活化能越低,活化分子数越多,反应速度越快;反之,则越慢。酶作为生物催化剂,能使化学反应的活化能大大降低,使反应体系中的活化分子数增加,从而提高化学反应速度(如图3.5)。

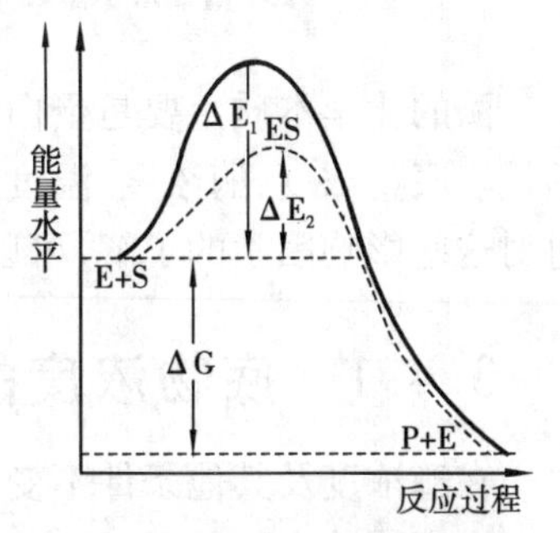

ΔE_1:无催化剂时的活化能

ΔE_2:有酶催化时的活化能

图3.5 酶促反应活化能的变化

3.3.2 酶作用的基本原理

1)中间产物学说

酶之所以能降低反应的活化能,具有极高的催化效率,目前有很多种解释,其中最有影响的是中间产物学说。该学说认为,酶在催化某一化学反应时,酶(E)和底物(S)

首先在活性中心结合成一个不稳定的中间产物(ES),然后中间产物再分解为产物(P)和原来的酶(E)。

$$E + S \underset{k_{-1}}{\overset{k_1}{\rightleftharpoons}} ES \xrightarrow{k_2} P + E$$

由于中间产物的形成,改变了原来的反应途径,在上述两步反应中,每一步反应的活化能均比较低,从而大大降低了反应的活化能,因而反应速度也大大提高。

2)诱导契合学说

酶与底物的结合是有专一性的,人们曾经用锁和钥匙来比喻酶和底物的关系,如图3.6(a)所示。这种"锁钥学说"是不全面的。比如,酶既能与底物结合,也能与产物结合,催化其逆反应。于是,又提出了"诱导契合学说"。该学说认为,当酶与底物接近时,酶蛋白受底物分子的诱导,其构象发生改变,使活性中心中的必需基团重新排列和定向,形成更适合与底物结合的空间结构,同时,底物分子也发生一些相互适应的变化,使酶和底物紧密结合形成中间产物,变得有利于与底物的结合和催化,如图3.5(b)所示。

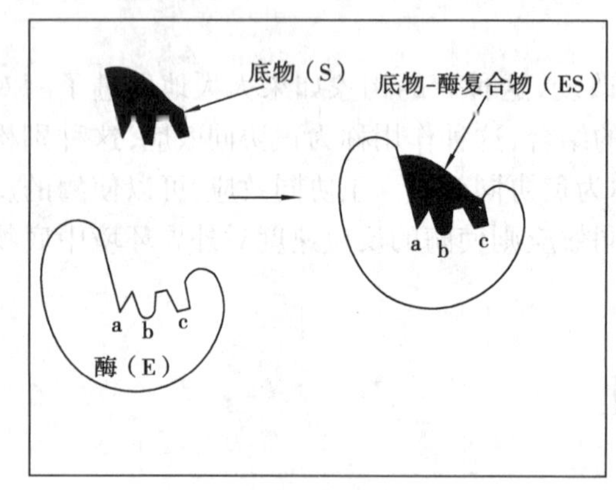

(a)锁钥学说

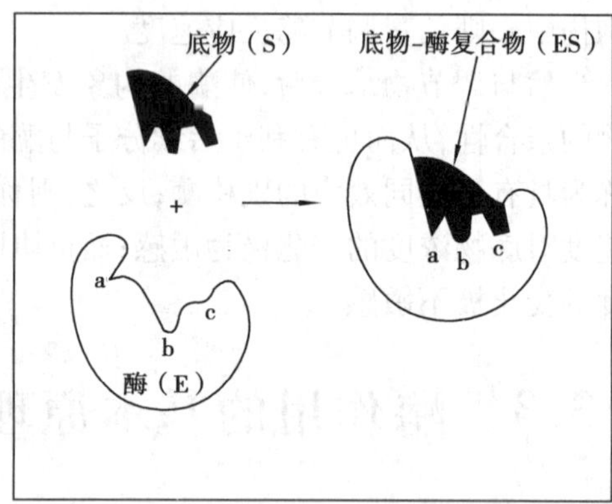

(b)诱导契合学说

图3.6 酶和底物结合示意图

3.4 影响酶促反应速度的因素

酶的化学本质主要是蛋白质,对环境非常敏感,只有在合适的条件下才能具有最大活性。底物浓度、酶浓度、温度、pH值、激活剂和抑制剂等均可以影响酶促反应速度。通过对这些影响因素的了解,可以指导酶在生产中的应用,最大限度地发挥酶的催化作用。

3.4.1 底物浓度的影响

在酶浓度及其他条件不变的情况下,底物与酶促反应速度的关系如图3.7所示。

在底物浓度很低时,反应速度随底物浓度的增加而增加,两者成正比关系。随着底物浓度继续升高,反应速度的增加趋势渐缓。当底物浓度相对于酶浓度达到一定极限时,酶的活性中心已被饱和,底物浓度增加,反应速度不再增加,达到最大值。

3.4.2 酶浓度的影响

在底物浓度充足,其他条件固定的条件下,酶促反应速度与酶浓度成正比。

3.4.3 pH 值的影响

大部分酶的活力受 pH 值的影响,在一定的 pH 范围内酶催化活性最强,酶催化能力最强时的 pH 值,称为最适 pH 值。高于或低于最适 pH 值,酶的活性都会下降(如图 3.8)。不同的酶最适 pH 值不同。多数酶的最适 pH 值为 6~8,少数酶需偏酸或碱性条件。如胃蛋白酶的最适 pH 值为 1.5,而肝精氨酸酶的最适 pH 值为 9.7。

pH 值影响酶的构象,也影响与催化有关基团的解离状况及底物分子的解离状态。最适 pH 值有时因底物种类、浓度及缓冲溶液成分不同而变化,不是完全不变的。

3.4.4 温度的影响

酶对温度极为敏感,当其他条件不变时,在一定的温度内,随着温度的升高,酶促反应速度加快;当温度升高到一定值时,酶蛋白发生变性,酶促反应速度反而下降。使酶促反应速度达到最大时的温度,称为最适温度(如图 3.9)。动物体内一般酶的最适温度为 37~40 ℃,接近体温。一般酶在 60 ℃以上变性,少数酶可耐高温,如牛胰核糖核酸酶加热到 100 ℃仍不失活。干燥的酶耐受高温,而液态酶失活快。

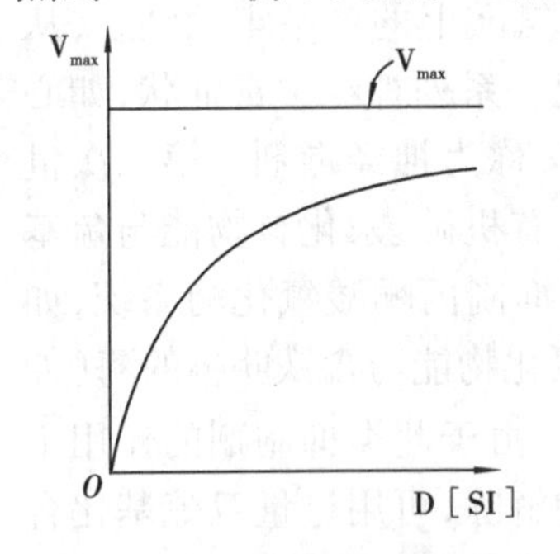

图 3.7 底物浓度对酶促反应速度的影响

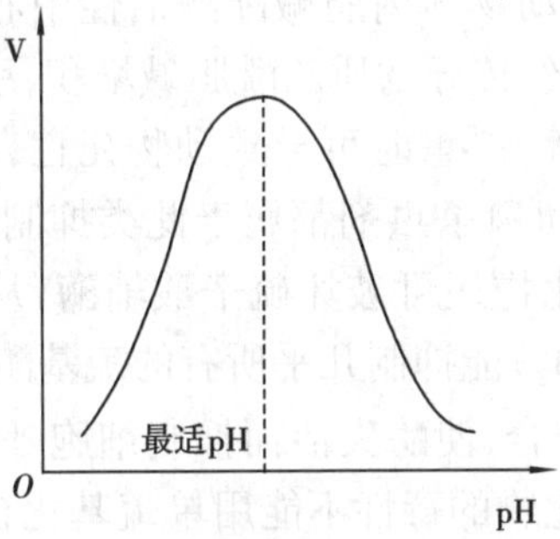

图 3.8 pH 对酶促反应速度的影响

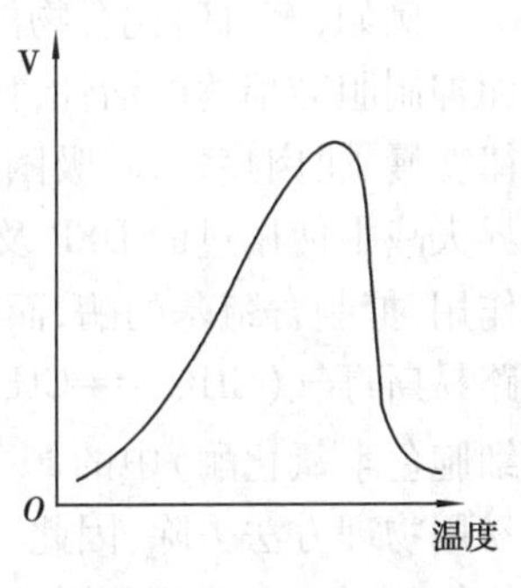

图 3.9 温度对酶促反应速度的影响

最适温度也不是固定值,它受反应时间影响,酶可在短时间内耐受较高温度,时间延长则最适温度降低。

低温可使酶活性降低,当温度回升时酶的活性又可以恢复,因此,用低温冷冻方法可以保存组织器官和生物制品。

3.4.5 激活剂的影响

在酶促反应中,凡是能使酶原转变为酶或提高酶活性的物质都称为激活剂。大部分激活剂是离子或简单有机化合物。按照分子大小,可将激活剂分为 3 类:

1)无机离子

无机离子可分为金属离子、氢离子和阴离子3种。起激活剂作用的金属离子有钾、钠、钙、镁、锌、铁等,例如,动物唾液中的α-淀粉酶受氯离子激活,溴的激活作用稍弱。

2)有机分子

某些还原剂如半胱氨酸、还原型谷胱甘肽、氰化物等;另一种是EDTA,可螯合金属,解除重金属对酶的抑制作用。

3)蛋白质类

指可对某些无活性的酶原起作用的酶,如肠激酶等。

3.4.6 抑制剂的影响

凡能使酶活力下降,但不引起酶蛋白变性的作用,称为抑制作用;能引起抑制作用的物质,叫作酶的抑制剂。抑制剂与酶分子上的某些必需基团反应,引起酶活力下降,甚至丧失,但并不使酶变性。研究抑制作用有助于对酶的作用机理、生物代谢途径、药物作用机制的理解。抑制作用分为可逆抑制与不可逆抑制。

1)不可逆抑制

此类抑制剂以共价键与酶的活性中心结合,从而引起酶活力下降。抑制剂不能用透析、超滤等物理方法除去。

例如,有机磷化合物能与动物体内胆碱酯酶活性中心丝氨酸上的羟基牢固结合,从而抑制胆碱酯酶的活性,使神经传导物质乙酰胆碱堆积,引起一系列神经中毒症状,如心律变慢、肌肉痉挛、呼吸困难等,严重时可导致动物死亡,故又称为神经毒剂。第二次世界大战中使用过的DFP及有机磷杀虫剂都属于此类抑制剂;有机砷、汞化合物能与巯基作用,抑制含巯基的酶,而砷化物还可破坏硫辛酸辅酶,从而抑制丙酮酸氧化酶系统,如路易斯毒气($CHCl{=\!=}CHAsCl_2$)能抑制几乎所有的巯基酶;氰化物能与含铁卟啉的酶(如细胞色素氧化酶)中的Fe^{2+}结合,使酶失活而抑制细胞呼吸。由于此类抑制剂的作用不易用物理方法去除,因此,砷化物的毒性不能用单巯基化合物解除,可用过量双巯基化合物解除,如二巯基丙醇等,后者是临床上重要的砷化物及重金属中毒的解毒剂。

2)可逆抑制

抑制剂通过非共价键与酶结合,可用透析法等物理方法除去抑制剂,恢复酶活,这种抑制作用称为可逆抑制。根据抑制剂与底物的关系,可逆抑制可分竞争性抑制和非竞争性抑制。

(1)竞争性抑制

抑制剂结构与底物相似,能竞争性地与酶的活性中心结合,占据底物结合的位点,使底物与酶结合的机会下降,从而引起酶活性受到抑制。竞争性抑制的程度强弱取决于抑制剂和底物浓度的相对比例,在抑制剂浓度不变的情况下,可以通过增加底物浓度来解除抑制。

利用竞争性抑制作用原理,可以说明一些药物的作用机理,如磺胺类药物。一些细菌在生长繁殖时,不能利用环境中的叶酸,只能在体内利用对氨基苯甲酸在二氢叶酸合

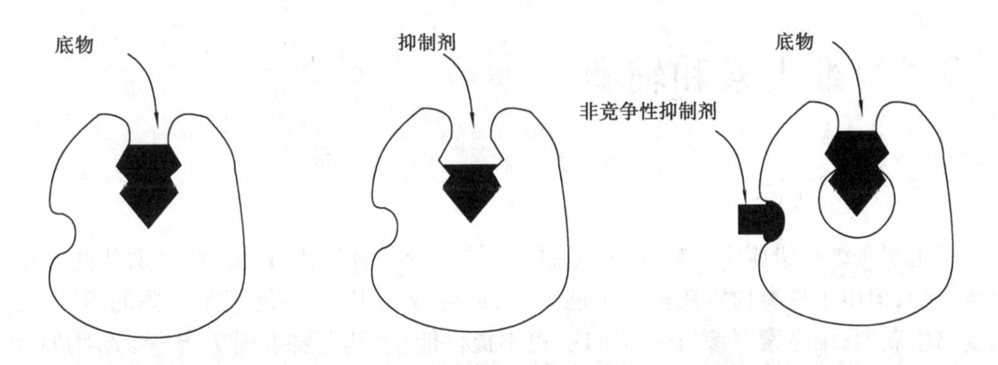

图 3.10 竞争性和非竞争性抑制作用

成酶的催化下合成二氢叶酸,再进一步合成四氢叶酸,参与核酸和蛋白质的合成。磺胺类药物与对氨基苯甲酸结构相似(如图3.11),可竞争性地与细菌体内二氢叶酸合成酶的活性中心结合,抑制细菌二氢叶酸合成酶,从而抑制细菌的生长和繁殖,达到治病消炎的效果。人和动物可利用食物中的叶酸,因而代谢不受磺胺类药物的影响。根据竞争性抑制的特点,在使用磺胺类药物时,必须保持血液中药物浓度远高于对氨基苯甲酸的浓度,才能发挥有效的抑菌作用。抗菌增效剂 TMP 可增强磺胺的药效,因为其结构与二氢叶酸类似,可抑制细菌二氢叶酸还原酶,但很少抑制人体二氢叶酸还原酶。它与磺胺配合使用,可使细菌的四氢叶酸合成受到双重阻碍,严重影响细菌的核酸及蛋白质合成。

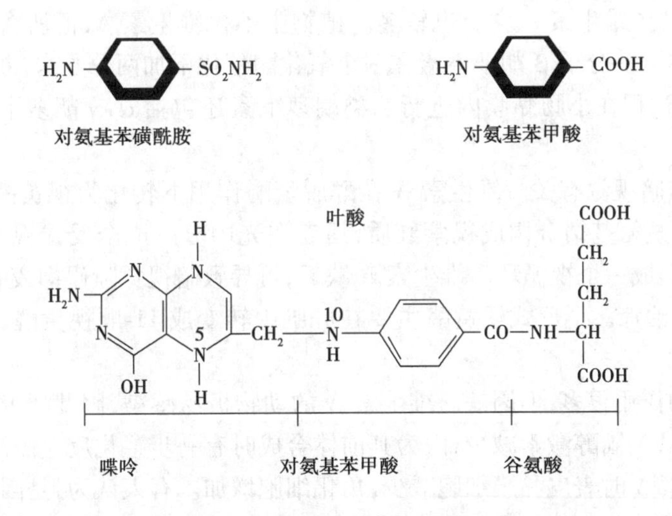

图 3.11 磺胺类药物的作用机理

(2)非竞争性抑制

抑制剂和酶在活性中心以外的部位结合,不妨碍底物与酶的结合,两者没有竞争,但形成的中间物 SIE 不能分解成产物,因此酶活降低。非竞争性抑制不能靠增加底物浓度的方法来解除。

3.5 维生素和辅酶

3.5.1 概述

维生素是维持机体正常机能所必需的一类小分子有机化合物。机体对维生素的需要量很少,但由于这类物质在体内不能合成,或合成量很少,不能满足机体的需要,必须从食物中获取;维生素不参与机体组成,也不提供能量,其主要生理功能是参与物质代谢的调节过程;多数维生素是辅酶或辅基的组成成分,和酶的催化作用有密切关系;机体内缺少某种维生素时,可引起物质代谢发生障碍,出现维生素缺乏症。

维生素的种类很多,它们的化学结构相差很大,通常按溶解性将其分为水溶性维生素和脂溶性维生素。

3.5.2 脂溶性维生素

1)维生素A

维生素A又称抗干眼醇,有维生素A_1和维生素A_2两种,维生素A_1是视黄醇,维生素A_2是3-脱氢视黄醇,活性是前者的一半。在动物体内,肝脏是储存维生素A的场所,如维生素A_1主要存在于动物和咸水鱼的肝脏中,维生素A_2主要存在于淡水鱼的肝脏中,乳制品及鱼油中维生素A含量也较多。植物中不含维生素A,但所含的类胡萝卜素是维生素A前体。一分子β胡萝卜素在一个氧化酶催化下加两分子水,断裂生成两分子维生素A_1,这个过程在小肠黏膜内进行。类胡萝卜素还包括α,γ胡萝卜素、番茄红素、叶黄素等。

维生素A与暗视觉有关。维生素A在醇脱氢酶作用下转化为视黄醛,11-顺视黄醛与视蛋白上赖氨酸氨基结合构成视紫红质,后者在光中分解成全反式视黄醛和视蛋白,在暗中再合成,形成一个视循环。维生素A缺乏,可导致暗视觉障碍即夜盲症,但食用肝脏及绿色蔬菜可治疗。全反式视黄醛主要在肝脏中转变成11-顺视黄醛,所以中医认为"肝与目相通"。

维生素A的作用很多,但因缺乏维生素A的动物极易感染,因此研究很困难。已知缺乏维生素A时,类固醇激素减少,因为其前体合成时有一步羟化反应需维生素A参加。另外,缺乏维生素A时表皮黏膜细胞减少,角化细胞增加。有人认为,是因为维生素A与细胞分裂分化有关;有人认为,是因为维生素A与粘多糖、糖蛋白的合成有关,可作为单糖载体。维生素A还与转铁蛋白合成、免疫、抗氧化等有关。

维生素A过量摄取会引起中毒,可引发骨痛、肝脾肿大、恶心腹泻及鳞状皮炎等症状。大量食用北极熊肝或比目鱼肝,可引起维生素A中毒。

2)维生素D

维生素D又称钙化醇,是类固醇衍生物,其种类很多,但以维生素D_2(麦角钙化醇)和维生素D_3(胆钙化醇)最为重要。动物体内的胆固醇可以转化为7-脱氢胆固醇,并储存于动物皮下，经日光或紫外线照射转化为维生素 D_3；植物油和酵母中的麦角固醇，经日光或紫外线照射转化为维生素 D_2。

维生素 D 的主要生理功能是促进钙、磷吸收，调节钙、磷代谢。维生素 D_3 先在肝脏羟化形成25-羟基维生素 D_3，在肾再羟化生成 1,25-$(OH)_2$-D_3。第二次羟化受到严格调控，平时只产生无活性的24 位羟化产物，只有当血钙低时才有甲状旁腺素分泌，使 1-羟化酶有活性。1,25-$(OH)_2$-D_3 是肾皮质分泌的一种激素，作用于肠黏膜细胞和骨细胞，与受体结合后，启动钙结合蛋白的合成，从而促进小肠对钙、磷的吸收以及骨内钙、磷的动员和沉积。

当饲料中维生素 D 含量少，又缺乏紫外线照射时，动物易产生软骨症或佝偻症。但摄入过多维生素 D 也会引起中毒，发生迁移性钙化。

3）维生素 E

维生素 E 又称生育酚，根据环上甲基的数目和位置不同，可分为 8 种，其中 α-生育酚的活性最高。维生素 E 主要存在于蔬菜、麦胚、植物油的非皂化部分。

维生素 E 与动物的生殖功能有关，缺乏时会引起动物的不育症，还会发生肌肉退化。生育酚极易氧化，是良好的脂溶性抗氧化剂。可清除自由基，保护不饱和脂肪酸和生物大分子，维持生物膜完好，延缓衰老。

4）维生素 K

天然维生素 K 有维生素 K_1 和维生素 K_2 两种，都是 2-甲基-1,4-萘醌的衍生物。维生素 K_1 存在于绿叶蔬菜及动物肝脏中，维生素 K_2 由人和动物体肠道细菌合成。临床上，常用的维生素 K_3 和维生素 K_4 是人工合成的，能溶于水，可供口服或注射。

维生素 K 能促进凝血酶原的合成，并使凝血酶原转化为凝血酶，从而加速血液凝固。缺乏维生素 K 时，常有出血倾向。新生儿、长期服用抗生素或吸收障碍等均可引起维生素 K 缺乏。

3.5.3　水溶性维生素

1）维生素 B_1（硫胺素）

维生素 B_1 分子中含有一个含硫的噻唑环和嘧啶环，因此又称为硫胺素。硫胺素广泛存在于植物种子外皮及胚芽中，米糠、麦麸、油菜、猪肝、鱼、瘦肉等含量丰富。但生鱼中含有破坏维生素 B_1 的酶，咖啡、可可、茶等饮料也含有破坏维生素 B_1 的因子。

硫胺素在生物体内常与磷酸结合生成硫胺素焦磷酸（TPP^+），即脱羧辅酶。羧化辅酶作为酰基载体，是 α-酮酸脱羧酶的辅基，也是转酮醇酶的辅基，在糖代谢中起重要作用。缺乏硫胺素会导致糖代谢障碍，使血液中丙酮酸和乳酸含量增多，影响神经组织供能，产生脚气病。这可能是由于缺乏 TPP^+ 而影响神经的能源与传导。

维生素 B_1 还可抑制胆碱酯酶的活性，减缓乙酰胆碱的水解速度。乙酰胆碱是神经介质，当维生素 B_1 缺乏时，胆碱酯酶的活性会增强，使乙酰胆碱的水解速度加快，造成胆碱能神经正常传导受到影响，可导致胃肠蠕动缓慢，消化液分泌减少，引起食欲不振、消化不良等消化功能障碍。

动物在一般情况下不易发生维生素 B_1 缺乏症。维生素 B_1 缺乏，可引起动物食欲不振、消化不良、发育受阻，雏鸡出现“观星”状，母鸡出现卵巢萎缩等症状。

2）维生素 B_2（核黄素）

核黄素是异咯嗪与核醇的缩合物，是黄素蛋白酶类的辅基。它广泛存在于谷类、黄豆、猪肝、肉、蛋、奶中，也可由肠道细菌合成。

维生素 B_2 有两种活性形式：一种是黄素单核苷酸（FMN），一种是黄素腺嘌呤二核苷酸（FAD）。FMN 和 FAD 是多种氧化还原酶的辅基，在氧化还原过程中传递氢原子和电子，参与生物氧化过程，促进物质代谢。凡以 FAD 和 FMN 为辅基的酶都叫黄素酶。

缺乏维生素 B_2 的症状，不同动物有所不同，主要表现在皮肤、黏膜、神经系统的变化。

3）维生素 B_3（泛酸、遍多酸）

维生素 B_3 广泛存在于动物和植物性饲料中，苜蓿干草、酵母、米糠、花生饼、青绿饲料、麦麸等是动物良好的泛酸来源。

泛酸可构成辅酶 A，是酰基转移酶的辅酶；也可构成酰基载体蛋白（CAP），是脂肪酸合成酶复合体的成分。

动物在一般情况下不易缺乏维生素 B_3，但饲料单一时可引起缺乏。在维生素 B_3 缺乏时，辅酶 A 的合成减少，影响糖、脂类、蛋白质的代谢。猪、鸡、犬等对其缺乏较为敏感。猪缺乏维生素 B_3，可表现为运动失调，严重时导致瘫痪。家禽缺乏维生素 B_3，表现为产蛋量、孵化率下降，喙部出现皮炎，趾外皮脱落，皮变厚、角质化等。

4）维生素 B_5（维生素 PP）

维生素 B_5 包括烟酸（尼克酸）和烟酸胺（尼克酰胺），广泛存在于各种饲料中。

维生素 B_5 活性形式有两种：尼克酰胺腺嘌呤二核苷酸（NAD^+）和尼克酰胺腺嘌呤二核苷酸磷酸（$NADP^+$）。NAD^+ 和 $NADP^+$ 分别称为辅酶Ⅰ和辅酶Ⅱ，是体内多种重要脱氢酶类的辅酶，在生物氧化过程中起传递氢原子的作用。

当动物体内缺少维生素 PP 时，可妨碍这些辅酶的合成，进而使新陈代谢发生障碍。典型的缺乏症为癞皮病、角膜炎、神经和消化系统障碍。

5）维生素 B_6（吡哆素）

维生素 B_6 是吡啶衍生物，其存在形式为磷酸吡哆醇、磷酸吡哆醛、磷酸吡哆胺 3 种，在生物体内可相互转化。动物性饲料、青绿饲料、谷物及加工副产物中含有丰富的维生素 B_6。

维生素 B_6 所形成的辅酶是转氨酶、氨基酸脱羧酶的辅酶，参与氨基的传递，在动物体内糖、脂肪、氨基酸、维生素、矿物质代谢中有重要作用。此外，它还与神经系统的正常功能有关，能增强免疫力。

缺乏维生素 B_6 可引起周边神经病变及高铁红细胞贫血症，幼小动物生长缓慢或停止生长。

6）维生素 B_7（生物素）

生物素广泛来源于各种动、植物性饲料和产品。肝脏、肾、酵母及鸡蛋中含量更为丰富。但在生鸡蛋清中有抗生物素蛋白,能与生物素紧密结合,使其失去活性。

生物素是多种羧化酶的辅酶,以辅酶的形式参与糖、脂肪、蛋白质代谢过程中的羧化反应,与二氧化碳结合,起着二氧化碳载体的作用。

由于生物素来源广泛,动物在一般饲养条件下不易出现缺乏症。

7)维生素 B_{11}(叶酸)

叶酸由蝶酸与谷氨酸构成。由于在植物的绿叶中含量丰富,故名叶酸。叶酸主要存在于新鲜的绿叶蔬菜、肝、肾和酵母中,其次是乳类、肉类和鱼类中,豆科植物、小麦胚芽中含量也较为丰富。但谷物中叶酸的含量较少。

叶酸在生物体内的活性形式是四氢叶酸(FH_4),四氢叶酸是多种一碳单位的载体,在嘌呤、嘧啶、胆碱和某些氨基酸(Met,Gly,Ser)的合成中起重要作用,是细胞形成和核苷酸生物合成所必需的营养物质,也是维持免疫系统正常功能的必需物质。

叶酸容易缺乏。缺乏叶酸时,会引起核酸合成障碍,快速分裂的细胞易受影响,可导致巨幼红细胞性贫血(巨大而极易破碎);猪生长受阻、食欲减退,种猪繁殖及泌乳功能紊乱。在各种畜禽中,家禽对叶酸缺乏最为敏感。

8)维生素 B_{12}(钴胺素)

维生素 B_{12}是自然界中仅能靠微生物合成的维生素,也是唯一含有金属元素即钴的维生素,故称为钴胺素。动物性饲料含有少量维生素 B_{12},植物性饲料中不含维生素 B_{12}。集约化养殖的猪、禽,尤其是饲喂全植物性饲料时,日粮中必需添加维生素 B_{12}。反刍动物瘤胃中的微生物能合成维生素 B_{12}供机体利用,非反刍动物大肠中合成的一部分也可被动物利用。

维生素 B_{12},主要以甲基钴胺素和5-脱氧腺苷钴胺素的形式作为甲基酶的辅酶,接受甲基四氢叶酸提供的甲基,用于合成甲硫氨酸。甲硫氨酸可作为通用甲基供体,参与多种分子的甲基化反应。因为甲基四氢叶酸只能通过这个反应放出甲基,所以维生素 B_{12}能促进 DNA 及蛋白质的生物合成,同时也能促进氨基酸的合成。

缺乏维生素 B_{12},可影响红细胞的分裂与成熟,从而导致巨幼红细胞性贫血。

9)维生素 C(抗坏血酸)

维生素 C 是含有6个碳的多羟基化合物,有较强的酸性,因能防治坏血病,又称为抗坏血酸。维生素 C 广泛存在于新鲜的青绿多汁饲料中,尤其以水果、蔬菜中含量最为丰富。

维生素 C 是维持羟化酶活化所必需的辅助因子之一,表现为促进胶原蛋白的合成、类固醇的合成与转变,促进芳香族氨基酸的羟化,促进有机药物或毒物的生物转化。当缺乏维生素 C 时,羟化酶活性降低,胶原蛋白合成发生障碍,会导致牙齿松动,皮下、黏膜出血,骨脆弱、易折断;轻微创伤或压力即可使毛细血管破裂出血,且伤口不易愈合等,即为坏血病。缺乏维生素 C,还会导致羟化反应下降,药物或毒物的代谢显著减慢。给予维生素 C 后,可增强解毒作用。

维生素 C 能可逆地加氢和脱氢,所以既可作为供氢体,又可作为受氢体。在物质代谢过程中,能促进体内物质的氧化还原反应,能使机体难以吸收的三价铁离子还原成易于吸收的二价铁离子,因而有利于铁的吸收;能促进红细胞中的高铁血红蛋白还原为血红蛋白，从而提高血红蛋白的运氧功能；能促进叶酸转化为具有生理活性的四氢叶酸；其氧化还原性质还能保护维生素 A、维生素 E 及某些 B 族维生素免遭氧化。

表 3.1 水溶性维生素与相应的辅酶或辅基

名　称	辅酶形式	主要生理功能
维生素 B_1（硫胺素）	TPP^+	是 α-酮酸氧化脱羧酶的辅基，也是转酮醇酶的辅基，在糖代谢中起重要作用。
维生素 B_2（核黄素）	FMN，FAD	FMN 和 FAD 是多种氧化还原酶的辅基，在氧化还原过程中传递氢原子和电子，参与生物氧化过程。
维生素 B_3（泛酸、遍多酸）	CoA-SH	酰基载体，是酰基转移酶的辅酶，参与体内酰基的转移反应。
维生素 B_5（维生素 PP）	NAD^+，$NADP^+$	是多种脱氢酶的辅酶，又分别称为辅酶 I、辅酶 Ⅱ，在生物氧化过程中参与脱氢反应。
维生素 B_6（吡哆素）	磷酸吡哆醛、磷酸吡哆胺	是转氨酶、氨基酸脱羧酶的辅酶，在氨基酸的分解代谢过程中参与氨基的传递。
维生素 B_7（生物素）	生物素	是多种羧化酶的辅酶，参与羧化反应，与 CO_2 结合。
维生素 B_{11}（叶酸）	FH_4	是"一碳单位"转移酶系的辅酶，是"一碳单位"的传递体，与蛋白质和核酸合成，红细胞和白细胞的成熟有关。
维生素 B_{12}（钴胺素）	5-脱氧腺苷钴胺素	甲基酶的辅酶，接受甲基四氢叶酸提供的甲基，参加一碳基团代谢，促进 DNA 及蛋白质的生物合成。
维生素 C（抗坏血酸）	抗坏血酸	是维持羟化酶活化所必需的辅助因子之一，参与氧化还原反应，具有解毒作用，促进小肠对铁的吸收。

[本章小结]

酶是由生物活细胞合成的、具有催化功能的生物大分子。酶除具有一般催化剂的共性外，还具有催化的高效性、高度的专一性、反应条件温和、高度的不稳定性以及酶的活性受多种因素调节等特性。

根据酶催化反应的类型，把酶分为氧化还原酶、转移酶、水解酶、裂解酶、异构酶、合成酶 6 大类。酶的命名法有习惯命名法和系统命名法 2 种。酶活力也称为酶活性，是指酶催化某种底物反应的能力，酶的活力大小可用酶的活力单位来度量。

酶按化学组成不同可分为单纯酶和结合酶。单纯酶只由蛋白质组成，结合酶由蛋白质和非蛋白质两部分组成。蛋白质部分称酶蛋白，决定酶对底物的专一性和催化的高效性；非蛋白部分称辅基或辅酶，决定酶促反应的类型。结合酶又称全酶，只有两部分都存在时才具有催化活性。

与酶的催化活性密切相关、维持酶特定空间构象的基团称为必需基团。由必需基团形成的、具有特定空间结构的、能直接结合底物并催化底物的空间区域叫酶的活性中心。

必需基团依部位不同可分为活性中心内必需基团和活性中心外必需基团。

酶原是指无活性的酶的前体物质。酶原在一定条件下转变为有活性酶的过程称为酶原的激活。其实质是酶的活性中心形成或暴露的过程。

酶之所以具有高效的催化功能,是因为酶可能与底物结合形成中间产物,从而改变了反应途径,大大降低了反应的活化能。酶的催化活性受底物浓度、酶浓度、温度、pH值、激活剂和抑制剂等多种因素影响。

维生素是维持机体正常生命活动所必需的一类小分子有机化合物。动物机体不能合成或合成量不足,因而必须由饲料中摄取。根据其溶解性质可分为脂溶性维生素和水溶性维生素两大类。水溶性维生素包括维生素 B_1、维生素 B_2、维生素 B_6、维生素 PP、泛酸、生物素、叶酸,维生素 B_{12} 和维生素 C 等。脂溶性维生素包括维生素 A、维生素 D、维生素 E、维生素 K。不同的维生素,其化学结构和生理功能不同。多数水溶性维生素是辅酶或辅基的组成成分,和酶的催化作用密切相关。

[目标测试]

一、名词解释(2 分×10)

酶的活性中心　竞争性抑制　同工酶　激活剂　抑制剂　维生素　酶活力单位　别构酶　最适温度　正协同效应

二、填空(1 分×28)

1. 酶是________________,多数酶的化学本质是________,酶的特性有________,________,________,________和________。

2. 酶的活性中心包括________、________两个功能部位,前者决定酶的________,后者决定酶的________。

3. 全酶包括________和________两部分,其作用分别为________和________。

4. 调节钙、磷代谢,维持正常钙磷浓度的维生素是________;促进肝脏合成凝血酶原,促进凝血的维生素是________;维持上皮组织正常功能,与暗视觉有关的维生素是________;抗氧化剂,与动物生殖功能有关的维生素是________。

5. FAD 是由维生素________参与构成的,它在酶促反应中的作用是________。CoA-SH 是由维生素________参与构成的,它在酶促反应中的作用是________。

6. 酶的比活力指________________________________,酶的比活力越高,则酶的纯度越________。

7. 酶的小分子有机物辅助因子包括________和________,其中以共价键与酶蛋白紧密结合的是________。

三、判断题:(1 分×10)

1. 当底物浓度处于饱和状态时,酶促反应速度与酶浓度成正比。　(　)
2. 酶的必需基团一定位于酶的活性中心。　(　)
3. 一种辅助因子只能与一种酶蛋白结合生成特异性酶。　(　)
4. 同工酶可以催化相同的化学反应,因而结构也相同。　(　)
5. 一种酶对正逆反应都有作用。　(　)

6. 别构酶的特点之一是其催化活性受其构象变化的调节。 ( )
7. 维生素不是供能物质,它是机体结构材料,是一类功能性物质。 ( )
8. 酶活力单位越高,酶的催化活性越高。 ( )
9. 所有的维生素都参与了辅酶或辅基的构成。 ( )
10. 已知的生物催化剂都是由蛋白质构成的。 ( )

四、选择题(2 分 ×6)

1. 下列关于酶的活性中心叙述正确的是( )。
A. 所有酶都具有活性中心　B. 所有酶的活性中心都含有辅酶
C. 酶的活性中心都含有金属离子　D. 所有抑制剂都作用于活性中心
2. 酶促反应中决定酶专一性的部分是( )。
A. 酶蛋白　B. 底物　C. 辅酶或辅基　D. 催化基团
3. 下列关于酶的特性叙述错误的是( )。
A. 催化效率高　B. 专一性强
C. 作用条件温和　D. 都有辅助因子参与催化反应
4. 目前公认的酶与底物结合的学说是( )。
A. 活性中心学说　B. 诱导契合学说
C. 锁匙学说　D. 中间产物学说
5. NAD^+或$NADP^+$中含有的维生素是( )。
A. 维生素 B_1　B. 维生素 B_2　C. 维生素 B_5　D. 维生素 B_6
6. 竞争性抑制的特点是( )。
A. 与底物竞争激烈　B. 与酶的底物竞争酶的活性中心
C. 与底物以共价键结合　D. 与酶的必需基团结合

五、问答题(6 分 ×5)

1. 何谓酶原与酶原激活?酶原与酶原激活的生理意义是什么?
2. 影响酶促反应速度的因素有哪些?
3. 缺乏维生素 A 为什么会发生夜盲症?
4. 简述有机磷农药的中毒机理。
5. 简述磺胺类药物抑制细菌的生化机理。

[知识拓展]

酶工程简介

酶在数千年前的酿酒发酵中就已得到了应用,但现代意义上的酶工程是在近几十年才兴起的高科技。酶工程是研究酶的生产和应用的一门技术性学科,它包括酶制剂的制备、酶的固定化、酶的修饰与改造,以及酶反应器等内容。进入 20 世纪以后,随着微生物发酵技术的发展、酶分离纯化技术的更新,酶制剂的研究得到不断推进并实现了其商业化生产,现已开发出各种类型的酶制剂。工业上直接利用酶制剂时存在一些缺点,如稳定性差、使用效率低、不能在有机溶剂中反应等。为了克服这些缺点,延长酶的使用寿命,提高酶的催化活性,并使其能在生化反应器中反复连续使用,人们发展了酶的固定化技术。酶的固定化是将酶限制在一定空间内的过程,酶的固定化技术层出不穷、日臻完善。目前,在单一酶固定化技术的基础上,又发展了多酶体系的固定化及固定化细胞增殖技术,而固定化酶的研制则推动了新型生物反应器、生物传感器和生物芯片等现代生物电子器件的发展。此外,通过酶的修饰也可提高酶的稳定性,消除或降低酶的抗原性,使之更适合生产和应用的要求。自20世纪70年代初基因工程诞生以来,酶工程的发展进入了一个非常重要的时期,科学家仅需将含目的基因的载体转移到宿主细胞内,然后通过发酵就能大量生产人们所需要的酶。近年来发展的蛋白质工程技术则使酶的定向改造成为可能,它不仅可以改变酶的特性,还可按需要设计出某种新型的酶。虽然酶的蛋白质工程还处于起步阶段,但从实际应用上看具有很大的潜力。过去,人们一直认为酶的本质是蛋白质,但自20世纪80年代发现核酶(也称核糖核酸质酶,以区别于蛋白质酶)以来,酶是蛋白质的经典概念就被打破了。核酶本身是一种RNA,但它可以特异性地催化某个反应,特别是识别和剪切RNA的某个位点,因而极有可能成为病毒基因和生物有害基因表达的专一性抑制剂。随着生物技术的发展,酶工程将引起发酵工业和化学合成工业的巨大变革。

商业用酶来源于动植物组织和某些微生物。传统上,由植物提供的酶有蛋白酶、淀粉酶、氧化酶和其他酶,由动物组织提供的酶主要有胰蛋白酶、脂肪酶和用于奶酪生产的凝乳酶。但是,从动物组织或植物组织大量提取的酶,经常要涉及技术上、经济上以及伦理上的问题,使得许多传统的酶源已远远不能适应当今世界对酶的需求。为了扩大酶源,人们正越来越多地求助于微生物。发展微生物作为酶生产的来源主要有以下原因:①微生物生长繁殖快,生活周期短,产量高,单位干重产物的酶比活很高。例如,细菌在合适的条件下只需20~30分钟便可繁殖一代,而农作物至少要几天或几周才能增重一倍。一般来说,微生物的生长速度比农作物快500倍,比家畜快1 000倍。②微生物培养方法简单,所用的原料大都为农副产品,来源丰富,价格低廉,机械化程度高,经济效益高。例如,同样生产1 kg结晶的蛋白酶,如从牛胰脏中提取需要1万头牛的胰脏,而由微生物生产则仅需数百千克的淀粉、麸皮和黄豆粉等副产品,几天便可生产出来。③微生物菌株种类繁多,酶的品种齐全。不同环境中的微生物有迥然不同的代谢类型,分解不同的基质有着多样性的酶。可以说,一切动植物细胞中存在的酶几乎都能从微生物细胞中找到。④微生物有较强的适应性和应变能力,可以通过适应、诱导、诱变及基因工程等方法培育出新的产酶量高的菌种。实际上,迄今能够用于酶生产的微生物种类是十分有限的。人们偏好于使用长期以来在食品和饮料工业上用作生产菌的微生物。因为,要使用未经检验的微生物进行生产,就必须获得法定机构的许可,而获准前必须先进行产品毒性与安全性的评价,整个过程十分费时、费事。基于这个原因,目前大多数的工业微生物酶的生产,都局限于使用仅有的极少数的真菌、细菌或酵母菌。只有找到更加经济、可靠的安全试验方法,才能使更多的微生物在工业酶的生产中得到应用。微生物发酵产酶的方法同其他发酵行业类似,首先必须选择合适的产酶菌株,然后采用适当的培养基和培养方式进行发酵,使微生物生长繁殖并合成大量所需的酶,最后将酶分离纯化,制成一定的酶制剂。

第4章 生物膜结构和功能

本章导读：细胞是生命有机体的基本结构和功能单位。有机体进行的生理活动，离不开细胞的膜结构。本章从生物膜形态、结构和功能的角度作了相关的阐述。通过学习，要求学生明确生物膜的概念，掌握生物膜的组成、结构与物质运输方式，理解生物膜与生命现象的关系。

4.1 细胞膜与胞内膜

细胞膜和胞内膜统称生物膜。细胞膜是指细胞质膜，胞内膜是指构成各种细胞器的内膜系统，如内质网膜、线粒体膜、高尔基体膜、溶酶体膜等，它们具有共同的结构特征。了解其结构与功能特点有助于理解整个生物膜的结构和功能。

4.1.1 细胞膜

细胞膜是指包围在细胞最外表的一层薄膜(也称质膜)。质膜把细胞与其周围环境分隔开来，使细胞成为独立的系统，保证细胞具有一个相对稳定的内环境，同时也是细胞与周围环境进行物质、能量交换和信息传递的结构。

4.1.2 胞内膜

真核细胞具有发达的细胞内膜系统及各种细胞器，主要包括内质网、线粒体、高尔基体、溶酶体、胞内体和分泌泡等。

内质网是真核细胞重要的细胞器。它是细胞内除核酸以外的一系列重要的生物大分子，如蛋白质、脂质和糖类合成的基地。它是由膜构成的网状管道系统，管道以各种形状延伸和扩展，成为各类管、泡、腔交织的状态。内质网通常占细胞膜系统的一半左右，体积占细胞总体积的10%以上。因此，内质网的存在，大大增加了细胞内膜的表面积，为多种酶特别是多酶体系提供了大面积的结合位点。同时，内质网形成的完整封闭体系，将内质网上合成的物质与细胞质基质中合成的物质分隔开来，更有利于它们的加工和运输。根据内质网的结构和功能，可分为糙面内质网和光面内质网两种类型。糙面内质网膜表面上分布着大量的核糖体，它是内质网与核糖体共同形成的复合机能结构，其主要功能是合成分泌性的蛋白和多种膜蛋白。表面没有核糖体结构的内质网称光面内质网，它是脂质合成的重要场所。

线粒体是真核细胞内一种重要和独特的细胞器（如图4.1），主要功能是进行氧化磷酸化，合成ATP，为细胞生命活动提供直接能量。因此，线粒体被称为细胞内的“能量工厂”。线粒体呈短棒状或近似球状，电镜下观察到线粒体由外膜、内膜、膜间隙及基质4部分组成。内膜有复杂的折叠伸入内腔构成线粒体嵴，嵴使内膜的表面积大大扩增。有人估计，大鼠肝细胞线粒体嵴的表面积比外膜大4倍，这对线粒体进行高速率的生化反应是极为重要的。

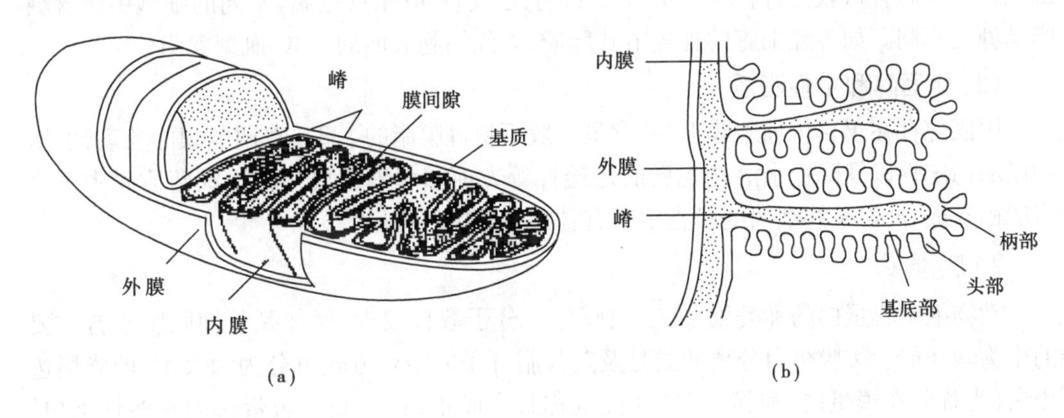

图4.1 线粒体结构图

高尔基体又称高尔基复合体，是由单层膜围成的扁平囊堆叠在一起，且边缘有穿孔的囊泡状结构。其膜与内质网膜相连，它起着加工、浓缩和排泌细胞产物的作用。如核糖体合成的蛋白质进入内质网腔后，运输到高尔基体中，并在这里进行加工改造（如装配糖蛋白的糖基等）和用膜包裹成颗粒，暂时泊存在细胞内或排出细胞外。

溶酶体是单层膜围绕、内含多种酸性水解酶类的囊泡状细胞器。溶酶体几乎存在于所有的动物细胞中，不同的溶酶体的形态大小，甚至其中所含的水解酶的种类都可能有很大的不同。其基本功能是对生物大分子的强烈消化作用，这对于维持细胞的正常代谢活动及防御微生物的侵染都有重要意义。

4.2 生物膜的化学组成与结构

4.2.1 生物膜的化学组成

化学分析结果表明，生物膜几乎都是由脂类和蛋白质两大类物质组成。此外，尚含有少量的糖（糖蛋白和糖脂）以及金属离子等，膜中水分占15%～20%。不同的膜中所含蛋白质、脂类及糖类的比例差别很大，膜中蛋白质和脂类的含量与其本身的功能有关，蛋白质含量越高，膜的功能越复杂多样。

1）膜脂

膜脂是生物膜的基本组成成分，每个动物细胞上约有10^9个脂分子，即每平方微米的

脂膜上约有 5×10^6 个脂分子。膜脂主要包括磷脂、糖脂和胆固醇3种类型。

(1)磷脂

磷脂构成了膜脂的基本成分,约占整个膜脂的50%以上。磷脂又可分为两类:甘油磷脂和鞘磷脂。甘油磷脂包括磷脂酰胆碱(卵磷脂)、磷脂酰丝氨酸、磷脂酰乙醇胺和磷脂酰肌醇等。

(2)糖脂

糖脂普遍存在于原核和真核细胞的细胞膜上,其含量占膜脂总量的5%以下,在神经细胞膜上糖脂含量较高,占5%~10%。目前,已发现40余种糖脂,不同的细胞中所含糖脂的种类不同。如神经细胞的神经节苷脂质,人红细胞表面的ABO血型糖脂。

(3)胆固醇和中性脂质

胆固醇存在于真核细胞膜上,其含量一般不超过膜脂的1/3。在调节膜的流动性,增加膜的稳定性以及降低水溶性物质的通透性等方面都起着重要作用。细菌质膜中不含有胆固醇成分,但某些细菌的膜脂中含有甘油酯等中性脂质。

2)膜蛋白

动物细胞膜蛋白的种类繁多,多数膜蛋白分子数目较少,但却赋予细胞膜非常重要的生物学功能。按膜蛋白分离的难易及其与脂分子的结合方式可分为两大类,即膜周边蛋白(也称外在膜蛋白)和膜内在蛋白(也称整合膜蛋白)。膜周边蛋白为水溶性蛋白,靠离子键或其他较弱的键与膜表面的蛋白质分子或脂分子结合。因此,只要改变溶液的离子强度,甚至提高温度就可以从膜上分离下来,膜结构并不破坏,膜外蛋白一般占膜蛋白的20%~30%。膜内在蛋白有的深埋膜内,有的贯穿全膜,有的不对称的分布于膜的一侧,与膜结合非常紧密,只有用去垢剂使膜崩解后才可分离出来,膜内在蛋白一般占膜蛋白的70%~80%。

3)膜糖类

膜上有少量与蛋白质或脂质相结合的寡糖,称为糖蛋白和糖脂。它在细胞质膜表面分布较多,一般占质膜总量的2%~10%。与膜蛋白和膜脂结合的糖类主要有葡萄糖、半乳糖、甘露糖、N-乙酰氨基葡萄糖、N-乙酰氨基半乳糖、N-乙酰神经氨酸等。糖脂主要为神经糖脂。糖蛋白和糖脂与细胞的抗原结构、受体、细胞免疫反应、细胞间信号传导和相互识别、血型及细胞癌变等均有密切关系。

4.2.2 生物膜的结构

自从20世纪30年代以来,许多学者曾提出多种说明膜结构的理论模型,但都有不同程度的局限性。1972年,S. J. Singer和G. Nicolson提出了生物膜流动镶嵌模型,如图4.2(a)所示。这一模型随即得到多种试验结果的支持。流动镶嵌模型主要强调:膜的流动性,膜蛋白和膜脂均可侧向运动;膜蛋白分布的不对称性,有的镶嵌在膜表面,有的嵌入或横跨脂双分子层。

目前,对生物膜结构的认识,如图4.2(b)所示,可总结如下:

①脂质双层是膜的基本结构。磷脂分子以疏水的非极性尾部相对,极性头部朝向膜

的两侧，形成磷脂双分子层组成膜的基本骨架。在生理条件下，膜脂质呈流动的液晶态，形成生物“屏障”。

②蛋白质分子以不同方式镶嵌在脂质双分子层中或结合在其表面，并与膜脂分子之间存在相互作用，并处于运动之中。蛋白的类型、蛋白分布的不对称性及其与脂分子的协同作用，赋予生物膜具有各自的特性与功能。

③生物膜可看成是蛋白质在双层脂分子中的二维溶液。然而，膜蛋白与膜脂之间，膜蛋白与膜蛋白之间及其与膜两侧其他生物大分子的复杂的相互作用，在不同程度上限制了膜蛋白和膜脂的流动性。

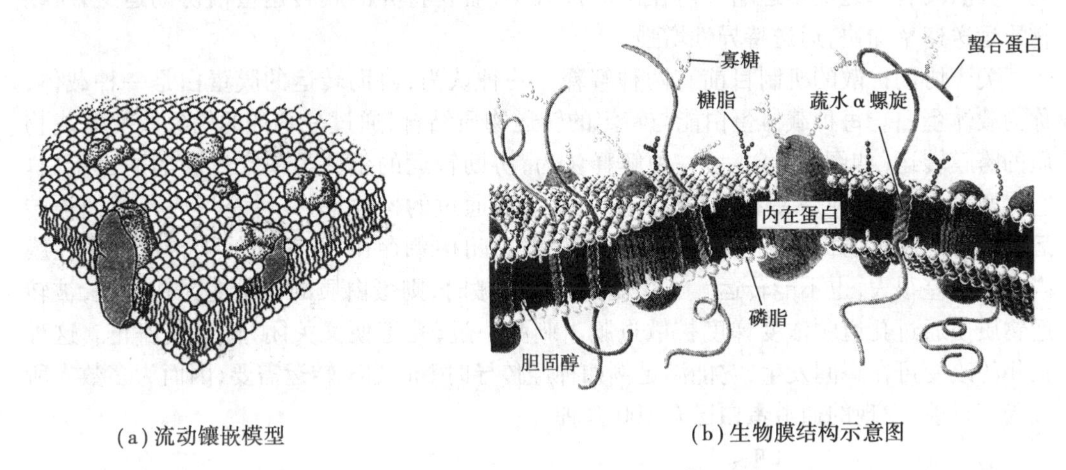

(a) 流动镶嵌模型　　(b) 生物膜结构示意图

图4.2　生物膜的模型

④膜的脂质、膜蛋白和膜糖在脂质双层两面侧的分布是不对称的，膜上的糖基总是暴露在质膜的外表面。

4.3　生物膜的物质运送功能

生物膜的物质运送功能是生物膜的重要功能，也是活细胞维持内环境的稳定和进行各项生命活动的基本特征之一。生物膜可以根据细胞生理活动的需要，控制物质进入或离开细胞和细胞器，因此生物膜是一种高度选择性的物质运输的屏障。生物膜对物质的运送主要有3种途径：被动运输、主动运输和胞吞与胞吐作用。

4.3.1　被动运输

被动运输是指通过简单扩散或协助扩散实现物质由高浓度向低浓度方向的跨膜运送。运送过程不需要细胞提供代谢能量，动力来自运送物质的浓度梯度。

1) 简单扩散

这是物质由高浓度向低浓度穿过细胞膜自由扩散的过程。物质的进出主要取决于膜内外该物质的浓度。由于是由高浓度向低浓度扩散，不需要细胞提供能量，也没有膜蛋白的协助，因此称为简单扩散。

不同物质跨膜运送的速率差异极大，这与跨膜浓度差和通透性有关。以简单扩散方式转运的是比较疏水的物质或小的不带电荷的极性分子。如 O_2、N_2、CO_2 以及固醇类激素和 H_2O 等。在简单扩散的跨膜运送中,运送的物质溶解在脂膜中,再从膜的一侧扩散到另一侧,最后脱膜进入水相中。因此,小分子比大分子易通透,非极性分子比极性分子容易通透,而离子和大的极性分子通透性较差。

2)协助扩散

协助扩散,又称易化扩散,是各种极性分子和无机离子,如糖、氨基酸、核苷酸以及细胞代谢物等顺其浓度梯度的跨膜运送,该过程也不需要细胞提供能量,这与简单扩散相同,因此,两者都是被动运输。但在协助扩散中,需要特异的膜转运蛋白协助运送,所以物质运送速率加快,运送特异性增强。

关于协助扩散的机制目前有两种解释。一种认为,协助转运的膜蛋白是一种载体,称为载体蛋白。每种载体蛋白能与特定的转运物质结合,通过一系列的构象改变完成物质的跨膜转运(如图 4.3)。另一种解释认为,协助转运的蛋白是横穿过膜的通道蛋白。它有两种构象,一种是关闭的不允许被转运物质通过的构象,另一种是形成孔道使被转运物质易于穿过的构象。在静息情况下,它以关闭构象存在,此时即使被转运物质在膜内外浓度差很大,也不能转运。当膜受到一定刺激时,则蛋白质的构象变为孔道型,被转运物质便通过孔道顺浓度梯度扩散过膜。刺激一过,孔道便又关闭,转运便停止。这种构相的改变可在瞬间发生,它能满足例如神经传导时 Na^+、K^+ 转运需要,因而为多数人所接受。目前,发现的通道蛋白已有 100 余种。

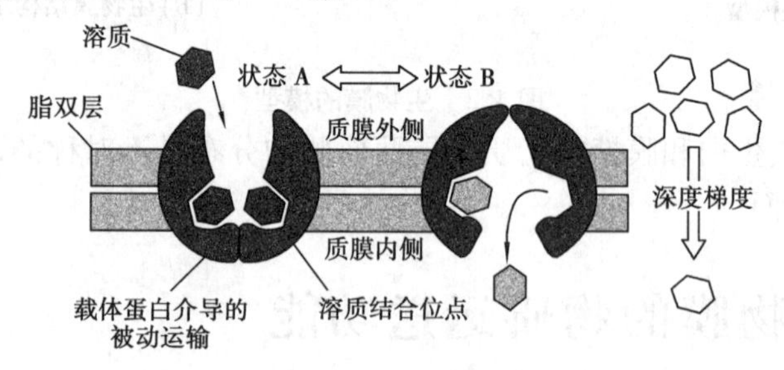

图 4.3 载体蛋白通过构象改变介导溶质(葡萄糖)被动运输的假想模型

4.3.2 主动运输

主动运输是物质依靠转运蛋白,逆浓度梯度进行的跨膜运输方式。此过程需要消耗能量,主动运输的能量主要来自 ATP 的水解。研究表明,动物细胞的内外离子浓度是非常不同的。这种特殊的离子环境对维持细胞内正常的生命活动,对神经冲动的传递以及对维持细胞的渗透平衡,恒定细胞体积都是非常必要的。而这种特殊离子环境的维持依赖主动运输功能实现。

主动运输的例子很多,目前高等动物体内研究比较清楚的是在膜上存在的各种"泵",如 Na^+-K^+泵、Ca^{2+}泵等。现以 Na^+-K^+ 泵为例来说明主动运输过程。

细胞内 K^+ 的浓度高于其所处环境细胞外液中 K^+ 的浓度,而 Na^+ 则相反。这种浓度差是靠膜上的一种特异蛋白来维持的,此种蛋白能水解 ATP,并利用 ATP 水解时释放的能量,将 Na^+ 由细胞内排出,同时将 K^+ 摄入细胞内,这些都是逆浓度梯度进行的。我们将这种蛋白称为 Na^+-K^+ 泵,又称 Na^+-K^+ ATP 酶。

Na^+-K^+ 泵的转运机理如图4.4所示。Na^+-K^+ 泵镶嵌在脂质双层中,由两个亚基构成,大亚基位于膜的内侧,小亚基位于膜的外侧。它有两种互变的构象 A 和 B。构象 A 的分子中心有一个狭腔,其上有3个 Na^+ 结合位点,狭腔向内侧开口,而外侧关闭。当构象 A 结合 Na^+ 后,促进 ATP 水解,触发了一个磷酸化反应,即一个磷酰基结合到 Na^+-K^+ 泵的 Y 基团上,此反应使 Na^+-K^+ 泵由构象 A 变为构象 B。同时,磷酰基团由 Y 基团转移到另一个 X 基团上。构象 B 向外侧开口,内侧关闭,与 Na^+ 的亲和力降低,使 Na^+ 释放到膜的外侧。在构象 B 的狭腔中有两个 K^+ 结合位点,当它结合了 K^+ 后,触发了去磷酸化反应,磷酰基水解掉,构象 B 又变回构象 A,将 K^+ 释放到细胞内,完成整个循环。每个循环消耗1个 ATP 分子,泵出3个钠离子和泵进两个钾离子。

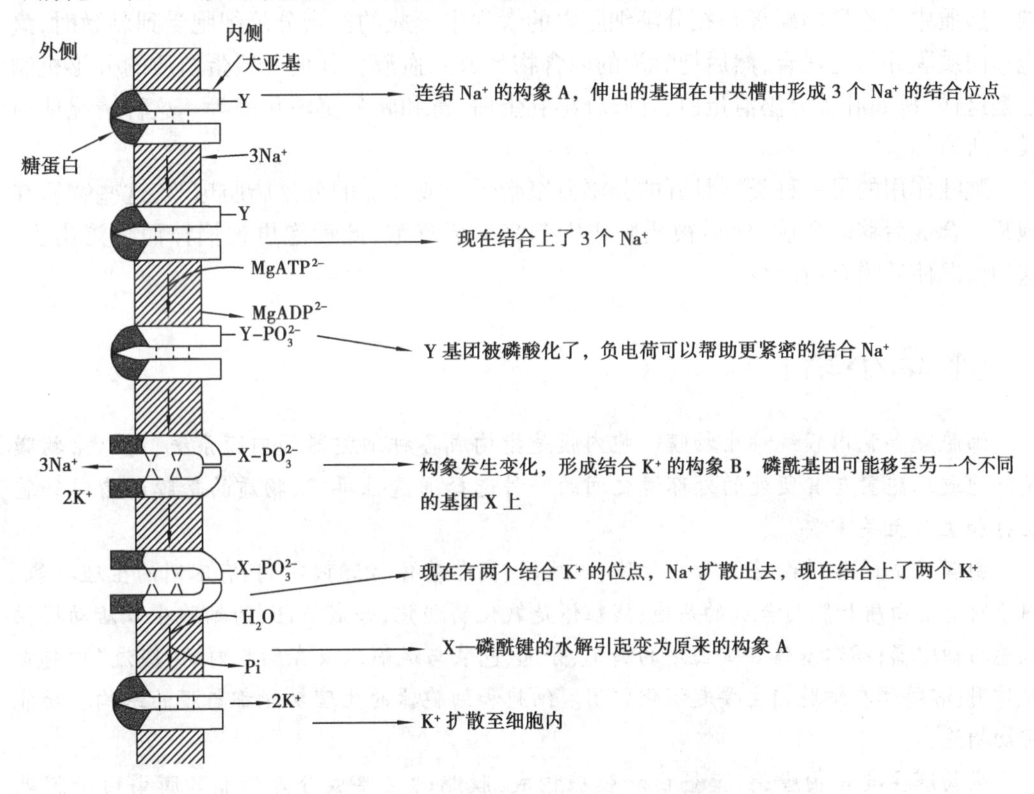

图4.4 设想的 Na^+-K^+ 泵转运模式图

动物细胞靠 ATP 水解供能驱动 Na^+-K^+ 泵工作,结果造成脂膜两侧的 K^+、Na^+ 不均匀分布,有助于维持动物细胞的渗透平衡。细胞的生命活动也需要这种特定和相对稳定的离子浓度。

4.3.3 胞吞作用与胞吐作用

真核细胞通过胞吞作用和胞吐作用完成大分子和颗粒性物质的跨膜运送,如蛋白质、多核苷酸、多糖等。在转运过程中,物质包裹在脂双层围绕的囊泡中,因此又称膜泡运输。这种形式的运输过程中涉及膜的融合与断裂,也需要消耗能量,属于主动运输。

1)胞吞作用

胞吞作用是通过细胞膜内陷形成囊泡(称胞吞泡),将外界物质裹进并输入细胞的过程。根据形成胞吞泡的大小和胞吞物质,胞吞作用可分为两种类型:胞吞物若为溶液,形成的囊泡较小,则称为胞饮作用;若胞吞物为大的颗粒性物质(如微生物和细胞碎片),形成的囊泡较大,则称为吞噬作用。两种类型的作用机制是相同的。都是被膜的一小部分逐渐包围,内陷,然后在从膜上脱落下来形成细胞内的囊泡。

2)胞吐作用

与细胞的胞吞作用相反,胞吐作用是将细胞内的分泌泡或其他某些膜泡中的物质通过细胞质膜运出细胞的过程。

胞吐作用最重要的类型是激素和神经递质的分泌。激素中的胰岛素、甲状腺素等和神经递质中的乙酰胆碱等是在分泌细胞内的囊泡中形成的。当分泌细胞受到刺激时,囊泡移向质膜并与之融合,然后把囊泡的内含物释放入血液。其他一些蛋白质的分泌机制也是这样,例如肝脏分泌清蛋白、乳腺分泌乳蛋白、胃和胰分泌消化酶等。这种情况使质膜有所增加。

胞吐作用的另一种类型是肝的分泌血浆脂蛋白或乳腺的分泌脂肪球等,这些物质在胞浆中合成后移向质膜,然后被质膜包围起来形成囊泡,此囊泡再被掐掉而分泌出去。这种情况使质膜有所减少。

[本章小结]

细胞膜和胞内膜统称生物膜。胞内膜是指构成各种细胞器的内膜系统,所以生物膜是细胞或细胞器与其所处的外环境之间的一种选择通透性屏障,物质的跨膜运输对细胞生存和生长至关重要。

由膜构成的各种细胞器如线粒体、内质网、高尔基体、溶酶体等具有不同的生理功能。内质网是蛋白质和脂质合成的基地;线粒体是氧化磷酸化,合成ATP,为细胞生命活动提供能量的细胞器;高尔基体在蛋白质的加工、分选、包装与运输以及在细胞内的“膜流”中起重要作用;溶酶体在细胞内主要起消化作用。细胞和细胞器的生理功能都与膜的结构和功能密切相关。

生物膜主要是由膜脂、膜蛋白和膜糖构成,膜脂的主要成分是磷脂。膜蛋白是膜表现生理功能的主要物质,膜蛋白分为膜周边蛋白和膜内在蛋白。脂双分子层构成了膜的基本结构,各种不同的膜蛋白镶嵌在脂双层分子中或结合在其表面,膜蛋白与膜脂分子的协同作用不仅为细胞的生命活动提供了稳定的内环境,而且还行使着物质转运、信号传递、细胞识别等多种复杂的功能。流动性和不对称性是生物膜的基本特征,也是完成其生理功能的必要保证。

生物膜对物质的运送主要有3种途径:被动运输、主动运输、胞吞及胞吐作用。被动运输包括简单扩散和协助扩散,它们都是由高浓度向低浓度的运输,不需要消耗能量。但协助扩散需要由膜蛋白的协助。主动运输是逆浓度梯度、需要消耗能量的运输方式。大分子物质和颗粒物质进出细胞是通过胞吞、胞吐作用完成的。

[目标测试]

一、名词解释(4分×6)

细胞膜　细胞器　胞内膜　胞吞作用　被动运输　主动运输

二、填空(1分×24)

1. 生物膜包括________和________,线粒体的主要功能是________________,其内膜有复杂的折叠伸入内腔构成________,其作用是________。

2. 生物膜的化学组成主要包括________、________和________。

3. 流动镶嵌模型对生物膜的描述认为:________是膜的基本结构,膜蛋白与膜的结合方式有________和________两种方式,膜的糖基总是________。

4. 生物膜对物质的运送方式主要有________、________和________3种途径,其中消耗能量的运送方式是________________,顺浓度梯度运送的方式又分为________和________。

5. 真核细胞中,细胞内 Na^+ 浓度比细胞外________,细胞内 K^+ 浓度比细胞外________。物质大分子跨膜运送的主要方式有________和________。

6. 巨噬细胞入侵细菌的过程为________。

7. 生物膜中的糖类主要以________、________存在。

三、判断题(2分×6)

1. 膜的两层对于蛋白质和糖是不对称的,但是对于脂质是对称的。(　　)

2. 膜的流动性只与膜的组成有关,与pH、温度等环境条件无关。(　　)

3. 磷脂和糖脂是构成生物膜脂双层结构的基本物质,但脂质主要是磷脂。(　　)

4. 所有细胞膜的主动转运,其能量均来自于高能磷酸键的水解。(　　)

5. 生物膜上的离子通道是由跨膜蛋白构成的。(　　)

6. 在物质的主动运输过程中,细胞质膜中只有运输蛋白质参与。(　　)

四、选择题(2分×5)

1. 生物膜中的外周蛋白是通过(　　)与膜相结合的。

A. 静电作用力与离子键　　B. 共价键

C. 疏水键　　D. 二硫键

2. 关于小分子物质的跨膜运输,错误的是(　　)。

A. 简单扩散不需要消耗能量,不需要载体分子

B. 协助扩散需要借助载体蛋白顺浓度梯度进行

C. 葡萄糖协同运输需要 Na^+-K^+-ATP 建立 Na^+ 梯度

D. 脂溶性分子,极性小的分子主要通过简单扩散运输过生物膜

3. 生物膜的基质连续主体是(　　)。

A. 脂质蛋白分子　　B. 极性脂质双分子

C. 糖蛋白双分子层　　D. 脂质双分子层

4. 人类肠道对葡萄糖吸收的主要方式是(　　)。

A. 简单扩散　　B. 易化扩散

C. 形成葡萄糖-Na^+-载体蛋白　　D. 形成葡萄糖-K^+-载体蛋白

5. Na^+-K^+-ATP 酶运输离子化学计量比是(　　)。

A. 出 3 个 Na^+,进 2 个 K^+,水解 1 个 ATP

B. 出 2 个 Na^+,进 3 个 K^+,水解 1 个 ATP

C. 出 2 个 Na^+,进 2 个 K^+,水解 1 个 ATP

D. 出 1 个 Na^+,进 2 个 K^+,水解 1 个 ATP

五、问答题(10 分×3)

1. 生物膜的化学组成物质主要有哪些？各有何作用？

2. 生物膜的物质运输功能有哪几种途径？各有何区别？

3. 说明 Na^+-K^+泵的工作原理及其生物学意义。

[知识拓展]

糖脂与 ABO 血型

众所周知,血型在输血、组织和器官的移植以及法医鉴定中是必须注意的。人类的主要血型是 ABO 型。这种血型是 1900 年由奥地利 Landsteiner 发现的。他把每个人的红细胞分别与别人的血清交叉混合后,发现有的血液之间发生凝集反应,有的则不发生。他认为,凡是凝集者,红细胞上有一种抗原,血清中有一种抗体。如抗原与抗体有相对应的特异关系,便发生凝集反应。如红细胞上有 A 抗原,血清中有 A 抗体,便会发生凝集。如果红细胞缺乏某一种抗原,或血清中缺乏与之对应的抗体,就不发生凝集。根据这个原理他发现了人的 ABO 血型。这一发现在第一次世界大战期间为抢救伤员作出了重大贡献。Landsteiner 因发现 ABO 血型,而获得 1930 年诺贝尔生理和医学奖。

ABO 血型是如何决定的呢？ABO 血型决定子,即 ABO 血型抗原,是一种糖脂,其寡糖部分具有决定抗原特异性的作用。人的血型是 A 型、B 型、AB 型,还是 O 型,是由红细胞膜脂或膜蛋白中的糖基(也称为 ABO 血型抗原,ABO 血型决定子)决定的。A 血型的人具有一种酶(A 酶),这种酶能够将 N-乙酰半乳糖胺添加到糖链的末端;B 血型的人具有在糖链末端添加半乳糖的酶(B 酶),AB 血型的人具有上述两种酶;O 血型的人则缺少上述两种酶,在抗原的末端既无 N-乙酰氨基半乳糖,又无半乳糖。即 A 血型的人,红细胞膜脂寡糖链的末端是 N-乙酰半乳糖胺(Gal-NAc);B 血型的人,红细胞膜脂寡糖链的末端是半乳糖;O 型的人,则没有这两种糖基;而 AB 型的人,则在末端同时具有这两种糖。

A 酶或 B 酶长期以来一直被认为是相似的。A 酶和 B 酶的活性机制也几乎是一致的,只是在核糖提供的分子中单糖的本质上有区别,分别是 UDP-N-乙酰-D-半乳糖胺(A-转移酶)和 UDP-D-半乳糖(B-转移酶)。这两种单糖的构造和键合方式是相同的,区别是在 C-2 上的取代物不同(N-乙酰半乳糖胺上的是—$NHCOCH_3$,半乳糖上的是—OH)。

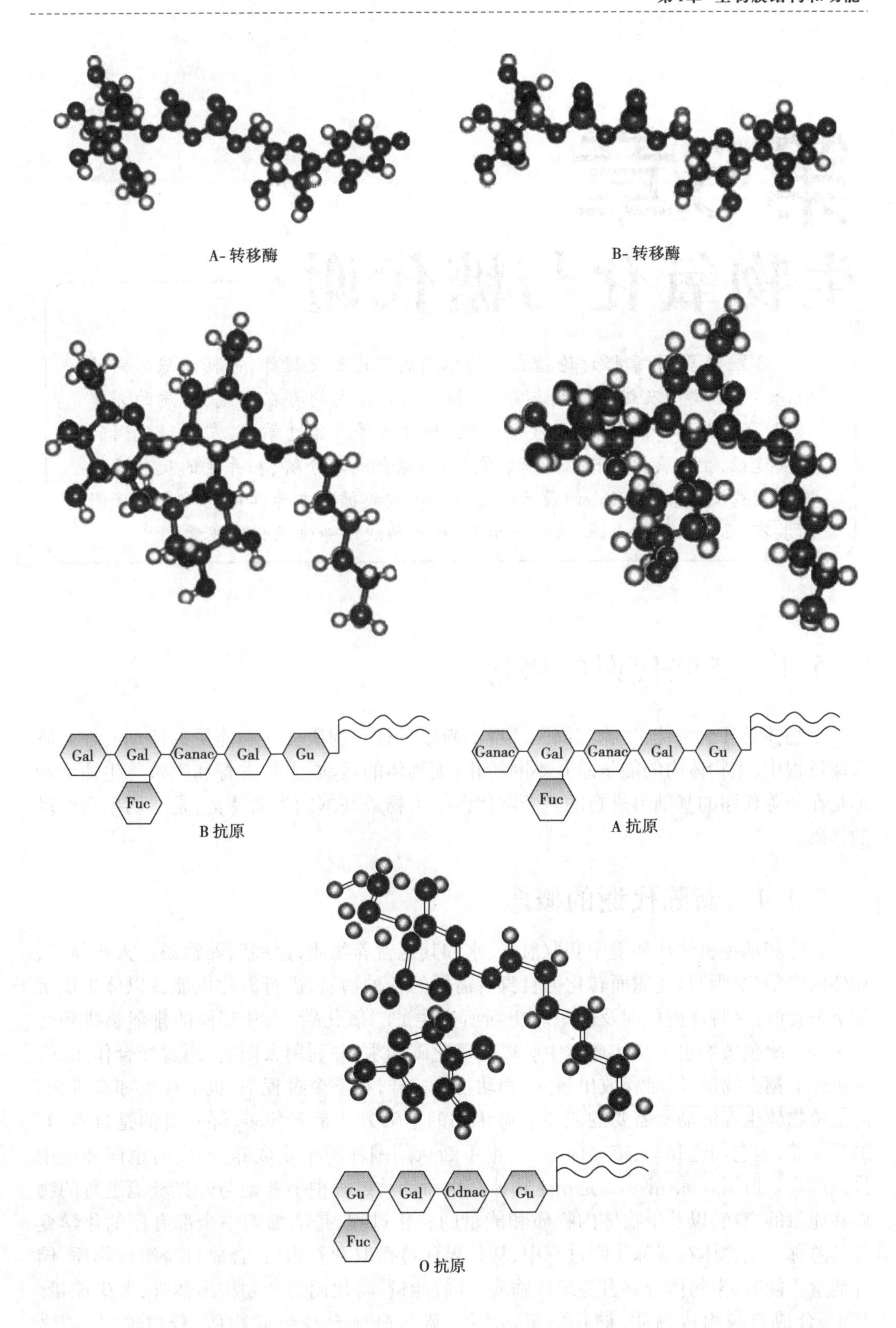
A-转移酶
B-转移酶
Gal
Gal
Ganac
Gal
Gu
Fuc
B抗原
Ganac
Gal
Ganac
Gal
Gu
Fuc
A抗原
Gu
Gal
Cdnac
Gu
Fuc
O抗原

第5章
生物氧化与糖代谢

本章导读：本章将讨论糖在动物体内的代谢变化规律，包括新陈代谢的概念、特点、类型及糖的结构与分类，糖在动物体内的存在形式、物质的分解代谢、合成代谢和能量代谢、生物氧化、糖异生等。通过学习，掌握糖代谢的主要途径，生物氧化、糖酵解、有氧氧化、糖原合成与分解、糖异生的反应过程及生理意义；了解糖代谢的最后途径——三羧酸循环亦为其他物质分解代谢所共有；熟悉血糖的来源、去路及调节，熟悉磷酸戊糖途径的生理意义。

5.1 新陈代谢的概述

生物体是开放系统，生物与周围环境不断地进行着物质交换和能量的流动。在新陈代谢过程中，生物体内的能量总是不断转化，生物体的运动、生长发育和生殖等生命活动都是在新陈代谢的基础上进行的。新陈代谢是生物最基本的生命特征，是一切生命活动的基础。

5.1.1 新陈代谢的概念

人体和动物机体从环境中获取氧气、水和其他营养物质，这些营养物质进入机体后，在体内经消化、吸收、代谢而转化为自身所需要的各种物质，进行氧化供能或以体组织沉积下来；同时又将体内代谢及体组织更新所产生的二氧化碳、水和其他的排泄物排到环境中去。绿色植物也不断从环境中吸取二氧化碳和水，并利用太阳能，通过光合作用，合成机体的糖类物质，同时释放出氧气，和动物体一样，在整个过程中，也消耗氧和有机物，产生植物体生理活动所需要的能量。微生物的生活方式是多种多样的，有的是自养，有的是异养，但它们也和动、植物体一样，也不断从周围环境中获取养分，同时也向环境中排泄产物。所谓新陈代谢，就是指生物体在生命活动过程中不断地与外界环境进行的物质和能量的交换，以及生物体内物质和能量的转化过程，是活细胞中全部有序的化学变化的总称。生物体在新陈代谢过程中，从外界环境摄取营养物质，合成自身组成物质，储存能量。同时，生物体分解自身组成物质，释放能量，将代谢终产物排出体外，散失能量。其中，合成自身组成物质、储存能量，谓之“新”；分解自身组成物质、释放能量，谓之“陈”。生命运动的本质就是生物体的自我更新。

5.1.2 新陈代谢的基本类型

新陈代谢是生物体最基本的生命活动过程，它包括物质代谢和能量代谢两个方面。物质代谢是指生物体与外界环境之间物质的交换和生物体内物质的转变过程。能量代谢是指生物体与外界环境之间能量交换和生物体内能量转变的过程。

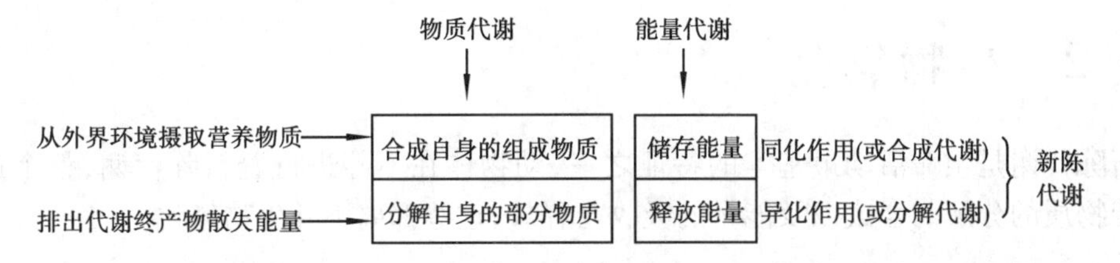

图5.1 新陈代谢示意图

在新陈代谢过程中，生物体从外界环境中摄取的养分在机体内经过一系列的化学变化，将其转化为自身体组织，并储存能量的过程称为同化作用。同时，生物机体内原有的物质又不断分解，释放出其中的能量，并且把分解的终产物排出体外的过程称为异化作用。一般而言，同化作用主要是合成代谢，异化作用主要是分解代谢。

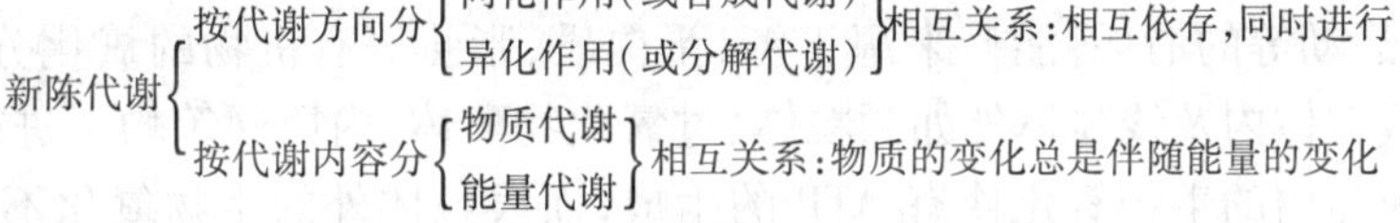

新陈代谢
- 按代谢方向分：同化作用（或合成代谢）、异化作用（或分解代谢）——相互关系：相互依存，同时进行
- 按代谢内容分：物质代谢、能量代谢——相互关系：物质的变化总是伴随能量的变化

图5.2 新陈代谢的分类

5.1.3 新陈代谢的特点

新陈代谢是生物体最基本的生命特征之一，整个过程中伴有物质和能量的转化，但物质和能量的转化是在复杂而有序的化学变化中完成的。新陈代谢的主要特点是：

1）新陈代谢在温和的条件下进行，由酶催化完成

酶是一种生物催化剂，各种代谢的化学变化，如营养物质的消化，组织成分的合成和分解，以及能量的释放和利用等，都需要酶的催化才能进行。

2）步骤繁多，彼此协调，逐步进行，有严格顺序性

在动物机体内进行的新陈代谢，经历多步复杂的化学变化，既各自独立又相互协调统一，能够有条不紊地进行，保证动物机体正常生理活动的进行。

3）新陈代谢过程伴随着能量的转化

物质的变化总是伴随着能量的消耗和释放。机体通过线粒体的呼吸作用氧化分解有机物释放能量供给动物机体的需要；核糖体合成蛋白质、细胞膜的主动运输、高尔基体合成分泌功能等需要消耗能量。

4）动物机体不同，则新陈代谢表现完全不同

正在生长发育的动物，新陈代谢比较旺盛，同化作用和异化作用都在加强，而同化作用加强的程度比异化作用要大，因此体内物质的积累大于消耗，动物机体也就会由小长

大。在这个时期,如果营养不足,必然会使体内缺乏建造细胞的原料,以致影响生长发育。成年动物的同化作用和异化作用大致平衡。到了老年,同化作用和异化作用虽然仍旧保持着大致平衡,但是这两个过程进行得比以前缓慢了。此外,有的动物因长期患病,身体逐渐消瘦,其新陈代谢的特点是异化作用超过了同化作用。其主要原因是进食少了,还有因发烧等而使体内物质的消耗大于积累。

5.2 生物氧化

新陈代谢是生命活动最基本的特征之一,动物体在不停进行着新陈代谢,整个过程伴随着物质的分解与合成以及能量的吸收与释放,这些都离不开生物氧化。

5.2.1 生物氧化概述

1)生物氧化的概念

生物氧化是指糖、蛋白质及脂肪等有机物在动物体细胞内氧化分解为二氧化碳和水,并释放能量的过程。由于生物氧化是在组织细胞内进行的,因此又称为组织氧化或细胞氧化。动物在生长、繁殖、发育、运动等生命活动过程中伴有能量的消耗,满足自身体温的维持、运动等的消耗,能量来源于糖、蛋白质、脂肪等有机物的氧化分解。生物氧化在细胞的线粒体内及线粒体外如微粒体、过氧化物酶体、内质网等均可进行,但氧化过程不同。线粒体内的生物氧化伴有 ATP 的生成,而线粒体外的生物氧化不伴有 ATP 的生成,其与机体内代谢物、药物、毒物的清除和排泄(即生物转化)有关。

2)生物氧化的特点

有机物在动物机体内的生物氧化与体外氧化燃烧在化学本质上是相同的,它们都能生成二氧化碳和水,并释放出能量。但在表现形式上却有较大的差异,两者在表现形式和氧化条件上具有不同的特点:

①生物氧化因在酶的催化下进行,所以其在 37 ℃、酸碱环境接近中性、常压、含水环境中即可进行,而体外燃烧需在高温、高压、干燥的环境下进行。

②生物氧化过程是逐步进行的,所释放的能量也是逐步释放的;否则,容易烧伤机体。所释放能量一部分以热能形式散放出来以维持体温,另一部分则使 ADP 磷酸化生成 ATP,储存在高能化合物中,供机体生理生化活动所需,从而既提高了能量的利用效率,又避免了由能量集中释放使体温骤然升高的危害。而体外燃烧是一次完成,并骤然放出大量能量。

③生物氧化是在活细胞内进行的。真核生物主要在线粒体内膜上进行,无线粒体的原核生物在细胞膜上进行。

④生物氧化过程中生成的二氧化碳是由糖、蛋白质或脂类等物质转变为含有羧基的化合物后,发生直接或间接脱羧或氧化脱羧产生的,而不是由氧气与碳直接结合生成的。

3)生物氧化的方式

物质在动物机体内的氧化方式与一般化学反应物氧化方式在化学本质上是相同的,主要有加氧、脱氢、加水脱氢和脱电子等多种方式。在化学反应中,物质加氧、脱电子、脱氢和加水脱氢都称氧化;反之,脱氧、得电子、加氢都称为还原。生物氧化反应中脱下的电子或氢原子不能游离存在,必须由另一物质接受,接受氢或电子的反应为还原反应。所以,体内的氧化反应总是和还原反应偶联进行的,称为氧化还原反应。其中,失去电子或氢原子的物质称为供电子体或供氢体,接受电子或氢原子的物质称为受电子体或受氢体。

5.2.2 线粒体生物氧化体系——呼吸链

生物体内存在多种氧化体系,其中最为重要的是存在于线粒体内的线粒体生物氧化体系,实际就是线粒体内的生物氧化过程,最终生成二氧化碳、水、能量,所释放的能量供给细胞利用,所以线粒体被称为细胞的“动力加工厂”。

1)呼吸链的概念及组成

(1)呼吸链的概念

在有氧氧化过程中,代谢底物脱下的氢通过线粒体内膜上一系列酶、辅酶或辅基所组成的传递体系的传递,最终与被激活的氧负离子结合生成水,这个传递体系称为呼吸链,又叫电子传递链。呼吸链由氢体、传递体、受氢体以及相应的酶催化系统组成,包括代谢物的脱氢、氢及电子的传递和受氢体的激活等一系列反应。

(2)呼吸链的组成

呼吸链的构成,已发现有20多种成分组成,可分为以下5类:

①以 NAD^+ 或 $NADP^+$ 为辅酶的脱氢酶。这是一类不需要氧脱氢酶,首先激活代谢物上特定位置的氢,并使之脱落,脱下来的氢由辅酶Ⅰ(NAD^+)、辅酶Ⅱ($NADP^+$)接受。它们是体内许多不需要氧脱氢酶的辅酶,将作用物的脱氢与呼吸链的传递氢过程联系起来,是递氢体。

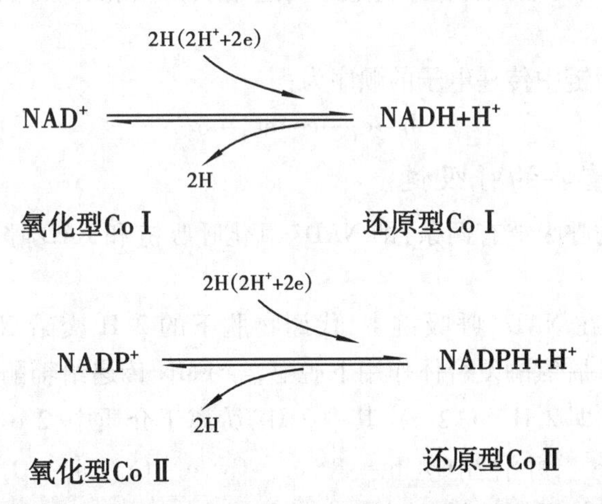

②黄素脱氢酶类(FP)。黄素脱氢酶的种类很多,如琥珀酸脱氢酶、脂酰 CoA 脱氢酶等,其辅基只有两种,即FAD(黄素腺嘌呤二核苷酸)和FMN(黄素单核苷酸)。两者均含核黄素(维生素 B_2)。FAD,FMN 都是递氢体,每次可接受两个氢原子,其传递氢原子的过程如下:

$$FMN \underset{-2H}{\overset{+2H}{\rightleftharpoons}} FMNH_2$$

氧化型　　　　还原型

$$FAD \underset{-2H}{\overset{+2H}{\rightleftharpoons}} FADH_2$$

氧化型　　　　还原型

③铁硫蛋白(Fe-S)。又称铁硫中心,是存在于线粒体内膜上的一种与传递电子有关的蛋白质。其特点是:含有铁原子和硫原子,铁与无机硫原子或是蛋白质分子上的半胱氨酸残基的硫相结合。铁硫蛋白是电子传递体,其中的铁能可逆地进行氧化还原反应,每次只能传递一个电子。

$$Fe^{3+} \underset{-e}{\overset{+e}{\rightleftharpoons}} Fe^{2+}$$

④辅酶Q(CoQ)。为一脂溶性醌类化合物,广泛存在于生物界,又称泛醌。辅酶Q能可逆地进行加氢和脱氢反应,所以是递氢体。

$$CoQ \underset{-2H}{\overset{+2H}{\rightleftharpoons}} CoQH_2$$

⑤细胞色素体系(Cyt)。细胞色素是一类以铁卟啉为辅基的结合蛋白质,此类蛋白质的颜色来自铁卟啉。根据其吸收光谱的不同可分为3大类:Cyt a,Cyt b,Cyt c,其辅基分别是血红素A、血红素B、血红素C。根据所含辅基的差异,可将细胞色素分为很多种,细胞色素作为电子传递体,其中铁卟啉中的铁离子能进行可逆的氧化还原反应,传递电子的方式为:

$$2\ Cyt \cdot Fe^{3+} + 2\ e^- \rightleftharpoons 2\ Cyt \cdot Fe^{2+}$$

细胞色素a和细胞色素a_3很难分开,组成一复合体称为细胞色素aa_3,它是呼吸链中最后一个递电子体,接受电子后直接将电子传递给氧,将氧激活为氧离子(O^{2-}),故又称为细胞色素氧化酶。

细胞色素在呼吸链中传递电子的顺序为:

$$b \rightarrow c_1 \rightarrow c \rightarrow aa_3 \rightarrow o_2$$

2)动物体内重要的呼吸链

生物体内重要的呼吸链有两条,即NAD^+氧化呼吸链和FAD呼吸链,两者均存在于线粒体内。

如图5.3所示:在NAD^+呼吸链中,代谢物脱下的2 H交给NAD^+生成NADH + H^+,后者又在NADH脱氢酶复合体作用下脱氢,经FMN传递给辅酶Q,生成$CoQH_2$。以后,$CoQH_2$脱下2 H(即2 H^+ + 2 e),其中2 H^+游离于介质中,2 e则首先由2 Cyt b的Fe^{3+}接受还原成2 Fe^{2+},并沿着Cyt b→Cyt c_1→Cyt c→Cyt aa_3→O_2的顺序逐步传递给氧,生成O^{2-}。O^{2-}比较活泼,可与游离于介质中的2 H^+结合生成水,每两个氢原子通过此呼吸链传递、氧化生成水的同时,释放出的能量可产生3分子ATP。

FAD氧化呼吸链又称琥珀酸氧化呼吸链,琥珀酸在琥珀酸脱氢酶作用下脱氢生成延胡索酸,FAD接受两个氢原子生成$FADH_2$,然后再将氢传递给CoQ,生成$CoQH_2$,此后的传递和NADH氧化呼吸链相同。FAD呼吸链每传递两个氢原子氧化生成水时,所放出的

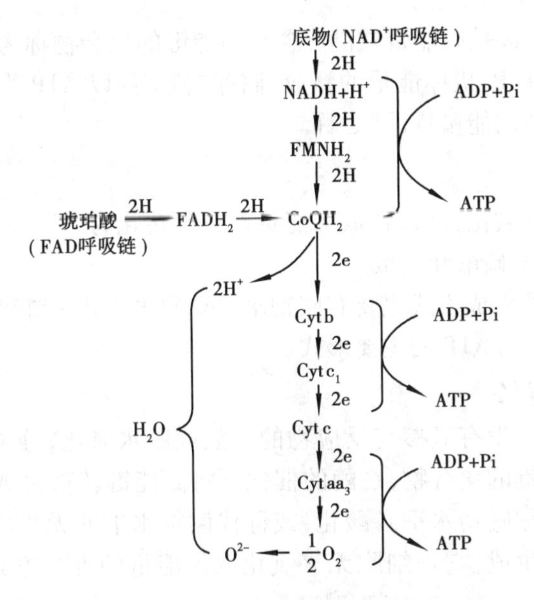

图 5.3 生物体内两条重要氧化呼吸链

能量只能生成 2 分子 ATP。

3)呼吸链的阻断

呼吸链是一个完整的连续反应体系,它的任何一个部位受到抑制,都能造成细胞呼吸的中断。我们把能够抑制呼吸链某一部位电子流的物质,称为电子传递体抑制剂。常见的传递体抑制剂及其作用部位如图 5.4 所示。由肺部吸入的氧约 99% 用于氧化呼吸链过程,当机体缺氧,如吸入氧量减少、血红蛋白运输氧的能力下降或血液循环障碍等,均可引起生物氧化障碍;或者在氧供应并不缺乏,只是呼吸链中的环节受抑制,如氰化物、一氧化碳、H_2S 等可抑制细胞色素氧化酶,也能使人畜机体氧化发生障碍,造成细胞内窒息,引起死亡。

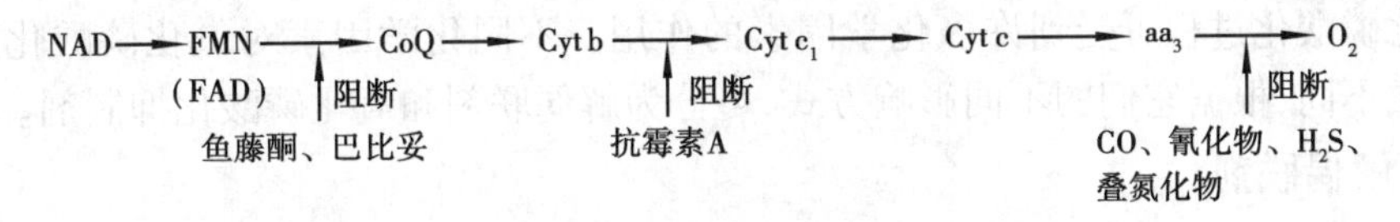

图 5.4 传递体抑制剂在呼吸链中的抑制部位

5.2.3 生物氧化过程中能量的产生与储存

动物通过采食,从食物中获得的糖、蛋白质、脂肪等养分在体内通过氧化分解,释放出能量,除部分通过体表散发到环境中,大部分能量以化学能的形式转移至高能化合物中,机体生命活动所需要的能量就以高能化合物作为能量来源,如动物使役、剧烈运动等。

1)高能化合物与高能键

不同的化学键所储存的能量并不一样。化学键水解时,释放能量低于 21 kJ/mol 的化学键称为低能键;释放能量高于 21 kJ/mol 的化学键称为高能键,通常用符号“ ~ ”表示。体内最主要的高能键是高能磷酸键。含有高能键的化合物称为高能化合物,体内最重要的高能化合物是ATP,机体能量的释放、储存、利用都以ATP为中心,ATP是生物界普遍的供能物质,有“通用能量货币”之称。

2)ATP的生成

动物体内各种养分氧化分解,释放的能量都必须转化为ATP才能被机体利用,生物体内的ATP主要由ADP磷酸化生成。

动物机体内ATP的生成方式主要有底物水平磷酸化和氧化磷酸化途径,其中氧化磷酸化途径是动物机体生成ATP的主要形式。

(1)底物水平磷酸化

在物质代谢过程中,没有氧参与反应物的脱氢或脱水氧化,分子内部所含能量重新分布,生成含高能磷酸键的化合物,在酶的催化下将高能键转移给ADP(GDP)磷酸化生成ATP(GTP),此过程称底物水平磷酸化,或称代谢物水平的无氧磷酸化。与呼吸链的电子传递无关,也无水生成,它是细胞无氧氧化取得能量的唯一方式,生成的ATP数量较少。

(2)氧化磷酸化

氧化磷酸化是指代谢物在氧化过程中脱氢经呼吸链传递给氧生成水的过程与ADP磷酸化过程相偶联的反应。整个过程包含了氧化和磷酸化两个过程。氧化是底物脱氢或失电子的过程,而磷酸化是指ADP与磷酸合成ATP的过程。在结构完整的线粒体中,氧化与磷酸化这两个过程是紧密地偶联在一起的,即氧化释放的能量用于ATP合成。

机体代谢过程中能量的主要来源是线粒体,即氧化磷酸化。胞液中底物水平磷酸化也能获得部分能量,实际上这是酵解过程的能量来源,它对于酵解组织、红细胞和组织相对缺氧时的能量来源是十分重要的。

3)氧化磷酸化的解偶联剂和抑制剂

氧化磷酸化过程可受到许多化学因素的作用。不同化学因素对氧化磷酸化过程的影响方式不同,根据它们的不同影响方式,可分为解偶联剂和氧化磷酸化抑制剂。

(1)解偶联剂

某些物质的存在能使呼吸链的电子继续传递,而使氧化磷酸化作用被抑制,从而阻断了ATP的产生,这个过程称为解偶联作用。

人工的或天然的解偶联剂主要有下列3种类型:

①化学解偶联剂。2,4-二硝基苯酚(DNP)是最早发现的、也是最典型的化学解偶联剂。

②离子载体。有一类脂溶性物质能与某些阳离子结合,插入线粒体内膜脂双层,作为阳离子的载体,使这些阳离子能穿过线粒体内膜。它和解偶联剂的区别在于:它是作为H^+以外的其他一价阳离子的载体,如缬氨霉素(由链霉菌产生的抗菌素)、短杆菌肽。这类离子载体由于增加了线粒体内膜对一价阳离子的通透性,消除了跨膜的电位梯度,消耗了电子传递过程中产生的自由能,从而破坏了ADP的磷酸化过程。

③解偶联蛋白。解偶联蛋白是存在于某些生物细胞线粒体内膜上的蛋白质,为天然的解偶联剂。如动物的褐色脂肪组织的线粒体内膜上分布有解偶联蛋白,这种蛋白构成

质子通道，让膜外质子经其通道返回膜内以消除跨膜的质子浓度梯度，这样就抑制了ATP合成，从而产生热量使体温增加。

解偶联剂不抑制呼吸链的电子传递，甚至还加速电子传递，促进燃料分子（糖、脂肪、蛋白质）的消耗和刺激线粒体对分子氧的需要，但不形成ATP，电子传递过程中释放的自由能以热量的形式散失。如动物患病时，体温升高，就是因为病毒或细菌产生的毒素使氧化磷酸化解偶联，氧化产生的能量全部变为热使体温升高。又如，在某些环境条件或生长发育阶段，生物体内也发生解偶联作用。像冬眠动物、耐寒的哺乳动物和新出生的温血动物等就是通过氧化磷酸化的解偶联作用，呼吸作用照常进行，但磷酸化受阻，不产生ATP，也不需要ATP，产生的热以维持体温。

（2）**氧化磷酸化抑制剂**

这类抑制剂直接抑制了ATP的生成过程，使膜外质子不能返回膜内，膜内质子继续泵出膜外就显然越来越困难，最后不得不停止。所以，这类抑制剂是间接抑制电子传递和分子氧的消耗，如寡霉素、双环己基碳二亚胺。

总之，氧化磷酸化抑制剂不同于解偶联剂，也不同于电子传递抑制剂。氧化磷酸化抑制剂抑制电子传递，进而抑制ATP的形成，同时也抑制氧的吸收利用；解偶联剂不抑制电子传递，只抑制ADP磷酸化，因而抑制能量ATP的生成，氧消耗量非但不减而且还增加；电子传递抑制剂是直接抑制了电子传递链上载体的电子传递和分子氧的消耗，因为代谢物的氧化受阻，偶联磷酸化就无法进行，ATP的生成随之减少。例如，当具有极毒的氰化物进入体内过多时，可以因CN^-与细胞色素氧化酶的Fe^{3+}结合成氰化高铁细胞色素氧化酶，使细胞色素失去传递电子的能力，结果呼吸链中断，磷酸化过程也随之中断，细胞死亡。

5.2.4 ATP的利用

糖、蛋白质、脂肪分解代谢过程中，经底物水平磷酸化、氧化磷酸化释放的能量，一部分以热的形式散失于周围环境中，其余部分直接生成ATP，以高能磷酸键的形式存在。一切生物体内能量释放、储存与利用都是以ATP为中心，ATP在生物体能量代谢中起着非常重要的作用，机体各种生理、生化作用所需的能量均与ATP有关。

当动物体内产生的能量增多，形成的ATP增多时，ATP并不在动物体内储存，此时ATP将高能磷酸基团转移给肌酸，形成磷酸肌酸，将高能磷酸键储存起来；当机体需要能量供给时，磷酸肌酸可迅速分解成肌酸，同时将高能磷酸基团转移给ADP，生成ATP，供给动物体生命活动的需要。肌酸主要存在于肌肉组织中，骨骼肌中含量多于平滑肌，脑组织中含量也较多，肝、肾等其他组织中含量很少。

磷酸肌酸的生成反应如下：

$$\text{肌酸} + \text{ATP} \xrightleftharpoons{\text{肌酸磷酸激酶}} \text{磷酸肌酸} + \text{ADP}$$

肌肉中磷酸肌酸的浓度为ATP浓度的5倍，可储存肌肉几分钟收缩所急需的化学能，可见肌酸的分布与组织耗能有密切关系。

ATP的生成、储存和利用可用图5.5表示。

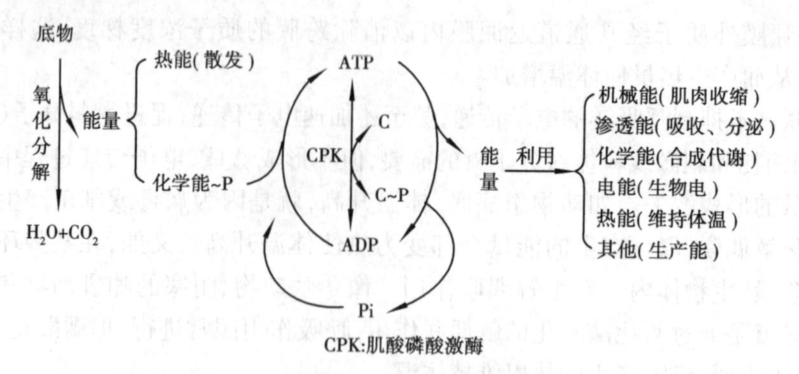

图5.5　ATP的生成、储存和利用总结示意图

5.2.5 胞液中NADH的氧化

线粒体具有双层膜的结构,外膜的通透性较大,内膜却有着较严格的通透选择性,通常通过外膜与细胞浆进行物质交换。在真核生物胞液中产生的NADH不能通过正常的线粒体内膜,要使其进入呼吸链氧化生成ATP,必须通过较为复杂的过程。据现在了解,线粒体外的NADH可将其所带的氢转交给某种能透过线粒体内膜的化合物,进入线粒体内后再氧化。即NADH上的氢与电子可以通过一个所谓穿梭系统的间接途径进入电子传递链。在动物细胞内有两个穿梭系统,一是磷酸甘油穿梭系统,主要存在于动物骨骼肌、脑等组织细胞中;二是苹果酸穿梭系统,主要存在于动物的肝、肾和心肌细胞的线粒体中。

1)磷酸甘油穿梭系统

胞液中产生的$NADH+H^+$,在以NAD^+为辅酶的α-磷酸甘油脱氢酶的催化下,生成α-磷酸甘油,α-磷酸甘油可扩散到线粒体内,再由线粒体内膜上的以FAD为辅基的α-磷酸甘油脱氢酶(一种黄素脱氢酶)催化,重新生成磷酸二羟丙酮和$FADH_2$,前者穿出线粒体返回胞液,后者$FADH_2$将2 H传递给CoQ,进入呼吸链,最后传递给分子氧生成水并形成ATP(如图5.6)。经过这个穿梭过程每转一圈要消耗1个ATP。

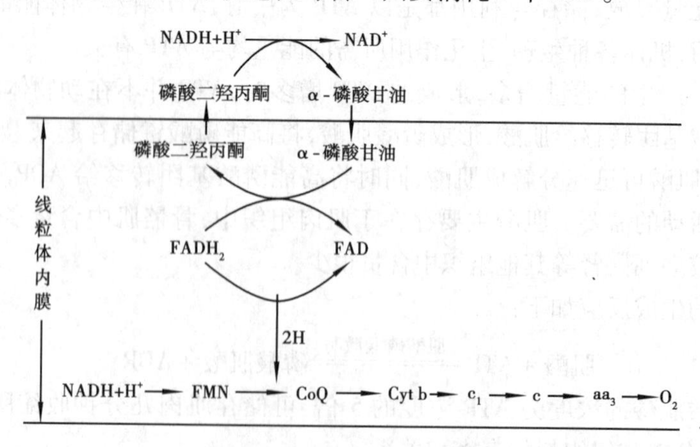

图5.6　磷酸甘油穿梭系统

2)苹果酸-天冬氨酸穿梭系统

苹果酸-天冬氨酸穿梭系统需要两种谷-草转氨酶、两种苹果酸脱氢酶和一系列专一的透性酶共同作用。首先,$NADH+H^+$在胞液苹果酸脱氢酶(辅酶为NAD^+)的催化下将草酰乙酸还原成苹果酸,然后苹果酸穿过线粒体内膜进入线粒体,经线粒体中苹果酸脱氢酶(辅酶也为NAD^+)催化脱氢,重新生成草酰乙酸和$NADH+H^+$;$NADH+H^+$随即进入呼吸链进行氧化磷酸化,草酰乙酸经线粒体中谷-草转氨酶催化形成天冬氨酸,同时将谷氨酸变为α-酮戊二酸,天冬氨酸和α-酮戊二酸通过线粒体内膜返回胞液,再由胞液谷-草转氨酶催化变成草酰乙酸,参与下一轮穿梭运输,由α-酮戊二酸生成的谷氨酸又回到线粒体中(如图5.7)。上述代谢物均需经专一的膜载体通过线粒体内膜。线粒体外的$NADH+H^+$通过这种穿梭作用而进入呼吸链被氧化,仍能产生3分子ATP。

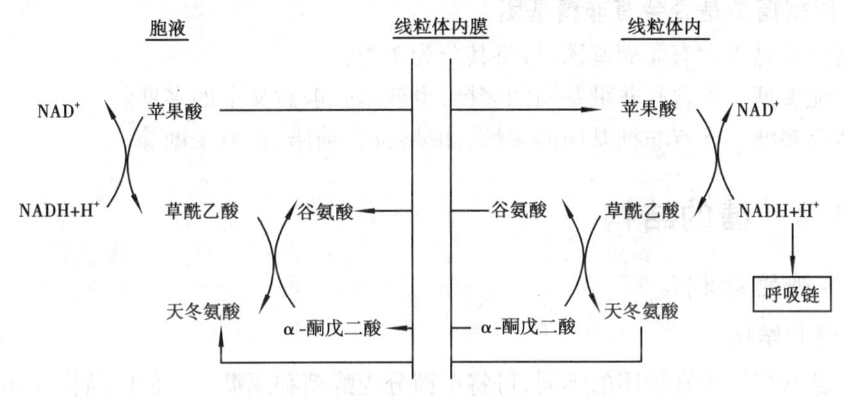

图5.7 苹果酸-天冬氨酸穿梭系统

5.3 糖的分解代谢

5.3.1 糖的概念与分类

糖是自然界分布很广的有机化合物,几乎所有的动物、植物和微生物体内都含有糖类,它既是生物体内重要的组成成分之一,又是生物体重要的能源和碳源。地球上糖类物质的根本来源是绿色植物细胞进行的光合作用。

1)糖的概念

糖是多羟醛或多羟酮及其缩聚物和某些衍生物的总称。糖由碳、氢、氧3种元素组成,用$C_m(H_2O)_n$表示。由此式可以看出:其所含的氢和氧之比往往是2:1,与水的组成比例相同,故过去将糖类物质称为碳水化合物。但碳水化合物这个名称并不确切,因为符合这一要求的并不一定属于糖类,如甲醛(HCHO)、醋酸(CH_3COOH)等。另外,也有一些属于糖类的物质,但氢和氧之比不是2:1,如鼠李糖($C_6H_{12}O_5$)、脱氧核糖($C_5H_{10}O_4$)。在一些教科书或文献资料仍有称糖为碳水化合物的,只是一种习惯称呼而已。

2)糖的分类

(1)根据糖类能否水解和水解以后生成物的多少分类

根据糖类能否水解和水解以后生成物的多少,可将其分为3大类:

①单糖。是指凡不能被水解为更小单位的多羟醛或多羟酮。常见的单糖有阿拉伯糖、核糖、脱氧核糖、葡萄糖、果糖等。

根据单糖所含的碳原子数目,又可将单糖分为丙糖、丁糖、戊糖、已糖和庚糖,自然界中存在最多的是戊糖和已糖,其中最重要的是葡萄糖。

②寡糖。又称低聚糖,由2~6个单糖分子缩合而成,能水解成为少数(2~6个)单糖分子的糖类物质。按照水解后生产的单糖数目,低聚糖又可分为二糖、三糖、四糖等,其中最重要的是二糖,如蔗糖、乳糖、麦芽糖等。

③多糖。由许多单糖分子缩合、失水而成,能水解为多个单糖分子的糖类物质,如淀粉、纤维素、半纤维素、果胶、糖原等。若构成多糖的单糖分子都相同,就称为同聚多糖或均一多糖;由几种不同的单糖分子构成的多糖,则称为杂多糖或不均一多糖。

(2)根据糖类是否会有非糖基团

根据糖类是否含有非糖基团,可将其分为2类:

①单纯多糖。不含有非糖基团的多糖,也就是一般意义上的多糖。

②结合多糖。含有非糖基团的多糖,如糖蛋白、糖脂、蛋白聚糖等。

5.3.2 糖的结构

1)单糖的结构

(1)链状结构

根据链状结构中官能团的不同,可将单糖分为醛糖和酮糖。它们的结构式如下:

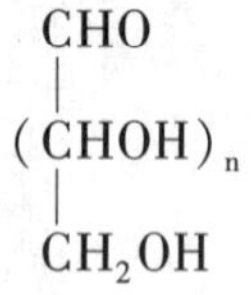

$$\begin{array}{c}CHO\\|\\(CHOH)_n\\|\\CH_2OH\end{array}\qquad\qquad\begin{array}{c}CH_2OH\\|\\C=O\\|\\(CHOH)_{n-1}\\|\\CH_2OH\end{array}$$

醛糖 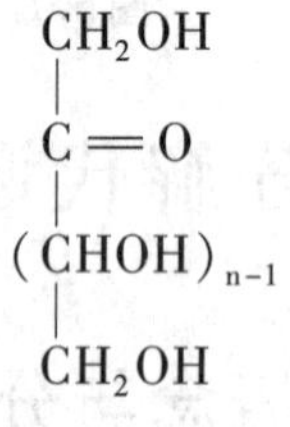　　　　酮糖

(2)糖的环状结构

现以葡萄糖为例,其结构式如下:

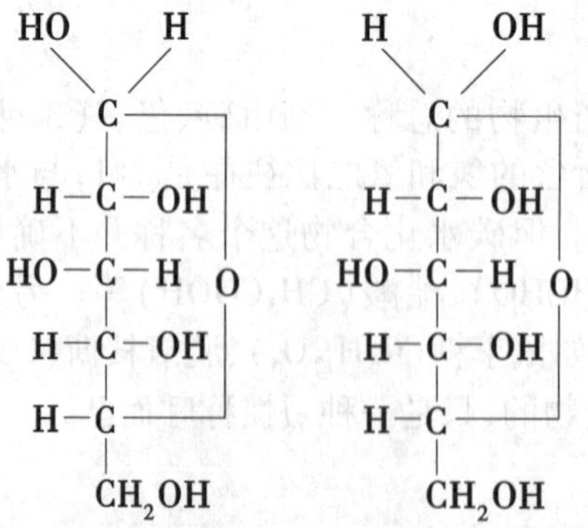

$$\begin{array}{c}HO\quad H\\ \diagdown\ \diagup\\ C\\ H-C-OH\\ HO-C-H\quad O\\ H-C-OH\\ H-C\\ |\\ CH_2OH\end{array}\qquad\begin{array}{c}H\quad OH\\ \diagdown\ \diagup\\ C\\ H-C-OH\\ HO-C-H\quad O\\ H-C-OH\\ H-C\\ |\\ CH_2OH\end{array}$$

β-D-(+)葡萄糖　α-D-(+)-葡萄糖

葡萄糖的费歇尔投影式

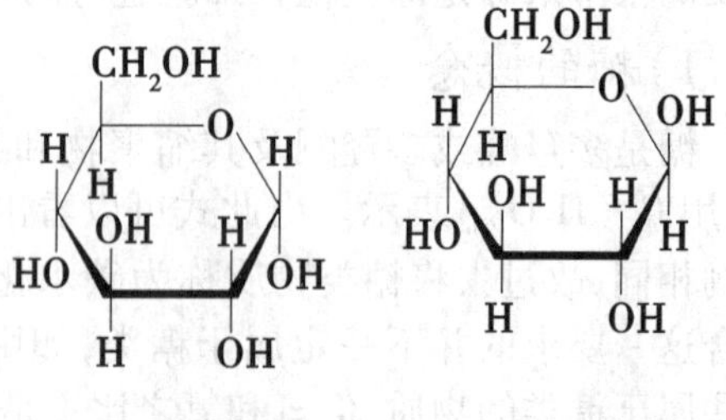

α-D-(+)-葡萄糖　β-D-(+)-葡萄糖

葡萄糖的哈武斯透视式

2)二糖的结构

以常见的二糖——蔗糖、麦芽糖、乳糖为例,其结构式如下:

蔗糖的结构

麦芽糖的结构

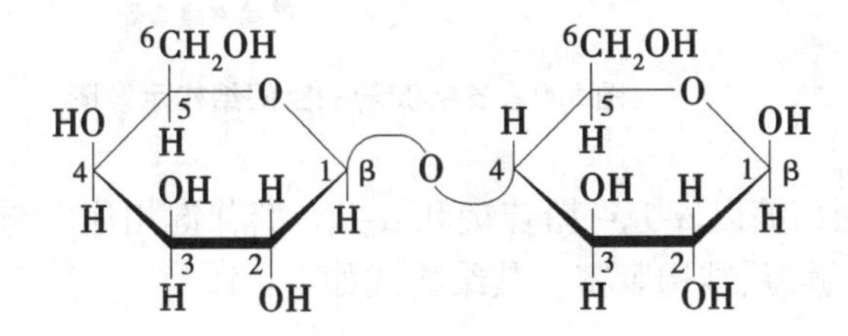

乳糖的结构

3)多糖的结构

(1)淀粉

天然淀粉呈颗粉状,其外层为支链淀粉,占 80% ~90%;内层为直链淀粉,占 10% ~20%。直链淀粉和支链淀粉的结构式如下:

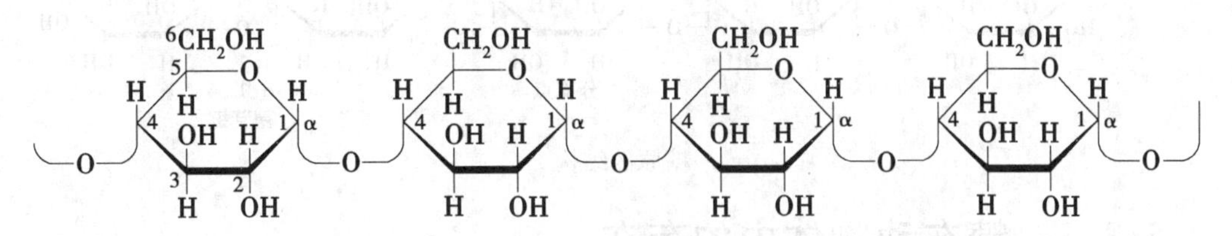

直链淀粉的结构

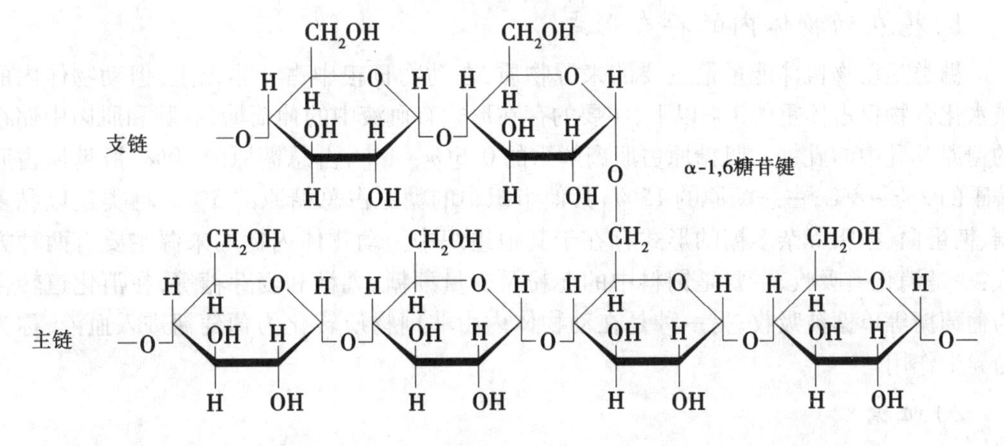

支链淀粉的结构

直链淀粉的空间结构图和支链淀粉的空间结构图分别如图 5.8 和图 5.9 所示。

图 5.8　直链淀粉的空间结构示意图

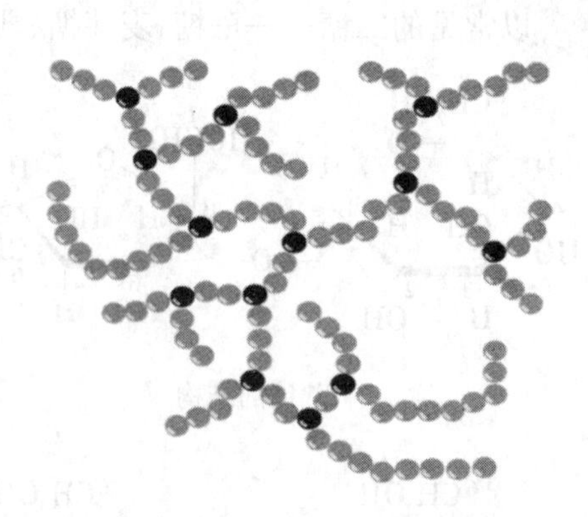

图 5.9　支链淀粉的空间结构示意图

(2)**糖原**

糖原的结构与支链淀粉相似,由 D-葡萄糖以 α-1,4 糖苷键和 α-1,6 糖苷键相连。与支链淀粉的不同处在于糖原分子分支多、链短、结构紧密。其结构式如下:

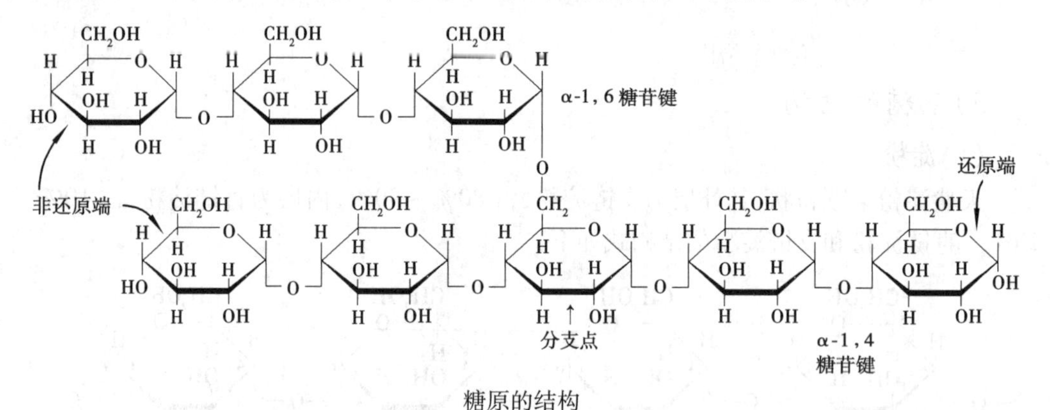

糖原的结构

5.3.3　糖在动物体内的存在

1)糖在动物体内的存在形式

糖类是动物机体能量最主要的来源物质,在动物日粮中占一半以上,但动物体内的碳水化合物仅占体重的1%以下,主要的存在形式有血液中的葡萄糖、肝脏和肌肉中储存的糖原及乳中的乳糖。肌糖原占肌肉鲜重的0.5% ~1%,占总糖原的 80%;肝糖原占肝鲜重的2% ~8%,占总糖原的 15%;其他组织中的糖原占总糖原的 5%。糖类还以黏多糖、糖蛋白、糖脂等杂多糖的形式存在于其他组织中。动物体内糖的来源主要有两种方式:一是消化道吸收,主要是饲料中的淀粉及少量蔗糖、乳糖和麦芽糖等,在消化道转化为葡萄糖等单糖被吸收;另一种是在动物体内由非糖物质转化为葡萄糖进入血液,称为糖异生作用。

2)血糖

(1)**血糖的概念**

血糖是指动物血液中所含的糖(主要是葡萄糖)。血液中除葡萄糖外,还含有微量的半乳糖、果糖及其磷酸酯、葡萄糖磷脂酸。血糖主要分布于红细胞和血浆中。

(2)**血糖的浓度**

动物的血糖含量相对恒定,在一定范围内变动,但各种动物的血糖含量各异。血糖含量的变动,是由生理状况的变动引起的,如动物采食后就会偏高些,运动后就会偏低些。每种动物的血糖含量各不相同(具体详见表5.1),血糖含量是通过神经、激素调节血糖的来源和去路而达到相对恒定的。

表5.1 部分家畜血糖含量

动 物	血糖含量/($mg \cdot L^{-1}$)	平均值	资料来源
哺乳仔猪(20~40日龄)	100~139	122	北京农业大学
后备小猪(65~112日龄)	70~111	91	
猪(肥育)	39~100	70	
马:公	71~113	92	北京农业大学
母	74~89	82	
骡:公	66~102	84	
母	57~110	83	
水牛	42~46	44	湖南农学院
乳牛	35~55		
牦牛	48~90		
绵羊	35~60		中国人民解放军兽医大学
山羊	45~60		
驴(怀孕期)	95~111		中国农业科学院兰州兽医研究所

(3)**血糖的来源与去路**

①血糖的来源。主要是饲料中的糖类,经过消化道的消化吸收进入血液;其次利用肝糖原分解产生单糖以及通过糖的异生作用来补充血糖的不足。

②血糖的去路有4种:一是在组织中氧化分解以供应机体能量;二是在肌肉和肝组织中合成糖原;三是转变成脂类、非必需氨基酸或其他糖类物质;四是患病状态下从尿液中排出。在正常生理情况下,血糖虽流经肾脏,通过肾小球的滤过,但可在肾小管中几乎完全被吸收进入血液。当尿液中有血糖排出时,表明初尿中的糖不能全部被肾小管重吸收,即形成了糖尿。从上述可知,血液中的血糖在正常的生理状态下通过各种来源和排出途径保持着动态平衡。动物体内血糖的来源与去路如图5.10所示。

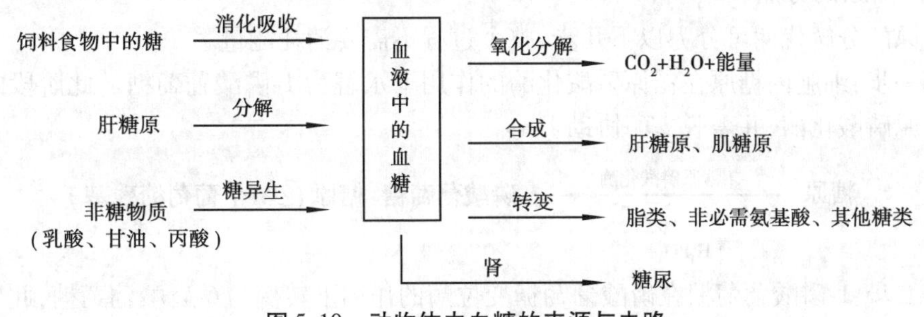

图5.10 动物体内血糖的来源与去路

动物体内血糖浓度的相对恒定具有重要的生理意义。体内各组织细胞活动所需的能量大部分来自葡萄糖,血糖必须保持一定的水平才能维持动物体内各器官和组织的需要。如果血糖含量过低,各组织得不到足够的葡萄糖供应能量,就会发生机能障碍,这一点对脑组织特别重要。因为脑组织不含糖原,其活动所需的能量除一部分来自于酮体外,必须有一部分来自血糖;如果血糖浓度过高,不能被组织利用,则会由尿排出,形成糖尿。血糖浓度受神经、激素等多种因素调节,动物体内调节血糖浓度的激素有两类:胰岛素是降糖激素;肾上腺素、肾上腺糖皮质素、生长素等都是升糖激素。在正常生理情况下,这两类激素在体内相互制约,共同调节糖的合成与分解,以维持血糖浓度的稳定。

3)糖原

糖原是由多个葡萄糖分子通过 α-1,4 糖苷键和 α-1,6 糖苷键连结而成的多分支多糖,支链上的葡萄糖分子间由 α-1,4 糖苷键连接,分支出的葡萄糖分子由 α-1,6 糖苷键连接。

(1)糖原的合成

葡萄糖在多种糖原合成酶的作用下,可以合成糖原储存于肝脏和肌纤维间,当血液中血糖浓度低于正常水平值时,组织中的糖原就可以分解释放出葡萄糖,补充血液中的血糖,以保证正常的血糖浓度;当血液中血糖浓度过高时,血液中的葡萄糖可以合成糖原储存于组织中,从而降低血液中血糖,维持正常的血糖浓度。糖原的合成主要有两种类型:一种是以葡萄糖或果糖、半乳糖等单糖为原料合成,此过程称为糖原生成作用;另一种是以非糖物质(如乳酸、甘油等)为原料合成糖原或葡萄糖,此过程称为糖异生作用。糖原的合成与分解代谢主要是在肝、肾和肌肉组织细胞的胞液中进行的。

糖原生成作用的过程如图 5.11 所示。

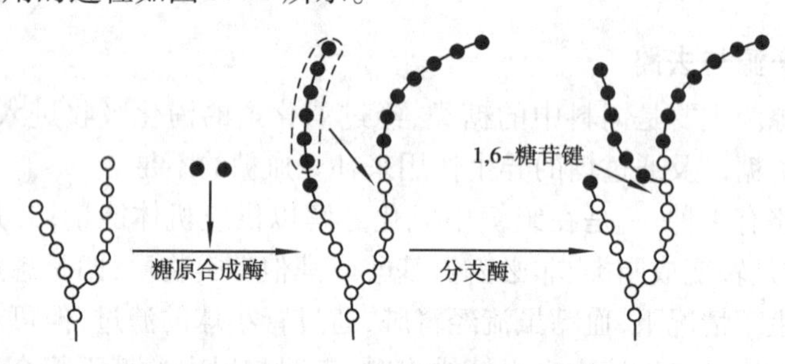

图 5.11 糖原生成示意图

糖异生作用详见 5.4。

(2)糖原的分解

糖原的分解代谢可分为以下几步,整个过程不需要消耗能量。

第一步:细胞内糖原在糖原磷酸化酶的作用下水解为 1-磷酸葡萄糖。此阶段的关键酶是糖原磷酸化酶,并需脱支酶协助。

$$\text{糖原} \xrightarrow[H_3PO_4]{\text{糖原磷酸化酶}} \text{1-磷酸葡萄糖+糖原(少1个葡萄糖残基)}$$

第二步:1-磷酸葡萄糖在磷酸葡萄糖变位酶的作用下转变为 6-磷酸葡萄糖,此反应是可逆的。

$$1\text{-磷酸葡萄糖} \underset{Mg^{2+}}{\overset{\text{磷酸葡萄糖变位酶}}{\rightleftharpoons}} 6\text{-磷酸葡萄糖}$$

第三步:所形成的6-磷酸葡萄糖可以通过有氧氧化、糖酵解或磷酸戊糖等多种途径继续分解。由于肝和肾中存在着6-磷酸葡萄糖酶,此酶可以将所形成的6-磷酸葡萄糖水解生成葡萄糖进入血液,以补充血糖,维持血糖浓度的稳定。

$$6\text{-磷酸葡萄糖} + H_2O \xrightarrow{6\text{-磷酸葡萄糖酶(肝)}} \text{葡萄糖} + Pi$$

由于骨骼肌中不存在6-磷酸葡萄糖酶,因此肌糖原不能分解为葡萄糖。肌糖原分解为6-磷酸葡萄糖后,可通过有氧氧化、糖酵解等途径分解供能,以满足骨骼肌活动能量的消耗。

5.3.4 糖的分解代谢

糖进入动物体内经消化降解以单糖的形式被吸收后,由血液运送到机体各组织,并在各组织的细胞内通过一系列酶的催化,发生分解代谢,供给机体能量或转化为其他的物质。糖在动物体内发生分解代谢的途径有3条:糖的无氧分解、有氧分解以及磷酸戊糖途径。3条途径中,有氧分解是主要的分解供能途径。

1)糖的无氧分解

糖的无氧分解是指在动物细胞中,葡萄糖或糖原在无氧条件或缺氧条件下分解生成乳酸并释放出能量的过程。整个反应在细胞液中进行,代谢的终产物为乳酸,一分子葡萄糖经无氧酵解可净生成两分子ATP。此过程与酵母菌使糖生醇发酵的前过程相同,所以此反应又称为糖酵解。阐明糖酵解途径过程是在1940年由G. Embden, O. Meyerhof, J. K. parnas等人完成的,因此此过程又称为EMP途径。

(1)糖无氧分解的过程

糖的无氧分解是在细胞液中由葡萄糖或糖原开始,经12(由葡萄糖开始)或13(由糖原开始)步化学反应生成乳酸,同时产生能量,整个反应可分为4个阶段。

第一阶段:由葡萄糖或糖原转化形成1,6-二磷酸果糖。此阶段需要消耗能量(ATP),由葡萄糖开始需经3步反应,消耗一分子的ATP;若由糖原开始则经4步反应,不消耗ATP。

①葡萄糖进入细胞后首先在葡萄糖激酶(肝内)或己糖激酶作用下磷酸化生成6-磷酸葡萄糖,反应消耗一分子ATP,不可逆;糖原则先在磷酸化酶作用下转化为1-磷酸葡萄糖,1-磷酸葡萄糖在磷酸变位酶作用下转变为6-磷酸葡萄糖。

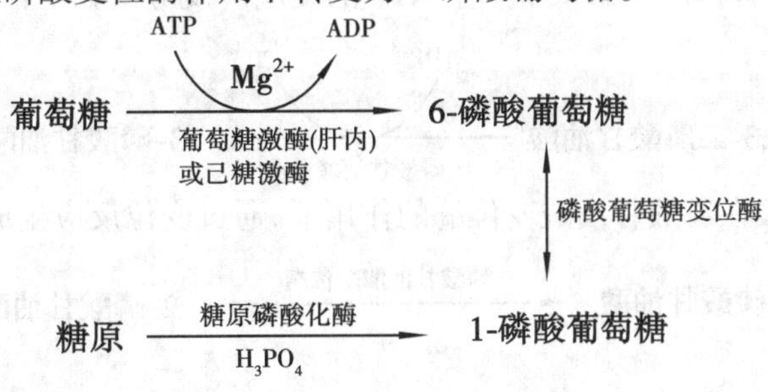

②6-磷酸葡萄糖在磷酸己糖异构酶作用下生成6-磷酸果糖，此反应可逆，6-磷酸葡萄糖与6-磷酸果糖互为同分异构体。

$$\text{6-磷酸葡萄糖} \xrightleftharpoons{\text{磷酸己糖异构酶}} \text{6-磷酸果糖}$$

③6-磷酸果糖在6-磷酸果糖激酶作用下又一次磷酸化，生成1,6-二磷酸果糖，反应不可逆。

$$\text{6-磷酸果糖} \xrightarrow[\text{6-磷酸果糖激酶}]{\text{ATP} \to \text{ADP},\ Mg^{2+}} \text{1,6-二磷酸果糖}$$

第二阶段：由1,6-二磷酸果糖转化为两分子的3-磷酸甘油醛（三碳糖）。此阶段是糖的裂解，经裂解反应和异构化反应后生成了两分子3-磷酸甘油醛。

④裂解反应。1,6-二磷酸果糖在醛缩酶的催化下裂解为一分子的3-磷酸甘油醛和一分子的磷酸二羟丙酮，此反应可逆。

$$\text{1,6-二磷酸果糖} \xrightleftharpoons{\text{醛缩酶}} \text{3-磷酸甘油醛} + \text{磷酸二羟丙酮}$$

⑤异构化反应。磷酸二羟丙酮和3-磷酸甘油醛互为异构体，磷酸二羟丙酮在磷酸丙糖异构酶作用下转变成3-磷酸甘油醛，此反应可逆。

$$\text{磷酸二羟丙酮} \xrightleftharpoons{\text{磷酸丙糖异构酶}} \text{3-磷酸甘油醛}$$

上述两步反应都可逆，但整个反应伴随着细胞内3-磷酸甘油醛的不断被消耗，所以反应总是向着生成3-磷酸甘油醛的方向进行。

第三阶段：丙酮酸的生成阶段。此阶段是无氧氧化途径释放能量的过程。经历以下6步反应后形成丙酮酸，同时产生了两分子的ATP。

⑥3-磷酸甘油醛在3-磷酸甘油醛脱氢酶作用下被氧化为1,3-二磷酸甘油酸，反应脱下的氢由NAD^+接受形成了$NADH + H^+$。$NADH + H^+$在无氧时参与丙酮酸的还原反应，生成乳酸（或乙醇）。在有氧时进入呼吸链，最终与氧结合成水，同时产生ATP。

$$\text{3-磷酸甘油醛} \xrightarrow[\text{3-磷酸甘油醛脱氢酶}]{Pi,\ NAD^+ \to NADH+H^+} \text{1,3-二磷酸甘油醛}$$

此反应伴有能量产生，并吸收了一分子无机磷酸，生成了一个高能磷酸键。

⑦上一步反应形成的1,3-二磷酸甘油酸经“底物水平磷酸化反应”，在磷酸甘油酸激酶的催化下将形成的高能磷酸基转移给ADP，形成ATP，本身转化形成为3-磷酸甘油酸。此反应可逆，是糖酵解作用中第一个产生ATP的反应。反应式如下：

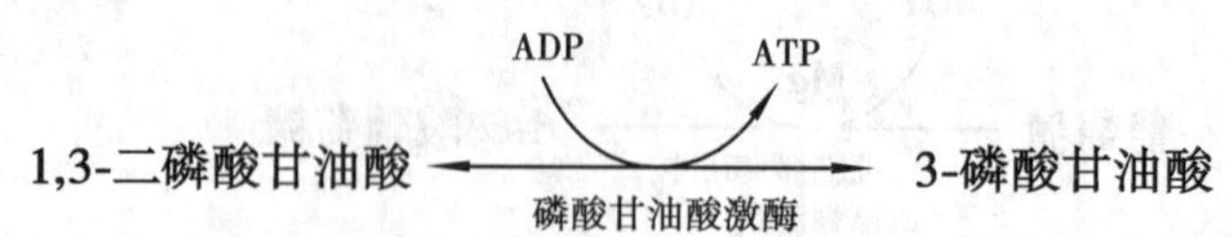

⑧3-磷酸甘油酸在磷酸甘油酸变位酶的作用下，通过变位反应生成2-磷酸甘油酸。

$$\text{3-磷酸甘油酸} \xrightleftharpoons{\text{磷酸甘油酸变位酶}} \text{2-磷酸甘油酸}$$

⑨2-磷酸甘油酸在烯醇化酶的催化下,通过脱水反应形成磷酸烯醇式丙酮酸,在脱水反应过程中形成了一个高能磷酸键。

$$\text{3-磷酸甘油酸} \underset{}{\overset{\text{烯醇化酶}}{\rightleftharpoons}} \text{磷酸烯醇式丙酮酸} + H_2O$$

⑩丙酮酸的形成。在丙酮酸激酶的催化下,通过底物水平磷酸化反应,将磷酸烯醇式丙酮酸上的高能磷酸基转移到 ADP 上,形成了 ATP,同时生成了丙酮酸。此反应不可逆,是产生第二个 ATP 的反应。

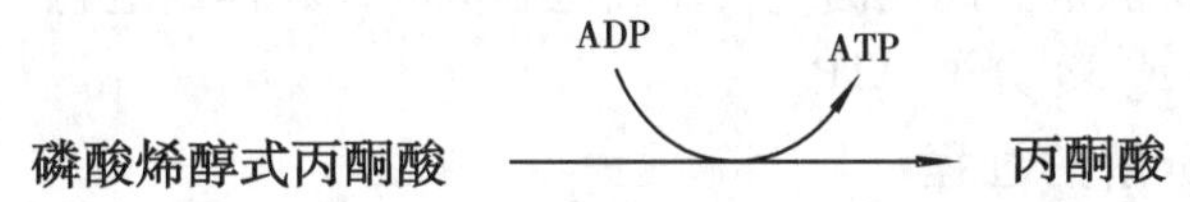

至此,糖酵解的前 3 个阶段完成,生成了丙酮酸。在此过程中,1 分子葡萄糖共生成了 2 分子的 3-磷酸甘油醛,而 1 分子的 3-磷酸甘油醛在反应过程中又产生了 2 个 ATP,所以共产生了 4 个 ATP。但在此过程中有两步反应分别消耗了 1 个 ATP,因此,还净生成了 2 个 ATP。

第四阶段:丙酮酸还原为乳酸。丙酮酸在无氧时,由乳酸脱氢酶催化还原成乳酸,其中的 $NADH + H^+$ 由 3-磷酸甘油醛脱氢而来(即第⑥步反应)。

$$\text{丙酮酸} + NADH + H^+ \overset{\text{乳酸脱氢酶}}{\rightleftharpoons} \text{乳酸} + NAD^+$$

此反应可逆,所生成的乳酸是动物体内糖酵解的最终产物。当氧充足时,乳酸又可脱氢氧化为丙酮酸,丙酮酸进入有氧氧化途径。

葡萄糖酵解 ATP 的生产或消耗见表 5.2。

表 5.2 1 mol 葡萄糖酵解产生或消耗的 ATP

反 应	ATP 的消耗或合成(mol)
葡萄糖 → 6-磷酸葡萄糖	-1
6-磷酸果糖 → 1,6 二磷酸果糖	-1
2×1,3-二磷酸甘油酸→2×3-磷酸甘油酸	2×1
2×磷酸烯醇式丙酮酸→2×丙酮酸	2×1
合计	净生成 2

(2)**糖无氧分解的生理意义**

在生物繁衍的初期,地球上缺氧,生物主要靠糖的无氧分解产生能量以维持生命。经过漫长的进化后,对人和动物而言,糖的无氧分解已不再是主要的代谢供能途径,但在生物界仍然存在,具有重要的生理意义。

①在无氧和缺氧条件下,作为糖分解供能的补充途径,为动物体提供能量。动物剧烈运动或过度使役,骨骼肌在剧烈运动时的相对缺氧,物质的有氧分解受阻,此时无氧分解为动物肌体提供了能量。从平原进入高原初期、严重贫血、大量失血、呼吸障碍、肺及心血管疾患所致缺氧,也通过无氧分解来供给能量,所生成的乳酸可进入肝脏通过糖异

生作用转化为糖，但如果缺氧时间过长，则产生的乳酸过多而出现代谢性酸中毒。

②有些组织器官在有氧的条件下仍以无氧分解为主要的供能方式。视网膜、睾丸、肾髓质等组织即使在有氧的条件下也主要靠糖的无氧分解供能，红细胞中因无线粒体，不能进行有氧分解供能，只能通过糖的无氧分解供能。

2)糖的有氧氧化

葡萄糖或糖原在有氧条件下，彻底氧化成 H_2O 和 CO_2，同时释放大量能量的过程，称糖的有氧氧化，它是动物机体内葡萄糖分解代谢的主要途径。绝大多数组织细胞通过糖的有氧氧化途径获得能量。此代谢过程在细胞胞液和线粒体内进行，一分子葡萄糖彻底氧化分解可产生 36 或 38 分子 ATP。

(1)糖的有氧分解的过程

糖的有氧氧化分 3 个阶段进行，第一阶段是由葡萄糖生成丙酮酸，在细胞液中进行；第二阶段是丙酮酸在有氧状态下，进入线粒体中，丙酮酸氧化脱羧生成乙酰 CoA；第三阶段是乙酰 CoA 进入三羧酸循环（TCA 循环），进而氧化生成 H_2O 和 CO_2，同时生成的 $NADH + H^+$ 等可将氢原子经呼吸链传递，伴随氧化磷酸化过程生成 H_2O 和 ATP。

第一阶段：葡萄糖（或糖原）氧化形成丙酮酸。这一阶段的反应过程与糖酵解生成丙酮酸的过程基本相同。两条途径的差别是：3-P-甘油醛脱氢反应生成的 2H 去向不同。在无氧条件下，3-磷酸甘油醛脱氢反应生成的2H，由 NADH 转递给丙酮酸，使丙酮酸还原为乳酸；在有氧条件下，NADH 的 2H 转入线粒体中，在生成水的过程中释放能量生成 ATP。

第二阶段：丙酮酸氧化脱羧生成乙酰 CoA。丙酮酸在有氧条件下转入线粒体内，在丙酮酸脱氢酶复合体的催化下，发生不可逆的脱羧和脱氢反应，并与辅酶 A 结合生成乙酰 CoA。

$$\underset{\text{丙酮酸}}{CH_3-CO-COOH} + \underset{\text{辅酶A}}{HS-CoA} \xrightarrow[NAD^+ \to NADH+H^+]{\text{丙酮酸脱氢酶系}} \underset{\text{乙酰辅酶A}}{CH_3CO \sim SCoA} + CO_2$$

丙酮酸脱氢酶复合体，也叫丙酮酸脱氢酶系，由丙酮酸脱氢酶、二氢硫辛酸转乙酰基酶、二氢硫辛酸脱氢酶等三种酶组成。丙酮酸脱氢酶系中包含 6 种辅酶或辅基，即 TPP，硫辛酸，NAD^+，FAD，HSCoA 和 Mg^{2+}。其中的 5 种成分为维生素。因此，当维生素缺乏时，这一代谢过程将受影响。如 B 族维生素缺乏时，丙酮酸脱羧受阻，神经组织能量供应不足，再加之丙酮酸乳酸堆积，易产生神经炎。

第三阶段：三羧酸循环阶段（TCA 循环）。

糖酵解产生的丙酮酸在有氧条件下，经特定的载体转运进入线粒体内，在线粒体中继续氧化分解，并逐步释放出所含能量。由于此过程首先由乙酰 CoA 与草酰乙酸缩合生成含有 3 个羧基的柠檬酸，再经 4 次脱氢和两次脱羧过程，最后又回到了草酰乙酸，形成一个循环，因此，将该过程称为三羧酸循环。由克雷布斯（Krebs）于 20 世纪 30 年代最先提出。

三羧酸循环的反应过程如下：

第一步，柠檬酸的合成。这是三羧酸循环的起始反应，在柠檬酸合成酶的催化下，由草酰乙酸和乙酰 CoA 加水缩合成柠檬酸。此反应是一个耗能的不可逆反应，所需能量由乙酰 CoA 水解提供。

$$\text{草酰乙酸} + \text{乙酰 CoA} + H_2O \xrightarrow{\text{柠檬酸合成酶}} \text{柠檬酸} + \text{HS-CoA}$$

第二步，异柠檬酸的生成。柠檬酸由顺乌头酸酶催化生成异柠檬酸，此反应可逆。

$$\text{柠檬酸} \xrightleftharpoons[H_2O]{\text{顺乌头酸酶}} \text{顺乌头酸} \xrightleftharpoons[H_2O]{\text{顺乌头酸酶}} \text{异柠檬酸}$$

第三步，α-酮戊二酸的生成。在异柠檬酸脱氢酶作用下，异柠檬酸经脱羧、脱氢反应，生成草酰琥珀酸的中间产物，快速脱羧生成 α-酮戊二酸、$NADH + H^+$ 和 CO_2。此反应为 β-氧化脱羧，需有 Mn^{2+} 参与，异柠檬酸脱氢酶需要 Mn^{2+} 作为激活剂。

$$\text{异柠檬酸} \xrightarrow[\text{异柠檬酸脱氢酶}]{NAD^+ \rightarrow NADH+H^+,\ Mn^{2+}} \alpha\text{-酮戊二酸} + CO_2$$

异柠檬酸脱氢酶属限速酶，此反应是三羧酸循环中的限速步骤，是不可逆的，是第一步脱羧反应。ADP 是异柠檬酸脱氢酶的激活剂，而 ATP，NADH 是此酶的抑制剂。其反应特点是：第一次产生二氧化碳，同时产生 ATP。

第四步，琥珀酰 CoA 的生成。α-酮戊二酸在 α-酮戊二酸脱氢酶系作用下被氧化脱羧生成琥珀酰 CoA，$NADH + H^+$ 和 CO_2，形成了含有高能硫脂键的琥珀酰 CoA。α-酮戊二酸脱氢酶系也由 3 个酶（α-酮戊二酸脱羧酶、硫辛酸琥珀酰基转移酶、二氢硫辛酸脱氢酶）和 5 个辅酶（TPP，硫辛酸，HSCoA，NAD^+，FAD）组成。

$$\alpha\text{-酮戊二酸} + \text{CoA} \xrightarrow[\alpha\text{-酮戊二酸脱氢酶系}]{NAD^+ \rightarrow NADH+H^+} \text{琥珀酰CoA} + CO_2$$

此反应也是不可逆的，是第二次脱羧、脱氢反应，α-酮戊二酸脱氢酶复合体受 ATP，GTP，NAPH 和琥珀酰 CoA 抑制，但其不受磷酸化/去磷酸化的调控。其反应特点是：三羧酸循环中第二次脱羧生成二氧化碳，脱下 2H 由 NAD^+ 传递，生成 2 × 3ATP。

第五步，琥珀酸的生成。经底物水平磷酸化反应，琥珀酰 CoA 在琥珀硫酸激酶的作用下，琥珀酰 CoA 的硫酯键水解，释放的能量使 GDP 磷酸化后生成 GTP。在哺乳动物中，先生成 GTP，GTP 中的能量可直接被利用，也可转移给 ADP 生成 ATP。琥珀酰 CoA 生成琥珀酸和辅酶 A。

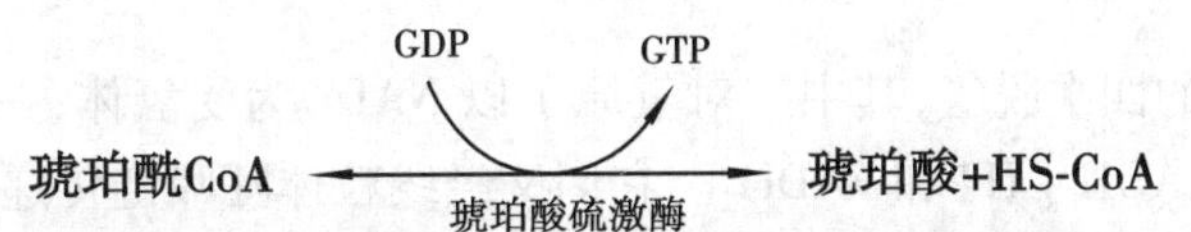

该反应的特点是：这是三羧酸循环中唯一进行底物磷酸化的反应，生成的 GTP 可直接利用，也可将其高能磷酸基团转给 ADP，生成 ATP。

第六步，琥珀酸脱氢生成延胡索酸。琥珀酸脱氢酶催化琥珀酸氧化成为延胡索酸。该酶结合在线粒体内膜上，而其他三羧酸循环的酶则都是存在于线粒体基质中的，这种酶含有铁硫中心和共价结合的 FAD，FAD 是该酶的辅基，来自琥珀酸的电子通过 FAD 和铁硫中心，然后进入呼吸链到 O_2，丙二酸是琥珀酸的类似物，是琥珀酸脱氢酶强有力的竞争性抑制物，所以可以阻断三羧酸循环。

该反应特点是：脱下的氢由 FAD 传递，生成 2×2ATP。

第七步，苹果酸的生成。延胡索酸在延胡索酸酶的催化下加水生成苹果酸，延胡索酸酶仅对延胡索酸的反式双键起作用，而对顺丁烯二酸（马来酸）则无催化作用，因而是高度立体专一性的。

$$延胡索酸 + H_2O \xrightleftharpoons{延胡索酸酶} 苹果酸$$

第八步，草酰乙酸再生。在苹果酸脱氢酶作用下，苹果酸仲醇基脱氢氧化成羰基，生成草酰乙酸，NAD^+ 是脱氢酶的辅酶，接受氢成为 $NADH + H^+$。

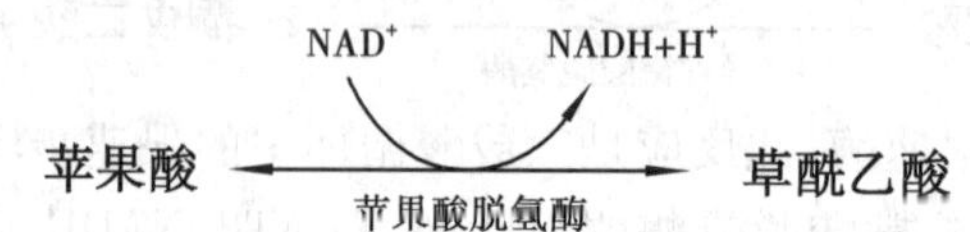

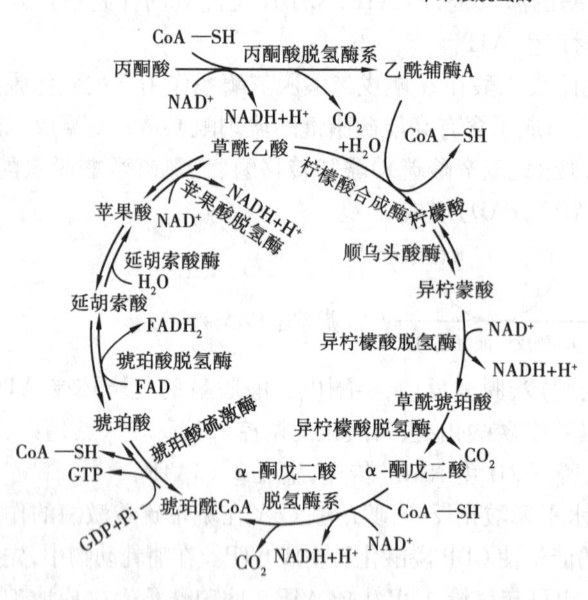

图 5.12　三羧酸循环过程

该反应特点是：它是三羧酸循环的第三次脱氢，生产的草酰乙酸参与下一轮的三羧酸循环。

三羧酸循环的反应过程如图 5.12 所示。

（2）有氧分解的特点

①糖有氧分解的第一阶段即丙酮酸的生成阶段，是在胞液中进行的，反应过程与糖的无氧分解过程相似。丙酮酸生成乙酰 CoA 的过程及进入三羧酸循环过程是在线粒体中进行。

② CO_2 的生成，循环中有两次脱羧基反应（即反应第三步、第四步），都同时有脱氢作用，但作用的机理不同。

③三羧酸循环的四次脱氢，其中三对氢原子以 NAD^+ 为受氢体，一对以 FAD 为受氢体，分别还原生成 $NADH + H^+$ 和 $FADH_2$。它们又经线粒体呼吸链传递，最终与氧结合生成水，在此过程中释放出来的能量使 ADP 和磷酸结合生成 ATP，此过程即为氧化磷酸化过程（具体内容详见 5.2.3）。

④一分子葡萄糖经有氧分解产生 CO_2 和 H_2O，并产生 38 或 36 个 ATP（取决于穿梭途径的不同，胞液中脱下的氢经 α-磷酸甘油穿梭）。葡萄糖酵解产生 2 个 ATP，与之相比，有氧分解是动物体内氧化供能的主要方式。

⑤三羧酸循环的中间产物,从理论上讲,可以循环不消耗,但是由于循环中的某些组成成分还可参与合成其他物质,而其他物质也可不断通过多种途径而生成中间产物,所以说三羧酸循环组成成分处于不断更新之中。

⑥1 mol 葡萄糖经有氧分解,净生成 36 mol 或 38 mol ATP(如表5.3)。

表5.3 1 mol 葡萄糖有氧分解中产生和消耗的 ATP

反应阶段	反 应	辅 酶	ATP的消耗与合成(mol)			
			消耗	合成		净生成
				底物磷酸化	氧化磷酸化	
葡萄糖 → 丙酮酸	葡萄糖 → 6-磷酸葡萄糖					-1
	6-磷酸果糖 → 1,6-二磷酸果糖					-1
	2×3-磷酸甘油醛→2×1,3-二磷酸甘油酸	NAD^+	1 1		2×3 或	6或4
	2×1,3-二磷酸甘油酸→2×3-磷酸甘油酸			1×2	2×2	2
	2×磷酸烯醇式丙酮酸→2×丙酮酸			1×2		2
丙酮酸氧化阶段	2×丙酮酸 2×乙酰 CoA	NAD^+			2×3	6
三羧酸循环	2×异柠檬酸→2×α-酮戊二酸	NAD^+			2×3	6
	2×α-酮戊二酸→2×琥珀酰 CoA	NAD^+			2×3	6
	2×琥珀酰 CoA→2×琥珀酸	FAD		1×2		2
	2×琥珀酸→2×延胡索酸	NAD^+			2×2	4
	2×苹果酸→2×草酰乙酸				2×3	6
合计			2	6	34或32	38或36

注:2×表示两分子。

(3)有氧氧化的生理意义

①糖的有氧分解产生的能量多,是生物机体获得能量的最有效方式,生物体95%的能量来源于糖的有氧氧化。

②三羧酸循环是体内糖、脂肪、蛋白质等营养物质彻底氧化分解的共同的代谢途径,是各类有机物相互转化的枢纽。

③糖的有氧分解中间产物可以为其他物质如氨基酸、脂肪等的合成提供碳架。

3)磷酸戊糖途径(HMP)

磷酸戊糖途径又称已糖单磷酸支路(Hexose Monophosphate Pathway, HMP),是除糖酵解和糖的有氧分解外的另一糖代谢的重要途径。在肝脏、脂肪组织、红细胞、肾上腺皮质、乳腺、性腺、骨髓等组织中尚存一条磷酸戊糖途径,参与磷酸戊糖途径的酶存在于细胞液中,因此磷酸戊糖途径在细胞液中进行。此途径是由6-磷酸葡萄糖开始,经脱氢脱羧一系列代谢反应生成磷酸戊糖等中间代谢物,再重新进入糖氧化分解代谢途径的一条旁路代谢途径。其重要的中间代谢产物是5-磷酸核糖和 $NADPH + H^+$。全过程中无ATP

生成,因此该过程不是机体产能的方式。

(1)磷酸戊糖途径的反应过程

磷酸戊糖途径在细胞液中进行,全过程分为不可逆的氧化阶段和可逆的非氧化阶段。在氧化阶段,3 分子 6-磷酸葡萄糖在 6-磷酸葡萄糖脱氢酶和 6-磷酸葡萄糖酸脱氢酶等催化下经氧化脱羧生成 6 分子 NADPH + H^+ 以及 3 分子 CO_2 和 3 分子 5-磷酸核酮糖;在非氧化阶段,5-磷酸核酮糖在转酮基酶(TPP 为辅酶)和转硫基酶催化下使部分碳链进行相互转换,经三碳、四碳、七碳和磷酸酯等,最终生成 2 分子 6-磷酸果糖和 1 分子 3-磷酸甘油,它们可转变为 6-磷酸葡萄糖继续进入磷酸戊糖途径,也可以进入糖的有氧氧化或糖酵解途径。

磷酸戊糖途径与无氧分解、有氧分解是相互联系的(如图 5.13),但反应的部位有所不同(如图 5.14),磷酸戊糖途径生成的 6-磷酸果糖和 3-磷酸甘油醛都可进入无氧分解和有氧分解途径进行代谢。

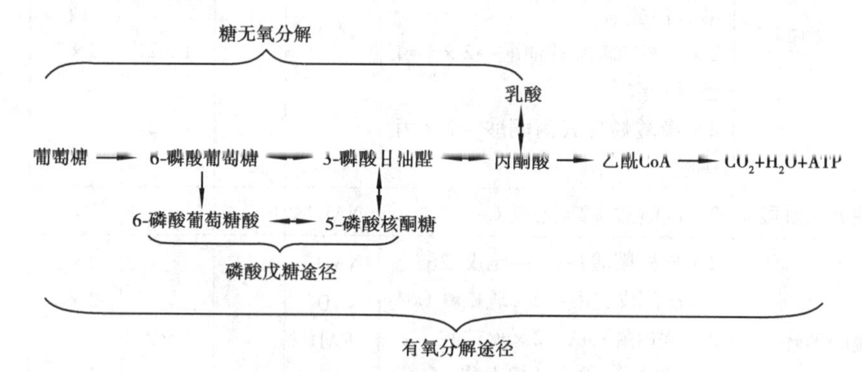

图 5.13 糖分解代谢 3 条途径的相互联系

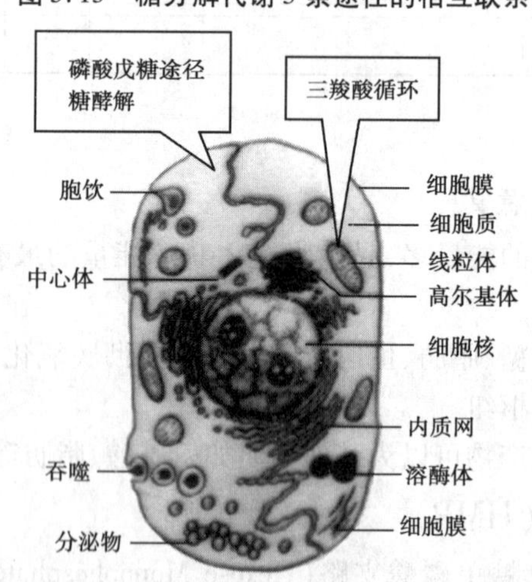

图 5.14 3 种糖代谢途径在动物细胞内的发生部位

(2)磷酸戊糖途径的生理意义

①磷酸戊糖途径生成 5-磷酸核酮糖,作为核苷酸、核酸合成的原料。磷酸戊糖途径是体内生成 5-磷酸核酮糖的唯一代谢途径,体内合成核苷酸和核酸所需的核糖或脱氧核糖均以 5-磷酸核酮糖的形式提供。

②磷酸戊糖途径是体内生成 NADPH + H^+ 的主要代谢途径。NADPH + H^+ 携带的氢不是通过呼吸链氧化磷酸化生成 ATP,而是作为供氢体参与许多代谢反应,具有多种不同的生理意义。

作为供氢体,参与体内多种生物合成反应,如脂肪酸、胆固醇和类固醇激素的生物合成,都需要大量的 NADPH + H^+。因此,磷酸戊糖通路在合成脂肪及固醇类化合物的肝、肾上腺、性腺等组织中特别旺盛。

NADPH + H^+ 是谷胱甘肽还原酶的辅酶,对维持还原型谷胱甘肽(GSH)的正常含量有很重要的作用。GSH 能保护某些蛋白质中的巯基,如红细胞膜和血红蛋白上的 SH 基,因此,缺乏6-磷酸葡萄糖脱氢酶的人,因 NADPH + H^+ 缺乏,GSH 含量过低,红细胞易于破坏而发生溶血性贫血。

NADPH + H^+ 参与肝脏生物转化反应,肝细胞内质网含有以 NADPH + H^+ 为供氢体的加单氧酶体系,参与激素、药物、毒物的生物转化过程。

NADPH + H^+ 参与体内嗜中性粒细胞和巨噬细胞产生离子态氧的反应,因而有杀菌作用。

5.4 糖异生作用

动物体内糖的合成是保证体内血糖的稳定和获得能量的重要途径。当动物处于饥饿状态或激烈运动时,体内血糖浓度会下降,此时可通过糖原分解来补充血糖,供给能量,此外还可通过糖的吸收来补充血糖。糖异生作用是补充糖原或血糖的一条重要途径,可以产生糖原或单糖。

5.4.1 糖异生作用的概念

糖异生作用是指由非糖物质转变为葡萄糖或糖原的过程。糖异生的非糖物质原料有甘油、有机酸(乳酸、丙酮酸等)、一些低级脂肪酸和一些生糖氨基酸。该代谢途径的代谢部位主要存在于肝脏,占90%;其次是肾脏,占10%;脑、脊髓、心肌中极少发生。当动物处于饥饿状态时,糖异生作用加强。糖异生作用对反刍动物特别重要,瘤胃中消化降解产生的挥发性脂肪酸可以通过糖异生作用转变为葡萄糖。反刍动物体内的血糖主要来源于糖异生作用。

5.4.2 糖异生作用的途径

在动物体内,糖酵解过程是将葡萄糖分解为乳酸和能量;而糖异生作用则以乳酸为原料,转化形成糖原或葡萄糖。但是,糖异生作用的过程并非是糖酵解过程的逆过程,因为在糖酵解过程中,虽大多数反应都可逆,但仍有三步反应是不可逆的。这三步反应是由己糖激酶、磷酸果糖激酶和丙酮酸激酶催化的反应,即6-磷酸葡萄糖、1,6-二磷酸果糖、丙酮酸的生成反应不可逆。糖异生作用就必须通过别的酶催化或者另外的途径绕过,才能实现糖异生作用。其他的反应过程则同于糖酵解反应。

①乳酸转化为丙酮酸。

②丙酮酸转变成磷酸烯醇式丙酮酸。

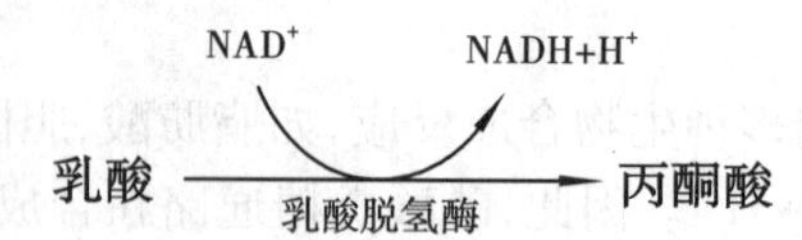

此过程是由丙酮酸激酶催化的逆反应,是由两步反应来完成的。首先,由丙酮酸羧化酶催化,辅酶是生物素,反应消耗 1 分子 ATP,将丙酮酸转变为草酰乙酸;然后,再由磷酸烯醇式丙酮酸羧激酶催化,反应消耗 1 分子 GTP,由草酰乙酸生成磷酸烯醇式丙酮酸。

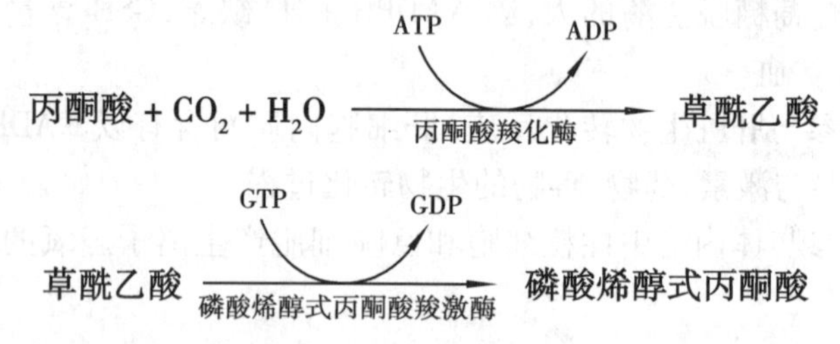

磷酸烯醇式丙酮酸沿糖酵解途径逆向反应转变成 1,6-二磷酸果糖。

③1,6-二磷酸果糖转变成 6 磷酸果糖。

$$\text{1,6-二磷酸果糖} + H_2O \xrightarrow{\text{果糖二磷酸酶}} \text{6-磷酸果糖}$$

④6-磷酸葡萄糖水解成葡萄糖。

$$\text{6-磷酸果糖} + H_2O \xrightarrow{\text{葡萄糖-6-磷酸酶}} \text{葡萄糖}$$

5.4.3 糖异生的生理意义

①维持血糖浓度的相对恒定。当人或动物处于饥饿等状态时,体内的糖来源不足,通过糖异生作用,利用体内代谢产生的非糖物质,转化形成糖,满足糖的需要,维持血糖的稳定。动物在轻度饥饿初期,血糖可以稍低于正常值,在短期内不进食而血糖趋于降低时,肝糖原分解作用加强,血糖也可恢复并维持在正常水平。但当动物长期饥饿时,则肝脏糖异生作用增强,因而血糖仍能继续维持在正常水平,这对保证某些主要依赖葡萄糖供能组织的功能具有重要意义。例如,停食一夜(8 ~ 10 小时)处于安静状态的正常人每日体内葡萄糖消耗量,脑约 125 g,肌肉(休息状态)约 50 g,血细胞等约 50 g,仅这几种组织消耗糖量即达 225 g,而体内储存可供利用的糖仅约 150 g,储糖量最多的肌糖原只能供本身氧化供能,若只用肝糖原的储存量来维持血糖浓度则不超过 12 小时,由此可见糖异生的重要性。

②有利于清除动物肌体在缺氧条件下产生的乳酸,避免乳酸大量聚集而导致酸中毒。在激烈运动时,肌肉糖酵解生成大量乳酸,后者经血液运到肝脏可再合成肝糖原和葡萄糖,因而使不能直接产生葡萄糖的肌糖原间接变成血糖,并且有利于回收乳酸分子中的能量,更新肌糖原,防止乳酸酸中毒的发生。

③调节酸碱平衡。长期饥饿可造成代谢性酸中毒,血液 pH 值降低,促进肾小管中磷酸烯醇式丙酮酸羧激酶的合成,从而使糖异生作用加强;另外,当肾中 α-酮戊二酸因糖异

生而减少时,可促进谷氨酰胺脱氢生成谷氨酸以及谷氨酸的脱氨反应,肾小管将 NH_3 分泌入管腔,与原尿中的 H^+ 中和,有利于排氢保钠,对防止酸中毒有重要作用。

④糖异生作用对反刍动物体内糖代谢具有重要作用。糖类在瘤胃中消化降解产生的挥发性脂肪酸可以通过糖异生作用转变为葡萄糖。反刍动物体内的血糖主要来源于糖异生作用,对维持血糖浓度的稳定具有重要的意义。

[本章小结]

新陈代谢是指生物体在生命活动过程中不断地与外界环境进行的物质和能量交换,以及生物体内物质和能量的转化过程。新陈代谢可分为合成代谢和分解代谢,合成代谢又称同化作用,是指生物体从外界环境中取得营养物质,转化为机体自身物质,同时吸收能量的代谢过程;分解代谢又称异化作用,是指生物体将体内物质转化为环境中的物质,同时释放能量的过程。

糖、蛋白质及脂肪等有机物在动物体细胞内氧化分解为 CO_2 和 H_2O 并释放能量的过程称为生物氧化。它是在酶的催化下进行的,反应条件温和,能量是逐步释放的,所释放的能量先储存在高能化合物(主要是 ATP)中,再通过能量转移作用,供给生命活动所需。

生物氧化根据最终受氢体的不同,可分为有氧氧化和无氧氧化两种方式。前者释放的能量多,是生物氧化的主要方式。

在有氧条件下,代谢物脱下的氢通过线粒体内膜上一系列酶、辅酶或辅基所组成的传递体系的传递,最终与被激活的氧负离子结合生成水的反应体系,称为呼吸链。生物体内重要的呼吸链有两条,即 NAD 呼吸链和 FAD 呼吸链,两条呼吸链都存在于线粒体内。

ATP 是能量代谢的中心,生物体的各项生命活动都需要能量,能量的直接来源都是 ATP 水解为 ADP 时释放出来的。ATP 的生成有两种方式:底物水平磷酸化和氧化磷酸化。

糖是生物体重要的能源和碳源,糖的主要生理功能是氧化供能,还有一部分糖作为组织细胞的构成成分。糖在动物体内主要的存在形式有血液中的葡萄糖、肝脏和肌肉中储存的糖原及乳中的乳糖。其中,体内各组织细胞活动所需的能量大部分来自葡萄糖,血糖必须保持一定的水平,才能维持动物体内各器官和组织的需要。

糖在体内的主要分解途径有无氧分解、有氧分解和磷酸戊糖途径。

葡萄糖在无氧条件下分解为丙酮酸的过程,称为糖的无氧分解,又称糖酵解,反应是在胞液中进行的。在动物体中,丙酮酸最后转化为乳酸。在此过程中,每 1 mol 葡萄糖净产2 mol ATP。

糖在有氧条件下,彻底氧化成 CO_2 和 H_2O,同时产生大量能量,其过程主要有 3 步,其中最重要的是三羧酸循环。三羧酸循环是糖、脂肪、蛋白质彻底氧化的共同途径,在生物体内起着非常重要的作用。糖的有氧氧化是机体内最重要的供能途径,在此过程中,每 1 mol 葡萄糖彻底氧化净产生 38(36)mol ATP。

磷酸戊糖途径是糖的氧化支路,在某些组织的细胞液中进行。其过程中产生的 $NADPH + H^+$ 及磷酸戊糖有重要的生理意义。

[目标测试]

一、名词解释(3 分 ×5)

生物氧化　糖异生　呼吸链　糖酵解途径　糖的有氧氧化

二、填空(1 分 × 21)

1. 糖酵解在细胞内的____________中进行，该途径是将____________转变为____________。

2. 丙酮酸氧化脱羧形成____________,然后和____________结合才能进入三羧酸循环,形成的第一个产物为____________。

3. 三羧酸循环有________次脱氢反应,________次受氢体为________,________次受氢体为________。

4. 动物血糖的主要成分是________,它在动物体内主要以________形式储存。脑组织所需要的能量一少部分来自于________,其余大部分来自于________。

5. 动物剧烈运动时,机体内氧气供应不足,会因无氧氧化产生大量的________,它经血液循环运至肝脏,通过________作用转化为糖。

6. 生物体内主要的呼吸链有________呼吸链和________呼吸链,通过这两条链传递的氢和电子最终与________结合生成________。

三、选择题(2 分 ×14)

1. 生物体进行生命活动的直接能源物质是(　　)。

A. 糖类　　B. 蛋白质　　C. 脂肪　　D. ATP

2. 糖的无氧分解和有氧分解的相同点是(　　)。

A. 都能将糖彻底分解　　B. 都在线粒体中进行

C. 都需要氧参加　　D. 都有丙酮酸这个中间产物

3. $NADPH + H^+$ 的主要来源是(　　)。

A. EMP　　B. HMP　　C. TCA　　D. 氧化磷酸化

4. 反刍动物体内的血糖主要来自于(　　)。

A. 糖原降解　　B. 淀粉降解

C. 糖的异生作用　　D. 纤维素降解

5. 葡萄糖经有氧氧化后生成的最终产物是(　　)。

A. 乳酸　　B. 乙醇　　C. 二氧化碳和水　　D. 丙酮酸

6. 动物在特殊的生理或病理情况下能量主要补充方式是(　　)。

A. 三羧酸循环　　B. 糖酵解　　C. 糖异生　　D. 磷酸戊糖途径

7. 下列叙述中不属于生物氧化特点的是(　　)。

A. 在活细胞内进行　　B. 在酶的催化下进行,反应条件温和

C. 全部能量转移给 ATP　　D. 生物氧化是分阶段进行的

8. 糖有氧氧化真正的耗氧过程是(　　)。

A. 葡萄糖生成丙酮酸　　B. 丙酮酸生成乙酰辅酶

C. 三羧酸循环　　D. 呼吸链

9. 在厌氧条件下,下列哪种化合物会在哺乳动物肌肉组织中积累?(　　)。

A. 丙酮酸　　B. 乙醇　　C. 乳酸　　D. 二氧化碳

10. 磷酸戊糖途径的真正意义在于产生(　　)时,产生许多中间产物如核糖等。

A. $NADPH + H^+$　　B. NAD^+　　C. ADP　　D. CoASH

11. 下列化合物中除(　　)外,都是呼吸链的组成成分。

A. CoQ　　B. Cytb　　C. CoA　　D. NAD^+

12. 动物饥饿后摄食,其肝细胞主要糖代谢途径为(　　)。

A. 糖异生　　B. 糖有氧氧化　　C. 糖酵解　　D. 糖原分解

13. 线粒体氧化磷酸化解偶联是意味着(　　)。

A. 线粒体氧化作用停止　　B. 线粒体能利用氧,但不能生成 ATP

C. 线粒体三羧酸循环停止　　D. 线粒体膜的钝化变性

14. 各种细胞色素在呼吸链中传递电子的顺序是(　　)。

A. $a \to a_3 \to b \to c_1 \to c \to 1/2O_2$　　B. $b \to a \to a_3 \to c_1 \to c \to 1/2O_2$

C. $c_1 \to c \to b \to a \to a_3 \to 1/2O_2$　　D. $b \to c_1 \to c \to aa_3 \to 1/2O_2$

四、判断题(1 分×10)

1. ATP 是生物体内重要的供能和贮能物质。(　　)
2. TCA 中底物水平磷酸化直接生成的是 ATP。(　　)
3. 糖酵解生成丙酮酸的过程在有氧和无氧条件下都能进行。(　　)
4. HMP 途径的主要功能是提供能量。(　　)
5. 麦芽糖是由葡萄糖与果糖构成的双糖。(　　)
6. 糖酵解是将葡萄糖氧化为 CO_2 和 H_2O 的途径。(　　)
7. 糖的有氧分解是能量的主要来源,因此糖分解代谢越旺盛,对生物体越有利。(　　)
8. 三羧酸循环被认为是需氧途径,因为氧在循环中是一些反应的底物。(　　)
9. 剧烈运动后肌肉发酸是由于丙酮酸被还原为乳酸的结果。(　　)
10. 糖异生是维持动物体内血糖浓度的重要途径。(　　)

五、简答题(6 分×2)

1. 什么是新陈代谢?它有什么特点?什么是物质代谢和能量代谢?
2. 什么是三羧酸循环?其意义是什么?

六、论述题(14 分)

根据所学的生物化学知识,谈一谈淀粉进入单胃非草食动物体内的消化代谢情况。

[知识拓展]

肝脏在糖代谢中的作用

糖是体内重要的能源物质,也可以作为组成细胞的结构成分。食物中的糖类主要是淀粉,经消化作用水解为葡萄糖后被吸收。吸收后主要经门静脉入肝,一部分在肝细胞中合成糖原或转化为其他物质,其余则以血糖形式进入大循环供各组织利用。肝脏是动物体内最重要的代谢器官,在物质的代谢、分泌、排泄以及生物转化过程中起重要作用,被称之为有机体的"物质代谢枢纽""综合性化工厂"。

肝脏的糖代谢不仅为自身的生理活动提供能量,还为其他器官的能量需要提供葡萄糖。肝通过糖原的合成与分解、糖异生作用来维持血糖浓度的稳定,保障全身各组织,尤其是大脑和红细胞的能量供应。

饱食状态下,肝脏很少将所摄取的葡萄糖转化为二氧化碳和水,大量的葡萄糖被合成为糖原储存起来。在空腹状态下,肝糖原分解释放出血糖,供中枢神经系统和红细胞等利用。在饥饿状态下,肝糖原几乎被耗竭,糖异生便成为肝供应血糖的主要途径。一些非糖物质如甘油、乳酸、丙氨酸等在肝内经糖异生途径转化为糖。空腹24~48小时后,糖异生可达最大速度。其主要原料氨基酸来自肌肉蛋白质的分解。此时,肝还将脂肪动员所释放的脂肪酸氧化成酮体,供大脑利用,以节省葡萄糖。

肝脏是调节血糖浓度的主要器官。动物采食后血糖浓度升高时,肝脏利用血糖合成糖原。过多的糖则可在肝脏转变为脂肪以及加速磷酸戊糖循环等,从而降低血糖,维持血糖浓度的恒定;相反,当血糖浓度降低时,肝糖原分解及糖异生作用加强,生成葡萄糖送入血中,调节血糖浓度,使之不致过低。因此,严重肝病时,易出现空腹血糖降低,这主要是肝糖原储存减少以及糖异生作用障碍的缘故。

肝脏和脂肪组织是动物机体内糖转变成脂肪的两个主要场所。肝脏内糖氧化分解主要不是供给肝脏能量,而是由糖转变为脂肪的重要途径。所合成脂肪不在肝内储存,而是与肝细胞内磷脂、胆固醇及蛋白质等形成脂蛋白,并以脂蛋白形式送入血中,送到其他组织中利用或储存。

肝脏也是糖异生的主要器官,可将甘油、乳糖及生糖氨基酸等转化为葡萄糖或糖原。在剧烈运动及饥饿时尤为显著,肝脏还能将果糖及半乳糖转化为葡萄糖,亦可作为血糖的补充来源。糖在肝脏内的生理功能,主要是保证肝细胞内核酸和蛋白质代谢,促进肝细胞的再生及肝功能的恢复。①通过磷酸戊糖循环生成磷酸戊糖,用于RNA的合成;②加强糖原生成作用,从而减弱糖异生作用,避免氨基酸的过多消耗,保证有足够的氨基酸用于合成蛋白质或其他含氮生理活性物质。

肝细胞中葡萄糖经磷酸戊糖通路,还为脂肪酸及胆固醇合成提供必需的NADPH。通过糖醛酸代谢生成UDP-葡萄糖醛酸,参与肝脏生物转化作用。

第6章 脂类代谢

本章导读：本章在糖代谢的基础上，讲述脂类在体内的代谢过程，内容包括脂类在体内的生理功能与转运情况，各脂类的分解与合成代谢。通过学习，重点掌握体内脂肪、类脂的合成与分解途径。在此基础上，理解饲料脂类对动物的营养作用，以及脂类代谢紊乱所引发动物疾病的机理。

6.1 脂类的分类与生理功能

6.1.1 脂类的概念与分类

脂类是油脂和类脂的总称，是生物体内重要的有机分子。油脂由 1 分子甘油和 3 分子高级脂肪酸缩合而成，也称甘油三脂、真脂或中性脂肪。类脂则包括磷脂、糖脂、固醇及其酯和脂肪酸。脂类在化学组成和结构上虽然可以有很大差异，但都难溶于水，而易溶于乙醚、氯仿、苯等非极性有机溶剂。

按化学组成，通常将脂类分为单纯脂、复合脂和衍生脂；根据脂类在畜禽体内的分布，又可将脂类分为贮脂和构成细胞成分脂。贮脂主要为中性脂肪，以动物的皮下结缔组织、大网膜、肠系膜和肾脏周围等组织中储存最多，称为脂库。贮脂的含量随动物机体的营养状况变动，因此含量不稳定。组织脂的成分主要由类脂组成，分布于动物体内的所有细胞中，是构成细胞的膜系统（质膜和细胞器膜）的成分，其含量一般不受营养条件的影响，因此相当稳定。

6.1.2 脂类的生理功能

1）氧化供能和储存能量

脂肪和糖一样是能源物质，氧化 1 g 脂肪可以释放 38 kJ 的能量，而氧化 1 g 葡萄糖只释放 17 kJ 的能量。另外，脂肪是疏水物质，储存时不伴有水的储存，1 g 脂肪只占有 1.2 ml的体积；而糖是亲水物质，储存时伴有水的储存，储存 1 g 糖原所占的体积约为储存 1 g 脂肪的 4 倍，即机体储存脂肪的效率约为储存糖原的 9 倍多。因此，脂肪是动物机体用以储存能量的主要形式。当动物摄入的能源物质超过机体所需的消耗量时，就可以以脂肪的形式储存起来;而当摄入的能源物质不能满足生理活动需要时,则动用体内储存的脂肪氧化供能。

2)类脂是构成组织细胞的必要成分

类脂是细胞膜系统的基本原料。细胞的膜系统包括细胞膜和细胞器膜,主要由磷脂、胆固醇与蛋白质结合而成的脂蛋白构成。细胞膜系统的完整性是细胞进行正常生理活动的重要保证。类脂和胆固醇还是神经髓鞘的重要成分,有绝缘作用,对神经兴奋的定向传导有重要意义。

此外,类脂还可以转变为多种生理活性物质,如性激素、肾上腺皮质激素、维生素 D_3 和促进脂类消化吸收的胆汁酸都可以由胆固醇衍生而来,磷脂代谢的某些中间产物则可作为信号分子参与细胞代谢的调节过程。

3)供给不饱和脂肪酸

动物机体有几种不饱和脂肪酸不能合成,必须由饲料供给,称为必需脂肪酸,主要有:亚油酸(十八碳二烯酸)、亚麻油酸(十八碳三烯酸)和花生四烯酸(二十碳四烯酸)。必需脂肪酸是组成细胞膜磷脂、胆固醇酯和血浆脂蛋白的重要成分,还可衍生为前列腺素、血栓素和白三烯等生物学活性物质而参与细胞的代谢调节。必需脂肪酸缺乏,会影响磷脂代谢,造成膜结构异常。通透性改变,膜中脂蛋白的形成和脂肪的转运受阻,并与炎症、过敏反应、免疫、心血管疾病等病理过程有关。反刍动物瘤胃中的微生物能够合成必需脂肪酸,因此不必由饲料专门供给。

4)保护机体组织

内脏周围的脂肪组织具有固定内脏器官、减少摩擦和缓冲外部冲击的作用,皮下脂肪能有效防止机体机械损伤与热量散失,能抵御振动、低温等对动物的伤害。

5)协助脂溶性维生素吸收

脂溶性维生素 A、维生素 D、维生素 E、维生素 K 和胡萝卜素可溶于饲料的脂肪中,并同脂肪一起被吸收。因此,饲料中脂类缺乏或吸收障碍时,往往发生脂溶性维生素缺乏或不足。

6.2 脂肪的分解代谢

6.2.1 脂肪的水解

当机体需要能量时,储存在脂肪细胞中的脂肪在脂肪酶的作用下,被逐步水解为脂肪酸和甘油并释放入血液,供其他组织氧化利用,这一过程也称为脂肪动员。体内除成熟的红细胞外,都能氧化分解脂肪。

$$\text{脂肪} + 3\,H_2O \xrightarrow{\text{脂肪酶}} \text{甘油} + \text{脂肪酸}$$

动物的脂肪酶存在于脂肪细胞中,活性受激素调节。例如,在禁食、饥饿或交感神经兴奋时,肾上腺激素、去甲肾上腺素、胰高血糖素等分泌增加,激活腺苷酸环化酶,使细胞内 cAMP 水平升高,进而依赖 cAMP 的蛋白激酶活化,后者将脂肪酶磷酸化而激活,促进脂肪动员;而胰岛素和前列腺素等与上述激素作用相反,使脂肪酶活性受到抑制,从而抑制脂肪分解。在人和动物消化道内也存在着脂肪酶,水解食物中的脂肪,这个过程称为脂肪的消化。

6.2.2 甘油的代谢

由于脂肪组织中甘油激酶活性很低,因此,脂肪水解产生的甘油直接经血液运送至肝、肾、肠等组织利用。主要在肝脏中甘油激酶的作用下,转变为α-磷酸甘油,然后再脱氢生成磷酸二羟丙酮,后者沿糖分解途径进一步分解,或经糖异生途径转变为葡萄糖或糖原。甘油的代谢途径如图6.1所示。

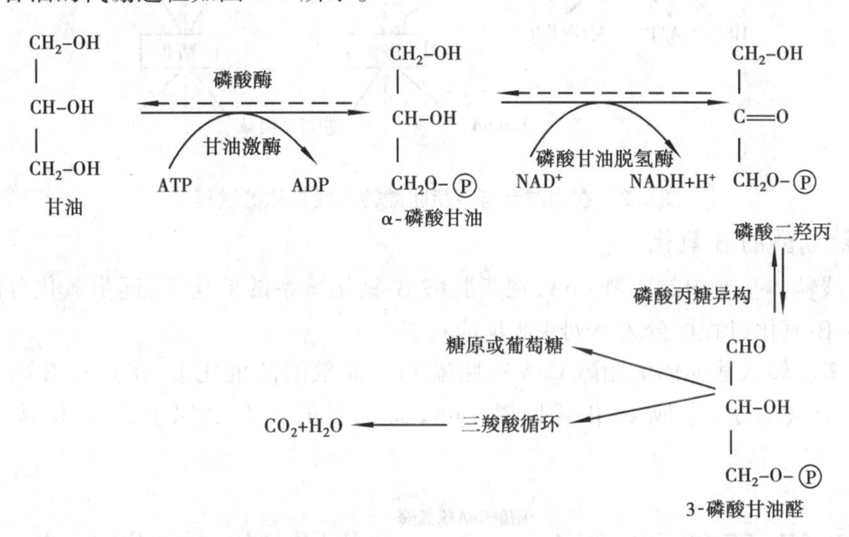

图6.1 甘油的代谢

(图中实线为甘油分解途径,虚线为甘油的合成途径)

6.2.3 脂肪酸的分解代谢

1)脂肪酸的β-氧化

脂肪酸可以在体内的许多组织细胞内进行氧化分解,在供氧充足的条件下,分解生成CO_2和H_2O,并释放大量能量供机体利用,但以肌肉组织和肝脏最为活跃。脂肪酸的氧化有多种形式,其中以β-氧化为主。β-氧化是从脂肪酸的羧基端β-碳原子开始,碳链逐次断裂,每次产生1个二碳化合物,即乙酰辅酶A,所以称为β-氧化。

(1)脂肪酸的活化

脂肪酸在氧化分解之前,必须先在胞液中活化为脂酰CoA。脂肪酸在脂酰CoA合成酶的催化下,消耗ATP,并需辅酶A参与,生成活化的脂酰CoA。

$$\underset{\text{脂肪酸}}{\text{RCOOH}} + \underset{\text{辅酶 A}}{\text{HS}\sim\text{CoA}} + \text{ATP} \xrightarrow[\text{Mg}^{2+}]{\text{脂酰 CoA 合成酶}} \underset{\text{脂酰辅酶 A}}{\text{RCO}\sim\text{SCoA}} + \text{AMP} + \underset{\text{焦磷酸}}{\text{PPi}}$$

(2)脂酰CoA进入线粒体

催化脂酰CoA氧化分解的酶系存在于线粒体基质内,因此脂酰CoA必须进入线粒体内才能进行氧化分解。然而,无论长链脂肪酸或脂酰 CoA 都不能透过线粒体内膜而进入线粒体,必须通过一种特异转运载体——肉毒碱(肉碱)的转运才能进入线粒体。

肉碱通过其羟基与脂酰基连接成酯,生成脂酰基肉碱而透过线粒体内膜。由于线粒体内膜两侧存在肉碱脂酰转移酶(外侧为酶Ⅰ,内侧为酶Ⅱ),能催化脂酰基在脂酰 CoA 和肉碱之间转移,最后在膜内侧形成脂酰 CoA,完成了脂酰辅酶 A 进入线粒体的过程。其过程如图 6.2 所示。

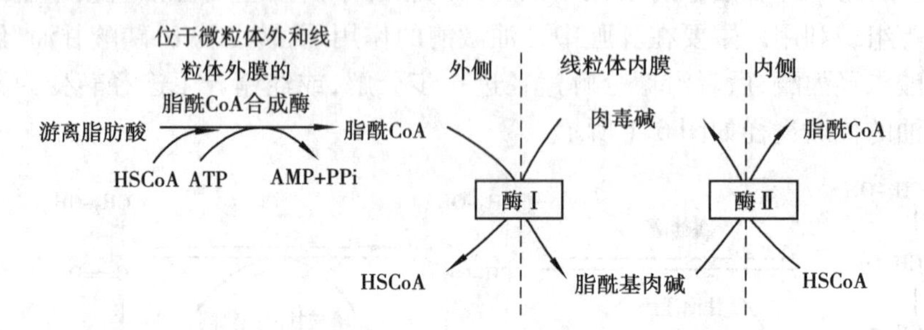

图 6.2 在肉碱参与下脂肪酸转入线粒体的过程

(3)脂肪酸的 β-氧化

进入线粒体基质内的脂酰 CoA,在脂肪酸 β-氧化酶系的催化下,逐步氧化分解。脂酰 CoA 的 β-氧化过程可分为下列 4 步反应:

①脱氢。转入线粒体的脂酰 CoA 在脂酰 CoA 脱氢酶的催化下,在其 α,β 碳原子上各脱下 1 个氢原子,生成 α,β-烯脂酰 CoA,而脱下的一对氢原子被 FAD 接受生成 $FADH_2$。

$$\underset{\text{脂酰CoA}}{R{-}CH_2{-}CH_2CH_2{-}CO{\sim}SCoA} \xrightarrow[\text{FAD}\ \ \ \ \text{FADH}_2]{\text{脂酰CoA脱氢酶}} \underset{\alpha,\beta\text{-烯脂酰CoA}}{R{-}CH_2{-}CH{=\!=}OH{-}CO{\sim}SCoA}$$

②加水。α,β-烯脂酰 CoA 在 α,β-烯脂酰 CoA 水合酶催化下,加入 1 分子水,生成 β-羟脂酰 CoA,此反应可逆。

$$\underset{\beta\text{-羟脂酰CoA}}{R{-}CH_2{-}CH{=\!=}CH{-}CO{\sim}SCoA+H_2O} \xrightleftharpoons{\alpha,\beta\text{-烯脂酰CoA水合酶}} \underset{\beta\text{-羟脂酰CoA}}{R{-}\overset{\displaystyle OH}{\overset{|}{C}H}{-}CH_2{-}\overset{\|}{C}{\sim}SCoA}$$

③再脱氢。β-羟脂酰 CoA 再经 β-羟脂酰 CoA 脱氢酶的催化下脱氢,生成 β-酮脂酰 CoA,脱下的氢由辅酶 NAD^+ 接受生成 $NADH+H^+$。

$$\underset{\beta\text{-羟脂酰CoA}}{R{-}\overset{\displaystyle OH}{\overset{|}{C}H}{-}CH_2{-}CO{\sim}SCoA} \xrightarrow[NAD^+\ \ \ \ NADH+H^+]{\beta\text{-羟脂酰CoA还原酶}} \underset{\beta\text{-酮脂酰CoA}}{R{-}\overset{\displaystyle O}{\overset{\|}{C}}{-}CH_2CO{\sim}SCoA}$$

④硫解。β-酮脂酰 CoA 在 β-酮脂酰 CoA 硫解酶的催化下,与 1 分子 HS ~ CoA 作用,生成1 分子乙酰 CoA 和比原来少 2 个碳原子的脂酰 CoA。

$$\underset{\beta\text{-酮脂酰辅酶 A}}{R-\overset{\overset{\displaystyle O}{\|}}{C}-CH_2CO\sim SCoA}+HSCoA\xrightarrow{\text{硫解酶}}\underset{\text{少 2 个碳原子的脂酰辅酶 A}}{R-CO\sim SCoA}+CH_3CO\sim SCoA$$

以上生成的少2个碳原子的脂酰CoA,再经过脱氢、加水、再脱氢和硫解4步反应,生成再少2个碳原子的脂酰CoA和1分子乙酰CoA。如此反复进行,就可将1个偶数碳原子的饱和脂肪酸最终全部分解为乙酰CoA。由第四步反应生成的乙酰CoA可进入三羧酸循环,进行彻底氧化分解,生成CO_2和H_2O,或经其他途径代谢。脂肪酸β-氧化途径如图6.3所示。

现以软脂酸为例,说明其产生ATP的经过。软脂酸为16碳饱和脂肪酸,共需经过7次β-氧化,生成8分子乙酰CoA以及7分子$FADH_2$和7分子$NADH+H^+$。每分子$FADH_2$经呼吸链氧化后生成2分子ATP,7分子$FADH_2$产生14分子ATP;每分子$NADH+H^+$经呼吸链氧化后生成3分子ATP,7分子$NADH+H^+$产生21分子ATP;每分子乙酰CoA经三羧酸循环氧化时可生成12分子ATP,8分子乙酰CoA可生成96分子ATP。以上总共产生131分子ATP(即14分子+21分子+96分子)。脂肪酸在活化时消耗了两个高能键,相当于消耗2分子ATP,因此,氧化1分子软脂酸净生成129分子ATP。

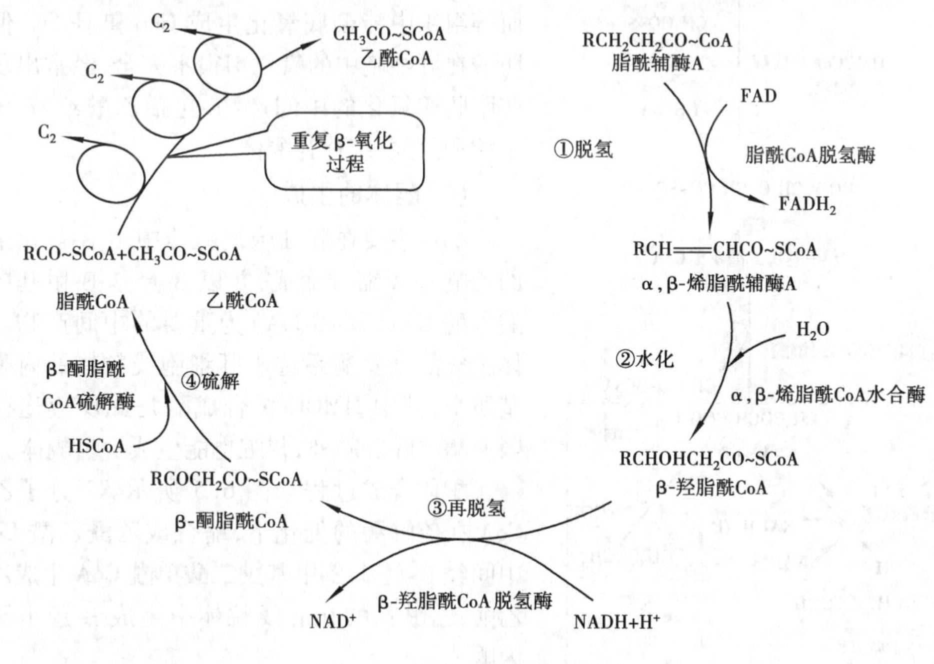

图6.3 脂肪酸的β-氧化过程

2)丙酸的代谢

在动物体内的脂肪酸,绝大多数都是含有偶数碳原子的,但奇数碳原子脂肪酸的代谢也很重要。例如,纤维素在反刍动物瘤胃中发酵产生低级挥发性脂肪酸,主要是乙酸、丙酸和丁酸。此外,许多氨基酸脱氨基后也产生奇数碳原子脂肪酸。长链奇数碳原子脂肪酸经β-氧化,最后生成丙酰CoA时,就不再进行β-氧化,而是被羧化生成甲基丙二酸单酰CoA,继续进行代谢。丙酸的代谢如图6.4所示。

反刍动物体内的葡萄糖,约有50%来自丙酸的异生作用(根据所喂饲料不同,比例亦

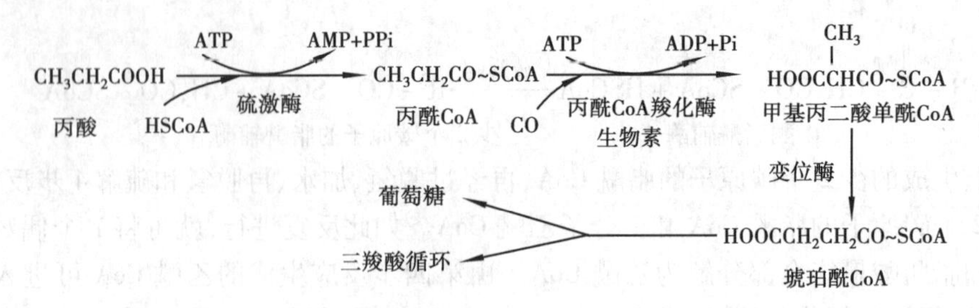

图 6.4 丙酸的代谢

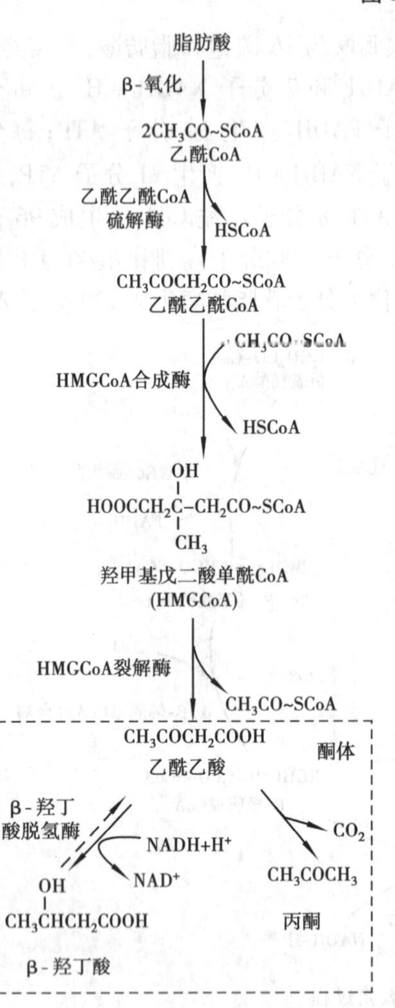

图 6.5 酮体的生成

不相同),其余大部分来自氨基酸。可见,丙酸代谢对于反刍动物是非常重要的。丙酸代谢中还需要维生素 B_{12},因此,反刍动物对维生素 B_{12} 的需要量比其他动物高,不过瘤胃中的微生物能够合成并提供足量的维生素 B_{12}。

3)酮体的生成和利用

在正常情况下,脂肪酸在心肌、肾脏和骨骼肌等组织中能彻底氧化生成 CO_2 和 H_2O。但脂肪酸在肝细胞中的氧化却很不完全,经常出现一些脂肪酸氧化的中间产物,包括乙酰乙酸、β-羟丁酸和丙酮,统称为酮体。

(1)酮体的生成

酮体主要在肝细胞线粒体中由 β-氧化生成的乙酰 CoA 缩合而成,并以 β-羟基-β-甲基戊二酸单酰 CoA(HMGCoA)为重要的中间产物。酮体生成的全套酶系位于肝细胞线粒体的内膜或基质中,其中 HMGCoA 合成酶是此反应途径的限速酶。除肝脏外,肾脏也能生成少量酮体。

酮体合成过程如图 6.5 所示。2 分子乙酰 CoA 在硫解酶的催化下,缩合成乙酰乙酰 CoA,中间经 β-羟基-β-甲基戊二酸单酰 CoA 生成乙酰乙酸,乙酰乙酸在肝线粒体中生成 β-羟丁酸或丙酮。

(2)酮体的利用

肝细胞中虽然富有合成酮体的酶,但没有分解酮体的酶。因此,酮体不能在肝脏中分解,必须转运(酮体极易透出肝细胞进入血液)到肝外组织,如心肌、骨骼肌、大脑等。这些组织中有活性很强的利用酮体的酶,能够氧化酮体供能。

(3)酮体产生和利用的生理意义

酮体是脂肪酸在肝脏不完全氧化分解时产生的正常中间产物,是肝脏输出能源的一种形式,具有重要的生理意义。

当机体缺少葡萄糖时,需要动用脂肪供应能量。肝脏分解脂肪酸生成的酮体,因分子较小、易溶于水、便于运输,而能快速供肝外组织利用。而且肌肉组织对脂肪酸的利用能力有限,因此可优先利用酮体以节约葡萄糖。大脑不能利用脂肪酸,却能利用显著量的酮体。例如在饥饿时,人的大脑可利用酮体代替其所需葡萄糖量的25%左右,与其他脂肪酸相比,酮体能更有效地代替葡萄糖,机体通过肝脏将脂肪酸集中转化成酮体,以利于肝脏外组织利用。当酮体含量显著升高时,可反馈性地抑制脂肪的动员作用。

(4)**酮病**

在正常情况下,血液中酮体含量很少,肝脏产生酮体的速度和肝外组织利用酮体的速度处于动态平衡状态。人血浆中酮体含量为0.3~0.5 mg/100 ml,其中,乙酰乙酸占30%,β-羟丁酸占70%,反刍动物正常情况下血中酮体也在这个水平。但在有些情况下,如长期饥饿、高产乳牛初泌乳及绵羊妊娠后期,肝中产生的酮体多于肝外组织的消耗量,易造成酮体在体内积存,形成酮病。患酮病时,反刍动物血中酮体含量常超过20 mg/100 ml。此时,不仅血中酮体含量升高,酮体还可随乳、尿排出体外,分别称为酮血症、酮乳症和酮尿症。由于酮体的主要成分是酸性物质,因此,大量积存时常导致动物体内酸碱平衡失调,引起酸中毒。

引起动物发生酮病的原因很复杂,但基本的生化机制均是由于糖和脂类代谢紊乱所致。

6.3 脂肪的生物合成

哺乳动物的肝脏和脂肪组织是合成脂肪最活跃的组织。合成脂肪的直接原料是α-磷酸甘油和脂酰辅酶A。

6.3.1 α-磷酸甘油的来源

α-磷酸甘油有两个来源:一是糖分解途径的中间产物磷酸二羟丙酮还原生成;二是肠道消化吸收的甘油以及脂肪组织分解产生的甘油,在甘油激酶(肝脏)的催化下,消耗ATP生成。其过程如图6.1所示。

6.3.2 长链脂肪酸的合成

合成脂肪时的脂肪酸也有两个来源:一是来自于饲料中的脂类;二是在体内合成。

1)合成场所

脂肪酸合成酶系存在于肝、肾、脑、肺、乳腺和脂肪组织中。肝细胞和脂肪组织细胞的胞液是动物合成脂肪的主要场所。脂肪组织除了自身能够以葡萄糖为原料合成脂肪酸和脂肪外,还主要摄取来自小肠和肝合成的脂肪酸,然后再合成脂肪,成为储存脂肪的仓库。

2)合成原料

所有的高等动物都是以乙酰CoA为原料合成长链脂肪酸的,但乙酰CoA的来源却不相同。非反刍动物的乙酰 CoA 主要来自糖代谢(葡萄糖分解代谢产生丙酮酸,在线粒体中氧化脱羧生成乙酰 CoA),也有很少一部分来自消化道吸收的乙酸。反刍动物主要利用吸收来的乙酸和少量丁酸,使其分别转变为乙酰 CoA 及丁酰 CoA,用于脂肪酸的合成。

脂肪酸的合成是在胞液中进行的,反刍动物吸收的乙酸可以直接进入胞液转变成乙酰 CoA,而非反刍动物的乙酰 CoA 需要通过线粒体内膜从线粒体内转移到线粒体外的胞液中才能利用。然而,线粒体膜不允许 CoA 的衍生物自由通过,必须借助于柠檬酸-丙酮酸循环的转运途径实现乙酰 CoA 的上述转移。即乙酰 CoA 首先与线粒体中的草酰乙酸缩合成柠檬酸,然后柠檬酸透出线粒体膜进入胞液中,在柠檬酸裂解酶的作用下,裂解为乙酰 CoA 和草酰乙酸。乙酰 CoA 即可进行脂肪酸的合成,而草酰乙酸可还原为苹果酸后脱氢、脱羧,重新生成丙酮酸。

3)丙二酸单酰 CoA 的合成

以乙酰 CoA 为原料合成脂肪酸,并不是这些二碳单位的简单缩合。除了一分子乙酰 CoA 外,所有的乙酰 CoA 首先要羧化成丙二酸单酰 CoA。

$$\underset{\text{乙酰CoA}}{CH_3CO\sim SCoA}+CO_2 \xrightarrow[\text{ATP}\ \ \ \text{ADP+Pi}]{\text{乙酰CoA羧化酶}} \underset{\text{丙二酸单酰CoA}}{HOOC-CH_2-CO\sim SCoA}$$

这一不可逆反应由乙酰 CoA 羧化酶催化,该酶是脂肪酸合成的限速酶,存在于细胞液中,以生物素为辅基,柠檬酸是其激活剂。

4)脂肪酸的生物合成过程

动物体内许多组织的胞液中有合成脂肪酸的酶系,它们是一组多酶复合体,含有 7 种酶和酰基载体蛋白(ACP)。ACP 牢固地结合了脂肪酸合成酶系,成为合成脂肪酸"装配线"的主要部分。

乙酰 CoA 在乙酰转移酶作用下,其乙酰基与 ACP 巯基相连,生成乙酰基载体蛋白。但乙酰基并不停留在 ACP 巯基上,而是很快转移到另一个酶——β-酮脂酰-ACP 合成酶(简称缩合酶)的活性中心的半胱氨酸巯基上,成为乙酰缩合酶,ACP 的巯基则空出来。

在 ACP-丙二酸单酰酶 A 转移酶的催化下,丙二酸单酰基脱离 CoA 转移到前面反应中已空出来的 ACP 巯基上结合,形成丙二酸单酰 ACP。

乙酰基载体蛋白与丙二酸单载体蛋白在 ACP 上一系列酶的作用下发生缩合、还原、脱水和再还原反应生成丁酰载体蛋白,使乙酰载体蛋白多了 2 个碳原子。至此,脂肪酸的合成在乙酰基的基础上延长了两个碳原子,完成了脂肪酸合成的第一轮反应。若合成 16 个碳原子的软脂酸(棕榈酸),须经过上述 7 次循环反应,最终形成软脂酰 ~ SACP。最后生成的软脂酰 ACP 可以在硫酯酶的作用下水解释放出软脂酸,或者由硫解酶催化把软脂酰基从 ACP 上转移到 CoA 上。反应过程如图 6.6 所示。软脂酸生物合成的总反应可归纳为:

$$\underset{\text{乙酰 CoA}}{8CH_3CO\sim SCoA}+14\underset{\text{还原型辅酶Ⅱ}}{(NADPH+H^+)}+7ATP+7H_2O \xrightarrow{\text{脂肪酸合成酶系}}$$

$$\underset{\text{软脂酸}}{CH_3(CH_2)_{14}COOH}+8HSCoA+14NADP^++7ADP+7Pi$$

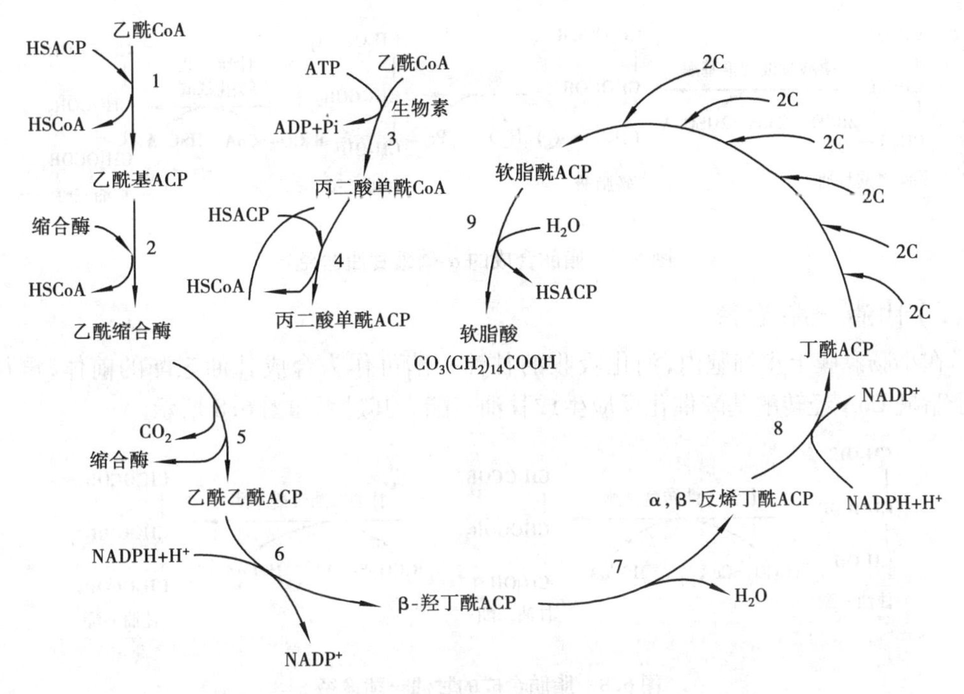

1. 乙酰 CoA-ACP 酰基转移酶;2. ACP-丙二酸单酰 ACP 转移酶;
3. 乙酰 CoA 羧化酶;4. ACP-丙二酸单酰 CoA 转移酶;5. β-酮脂酰 ACP 缩合酶;
6. β-酮脂酰 ACP 还原酶;7. 羟脂酰-ACP 脱水酶;8. 烯脂酰 ACP 还原酶;9. 硫酯酶

图6.6 软脂酸的合成过程

需要说明以下几点:

①脂肪酸合成所需要的氢原子必须由还原型辅酶Ⅱ(NADPH + H⁺)供给。在上述的乙酰 CoA 转运中,可产生一部分 NADPH + H⁺,不足部分由磷酸戊糖途径提供。

②机体脂肪酸合成酶系合成的终产物主要是软脂酸酸(16 碳饱和脂肪酸),碳链要进一步延长和添加双键(只能合成带一个双键的脂肪酸),则由存在于线粒体和微粒体内的合成酶系催化完成。

③亚油酸、亚麻油酸是单胃动物体内不能合成的脂肪酸,因为这些动物体内没有催化 C_9 以后碳原子上引入双键的酶,必须从食物中获得,所以将其称为必需脂肪酸。

6.3.3 脂肪的合成

哺乳动物的肝脏和脂肪组织是合成脂肪最活跃的组织。在胞液中合成的软脂酸和主要在内质网形成的其他脂肪酸,以及摄入体内的脂肪酸,都可以进一步合成甘油三酯。体内合成甘油三酯有两条途径。

1)α-磷酸甘油(甘油磷酸二酯)途径

肝细胞和脂肪细胞主要按此途径合成甘油三酯,过程如图 6.7 所示。

动物体内的转酰基酶对 16 碳和 18 碳的脂酰 CoA 的催化能力最强,所以脂肪中 16 碳和 18 碳脂肪酸的含量最多。

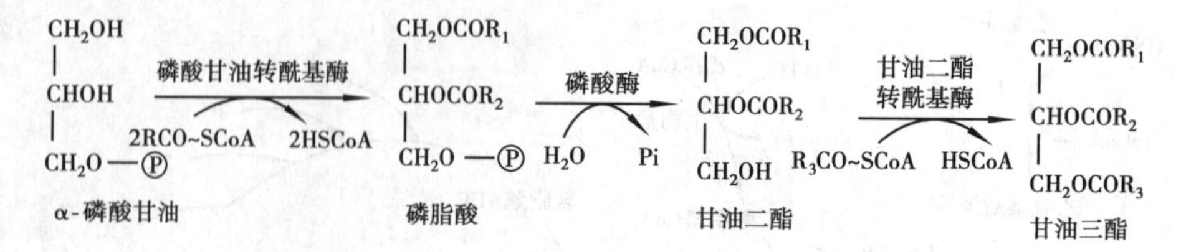

图 6.7 脂肪合成的α-磷酸甘油途径

2)甘油一脂途径

在小肠黏膜上皮细胞内,消化吸收的甘油一酯可作为合成甘油三酯的前体,再与2分子脂酰 CoA 经转酰基酶催化反应生成甘油三酯。其过程如图 6.8 所示。

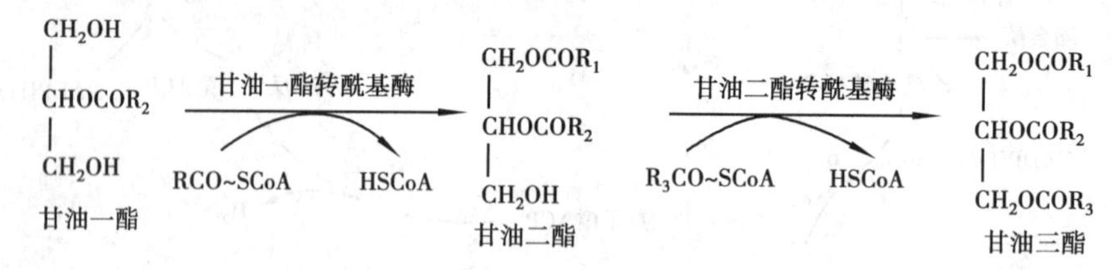

图 6.8 脂肪合成的甘油一酯途径

*6.4 类脂的代谢

类脂的种类较多,其代谢情况也各不相同。本节主要讨论有代表性的磷脂和胆固醇的代谢。

6.4.1 磷脂代谢

含磷酸的脂类称为磷脂,广泛分布于机体各组织细胞,是细胞结构的重要成分。磷脂可分为两类:甘油磷脂和鞘磷脂。体内以甘油磷脂含量最多,特别是其中的卵磷脂(磷脂酰胆碱)和脑磷脂(磷脂酰乙醇氨)。

1)甘油磷脂的合成

全身各组织细胞的内质网均含合成磷脂的酶,都能合成磷脂,但以肝、肾及小肠等组织最为活跃。

合成甘油磷脂需甘油、脂肪酸、磷酸盐、胆碱或胆胺等为原料,同时还需要 ATP 和 GTP 的参与。甘油、脂肪酸主要由糖经代谢转变而来,但分子中与甘油第二位羟基成酯的一般多为不饱和脂肪酸,主要是必需脂肪酸,需靠饲料供给。胆碱可由丝氨酸脱羧生成乙醇胺,再由甲硫氨酸提供甲基转变而成,胆碱和胆胺也可直接从饲料中摄取。

卵磷脂和脑磷脂的合成过程如图 6.9 所示。卵磷脂是构成血浆脂蛋白的重要原料,卵磷脂合成受阻,会导致血浆脂蛋白的合成障碍,影响肝脏内脂肪的运出,使脂肪在肝脏中堆积,出现脂肪肝。根据其发病的生化机制,临床上常用甲硫氨酸、胆碱、必需脂肪酸、叶酸及维生素 B_{12}(叶酸及维生素 B_{12} 促进胆碱的合成)作为预防和治疗此类脂肪肝的药物。

2)甘油磷脂的降解

甘油磷脂的分解代谢主要是由体内存在的磷脂酶催化的水解过程。根据磷脂酶作用的特异性不同,分为磷脂酶 A_1、磷脂酶 A_2、磷脂酶 B、磷脂酶 C 及磷脂酶 D 等。它们分别作用于磷脂分子中不同的酯键。

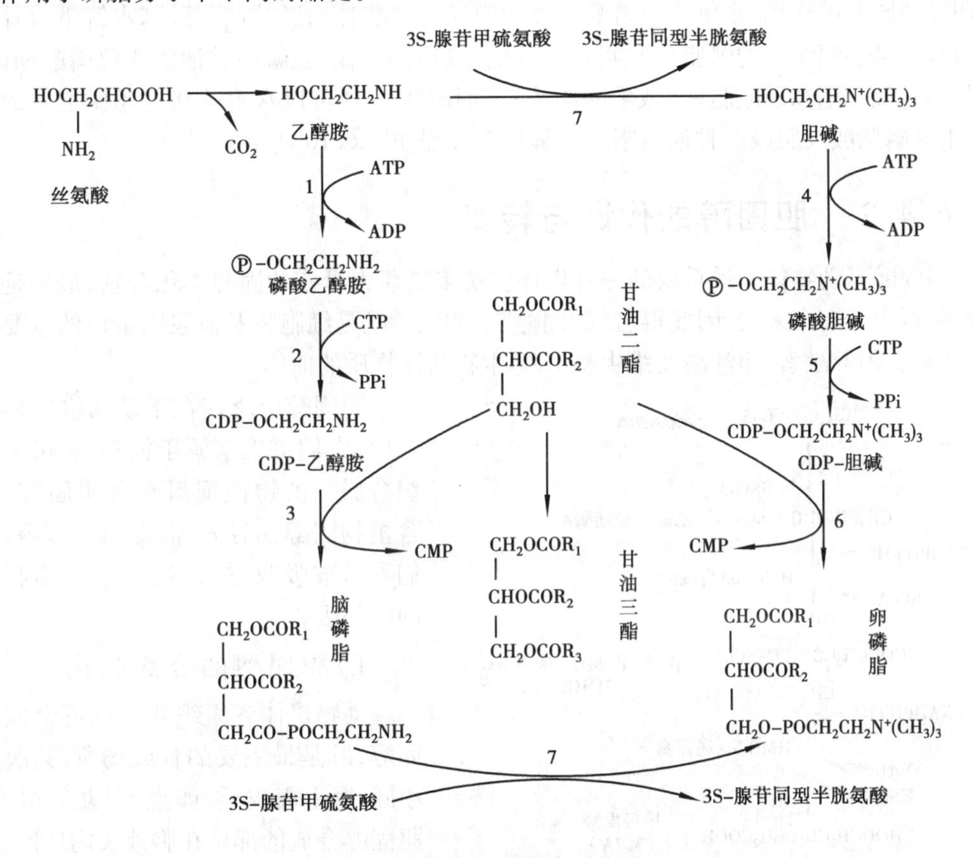

图 6.9 甘油磷脂的合成代谢

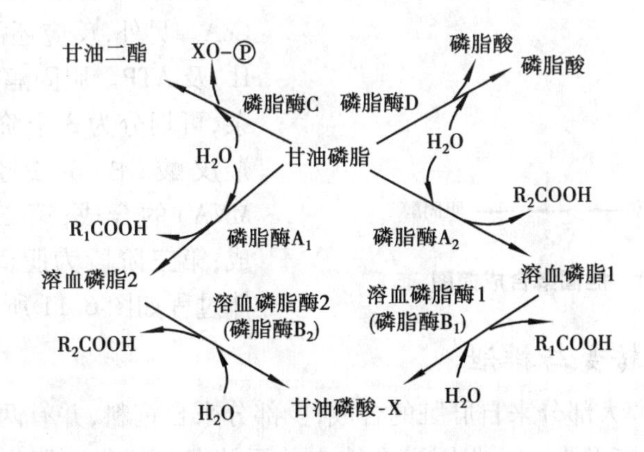

图 6.10 甘油磷脂的分解代谢过程

磷脂酶 A_1 和磷脂酶 A_2 分别作用于甘油磷脂的第一位和第二位酯键,产生溶血磷脂 2 和溶血磷脂 1。溶血磷脂是各种甘油磷脂经水解脱去一个脂酰基后的产物,是一类具有较强表面活性的物质,能使红细胞及其他细胞膜破裂,引起溶血或细胞坏死。蛇毒中,磷脂酶 A_2的活性相当高,故被蛇咬后会发生溶血作用。溶血磷脂 2 和溶血磷脂 1 又可分别在磷脂酶 B_2(即溶血磷脂酶 2)和磷脂酶 B_1(即溶血磷脂酶 1)的催化下,水解脱去酰基生成不具有溶血性的甘油磷酸胆碱和脂肪酸,从而失去溶血作用。生成的甘油磷酸胆碱通过胆碱磷酸酶的作用,水解生成磷酸甘油和胆碱。磷酸甘油经甘油磷酸酶水解生成甘油和磷酸。某些组织中的磷脂酶 C 可以特异的水解甘油磷酸胆碱中甘油的 3 位磷酸酯键,产物是甘油二酯和磷酸胆碱(或磷酸胆胺)。而磷脂酶 D 可以水解磷酸与胆碱之间的酯键,生成磷脂酸及胆碱。甘油磷脂的分解代谢过程如图 6.10 所示。

6.4.2 胆固醇的代谢与转变

胆固醇是动物体中最重要的一种以环戊烷多氢菲为母核的固醇类化合物,最早是从动物胆石中分离出来的,因此得名“胆固醇”。胆固醇既是细胞膜及血浆脂蛋白的重要成分,又是类固醇激素、胆汁酸及维生素 D_3等生物活性物质的前体。

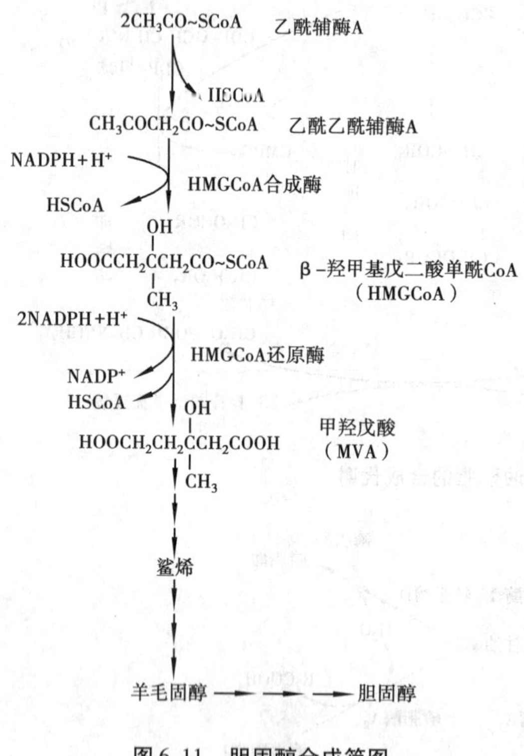

图 6.11 胆固醇合成简图

胆固醇广泛存在于动物机体各组织中,它们可以来源于饲料,也可由组织合成。植物性饲料不含胆固醇,而含植物固醇如谷固醇、麦角固醇等,它们不易被吸收,摄入过多还可抑制胆固醇的吸收。

1)胆固醇的合成代谢

动物机体各组织几乎均可合成胆固醇,肝是最主要的合成场所,其次为小肠、肾上腺皮质、卵巢、睾丸等组织。胆固醇合成的部位在胞液及内质网。

机体合成胆固醇的原料是乙酰CoA。另外,反应还需大量的$NADPH+H^+$及 ATP。胆固醇的合成过程比较复杂,可划分为 3 个阶段:第一阶段为甲羟戊酸(β,δ-二羟基-β-甲基戊酸,MVA)的合成;第二阶段为鲨烯的合成;第三阶段为胆固醇的合成。其具体过程如图 6.11 所示。

2)胆固醇的转变与排泄

血浆中的胆固醇大部分来自肝脏的合成,少部分来自饲料,并有两种存在形式,即游离型和酯型,其中以酯型为主。胆固醇在体内并不被彻底氧化分解为二氧化碳和水,而是经氧化、还原转变为其他含环戊烷多氢菲母核的化合物,其中大部分进一步参与体内代谢,或被排除体外。

①血液中一部分胆固醇被运送到组织,是构成细胞膜的组成成分。

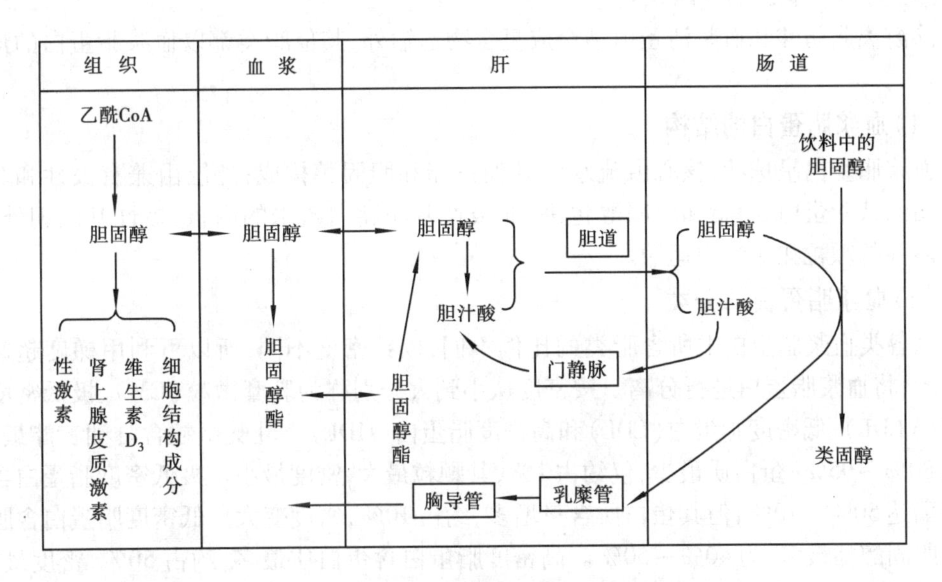

图6.12 胆固醇在体内的转运

②转变为维生素 D_3。胆固醇经修饰后转化为7-脱氢胆固醇,后者在动物皮下经紫外光照射转变为维生素 D_3。

③转化为类固醇激素。胆固醇在肾上腺皮质细胞中,可转变为肾上腺皮质激素;在睾丸中,可转变为睾酮等雄性激素;在卵巢中,可转变为孕酮等雌性激素。

④合成胆汁酸。这是胆固醇在体内代谢的主要去路。机体合成的约2/5的胆固醇转化为胆汁酸。胆汁酸的钠盐或钾盐随胆汁经胆道排入小肠,促进脂类的乳化,既有利于肠道脂肪酶的消化作用,又有利于脂类及脂溶性维生素的吸收。

进入肠道的胆汁酸又可被肠壁细胞重新吸收,经门静脉运回肝脏,形成胆盐的"肝肠循环",以使胆汁酸再被利用。据测定,人体每天进行6~12次肝肠循环。肝脏排入肠腔的胆汁酸有95%以上都被重吸收,未被重吸收的少部分转变为粪固醇排出体外。

6.5 脂类在体内的运转概况

6.5.1 血脂与血浆脂蛋白

1)血脂

血浆中所含的脂类统称为血脂,包括脂肪、磷脂、胆固醇及其酯和游离脂肪酸。磷脂中主要为卵磷脂,约占70%;鞘磷脂和脑磷脂分别占25%和10%左右。胆固醇以酯型为主,约2/3,醇型约占1/3。血脂的来源有外源性的,即直接从饲料中摄取的;也有内源性的,即肝脏、脂肪组织等合成后释放进入血浆的。

血脂的含量随生理状态不同而改变,动物的品种、年龄、性别、饲养状况都会影响血脂的组成和水平。

2)血浆脂蛋白

脂类不溶于水,因此不能以游离形式运输,而是与血浆中的蛋白质结合起来进行运输。除游离脂肪酸和血浆清蛋白结合成复合物运输外,其他脂类都以血浆脂蛋白的形式运输。

(1)血浆脂蛋白的结构

血浆脂蛋白呈球状,核心由疏水的甘油三酯和胆固醇构成;外层由兼有极性和非极性基团的载脂蛋白、磷脂和胆固醇包裹,非极性基团朝向疏水的内核,极性基团朝外,形成可溶性的颗粒在血液中运输。

(2)血浆脂蛋白的分类

因各类血浆脂蛋白中所含脂类的比例不同,以致密度不同,所以可利用梯度超速离心技术,将血浆脂蛋白进行分离。按密度从小到大分别称为乳糜微粒(CM)、极低密度脂蛋白(VLDL)、低密度脂蛋白(LDL)和高密度脂蛋白(HDL)。乳糜微粒含甘油三酯最多,高达80%~95%;蛋白质最少,仅约占1%,其颗粒最大,密度最小。极低密度脂蛋白含甘油三酯达50%~70%;但其蛋白质含量增多,约占10%,密度变大。低密度脂蛋白含胆固醇及胆固醇酯最多,为40%~50%。高密度脂蛋白含蛋白质最多,约占50%,密度最高,颗粒最小。

6.5.2 血浆脂蛋白的主要功能

1)乳糜微粒(CM)

小肠黏膜上皮细胞将饲料中的脂类消化吸收后,再重新合成甘油三脂、磷脂,与吸收的胆固醇及载脂蛋白共同形成CM。CM经淋巴入血,在运输过程中,脂肪不断在酶的催化下水解释放出脂肪酸和甘油,并进入肌肉、脂肪组织储存和利用。在此过程中,CM不断变小,称为CM残余颗粒,到肝脏被肝组织摄取利用。由于CM中的脂肪主要来源于饲料,所以说,CM的功能是运输外源性脂肪。

2)极低密度脂蛋白(VLDL)

由肝细胞合成的甘油三酯、载脂蛋白以及磷脂、胆固醇等在肝细胞内共同组成VLDL。此外,小肠黏膜细胞也能合成少量VLDL。VLDL被分泌入血液后,其中的甘油三酯被水解,水解产物被肝外组织摄取利用。可见,VLDL是运输肝合成的内源性甘油三酯的主要形式。

VLDL在运输时,脂肪不断在脂蛋白脂肪酶的作用下水解,产物脂肪酸等被组织利用,最后颗粒中脂类主要为胆固醇酯。而VLDL的密度不断增加,转变为低密度脂蛋白。

3)低密度脂蛋白(LDL)

LDL是在血浆中由VLDL转变而来的,含有丰富的胆固醇和胆固醇酯,是向组织转运肝脏合成的胆固醇的主要形式。肝及肝外组织的细胞膜表面广泛存在LDL受体,可特异识别并结合此脂蛋白。当血浆中LDL与此受体结合后,受体将聚集成簇,内吞入胞内与溶酶体融合,进一步被降解。

4)高密度脂蛋白(HDL)

HDL是由肝和小肠黏膜细胞合成的,以肝为主。初合成后分泌入血的HDL称为新生HDL,它可接受外周血中的胆固醇并将其酯化,逐步转变为成熟HDL。成熟HDL可被肝细胞摄取利用。因此,HDL 的作用就是从肝外组织将胆固醇转运到肝内进行代谢。

表 6.1 血浆脂蛋白的性质、组成及主要生理功能

密度分类法	密度/($g \cdot cm^{-3}$)	颗粒直径/nm	化学组成/%				脂类/脂肪(约)	合成部位	主要生理功能
			蛋白质	脂肪	胆固醇	磷脂			
乳糜微粒	<0.95	80~500	0.5~2	80~95	1~4	5~7	98/2	小肠黏膜细胞	转运外源性脂肪
极低密度脂蛋白	0.95~1.006	25~80	5~10	50~70	10~15	10~15	90/10	肝细胞	转运内源性脂肪
低密度脂蛋白	1.006~1.063	20~25	20~25	10	45~50	20	79/21	血浆	转运内源性胆固醇
高密度脂蛋白	1.063~1.210	7.5~10	45~50	5	20	25	50/50	肝、肠、血浆	将胆固醇转运至肝脏

[本章小结]

①动物体内的脂类包括真脂和类脂,它们在体内具有重要的生理功能,在血液中以血浆脂蛋白的形式进行运输。

②当需要脂肪提供能量时,脂肪被水解为甘油和脂肪酸。甘油转变为α-磷酸甘油,然后再脱氢生成磷酸二羟丙酮,后者沿糖分解途径进一步分解,或经糖异生途径转变为葡萄糖或糖原。脂肪酸活化为脂酰 CoA 后,在肉毒碱携带下进入线粒体,经多次β-氧化,全部转变为乙酰 CoA(奇数碳原子脂肪酸还包括 1 分子丙酸)。在肌肉等组织中,乙酰 CoA 经三羧酸循环彻底氧化分解为 CO_2 和 H_2O,并释放出能量;在肝脏中,乙酰 CoA 则转变为酮体,HMGCoA 合成酶是此反应途径的限速酶,肝脏中产生的酮体却须运到肝外组织中利用。

③脂肪合成的直接原料是α-磷酸甘油和脂肪酸。α-磷酸甘油可自糖代谢的中间产物磷酸二羟丙酮转变而来;脂肪酸合成时,以乙酰 CoA 为原料,乙酰 CoA 羧化酶是反应的限速酶。

④甘油磷脂在合成时需要甘油、脂肪酸(包括必需脂肪酸)、磷酸盐、胆碱或胆胺、ATP 和 GTP 等。胆固醇合成的原料是乙酰 CoA,经复杂反应生成胆固醇,HMGCoA 还原酶是该反应的限速酶。

[目标测试]

一、名词解释(4 分×5)

β-氧化　酮体　酮病　血脂　血浆脂蛋白

二、填空题(1 分×30)

1. 血浆中的脂类统称为________,脂类的运输必须以________形式进行,在动物体内将外源性胆固醇运送至肝脏的是________。

2. 脂肪酸在动物体内代谢的主要过程包括________、________和________，最后彻底氧化生成________，其中产生的能量转移至________中。

3. 酮体是由脂肪酸在动物的________中发生不彻底氧化生成的，供________利用。当动物体内酮体的生成量大于消耗量时，会产生________病。

4. 油脂是________和________总称，从化学上来看，脂肪是________和________缩合而成的化合酯。

5. 所有高等动物脂肪酸的合成都要以乙酰 CoA 为原料，在非反刍动物中，乙酰 CoA 主要来自________，也有少量来自________。

6. 动物体内胆固醇的主要来源是________和________，机体合成胆固醇的主要原料是________。________是合成胆固醇的主要场所，体内大部分胆固醇在肝脏内形成________随胆汁排出体外。

7. 脂肪酸的一个β-氧化过程包括________、________、________、________4 个步骤，共产生 1 个________、1 个________、1 个________和比原来脂肪酸少________个碳原子的脂肪酸。

三、判断题(2 分×5)

1. 植物油和动物脂及相比，其中含有更多的碳碳双键，所以常温下多为液态。 (　　)

2. 饥饿者不但血糖浓度会降低，而且可能会出现体内酮体增多。 (　　)

3. 只有偶数碳原子数的脂肪酸才能经β-氧化降解为乙酰 CoA。 (　　)

4. 类固醇是由机体排泄胆固醇转变而来的，不是机体代谢的最终产物。 (　　)

5. 脑组织在正常情况下主要依赖血糖供能，在饥饿时，酮体供能比例增加。 (　　)

四、选择题(2 分×5)

1. 能将外源性脂肪运送至肝脏进行代谢的脂蛋白是(　　)。

A. 乳糜微粒　　B. 极低密度脂蛋白

C. 低密度脂蛋白　　D. 高密度脂蛋白

2. 脂肪大量动员在肝脏内生成乙酰 CoA 主要转变为(　　)。

A. 葡萄糖　　B. 酮体　　C. 胆固醇　　D. 草酰乙酸

3. 脂肪酸合成需要的 $NADPH + H^+$ 主要来源于(　　)。

A. TCA　　B. ATP

C. 磷酸戊糖途径　　D. 以上都不是

4. 脂肪酸β-氧化的酶促反应顺序为(　　)。

A. 脱氢、脱水、加水、硫解　　B. 脱氢、加水、再脱氢、硫解

C. 脱氢、脱水、再脱氢、硫解　　D. 加水、脱氢、硫解、再脱氢

5. 等重的蛋白质、脂肪、碳水化合物在机体内完全氧化分解释放的能量(　　)最多。

A. 蛋白质　　B. 脂肪　　C. 碳水化合物　　D. 脂肪和碳水化合物相同

五、简答题(10 分×3)

1. 酮体是如何产生和利用的？有哪些生理意义？

2. 试说明丙酸代谢对反刍动物的重大意义。

3. 简述胆固醇在体内的转变与排出。

[知识拓展]

脂肪肝

夏季,禽病门诊经常会遇到这样的病例:营养体况良好的高峰蛋鸡突然死亡,鸡冠苍白,剖检可见腹腔内有大量脂肪沉积,凝血块覆盖于肝脏表面,体腔内充满血样液体,肝脏明显肿大,呈浅褐色至黄色,质脆易碎,肝包膜下形成血肿,部分病死鸡输卵管内还有一个正常、未产出的鸡蛋。这种病称为脂肪肝综合征(FLS),或叫脂肪肝出血综合征(FLHS),是一种易发生于高产蛋鸡的脂类代谢障碍性疾病。该病1930年首先在产蛋鸡中发现,随着养鸡业的发展,我国各省均有报道,并呈上升趋势。该病也发生于10~30日龄肉仔鸡及肉种鸡。还有资料报道,该病也发生于产蛋鸭。

虽然,目前对发生脂肪肝综合征的病因尚不十分清楚,但多数学者认为脂肪的合成与分解代谢发生紊乱是导致本病的主要因素,其中营养因素起主导作用。除此之外,还包括遗传和环境因素。

遗传因素:肉用种鸡比蛋用品种具有更高的发病率。这可能主要与雌激素代谢增高有关。

营养因素:饲料脂肪与蛋白质的比例、脂肪与糖的比例、微量元素与维生素的含量与比例、日粮与日粮类型等不合理都会引起脂肪肝发病率升高。

环境因素:应激、高温、笼养、饲料中含有黄曲霉毒素、含芥子酸饲料(如菜粕)添加过多、使用抗生素等。

从生化角度分析,脂肪肝的发病机理可总结如下:

第一,中性脂肪合成过多。饥饿等应激过程中,由于大量体脂肪发生分解,进入肝内的脂肪酸过多和在肝细胞内合成的甘油三酯过多,当超过了脂蛋白形成和其转运入血液的速度时,则出现甘油三酯在细胞内堆积。

第二,血浆脂蛋白的合成障碍。磷脂酰胆碱(卵磷脂)是合成血浆脂蛋白的必要成分。脂肪综合征主要发生于母鸡,为了高产,过多地给予能量饲料,当饲料中合成胆碱的甲基供体如蛋氨酸等,或合成甲基所需的维生素B_{12}、叶酸等缺乏时,可引起磷脂酰胆碱合成受阻,因而肝细胞不能将甘油三酯合成脂蛋白转运入血,引起甘油三酯在肝细胞内堆积,造成脂肪过量;或因血浆中乳糜微粒增多,使脂肪通过血液转运时特殊的"包装材料"脂蛋白和磷脂合成不足,甘油三酯在肝细胞内蓄积,并致肝脏脂肪变性。此外,磷脂缺乏也可能是肝内脂肪堆积的原因之一。

第三,脂肪利用障碍。在维生素E缺乏、肝中毒等一些病理情况下,由于组织细胞内的脂肪水解酶和脂肪酸氧化酶体系活性降低,脂肪酸的β-氧化受阻,肝细胞对脂肪利用发生障碍,因而引起脂肪在细胞内堆积。

第四,酶的活性下降。肉鸡发生脂肪综合征的重要因素是生物素缺乏,造成乙酰辅酶A羧化酶和丙酮酸羧化酶活性降低。

为预防本病的发生,生产中应合理配制日粮,平衡营养,控制育成母鸡体内脂肪沉积量,科学管理。发病时,首先调整日粮,同时向饲料中加入氯化胆碱、蛋氨酸、必需脂肪酸以及维生素B_{12}、维生素B_{11}、维生素E和亚硒酸钠等嗜脂因子。

第7章 蛋白质的降解和氨基酸代谢

本章导读:蛋白质是生命的物质基础,在生命活动中起着重要的作用。氨基酸是构成蛋白质的基本单位。氨基酸既是蛋白质的降解产物,又是合成蛋白质的原料,同时,机体内许多重要的含氮化合物也都以氨基酸作为前身提供氮源。因此,氨基酸代谢在蛋白质及其他含氮化合物代谢中占据有中心位置。本章主要介绍氨基酸的分解与合成的共同途径,关于蛋白质的生物合成将在第8章中介绍。

7.1 蛋白质的酶促降解

动物从饲料中摄取的蛋白质以及动植物组织中已经老化的蛋白质,在蛋白质更新过程中必须先降解为氨基酸才能被重新利用。蛋白质的酶促降解就是指蛋白质在酶的作用下,使多肽链的肽键水解断开,最后生成α-氨基酸的过程。

7.1.1 蛋白质水解酶

能催化蛋白质分子肽键水解的酶,称为蛋白质水解酶。根据酶所作用底物的特性及其作用方式不同,蛋白质水解酶可分为蛋白酶和肽酶两类。

1)蛋白酶

蛋白酶是指作用于多肽链内部的肽键,将蛋白质或高级多肽水解为小分子多肽的酶,又称肽键内切酶,例如动物消化道中的胃蛋白酶、胰蛋白酶等。这些酶对蛋白质的类型没有专一性,所有蛋白质都可以被种类不多的肽链内切酶水解,而生成大小不等的多肽片段。但是它们都不能水解分子末端的肽键。

2)肽酶

肽酶是指能从多肽链的一端水解肽键,每次切下一片氨基酸或一个二肽的酶,又称肽链端切酶。根据酶作用的专一性不同,这类酶又分为不同类型,其中只能从多肽链的游离氨基末端(N端)连续地切下单个氨基酸或二肽的酶称氨肽酶;只能从多肽链的游离羧基末端(C端)连续地切下单个氨基酸或二肽的酶称为羧肽酶;只能把二肽水解为氨基酸的酶称为二肽酶。

上述蛋白质水解酶相互协调、反复作用,最终将蛋白质或多肽水解为各种氨基酸的混合物。蛋白质降解的大致过程可表示为:

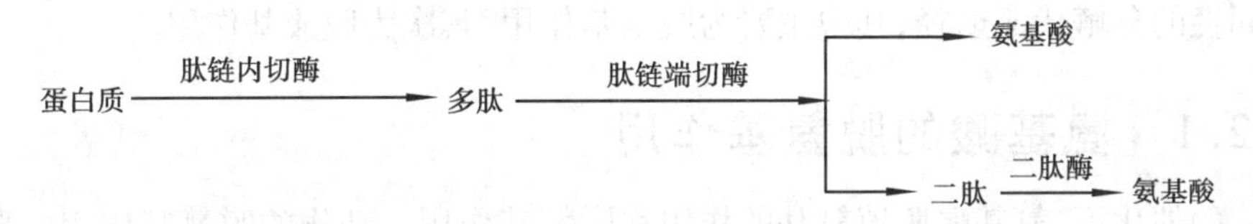

7.1.2 蛋白质的消化和吸收

饲料中蛋白质的消化和吸收是动物机体氨基酸的主要来源。蛋白质未经消化不易吸收。同时,消化过程可消除蛋白质的特异性和抗原性。有时某些抗原、毒素蛋白可少量通过肠黏膜细胞进入体内,会产生过敏、毒性反应。

不能利用无机氮源的动物,必须每天从饲料中获得一定数量的蛋白质,以满足机体对氮素的需要。这些饲料蛋白质在消化道中逐步消化转变成氨基酸才能被吸收利用。蛋白质在胃中首先在蛋白酶作用下,初步水解为多肽和少量氨基酸,这些多肽和未被水解的蛋白质进入小肠,在胰液中的肽链内切酶(胰蛋白酶、糜蛋白酶、弹性蛋白酶等)和肽链端切酶(羧肽酶A、羧肽酶B等)的作用下,被逐步水解为氨基酸和寡肽(2~6个氨基酸残基组成),寡肽又在小肠黏膜的细胞内,被水解寡肽的氨肽酶和羧肽酶进一步分解为氨基酸和二肽,二肽在肠黏膜细胞中被二肽酶最终分解为氨基酸,氨基酸的吸收主要在小肠中进行。一般肠黏膜细胞只能吸收氨基酸和少量二肽或三肽。被吸收的二肽及三肽大部分在肠黏膜细胞中又被水解为氨基酸,少部分也可进入血液。氨基酸的吸收是主动转运过程,需要消耗能量,能量来源于ATP,属于逆浓度梯度转运,需要氨基酸载体和钠泵参与。吸收后的氨基酸经门静脉进入肝脏,再通过血液循环运送到全身组织进行代谢。

另外,在消化过程中,总有一小部分蛋白质和多肽未被消化。这些物质在大肠内被腐败菌分解,产生胺、酚、吲哚、硫化氢等有毒物质及一些低级脂肪酸、维生素等有用的物质。正常时,腐败产物大部分随粪便排出,少量被肠黏膜吸收后经肝脏解毒。当严重胃肠疾患时,如肠梗阻,由于肠腔阻塞,肠内容物在肠道停留时间过长,产生腐败产物增多,大量的腐败产物被吸收,在肝内解毒不完全,则引起自体中毒。

7.1.3 组织蛋白的水解

动物体内存在各种组织蛋白酶,能将细胞自身的蛋白质水解为氨基酸。但它不同于消化道中的蛋白水解酶。正常组织内蛋白质的分解速度与组织的生理活动是相适应的,正在生长的幼年动物组织细胞中蛋白质的合成大于分解,而饥饿者或患消耗性疾病的动物组织蛋白质的分解就显著增强。动物死亡后,组织蛋白酶还能造成组织自溶,尸体的腐烂与此有关。微生物体内也含有蛋白酶,一些能利用蛋白质的微生物也能分泌蛋白酶,将培养基中的蛋白质分解为氨基酸。

7.2 氨基酸的降解与转化

组成蛋白质的氨基酸有20种,氨基酸的化学结构不同,其代谢途径也有所差异。但它们都含有α-氨基和羧基,因而在代谢上有共同之处。氨基酸的一般分解代谢,就是指这种共同性的分解代谢途径,其中主要为脱氨基作用,其次为脱羧基作用。

7.2.1 氨基酸的脱氨基作用

在酶的催化下,氨基酸脱掉氨基的作用称脱氨基作用。动物的脱氨基作用主要在肝和肾中进行,其主要方式有:氧化脱氨基作用、转氨基作用和联合脱氨基作用。多数氨基酸以联合脱氨基作用脱去氨基。

1)氧化脱氨基作用

氨基酸在酶的作用下,先脱氢形成亚氨基酸,进而与水作用生成α-酮酸和氨的过程,称为氨基酸的氧化脱氨基作用。其反应过程如下:

$$\underset{\text{氨基酸}}{R-\underset{\displaystyle NH_2}{\underset{|}{CH}}-COOH} \xrightarrow[\text{酶}]{-2H} \underset{\text{亚氨基酸}}{R-\underset{\displaystyle NH}{\underset{\|}{C}}-COOH} \xrightarrow{+H_2O} \underset{\alpha\text{-酮酸}}{R-\underset{\displaystyle O}{\underset{\|}{C}}-COOH} + NH_3$$

已知在体内催化氨基酸氧化脱氨基作用的酶有3种,即L-氨基酸氧化酶、D-氨基酸氧化酶和L-谷氨酸脱氢酶。L-氨基酸氧化酶以FMN为辅基,它催化许多L-氨基酸的氧化脱氨基作用。但L-氨基酸氧化酶在哺乳动物体内的作用不大,不是大多数氨基酸脱氨基的主要方式。

D-氨基酸氧化酶以FAD为辅基,催化D-氨基酸的氧化脱氨基作用。它在哺乳动物体内分布很广,活性很强,但动物体内绝大多数的氨基酸都是L型的,故此酶作用也不大。

L-谷氨酸脱氢酶催化L-谷氨酸发生氧化脱氨基作用,其辅酶是NAD^+。此酶在动物体内分布很广,活性也很强,它催化L-谷氨酸脱去氨基生成α-酮戊二酸和氨,其反应式如下:

$$\underset{\text{L-谷氨酸}}{\begin{matrix} NH_2 \\ | \\ CH-COOH \\ | \\ (CH_2)_2 \\ | \\ COOH \end{matrix}} \underset{\text{L-谷氨酸脱氢酶}}{\overset{NAD^+ \quad NADH+H^+}{\rightleftharpoons}} \underset{\alpha\text{-亚氨基戊二酸}}{\begin{matrix} NH \\ \| \\ C-COOH \\ | \\ (CH_2)_2 \\ | \\ COOH \end{matrix}} \overset{H_2O}{\rightleftharpoons} \underset{\alpha\text{-酮戊二酸}}{\begin{matrix} O \\ \| \\ C-COOH \\ | \\ (CH_2)_2 \\ | \\ COOH \end{matrix}} + NH_3$$

2)转氨基作用

在酶的催化下,一个氨基酸分子上的α-氨基,转移到一个α-酮酸分子上,使原来的氨基酸变成α-酮酸,而原来的α-酮酸则变成相应的氨基酸,这个过程称转氨基作用。催化此种反应的酶,称为转氨酶。转氨基作用的通式如下:

$$\underset{\text{氨基酸}_1}{H-\overset{\displaystyle R_1}{\underset{\displaystyle COOH}{C}}-NH_2} + \underset{\alpha\text{-酮酸}_2}{\overset{\displaystyle R_2}{\underset{\displaystyle COOH}{C}}=O} \xrightarrow{\text{转氨酶}} \underset{\alpha\text{-酮酸}_1}{\overset{\displaystyle R_1}{\underset{\displaystyle COOH}{C}}=O} + \underset{\text{氨基酸}_2}{H-\overset{\displaystyle R_2}{\underset{\displaystyle COOH}{C}}-NH_2}$$

催化转氨基作用的转氨酶种类很多,在动物体内分布广泛。在各组织器官中,以心脏和肝脏中的含量为最高。转氨酶大多数是以α-酮戊二酸作为氨基的受体,而对作为氨基供体的氨基酸要求并不严格。下面是两个重要的转氨酶,即谷草转氨酶(GOT)和谷丙转氨酶(GPT)催化的反应:

$$\alpha\text{-酮戊二酸} + \text{天冬氨酸} \xrightleftharpoons{GOT} \text{谷氨酸} + \text{草酰乙酸}$$

$$\alpha\text{-酮戊二酸} + \text{丙氨酸} \xrightleftharpoons{GPT} \text{谷氨酸} + \text{丙酮酸}$$

转氨酶所催化的反应是可逆的。正常情况下,转氨酶主要存在于细胞内,血清中活性很低。当因某种原因使细胞膜的通透性增高或组织坏死、细胞破裂时,就会有大量的转氨酶释放入血液,造成血清中转氨酶活性明显升高。例如,急性肝炎时,血清中谷丙转氨酶活性显著升高;心肌梗塞时,血清中谷草转氨酶明显上升。因此,临床上测定血清中转氨酶的活性,有助于疾病的诊断。

3)联合脱氨基作用

由于氨基酸与α-酮戊二酸的转氨酶体系和谷氨酸脱氢酶在体内分布较广,而且酶活性也较高,因此氨基酸的脱氨基作用正是在这两种酶的联合作用下完成的,称为联合脱氨基作用。首先,氨基酸的氨基通过转氨基作用转移到α-酮戊二酸分子上,生成相应的α-酮酸和谷氨酸;然后谷氨酸在谷氨酸脱氢酶作用下,脱掉氨基又生成α-酮戊二酸,联合脱氨基作用的逆反应也是体内合成非必需氨基酸的重要途径。如图7.1所示。

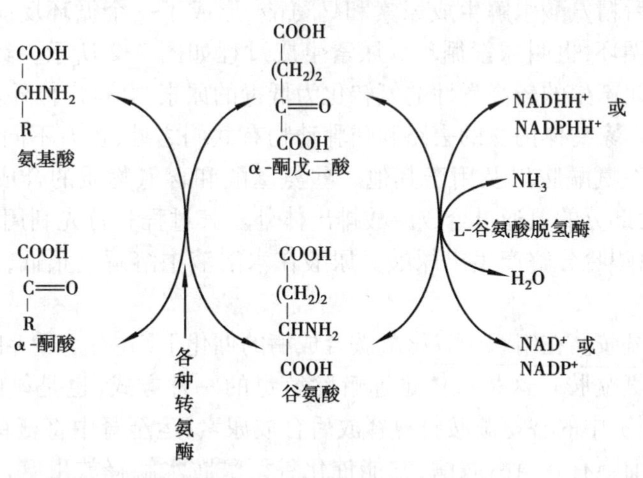

图7.1 联合脱氨基作用

这种联合脱氨基作用的产物是α-酮酸、氨和 $NADH + H^+$。$NADH + H^+$ 经过生物氧化过程生成 ATP 和水。氨和α-酮酸再进一步代谢变化。

7.2.2 氨基酸的脱羧基作用

氨基酸在脱羧酶的催化下,脱去羧基产生二氧化碳和相应的胺,这一过程称为氨基酸的脱羧基作用。在畜禽体内只有很少量的氨基酸首先通过脱羧作用进行代谢,因此,氨基酸的脱羧基作用在其分解代谢中不是主要的途径。

各种氨基酸的脱羧基作用在其各自特异的脱羧酶催化下进行,在肝、肾、脑和肠的细胞中都有这类酶。磷酸吡哆醛是各种氨基酸脱羧酶的辅酶。

7.2.3 氨的代谢

动物体内脱氨基作用产生的氨及消化道吸收的氨进入血液后,即为血氨。血氨对机体是一种有毒物质,特别是对高等动物神经系统有害,其中以脑组织尤为敏感,血液中1%的氨就可引起中枢神经系统中毒。但正常机体不会发生氨堆积现象,这是因为体内有一整套除去氨的代谢机构,使血液中氨的来源和去路保持恒定。

1)氨的来源

①由脱氨基作用而来。氨基酸经脱氨基作用产生的氨是动物体氨的主要来源。其次,嘌呤、嘧啶的脱氨基作用及一些胺类物质的代谢也产生氨。

②由消化道吸收而来。这些氨是消化道细菌作用于未被消化的蛋白质与未被吸收的氨基酸所产生;还有血液中尿素扩散而进入肠腔后,在肠道细菌作用下产生。

2)氨的去路

①生成尿素。尿素是哺乳动物排除氨的主要途径。合成的主要器官是肝脏,肾和脑等组织也能合成尿素,但合成能力很弱。尿素的生成过程是从鸟氨酸开始,中间生成瓜氨酸、精氨酸,最后精氨酸水解生成尿素和鸟氨酸,形成了一个循环反应过程,所以称这一过程为鸟氨酸循环,也叫尿素循环。尿素生成过程如图 7.2 所示。经鸟氨酸循环,可将体内蛋白质代谢产生的较高毒性的氨转化为低毒的尿素,并排出体外。

②生成尿酸。家禽体内氨的去路和哺乳动物有共同之处,也有不同之处。氨在家禽体内也可以合成谷氨酰胺以及用于其他一些氨基酸和含氮物质的合成,但不能合成尿素,而是把体内大部分的氨通过合成尿酸排出体外。其过程是首先利用氨基酸提供的氨基合成嘌呤,再由嘌呤分解产生出尿酸。尿酸在水溶液中溶解度很低,以白色粉状的尿酸盐从尿中析出。

③生成谷氨酰胺。在组织中谷氨酰胺合成酶的催化下,并有 ATP 和 Mg^{2+} 参与,氨和谷氨酸结合成谷氨酰胺。这是机体迅速解除氨毒的一种方式,也是氨的储藏及运输形式。例如,运至肝脏中的谷氨酰胺将氨释放后合成尿素;运至肾中将氨释出,直接随尿排出。肾小管上皮细胞有谷氨酰胺酶,它能催化谷氨酰胺水解释放出氨,氨被分泌到肾小管腔内和 H^+ 结合成 NH_4^+,以铵盐的形式随尿排出,使体内酸不致积累,具有调节酸碱平衡的作用。

④合成非必需氨基酸及其他含氮化合物。当机体需要合成氨基酸时,可利用储存于谷氨酰胺中的氨或少量游离氨,通过联合脱氨基作用的逆过程产生一些氨基酸。氨也可以合成其他含氮化合物,如嘌呤类和嘧啶类化合物。

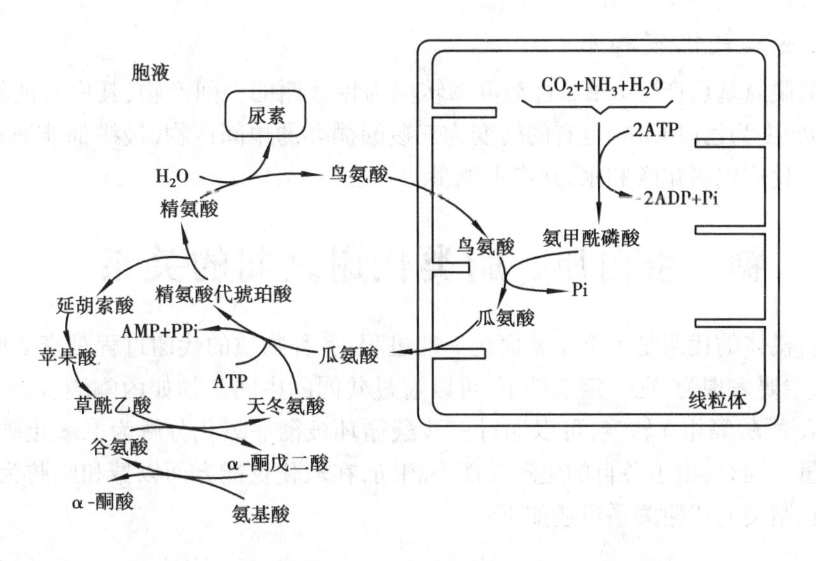

图7.2 尿素的生成过程

⑤某些水生动物,如原生动物、鱼类以及水生两栖类动物等,由氨基酸脱氨基作用形成的氨,经谷氨酰氨形式运送到排泄部位,如鱼类的鳃,经谷氨酰酶分解,游离的氨即借助扩散作用排出体外,这些动物称为排氨动物。

7.2.4 α-酮酸的代谢

氨基酸经脱氨基作用之后,大部分生成相应的α-酮酸。这些α-酮酸的代谢途径各不相同,但有以下3条去路:

1)生成非必需氨基酸

由于转氨基作用和联合脱氨基作用都是可逆的过程,因此,所有的α-酮酸也都可以通过脱氨基作用的逆反应而氨基化,生成其相应的氨基酸。这也是动物体内的非必需氨基酸的主要生成方式。

2)转变为糖和脂肪

在动物体内,α-酮酸可以转变成糖和脂类。这是利用不同的氨基酸饲养人工诱发糖尿病的动物所得出的结论。绝大多数氨基酸可以使受试验动物尿中的葡萄糖增加,少数使尿中葡萄糖和酮体增加。只有亮氨酸和赖氨酸仅使尿中的酮体排量增加。由此,把在动物体内可以转变成葡萄糖的氨基酸称为生糖氨基酸,包括丙氨酸、半胱氨酸、甘氨酸、丝氨酸、苏氨酸、天冬氨酸、天冬酰胺、蛋氨酸、缬氨酸、精氨酸、谷氨酸、谷氨酰胺、脯氨酸和组氨酸;能转变成酮体的称为生酮氨基酸,包括亮氨酸和赖氨酸。两者都能生成的称为生糖兼生酮氨基酸,包括色氨酸、苯丙氨酸、酪氨酸等芳香族氨基酸和异亮氨酸。

在动物体内,糖是可以转变为脂肪的,因此,生糖氨基酸也必然能转变为脂肪,生酮氨基酸转变成酮体之后,酮体可以再转变为乙酰 CoA,然后可以进一步用于合成脂酰CoA,再与磷酸甘油合成脂肪。所需的磷酸甘油则由生糖氨基酸或葡萄糖提供。由于乙酰 CoA 在运行机体内不能转变成糖,因此,生酮氨基酸是不能异生成糖的。

3)生成二氧化碳和水

氨基酸脱氨基后产生α-酮酸,都可以转变为糖代谢的中间产物,其中有的转变为丙酮酸,有的转变为乙酰CoA,也有的转变为三羧酸循环的中间产物,最终都能通过三羧酸循环彻底氧化成二氧化碳和水,并产生能量。

7.3 糖、蛋白质、脂类代谢之间的关系

动物有机体的代谢是一个完整而统一的过程,各种物质的代谢过程是密切联系和相互影响的,主要表现为:在一定条件下,可以通过共同的中间产物如丙酮酸、乙酰CoA、草酰乙酸及α-酮酸等相互转变;可以通过三羧酸循环被彻底氧化分解为二氧化碳和水,并释放出能量。同时,由于各自的生理功能不相同,在氧化供能方面以糖和脂肪为主,现将糖、蛋白质、脂类的代谢关系概述如下:

7.3.1 相互联系

1)蛋白质和糖代谢的相互联系

糖代谢途中产生的α-酮酸,经过氨基化和转氨基作用,可以生成许多非必需氨基酸,进而合成蛋白质。

蛋白质分解产生的氨基酸中,除赖氨酸和亮氨酸外,脱氨生成的α-酮酸可以经过一系列反应转化为丙酮酸,从而异生成糖。

2)糖、脂类的相互转变

动物体内糖转化为脂类的作用很普遍。例如,动物育肥时,饲料中的成分是以糖为主,说明动物机体能将糖转变为脂肪。

乙酰辅酶A是糖分解代谢的中间产物,这一中间产物正是合成脂肪酸和胆固醇的重要原料,糖分解的另一种产物磷酸二羟丙酮又是生成甘油的原料。另外,脂肪酸和胆固醇合成所需要的NADPH是由磷酸戊糖途径供给的。可见,动物体内可以用糖合成脂肪和胆固醇。

动物体内脂肪转变为糖的作用不够显著。脂肪中的甘油可以通过磷酸二羟丙酮转变为糖,但脂肪酸分解产生的乙酰辅酶A不能净合成糖。这是因为丙酮酸氧化脱羧作用不可逆,不能将乙酰辅酶A转变为丙酮酸而生成糖。乙酰辅酶A要生成糖,必须经过三羧酸循环生成草酰乙酸转变成糖。但此时要消耗一分子草酰乙酸,故不能净生成糖,而奇数碳代谢产生的丙酰CoA可以异生成糖。

3)蛋白质与脂类代谢的联系

无论是生糖氨基酸,还是生酮氨基酸都会生成乙酰辅酶A,然后转变为脂肪和胆固醇。此外,某些氨基酸还是合成磷脂的原料。

脂肪中的甘油可以转变成糖,因而可同糖一样转变为各种非必需氨基酸。由脂肪酸转变成氨基酸是受限制的,因为脂肪酸分解产生的乙酰辅酶A虽然可以进入三羧酸循环产生α-酮戊二酸,但必须由草酰乙酸参与。而草酰乙酸只能由糖和甘油生成,可以说脂

肪酸只能与其他物质配合才能合成氨基酸。

总之,糖、脂类、蛋白质等代谢以三羧酸循环为枢纽,彼此都相互影响、相互联系和相互转化的,其相互转化关系如图7.3所示。

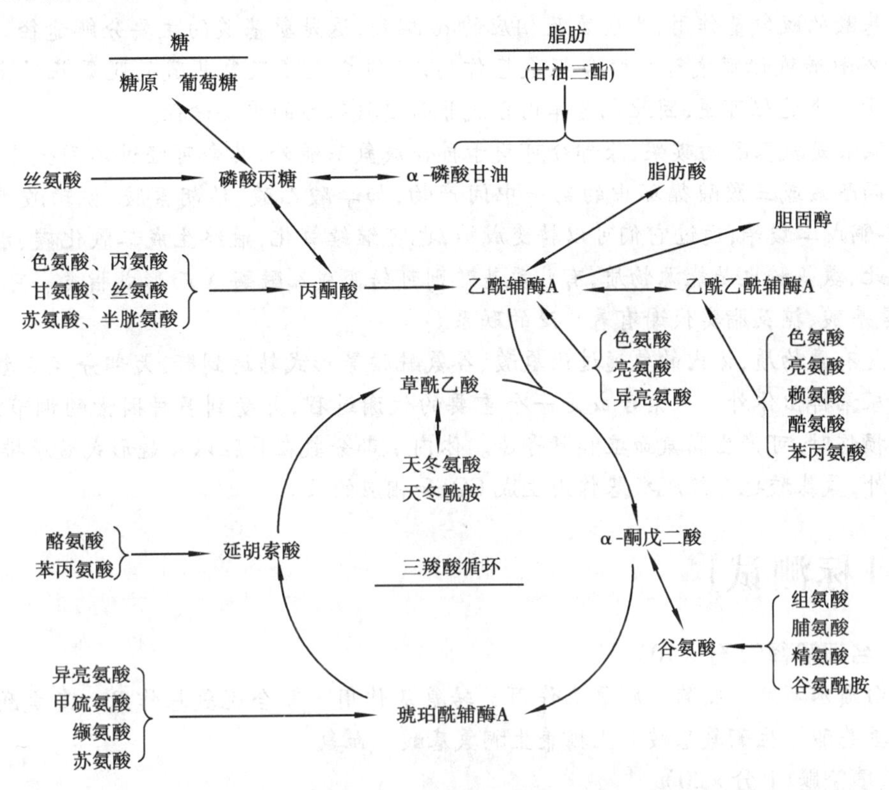

图7.3 糖、脂类、蛋白质的相互联系

7.3.2 相互影响

糖类、脂类和蛋白质代谢之间的互相影响是多方面的,而主要表现在分解供能上。在一般情况下,动物生理活动所需要的能量主要靠糖分解供给,其次是脂肪。而蛋白质则主要用于合成体蛋白和某些生理活性物质,从而满足动物生长、发育和组织更新修补的需要。所以,当饲料中糖供应充足时,机体脂肪分解减少,蛋白质也主要用于合成代谢。若饲料中糖供应超过机体需要量时,而机体合成糖原储存的量很少,则糖会转化为脂肪储存;相反,饲料中糖缺乏或长期饥饿时,机体就会动用脂肪分解供能,同时,酮体生成量增加,甚至造成酮中毒。另外,糖异生的主要原料为氨基酸,当糖类和脂肪都不足时,为了维持机体含糖量,氨基酸分解加强,甚至动用体蛋白。由此可知,动物的氧化供能物质以糖和脂肪为主,而糖氧化分解产生的能量是动物机体获得能量的主要来源,因此,动物饲料中富含供能物质显得尤为重要。

[本章小结]

氨基酸具有重要的生理功能,除主要作为合成蛋白质的原料外,还可转变为核苷酸、某些激素,神经递质等含氮物质。动物体内氨基酸主要来自饲料蛋白质的消化吸收。

动物体内蛋白质处于不断降解和合成的动态平衡,即蛋白质的转换更新。

外源性与内源性氨基酸共同构成“氨基酸代谢库”,参与体内代谢。

氨基酸的脱氨基作用,生成氨及相应的α-酮酸,这是氨基酸的主要分解途径。转氨基与L-谷氨酸氧化脱氨基的联合脱氨基作用,是体内大多数氨基酸的脱氨基的主要方式。由于这个过程可逆,因此也是体内合成非必要氨基酸的重要途径。

α-酮酸是氨基酸的碳架,除部分可用于再合成氨基酸外,其余可经过不同代谢途径,汇集于丙酮酸或三羧酸循环中的某一中间产物,如草酸乙酸、延胡索酸、琥珀酸单酰辅酯A、α-酮戊二酸等,通过它们可以转变成糖,也可继续氧化,最终生成二氧化碳、水及能量。因此,氨基酸也是能源物质,有些氨基酸则可转变成乙酰酶A而形成脂类。可见,在体内,氨基酸、糖及脂类代谢有着广泛的联系。

氨是有毒物质,体内的氨通过丙氨酸、谷氨酰胺等形式转运到肝,大部分经鸟氨酸循环合成尿素排出体外。尿素合成是一个重要的代谢过程,并受到多种因素的调节,肝功能严重损伤时,可产生高氨血症和肝昏迷。体内小部分氨在肾脏以铵盐形式随尿排出。

此外,氨基酸也可经脱羧基作用生成CO_2和相应的胺。

[目标测试]

一、名词解释(2 分×10)

蛋白质水解酶　肽酶　脱氨基作用　转氨基作用　联合脱氨基作用　鸟氨酸循环　生糖氨基酸　生酮氨基酸　生糖兼生酮氨基酸　血氨

二、填空题(1 分×20)

1. 直接生成游离氨的脱氨方式有________和________。

2. 转氨酶的辅酶称________,它与底物脱下的氨基结合可转为________。

3. L-谷氨酸脱氢酶的辅酶是________或________。

4. 丙氨酸经转氨基作用可产生游氨和________,后者可进入________途径进一步代谢。

5. NH_3 有剧毒,不能在体内积累,它主要以________形式进行转运。

6. ________是除氨的主要器官,它可通过________将 NH_3 和 CO_2 合成无毒的________,而禽类则合成的是________。

7. 生酮氨基酸经代谢后可产生________,它是合成酮体的原料。

8. 分解生成丙酮酸的氨基酸有________、________、________、________、________和________6 种。

三、选择题(2 分×6)

1. 生物体内大多数氨基酸脱去氨基生成α-酮酸是通过下面哪种作用完成的?(　　)。

A. 氧化脱氨基　　B. 还原脱氨基　　C. 联合脱氨　　D. 转氨基

2. 氨基酸代谢过程中产生的α-酮酸去路不包括(　　)。

A. 氨基酸化生成非必需氨基酸　　B. 转化为糖和脂肪

C. 生成二氧化碳和水　　D. 氨基化生成必需氨基酸

3. 鸟氨酸循环中，最后水解生成尿素的氨基酸是(　　)。

A. 鸟氨酸　　B. 精氨酸　　C. 天冬氨酸　　D. 瓜氨酸

4. 陆生哺乳动物氨基酸经脱氨基作用产生的氨最后通过生成(　　)排出体外。

A. 尿酸　　B. 尿素　　C. 氨　　D. 谷氨酰胺

5. 不参加尿素循环的氨基酸是(　　)。

A. 赖氨酸　　B. 精氨酸　　C. 鸟氨酸　　D. 天冬氨酸

6. 动物体内氨基酸分解产生的氨基，其运输和储存的形式是(　　)。

A. 尿素　　B. 天冬氨酸　　C. 谷氨酰胺　　D. 氨甲酰磷酸

四、简答题(8 分×4)

1. 简述氨基酸代谢过程中生成的α-酮酸的去路。
2. 说明动物体内氨的来源、转运和去路。
3. 简述鸟氨酸循环的重要意义。
4. 氨基酸的代谢去向有哪些?

五、论述题(16 分)

根据所学的生物化学知识，叙述蛋白质在单胃动物体内的消化代谢过程。

[知识拓展]

家畜肝昏迷的病因和治疗的生物化学原理

肝性脑病也称肝昏迷，多认为是由于肝脏严重损害，引起以意识行为异常和昏迷为主的中枢神经系统功能失调的一种疾病。家畜肝性脑病的发病机理至今尚未完全清楚，目前有两种主要学说，其中之一是氨中毒学说，此学说认为与氨的代谢异常有关，故在此讨论，以便加深对氨代谢的了解。

氨中毒学说认为机体在正常情况下，体内产生的氨，都能按上述各种代谢途径及时清除，血氨浓度很低，对大脑机能没有影响。但当肝功能发生障碍时，由于对氨的解毒(合成尿素)能力下降，血氨含量升高，进入脑组织的氨也会增多。在脑组织中氨与α-酮戊二酸结合成谷氨酸，并进一步形成谷氨酰胺而解毒，这样就消耗了脑中大量的α-酮戊二酸。在一般组织内，消耗的α-酮戊二酸可很快从血中得到补充，但脑组织因α-酮戊二酸很难通过血脑屏障，所以不易从血液中得到补充。α-酮戊二酸是三羧循环的中间物。当α-酮戊二酸减少时，三羧循环不能正常进行，ATP 生成减少，能量供应不足，因此不能维持大脑皮层的正常活动，从而发生机能紊乱，以至发生昏迷。据此学说，在治疗中除采取恢复肝功能和减少体内氨产量的措施外，还应迅速降低血氨。前已述及谷氨酸可与氨生成谷氨酰胺，故注射谷氨酸可降低血氨，此法在畜病治疗中一般有效，是氨中毒学说的有力证明。

假性神经递素学说，肝昏迷时不是所有的患畜都发生血氨增高，并且有的患畜经治

疗后，血氨虽已下降，但精神症状并未缓解，因而难以完全用氨中毒学说解释。近年来，在临床上应用左旋多巴后，对肝性脑病的神志恢复有显著的疗效。因此提出，可能与中枢神经系统中正常的传导递素被假性传导递素所取代有关。

饲料中所有含带苯环的氨基酸，如苯丙氨酸及酪氨酸经肠道细菌脱羧酶作用，可生成苯乙胺和酪胺。正常时这些胺类从肠道吸收，经门脉到达肝脏，在肝中单胺氧化酶的作用下，氧化分解而被消除。

当肝功能不全时，由于肝脏解毒能力降低，或门脉血流短路，这些芳香族胺类直接经体环进入中枢神经，在脑组织中非特异的β-羟化酶的作用下，形成苯乙醇胺和去甲新福林。这些物质的结构与正常的神经传导递素多巴胺和去甲肾上腺素极相似，称假性递素。当脑干网状结构中这类物质增多时，由于它们的竞争性影响，使递素不能发挥正常效应，导致脑干网状结构的机能活动障碍，进而发生昏迷。

第8章 核酸和蛋白质的生物合成

本章导读：本章围绕“中心法则”，重点介绍蛋白质、核酸的关系。通过学习，使学生掌握生物体内遗传信息的流动规律，了解遗传的分子基础；了解DNA，RNA的生物合成过程，蛋白质的生物合成以及RNA在蛋白质生物合成中的重要作用。

核酸和蛋白质均是生命重要的物质基础，两者的合成紧密相关。在DNA分子上，核苷酸的排列顺序储存着生物有机体的所有遗传信息。在细胞分裂时，通过DNA的复制，将遗传信息由亲代传递给子代；在后代的个体发育过程中，遗传信息从DNA转录给RNA，并指导蛋白质合成，以执行各种生物学功能，使后代表现出与亲代相似的遗传性状。20世纪70年代，人们从RNA病毒中发现遗传信息也可存在于RNA分子中，RNA能以自己为模板复制出新的病毒RNA，还可以以RNA为模板合成DNA，将遗传信息传递给DNA，这一过程称为逆转录。

生物遗传信息的流动规律可用“中心法则”来概括，其过程如图8.1所示。

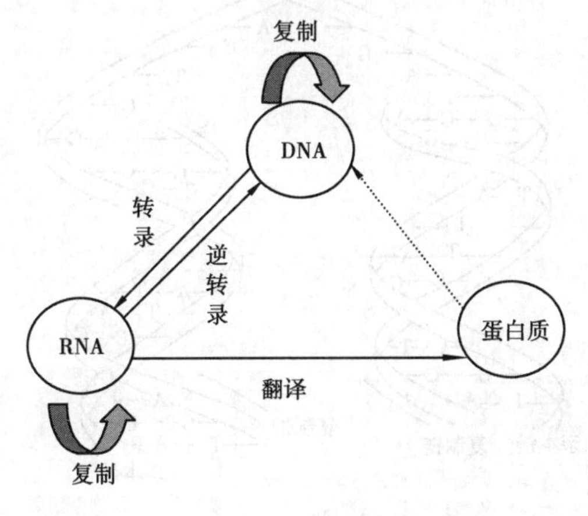

图8.1 中心法则

“中心法则”总结了生物体内遗传信息的流动规律，揭示了遗传的分子基础，不仅使人们对细胞的生长、发育、遗传、变异等生命现象有了更深刻的认识,而且以这方面的理论和技术为基础发展了基因工程,给人类的生产和生活带来了深刻的革命。

8.1 DNA 的生物合成

8.1.1 DNA 的半保留复制

1)DNA 复制的方式

DNA 的复制是指以亲代 DNA 为模板合成子代 DNA 的过程。早在 1953 年,Watson 和 Crick 在 DNA 双螺旋的基础上提出了 DNA 半保留复制假说,即 DNA 在复制的过程中,首先是双螺旋的两条多核苷酸链之间的氢键断裂,双链解开为两条单链,然后以每条 DNA 单链为模板,以脱氧核苷酸(dNTP,N 代表 A,T,G,C 4 种碱基)为原料,按照碱基配对原则合成互补链。这样形成的 2 个子代 DNA 分子与原来亲代 DNA 分子的核苷酸顺序完全相同。在此过程中,每个子代 DNA 分子的双链中一条链来自于亲代 DNA 分子,另一条链为新合成的。这种复制方式称为半保留复制(如图 8.2 所示)。由于 DNA 分子这种特定的生物合成方式,保证了生物遗传信息由亲代向子代传递的准确性和稳定性。这一假说在后来的许多试验中得到了证实。

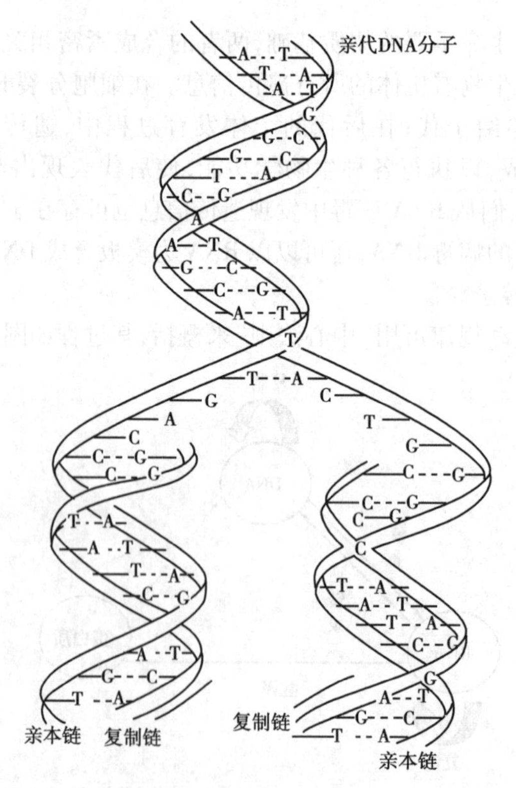

图 8.2 DNA 的半保留复制

2)参与 DNA 复制的酶类

DNA 复制的过程极其复杂、快速和精确,涉及许多酶与各种蛋白质因子的参与,包括 DNA 聚合酶、解链酶、引物酶等。

(1)DNA 聚合酶

DNA 聚合酶是以 DNA 单链为模板,催化 4 种脱氧核苷酸与模板链的碱基互补配对,形成新的对应的 DNA 链的主要酶类,也叫 DNA 指导的 DNA 聚合酶。

(2)引物酶

DNA 聚合酶不能自己从头合成 DNA 链,在 DNA 复制过程中需要先合成一小段 RNA 片段作为引物,催化 RNA 引物合成的酶称为引物酶,它是一种特殊的 RNA 聚合酶。

(3)DNA 连接酶

连接酶是在 DNA 合成中催化相邻的 DNA 片段形成 3′,5′-磷酸二酯键相连接的酶,此酶的催化作用需要 ATP 供能。DNA 连接酶还在 DNA 的修复、重组以及剪接过程中起重要作用,是基因工程中重要的工具酶。

(4)拓扑异构酶、解链酶

拓扑异构酶是在复制时起着松弛 DNA 分子超螺旋结构的作用,暴露起始点处碱基,促进复制起始与延长链的酶。解链酶是在复制过程中促使 DNA 双螺旋的氢键断裂,使 DNA 双链解链为单链的酶。

(5)其他参与复制的因子

如单链结合蛋白(SSB)等。单链结合蛋白的作用是在 DNA 复制中使 DNA 稳定,保持单链状态。

3)DNA 的复制过程

通常把 DNA 复制的全部过程分为 3 个阶段,即复制的起始、链的延长和终止。

(1)复制的起始

DNA 的复制有固定的起始位点。在起始位点,首先起作用的是 DNA 拓扑异构酶和解链酶,它们松弛 DNA 超螺旋结构,解开一小段双链,并由 DNA 单链结合蛋白保护和稳定 DNA 的单链状态,形成复制点。这个复制点的形状像一个叉子,故称为复制叉,所有 DNA 复制叉均处于双螺旋结构内部。原核细胞 DNA 复制只有一个起始位点,真核细胞 DNA 复制有多个复制起始位点,使真核细胞可以在多个位点上同时进行复制,提高了效率(如图 8.3 所示)。在每个复制位点,DNA 的合成必须要一段 RNA 作为引物,当两股单链暴露出足够数量的碱基对时,在引物酶的作用下,以单链 DNA 为模板,以 4 种核糖核苷酸为原料,按碱基配对规律,按 5′→3′方向合成一段由 50 ~ 100 个核苷酸组成的 RNA 引物。

(2)DNA 链的延长

由于 DNA 的两条链是反向平行的,即一条链是 5′→3′方向,而另一条链则是 3′→5′方向,DNA 聚合酶催化 DNA 链的合成只能沿着 5′→3′方向进行。因此,解开双链以后在 3′→5′方向的模板上可以按 5′→3′方向合成新的 DNA 链,这条连续合成的 DNA 新链称为前导链;另一条链上,DNA 聚合酶以 5′→3′方向首先合成较短的 DNA 片段,然后在连接酶的作用下,将这些片段连接起来,形成完整的 DNA 链,这条链称为随后链。随后链的合成是由多个 RNA 引物引导,一段一段地不连续进行的,这些不连续的片断根据发现者的名字命名为冈崎片段。在原核细胞中,每个冈崎片段含 1 000 ~2 000 个核苷酸,真核细胞中含 100 ~200 个核苷酸。DNA 延长过程如图 8.4 所示。

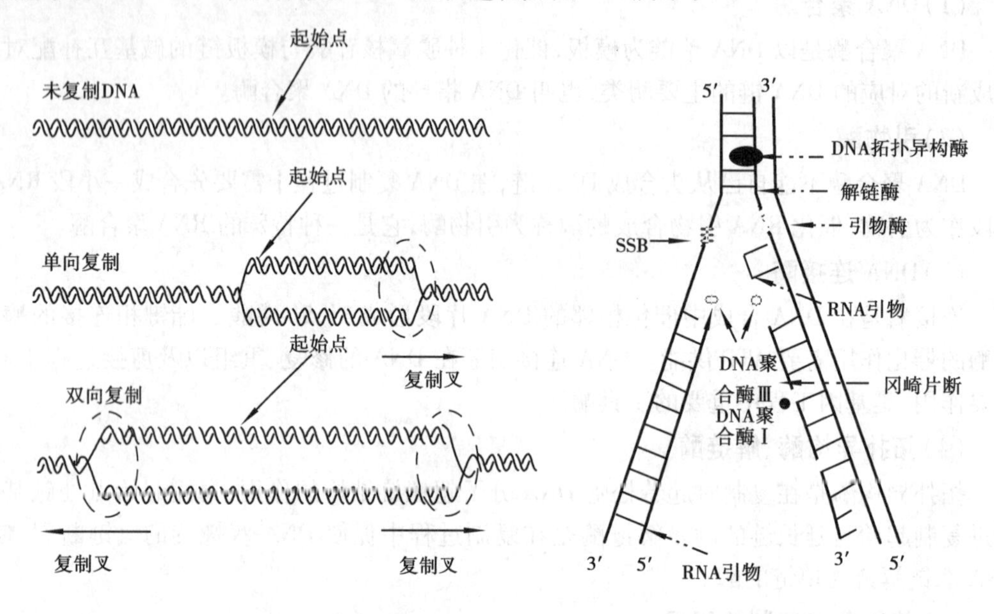

图 8.3　DNA 复制的起始　　图 8.4　DNA 复制模式图

(3)切除引物,填补缺口,连接修复

当新的冈崎片断延长至一定长度,链中的 RNA 引物即被核酸酶水解而切掉。此时,出现的缺口由 DNA 片段的继续延长而填补。各个短片断在 DNA 连接酶的作用下连接形成长链,并与其对应的模板 DNA 链一起生成子代双螺旋 DNA,即完整的 DNA 分子。由于新链的延长过程是一条子链连续合成,而另一条子链不连续合成,因此常称为半保留、半不连续的复制。

真核细胞与原核细胞的 DNA 复制方式基本相似,但有关的酶和某些复制细节有所区别。研究发现,真核细胞 DNA 的复制几乎是与染色质蛋白质(包括组蛋白和非组蛋白)的合成同步进行的。DNA 复制完成后,即配装成核内的核蛋白,组成染色质。

8.1.2　基因突变、DNA 的损伤与修复

1)基因突变

基因突变是指 DNA 碱基顺序发生突然而永久的变化,结果使 DNA 的转录和翻译也随之变化,而表现出异常的遗传特征。根据 DNA 分子的变化,基因突变常可分为以下 4 种类型:

①点突变,DNA 分子中某一个碱基发生变化。

②一个或多个碱基对缺失。

③在 DNA 分子中插入一个或多个碱基。

④一个或几个碱基对的位置被置换,使合成蛋白质的结构发生改变。

DNA 的复制可能发生自发突变和诱因突变。自发突变主要发生在复制过程中,引起生物体的变异。DNA 复制过程十分准确,自发突变的几率很低。研究表明,DNA 自发突变的频率约为 10^{-9},即每复制 10^9 个核苷酸只有 1 个碱基发生与原模板不配对的错误。当然,如果考虑到生物繁殖速率很快,所含 DNA 分子又很大,这种低频率的自发突变也会产生相当可观的变异现象。另外,逆转录酶合成 DNA 的保真度较差,错配对碱基出现率比真核生物和细菌高1~3个数量级,所以 RNA 肿瘤病毒具有很高的自发突变频率。

除此之外,某些理化因素或病毒也常能诱发 DNA 分子的突变,如电离辐射、紫外线、化学诱变剂、致癌病毒等。一方面,人类可以利用 DNA 的突变而人工诱变 DNA,利于改造物种的性状。另一方面,DNA 的损伤可能导致生物体某些功能异常,造成疾病,甚至死亡。

2)DNA 的损伤与修复

由于复制差错或某些物理、化学因素引起细胞中 DNA 分子的碱基配对遭到破坏,化学结构发生改变,复制和转录功能受到阻碍的现象,称为 DNA 的损伤。然而在通常条件下,机体能使损伤的 DNA 得到修复。这种修复作用是生物体在长期进化过程中获得的一种保护功能。细胞修复 DNA 的损伤是通过一系列酶来完成的,这些酶可以除去 DNA 分子上的损伤,恢复 DNA 的正常结构。目前,已知的修复方式主要有以下 4 种:

(1)切除修复

在一系列酶的作用下,对 DNA 的损伤部位先进行切除;切口处,在 DNA 聚合酶的作用下,以另一条正常的 DNA 链为模板,进行修复合成;用 DNA 连接酶将新合成的 DNA 链与原来的链连接而成正常的 DNA 大分子,使 DNA 恢复正常(如图 8.5 所示)。

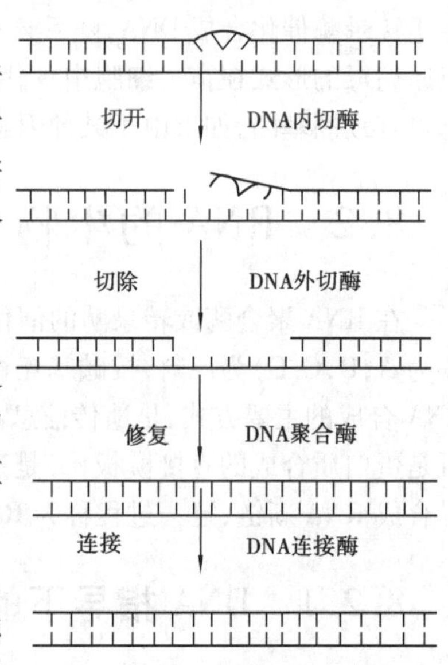

图 8.5 DNA 的切除修复过程

(2)光修复

光修复也称为光复活,这是一种高度专一的修复形式。其机制是由可见光(300~400 nm)激活细胞中存在的光复活酶,切除嘧啶二聚体之间的共价键,重新形成单体,使 DNA 的结构恢复正常。

(3)重组修复

当受损的 DNA 来不及完成修复就进行复制时,损伤部位复制出来的新链会产生缺口,这时可在重组修复酶的作用下,将另一条亲链上相对应的碱基片断移至缺口处,使之成为完整的分子,然后再以子链为模板,将亲链填补完整。

(4)诱导修复

诱导修复又称 SOS 修复,许多能造成 DNA 损伤的处理,均能引起一系列应急反应(SOS 反应),它包括了 DNA 的修复和导致变异两个方面。应急反应能诱导切除修复和重组修复中某些关键酶和蛋白质的产生,加强修复能力。此外,该反应还能诱导产生 DNA 聚合酶,增强了对损伤部位的修复能力,但同时也带来了较高的变异率。

细胞 DNA 修复能力的异常可能与衰老过程和某些疾病的发生有关。例如,老年动物的 DNA 修复能力较差,这可能是发生衰老的分子机理之一。另外,细胞修复 DNA 能力的降低还与某些遗传性疾病和癌症的发生有一定的关系。例如,着色性干皮症的患者对日光或紫外线特别敏感,易发生皮肤癌,其原因是这类患者皮肤细胞中 DNA 修复酶体系缺陷,所以对紫外线引起的皮肤细胞 DNA 损伤不能修复,从而导致细胞癌变。

8.1.3 逆转录

某些病毒核酸以 RNA 为模板,根据碱基配对原则,按照 RNA 的核苷酸顺序(其中 U 与 A 配对)合成 DNA,这一过程称为逆(反)转录,催化此过程的 DNA 聚合酶叫作反转录酶。反转录酶主要存在于 RNA 病毒体内,如鸟类劳氏瘤病毒、小鼠白血病病毒等。哺乳动物的胚胎细胞和正在分裂的淋巴细胞中也有反(逆)转录酶。反转录酶的作用是以 dNTP 为底物,以 RNA 为模板,以短链 tRNA 为引物,按 5′→3′方向,合成一条与 RNA 模板互补的 DNA 单链,这条 DNA 单链叫作互补 DNA。随后又在反转录酶的作用下,水解掉引物 RNA 链,再以互补 DNA 为模板合成第二条 DNA 链,形成 DNA 双螺旋结构,完成由 RNA 指导的 DNA 合成过程。逆转录酶的发现,表明遗传信息可以由 RNA 传递到 DNA,补充和完善了“中心法则”的内容。

携带反转录酶的病毒又称为反转录病毒,它侵入宿主细胞后先以病毒 RNA 为模板靠逆转录酶催化合成 DNA,随后这种 DNA 环化并整合到宿主细胞的染色体 DNA 中去,以原病毒的形式在宿主细胞中一代代传递下去。以后又发现许多反转录病毒基因组中都含有致癌基因,如果由于某种因素激活了致癌基因就可使宿主细胞转化为癌细胞。

8.2 RNA 的生物合成

在 RNA 聚合酶或转录酶的催化下,以 DNA 分子中的任一条链为模板,以 NTP(N 主要为 A,U,C,G)为原料,按碱基互补配对规律,合成 RNA 的过程叫转录。转录是生物界 RNA 合成的主要方式,是遗传信息由 DNA 向 RNA 传递的过程。某些 RNA 病毒,其 RNA 既是蛋白质合成的直接模板,又是遗传物质,当它感染宿主细胞后,能以 RNA 为模板指导合成 RNA 新链,这一过程称为 RNA 的复制。

8.2.1 DNA 指导下的 RNA 合成——转录作用

1)转录

在转录过程中,DNA 的两条多核苷酸链,只有其中一条链的一个片段作为模板,这条链叫作模板链或反意义链;不作为模板的另一条链,叫作编码链或有意义链(如图 8.6 所示)。因为有意义链的脱氧核苷酸序列与转录出的 RNA 核苷酸序列相同,只是 RNA 序列中的尿嘧啶(U)代替了编码链上的胸腺嘧啶(T)。由于转录合成是以 DNA 的一条链为模板进行的,因此这种转录方式叫作不对称转录。

DNA 5′ A C G A T C C G G A T T A A G A C T G A A A C 3′ 编码链(有意义链)
3′ T G A T A G G C C T A A T T C T G A C T T T G 5′ 模板链(反意义链)
RNA 5′ A C U A U C C G G A U U A A G A C U G A A A C 3′

图 8.6 双链 DNA 的转录中的有意义链与反意义链

2)RNA 聚合酶(DDRP)

RNA 聚合酶又称为转录酶,是一种由多个亚基构成的较为复杂的全酶。真核和原核细胞内都存在有 DNA 指导的 RNA 聚合酶。原核生物如大肠杆菌中 RNA 聚合酶由5个亚基构成(α,α′,β,β′,σ),其中σ亚基又叫σ因子,它无催化功能,但能识别 DNA 模板上转录的起点。σ因子与肽键结合不太牢固,一旦 RNA 链的延伸开始,便被释放出来。σ因子以外的部分称为核心酶(α,α′,β,β′),主要催化 RNA 的合成。

真核生物中已发现有3种 RNA 聚合酶,分别称为 RNA 聚合酶Ⅰ、RNA 聚合酶Ⅱ和 RNA 聚合酶Ⅲ,它们专一地转录不同的基因,转录产物也各不相同。3种真核生物 RNA 聚合酶催化合成的 RNA 种类和在细胞核中定位详见表8.1。

表8.1 RNA 聚合酶与 RNA 种类的关系

RNA 聚合酶种类	产生的 RNA 种类	细胞核中定位
RNA 聚合酶Ⅰ	rRNA	核仁
RNA 聚合酶Ⅱ	mRNA	核质
RNA 聚合酶Ⅲ	tRNA	核质

3)RNA 的转录过程

RNA 转录的主要过程可分为识别与起始、延长、终止3个阶段。

(1)转录的起始

首先,RNA 聚合酶的σ因子识别 DNA 模板的启动基因,核心酶即与启动子结合形成启动复合物,使 DNA 分子局部构象改变,结构松弛,解开一段 DNA 双链(约10多个碱基对),暴露出 DNA 模板。按5′→3′的方向合成 RNA,合成的第一个核苷酸总是 GTP 或 ATP,以 GTP 常见。

(2)RNA 链的延伸

当第一个碱基进入后,σ亚基从全酶解离下来,脱落的σ亚基与另一个核心酶结合成全酶反复利用。核心酶在 DNA 链上每滑动一个脱氧核苷酸距离,即有一个与 DNA 链碱基互补的核苷酸进入,随着核心酶沿模板按3′→5′方向的移动,DNA 双链不断解开,与模板碱基互补的核苷三磷酸不断掺入,新生的 RNA 链就按5′→3′不断延伸。新生 RNA 链与模板 DNA 链形成的 RNA-DNA 杂交双链不稳定,核心酶移动过后,RNA 新生链不断脱离模板链。留下的模板链和编码链恢复原来的双螺旋(如图8.7所示)。

(3)转录的终止

在 DNA 分子上(基因末端)有终止转录的特殊碱基顺序,称为终止子。它具有使 RNA 聚合酶停止合成 RNA 和释放 RNA 链的作用。这些模板链上的终止序列(如寡聚 UTP)有的能被 RNA 聚合酶直接识别而停止转录,而有的则需要依赖ρ因子的帮助。当ρ因子与 RNA 聚合酶结合时,RNA 聚合酶向前移动,于是转录终止,新合成的 RNA 链以及 RNA 聚合酶从 DNA 模板上脱落(如图8.8所示)。在真核细胞内,RNA 的合成要比原核细胞中的复杂得多。

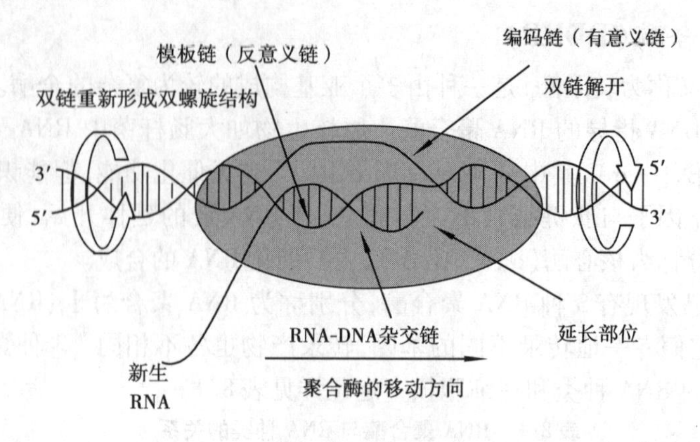

图 8.7 RNA 链的延伸图解

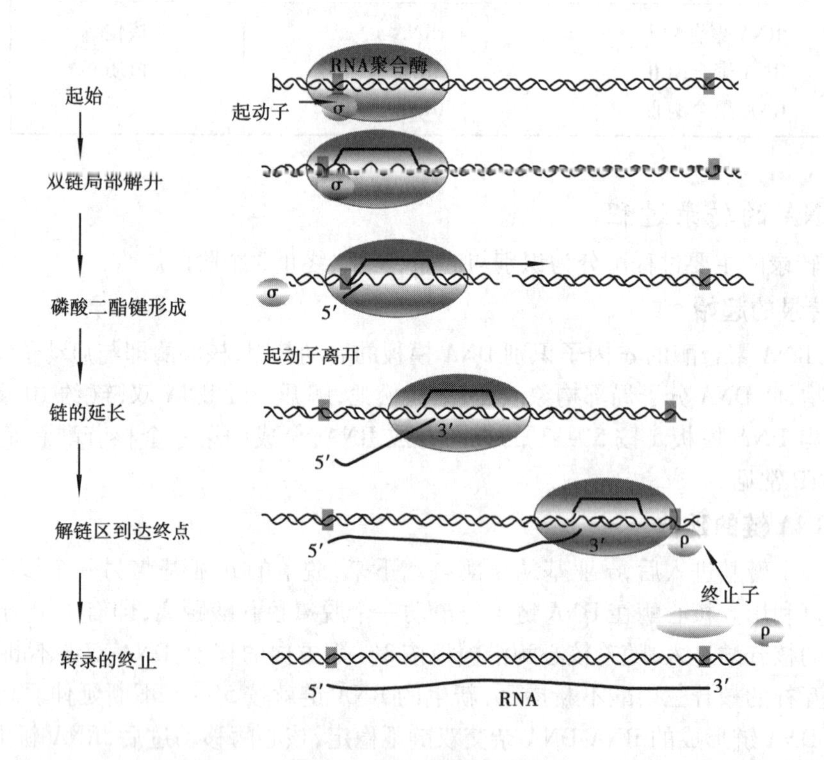

图 8.8 RNA 的合成过程

4）转录后加工

在转录中新合成的 RNA 往往是较大的前体分子，需要经过进一步加工修饰，才能变为具有生物活性的、成熟的 RNA 分子，这一过程称为转录后加工。不同类型的 RNA 转录后的加工修饰不同，原核生物与真核生物的加工修饰也不相同。下面仅以 mRNA 为例简要说明其加工过程：

在原核生物中，转录和翻译同时进行，多基因的 mRNA 生成后，绝大部分直接作为模板去翻译各个基因所编码的蛋白质，不再需要加工。

但真核生物里转录和翻译的时间和空间都不相同,mRNA 的合成是在细胞核内,而蛋白质的翻译是在胞质中进行,而且许多真核生物的基因是不连续的。不连续基因中的插入序列,称为内含子(非编码区);被内含子隔开的基因序列称为外显子(编码区)。外显子和内含子都转录在一条很大的原始 RNA 分子中,称为核内不均一 RNA(hnRNA)。真核细胞 mRNA 的加工过程如下:

①在 3′末端连接上一段有 20~30 个腺苷酸的多聚腺苷酸(polyA)的"尾巴"结构,以维持 mRNA 作为翻译模板的活性并增强其稳定性。

②在 5′末端连接上一个由 7-甲基鸟嘌呤核苷-5′-三磷酸鸟苷(m7GpppmNp)构成的"帽子"结构。

③经首尾修饰后,hnRNA 被剪接,除去由内含子转录来的序列,将外显子的转录序列连接起来,形成成熟的、有活性的 mRNA。然后由细胞核内运送到细胞核外,作为蛋白质生物合成的直接模板(如图 8.9 所示)。

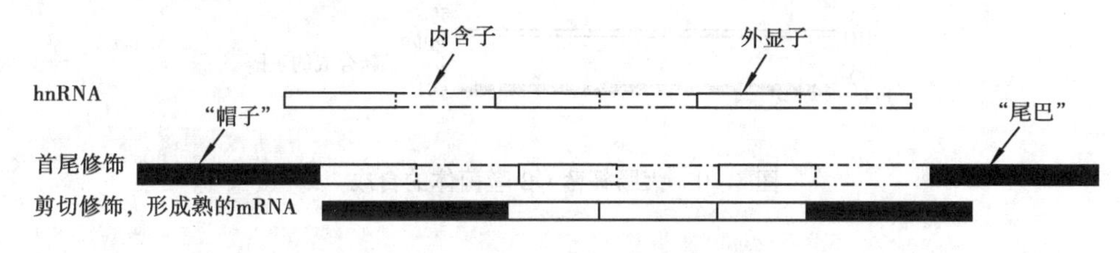

图 8.9 RNA 转录后的加工修饰

8.2.2 RNA 指导下的 RNA 复制合成

大多数生物的遗传信息储藏在 DNA 中,遗传信息按中心法则由 DNA 转录成 RNA,再由 RNA 翻译成蛋白质。但某些 RNA 病毒可以用 RNA 作为模板复制出病毒 RNA 分子。被这些病毒感染的寄主细胞中含有 RNA 复制酶,能在病毒 RNA 指导下合成新的 RNA,称为 RNA 的复制。RNA 复制酶具有高度的专一性,只能识别病毒自身的 RNA,对宿主细胞或其他病毒 RNA 均无反应。在 RNA 复制过程中,常把具有 mRNA 功能的链称为正链,与它互补的链称为负链。RNA 病毒的复制主要有以下几种方式:

①含有正链 RNA 病毒进入宿主细胞后,其单链 RNA 充当 mRNA,利用宿主细胞中的核糖体合成病毒外壳蛋白质以及复制酶。然后以此正链 RNA 作为模板,通过 RNA 复制酶合成互补的负链 RNA 链。再以负链为模板合成出病毒正链 RNA,正链 RNA 与外壳蛋白组装病毒颗粒,如脊髓灰质炎病毒、大肠杆菌 Qβ 噬菌体等(如图 8.10 所示)。

②含有负链的病毒侵入宿主细胞后,借助病毒带入的复制酶合成正链 RNA,再以正链 RNA 合成病毒复制酶和壳蛋白,最终组装成新的病毒颗粒,如狂犬病病毒。

③含有双链 RNA 的病毒侵入宿主细胞后,在病毒复制酶的作用下,以双链为模板合成正链 RNA,再以正链为模板合成负链,形成病毒 RNA 分子,同时由正链翻译出复制酶和壳蛋白,组装形成病毒颗粒,如呼肠孤病毒等。

④逆转录病毒含正链 RNA,在病毒特有的逆转录酶的作用下合成负链 RNA,进一步生成双链 DNA。然后由宿主细胞酶系统以负链 DNA 为模板合成病毒的正链 RNA,同时翻译出病毒蛋白和逆转录酶,组成新的病毒颗粒,如劳氏肉瘤病毒。

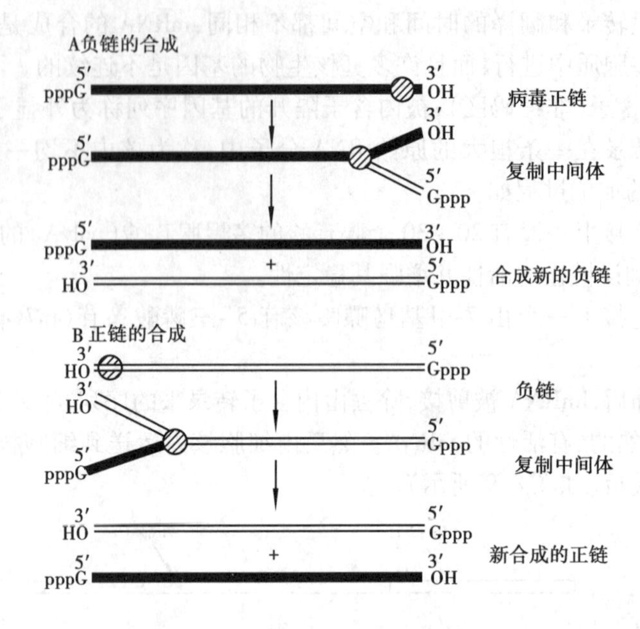

图 8.10　大肠杆菌 Qβ 噬菌体的合成

8.3　蛋白质的生物合成

蛋白质是各种生命现象的物质基础,生物体内一切生命现象都离不开蛋白质。细胞内成千上万种蛋白质之所以能准确合成,主要靠基因控制以及多种因子的共同作用,其过程比 DNA 复制、转录更为复杂。

8.3.1　蛋白质合成体系中的重要组分

1)mRNA 和遗传密码

mRNA 是蛋白质合成的直接模板,mRNA 是由 4 种核苷酸构成的多核苷酸,蛋白质是由 20 种氨基酸构成的多肽长链,mRNA 与蛋白质之间的信息传递就好像从一种语言翻译成另一种语言,所以把 mRNA 为模板指导合成蛋白质的过程称为翻译。

mRNA 是单链线状分子,mRNA 把从细胞核内 DNA 分子转录出来的遗传信息带到细胞质中的核糖体内,再以此为模板合成蛋白质。mRNA 起着传递遗传信息的作用,所以也称为信使核糖核酸。实验证明,mRNA 中的遗传信息之所以能翻译成蛋白质,主要是通过遗传密码来实现的。所谓的遗传密码是指 mRNA 中碱基序列与蛋白质中氨基酸顺序之间的关系,在 mRNA 链上从 5′→3′方向,相邻的 3 个核苷酸碱基为一组,可以编码肽链上的一种氨基酸,称为密码子或三联体密码。因此,4 种核苷酸碱基共可组成 4^3 即 64 个密码子,其中除 3 个终止密码子外,其他 61 个密码子的每个都可决定一种氨基酸。也就是说,这 61 个密码子完全满足了决定 20 种氨基酸的需要。进一步实验还弄清了各密码子与氨基酸之间的对应关系(如表 8.2 所示)。

表 8.2 遗传密码

密码子第一位(5′末端)碱基	密码子第二位碱基				密码子第三位(3′末端)碱基
	U	C	A	G	
U	苯丙 Phe	丝 Scr	酪 Tyr	半胱 Cvs	U
	苯丙 Phe	丝 Ser	酪 Tyr	半胱 Cvs	C
	亮 Leu	丝 Ser	终止	终止	A
	亮 Leu	丝 Ser	终止	色 Trp	G
C	亮 Leu	脯 Pro	组 His	精 Arg	U
	亮 Leu	脯 Pro	组 His	精 Arg	C
	亮 Leu	脯 Pro	谷酰胺 G1n	精 Arg	A
	亮 Leu	脯 Pro	谷酰胺 G1n	精 Arg	G
A	异亮 Ile	苏 Thr	天冬酰胺 Asn	丝 Ser	U
	异亮 Ile	苏 Thr	天冬酰胺 Asn	丝 Ser	C
	异亮 Ile	苏 Thr	赖 Lys	精 Arg	A
	甲硫 Met	苏 Thr	赖 Lys	精 Arg	G
G	缬 Val	丙 Ala	天冬 Asp	甘 Gly	U
	缬 Val	丙 Ala	天冬 Asp	甘 Gly	C
	缬 Val	丙 Ala	谷 Glu	甘 Gly	A
	缬 Val	丙 Ala	谷 Glu	甘 Gly	G

遗传密码有以下几个特点:

(1)编码性

在64个密码子中,有61个用作20种氨基酸的编码,余下3个即UAA,UAG和UGA,不为任何氨基酸编码,作为为肽链合成的终止信号,称为终止密码。通常阅读密码遇到其中任何一个终止码时,肽链便停止合成。另外,AUG既是甲硫氨酸(在原核细胞中是甲酰甲硫氨酸)的密码子,又是肽链合成的起始密码子。

(2)简并性

密码子的简并性是指一个氨基酸可以有几个不同的密码子。编码同一个氨基酸的一组密码子被称为同义密码子,如UCU,UCC,UCA,UCG,AGU,AGC 6个密码子为同义密码子,均编码丝氨酸。只有色氨酸和甲硫氨酸仅有一个密码子(见表8.2)。密码子的简并性在生物物种的稳定性上具有重要的意义,它可以使DNA的碱基组成有较大的变化余地,而仍保持多肽的氨基酸序列不变。如亮氨酸的密码子CUA中的C突变成U时,密码子UUA决定的仍是亮氨酸,从而减少了基因突变带来的有害反应。

(3)通用性

人们长期以来都认为,上述遗传密码是通用的,即无论是病毒、原核生物,还是真核生物都共同使用同一套密码,说明生物起源于共同的祖先,这也是当代基因工程中用一种生物基因表达一种生物的基础。但是在1979年发现线粒体的遗传密码与人们长期所认为的"通用密码"却有区别,线粒体中使用有另一套密码,如人线粒体中UGA不再是终止密码子，而是编码色氨酸。

(4)连续性

mRNA上的密码子之间没有任何核苷酸隔开，从一个正确的起点连续3个核苷酸一组往下解读，直至遇到终止信号。如下列一段mRNA中的码顺序应翻译为：

5′…AUGCGGUAOCAC…GGUGAGAUACUCUAA′ 3′

(起始) 甲硫 精 酪 组 甘 谷 异亮 亮- (终止)

(5)摆动性

多数情况下，同义密码子的第一个和第二个碱基相同，第三个碱基不同。这说明，密码的专一性主要是由第一个和第二个碱基所决定的，而第三位碱基具有较大的灵活性。Crick将第三位碱基的这一特性称之为“摆动性”(见表8.3)。

表8.3 遗传密码的摆动性

tRNA反密码子第一位碱基(3′→5′)	U	C	A	G
mRNA密码子第三位碱基(5′→3′)	A,G	G	U	C,U

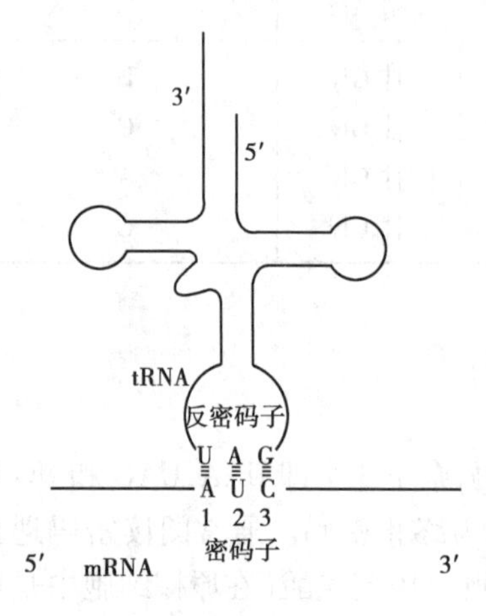

图8.11 密码子与反密码子的配对关系

2)tRNA和解码系统

tRNA的主要功能是能识别mRNA上的密码子和携带与密码子相对应的氨基酸，活化和转运氨基酸到核糖体中，合成蛋白质。目前，已发现tRNA有80余种，每个tRNA分子由73～93个核苷酸组成。在tRNA分子的反密码环上，有3个碱基组成1个三联体，它能以互补配对的方式识别mRNA上相应的密码子，这种三联体叫作反密码子(如图8.11所示)。反密码子也要按5′→3′方向阅读，在tRNA氨基酸臂的3′末端能携带相应的氨基酸。

3)rRNA和核糖体

rRNA是在核仁里合成的，它与蛋白质结合成核糖核蛋白体，简称核糖体。在核糖体中，蛋白质约占40%，rRNA约占60%。核糖体是合成蛋白质的场所，它的结构复杂，由大小两亚基构成。小亚基有供mRNA附着的部位，可以容纳两个密码的位置。大亚基有供tRNA结合的两个位点，一个叫作P位点，为tRNA携带多肽链占据的位点，又称为肽酰基位点；另一个叫作A位点，为tRNA携带氨基酸占据的位点，又称为氨酰基位点(如图8.12所示)。

8.3.2 蛋白质的合成过程

蛋白质合成过程是一系列酶促连续反应过程，其合成速度极快，在最适条件下，合成一条含400个氨基酸的多肽链大约需要10 s。实验证明，多肽链的合成是从N端延伸的，mRNA上信息的阅读(翻译)是从5′向3′方向进行的。蛋白质的合成过程主要包括3个阶段：氨基酸的活化、核糖体循环以及肽链合成后的加工修饰。

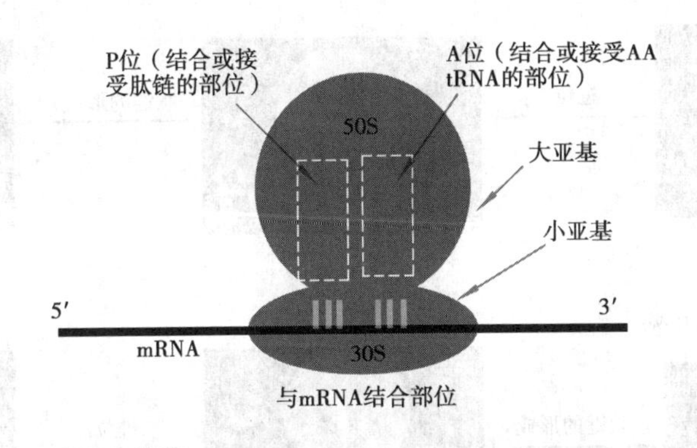

图 8.12 原核细胞 70S 核糖体的 A 位、P 位及 mRNA 结合部位示意图

1)氨基酸的活化

原形氨基酸是无法形成肽键的,必须先经过活化,以获得额外的能量。这种活化反应是在特异的氨酰 tRNA 合成酶催化下,在胞液中进行的。其表达式如下:

$$\text{氨基酸} + \text{ATP} \xrightarrow{\text{氨基酰合成酶}} \text{氨基酰-ATP-酶} + \text{PPi}$$

其中,氨基酰 tRNA 合成酶是一类具有较高特异性的酶。这类酶既能识别特异的氨基酸,又能辨认携带该氨酰基的一组 tRNA 分子,每活化 1 分子氨基酸,需消耗 2 分子 ATP。氨基酰-AMP-酶复合物再将氨酰基转移到相应的 tRNA3′末端,生成氨基酰-tRNA。

$$\text{氨基酰-ATP-酶} + \text{tRNA} \longrightarrow \text{氨基酰-tRNA} + \text{AMP} + \text{酶}$$

活化后的氨基酸由 tRNA 携带,按 mRNA 密码指导的顺序转运到核糖体上参与肽链的合成。

2)核糖体循环

(1)肽链合成的起始

mRNA、核糖体与活化的 AA-tRNA 结合生成起始复合物,这一过程需要多种起始因子和能源物质 GTP 的参与。在大肠杆菌等原核细胞中,首先由起始因子 3、mRNA 和小亚基形成一个三元复合体,同时起动因子 2、起始甲酰甲硫氨酰-tRNA 和 GTP 结合成一个复合体,这两种复合体在起始因子 1 的作用下,形成由小亚基、mRNA 和甲酰甲硫氨酰-tRNA组成的复合体,3 种起动因子和 GTP 也结合在复合体中。最后在 GTP 酶的催化下,GTP 水解为 GDP 和磷酸,大亚基与小亚基结合,形成 70S 的起始复合体,各种起始因子同时被释放出来。甲酰甲硫氨酰-tRNA 通过反密码子与核糖体 P 位点互补结合,空着的 A 位点准备接受一个能与第二个密码子配对的氨基酰-tRNA,为肽链的延长作好了准备。

(2)肽链的延伸

当起始复合物形成后,随即对 mRNA 上的遗传信息进行连续翻译。这一阶段需要有 70S 起始复合物、氨酰-tRNA、3 种延伸因子(包括 EF-Tu,EF-Ts,EF-G)以及 GTP 和 Mg^{2+} 等参与。具体过程如图 8.13 所示。

①进位。一个新的氨基酰-tRNA 与 EF-Tu-GTP 结合后,按碱基互补配对原则,通过氨酰-tRNA 的反密码子与 A 位点上的 mRNA 的密码子配对,首先进入 70S 核糖体的 A 位

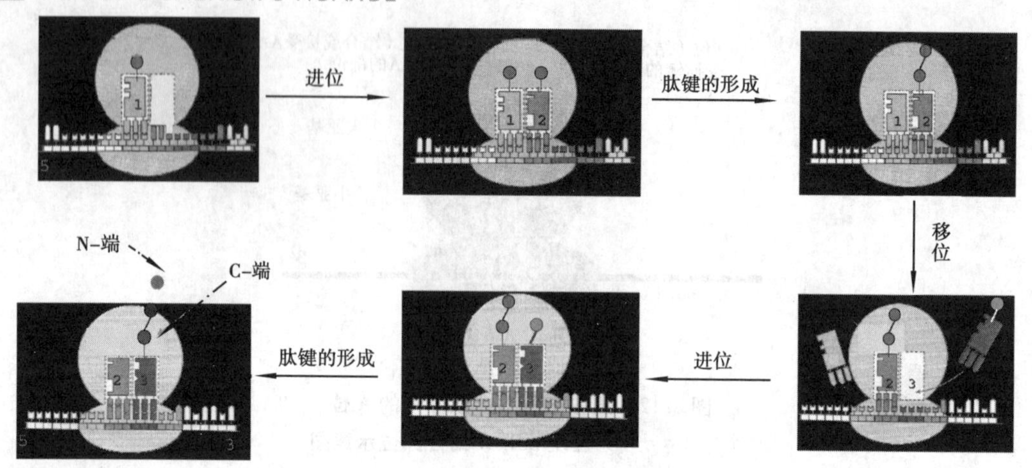

图 8.13　蛋白质合成中肽链的延伸

（即氨酰-tRNA 接受部位），此过程需 GTP 水解提供能量，同时 EF-Tu-GTP 分解为 EF-Tu-GDP 释放出来，再与 EF-Ts 和 GTP 反应重新生成 EF-Tu-GTP，参与下一轮反应。

②转肽。在转肽酶的作用下，把 P 位的甲酰甲硫氨酰基（或肽基）从 P 位转移到 A 位的氨基酰-tRNA 的氨基上，形成第一个肽键（或一个新的肽键）。

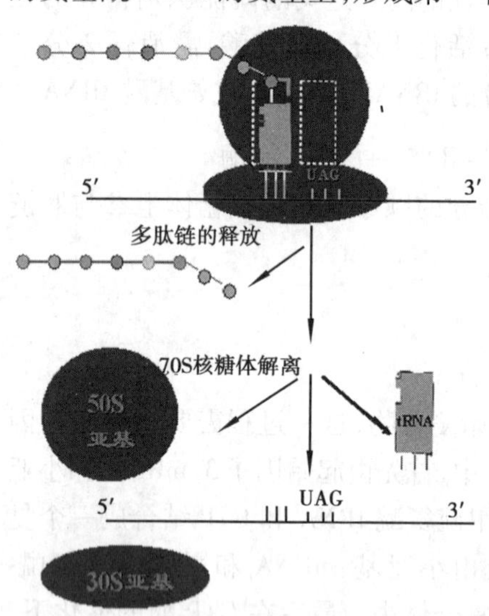

图 8.14　肽链合成的终止及释放

③移位和脱落。核糖体延 mRNA 由 5′→3′的方向移动一个密码子的位置。移位后，原 A 位上的肽酰基-tRNA 移到 P 位，下一个密码子进入核糖体，以便被下一个进入的氨基酰-tRNA 阅读，tRNA 因此也脱落并移出核糖体。移位过程需要 GTP 提供能量。肽链延伸过程每重复一次，肽链就增加一个氨基。

（3）**肽链合成的终止与释放**

当 mRNA 链上的终止密码 UAA，UAG，UGA 进入核糖体的 A 位时，由于它们不为任何氨基酸编码，因此不能被任何氨酰基-tRNA 识别，因而没有氨酰基-tRNA 进入 A 位与之结合，但释放因子 RFl 和 RF2 能够识别 mRNA 上的终止密码子，与核糖体 A 位上的终止密码子相结合，这种结合使已合成完毕的肽基-tRNA 从 70S 核糖体复合物上水解脱落。这时，核糖体就立即离开 mRNA，解离成 50S 与 30S 大小亚基，重新投入另一条多肽链的合成，或者大小亚基聚合成稳定的无活性的单核糖体（如图 8.14 所示）。

真核细胞蛋白质合成的机理与原核细胞十分相似，但是某些步骤更为复杂，所涉及的蛋白因子也更多。

在生物细胞内的蛋白质的生物合成，常常是多个核糖体结合在同一个 mRNA 分子上，同时进行肽链的合成。即当第一个核糖体移动到距起始密码有一段距离后，另一个核糖体的大小亚基就可以与 mRNA 等聚合形成新的起始复合体，开始另一多肽链的合成，以此类推，多个核糖体都可以同时聚合在同一条 mRNA 模板上，按照不同的进度各自合成相同的多肽长链，这叫作多聚核糖体。在真核生物中，一条 mRNA 模板上往往同时可结合数个到数十个核糖体。

3）肽链合成后的加工修饰

链合成后，多数还要经过加工处理才能转变为有生物活性的蛋白质分子，这个过程叫后修饰作用。总结起来有以下几种情况：

(1) N-端甲酰基及多余氨基酸的切除

按蛋白质合成机理，细胞中的蛋白质 N-端的第一个氨基酸总是甲酰蛋氨酸（原核）或蛋氨酸（真核），但事实上成熟的蛋白质第一位氨基酸绝大多数不是这两种氨基酸。这是由于脱甲酰基酶除去了 N-端的甲酰基，氨肽酶切除了 N-端的一个或几个多余氨基酸。此过程，常在延伸中的肽链约有 40 个氨基酸长度时就开始了。

(2) 蛋白质内部某些氨基酸的修饰

氨基酸被修饰的方式是多样的。例如，胶原蛋白中的一些脯氨酸、赖氨酸被羟化，成为羟脯氨酸和羟赖氨酸；组蛋白中，某些氨基酸被乙酰化；细胞色素 C 中有些氨基酸被甲基化；糖蛋白中有些氨基酸被糖基化。被修饰的部位通常是丝氨酸或苏氨酸侧链上的羟基；天冬氨酸、谷氨酸侧链上的羧基；天冬酰胺侧链上的酰胺基；精氨酸、赖氨酸侧链上的氨基；半胱氨酸侧链上的巯基等。这些修饰作用都是在专一的修饰酶催化下完成的。

(3) 切除非必需肽段

有些酶、激素等须经此种加工。如一些消化酶胃蛋白酶、胰蛋白酶等，初合成的产物是无活性的酶原，需在一定条件下水解去除一段肽才能转变为有活性的酶。又如胰岛素，初级翻译产物为前胰岛素原，要经过两次切除，即首先切除 N 端的信号肽顺序变为胰岛素原，再切除中间部位的多余顺序 C 肽，才转变成有生物活性的胰岛素分子。

(4) 二硫键的形成

蛋白质分子中常含有多个二硫键，这是特定部位的两个半胱氨酸侧链上的巯基在专一氧化酶作用下形成的。

(5) 蛋白质的折叠

这是指多肽链序列形成具有正确三维空间结构的过程。

8.3.3 蛋白质合成后的到位

蛋白质在核糖体上合成后，要被送往细胞的各个部位去执行它们的生理功能，这一过程称蛋白质的到位。原核细胞中没有细胞核和内质网等众多细胞器，新合成的蛋白质可有 3 条去路：或留在胞浆中，或用于组装质膜，或分泌到胞外。真核细胞的结构要复杂得多，新合成的蛋白质则有更多的去路。除了原核细胞的那些部位外，还分别到细胞核、线粒体、内质网和溶酶体等细胞器中。现已清楚，进入线粒体、细胞核等细胞器及留在胞浆中的蛋白质是在胞浆中游离的核糖体上合成的；进入溶酶体、分泌到胞外的蛋白质及组建内质网、高尔基体、质膜的蛋白质是由与内质网结合的核糖体上合成的。蛋白质合成后到位的信息是由蛋白质自身特定氨基酸顺序决定的，即每种新合成的蛋白质都带有决定着自身最终去向的信号。如与内质网结合的核糖体原来也是游离在胞浆中的,由于合成出的多肽链N端含有特殊的氨基酸顺序,此顺序(称信号肽)可被信号肽识别颗粒(由一个含300个核苷酸残基的RNA分子和6种蛋白质组成)识别,并将此肽链连同合成它的核糖体一起带到内质网膜上。之后,合成的多肽链进入内质网腔,信号肽被切除。

[本章小结]

"中心法则"总结了生物体内遗传信息由DNA→RNA→蛋白质的流动规律,某些病毒RNA能以自己为模板复制出新的病毒RNA,还可以以RNA为模板合成DNA,将遗传信息传递给DNA。

DNA的半保留复制是指亲代DNA双螺旋解开,以每条单链为模板,按照碱基互补配对原则,各合成一条新的互补链,再分别与两条亲代链结合形成两个DNA分子,称为DNA的半保留复制。其过程主要包括:双链解开;形成RNA引物;DNA链的合成与延长;切除引物,填补缺口,连接修复等。

逆转录是指以RNA为模板,按碱基互补配对原则,合成DNA的过程。逆转录现象主要存在于一些病毒体内。

基因突变是指DNA碱基顺序发生突然而永久地变化,结果使DNA的转录和翻译也随之变化,而表现出异常的遗传特征。由于复制差错或某些物理、化学因素引起细胞中的DNA分子中碱基配对遭到破坏,化学结构发生改变,复制和转录功能受到阻碍的现象,称为DNA的损伤。目前已知的修复方式主要有4种:切除修复、光修复、重组修复和诱导修复。

RNA的复制主要有两种:一是转录,即在DNA指导下合成RNA;二是RNA的复制合成,主要存在于某些病毒体内。

DNA中的遗传信息通过转录传递到mRNA。mRNA中的遗传信息通过遗传密码翻译成蛋白质,所谓的遗传密码是指mRNA中碱基序列与蛋白质中氨基酸顺序之间的关系,在mRNA链上从5′→3′方向,相邻的3个核苷酸碱基为一组,可以编码肽链上的一种氨基酸,称为密码子或三联体密码。蛋白质的合成是个复杂的过程,主要包括3个阶段:氨基酸的活化、核糖体循环以及肽链合成后的加工修饰。最后,被送往细胞的各个部位去执行它们的生理功能。

[目标测试]

一、名词解释(4分×5)

中心法则　DNA的半保留复制　转录　逆转录　翻译

二、填空题(1分×25)

1.基因突变是指________________,DNA突变的主要方式有________、________、________和________。

2.携带遗传信息的DNA通过________将信息传递给子代细胞,在子代细胞中的DNA再经过________,将信息传递给RNA,再由RNA通过________转变成蛋白质肽链上的氨基酸排列顺序,这一遗传信息的传递规律叫________。

3.细胞内多肽链合成的方向是从________端至________端,而阅读 mRNA 的方向是从________端至________端。

4.蛋白质的生物合成通常是以________或________作为起始密码子,以________、________、________作为终止密码子。

5.蛋白质的生物合成可分为________、________、________3 个阶段。

6.逆转录酶是催化以________为模板,合成________的一类酶。

7.真核生物的基因多为不连续的,其中不具有编码作用的部分称为________,具有编码作用的部分称为________。

三、选择题(2 分 ×8)

1.蛋白质合成的模板是(　　)。

A. tRNA　　B. mRNA　　C. rRNA　　D. DNA

2.下列说法不正确的是(　　)。

A.在 RNA 转录过程中,双链 DNA 只有一条链作为模板

B.在细胞内存在一系列担任修复功能的酶,可以除去 DNA 分子上的损伤,恢复其正常的结构与功能

C.脂肪酸在肝脏中不彻底氧化生成的酮体供应肝脏代谢反应所需的能量

D.脂肪酸合成的起点是乙酰辅酶 A

3.逆转录酶是一类(　　)。

A. DNA 指导的 DNA 聚合酶　　B. DNA 指导的 RNA 聚合酶

C. RNA 指导的 DNA 聚合酶　　D. RNA 指导的 RNA 聚合酶

4. tRNA 的作用是(　　)。

A.把一个氨基酸连到另一个氨基酸上

B.将 mRNA 连到 rRNA 上

C.增加氨基酸的有效浓度

D.活化氨基酸并将其带到 mRNA 特定的位置上

5.下列关于遗传密码的描述错误的是(　　)。

A.密码的阅读有方向性,从 5′端开始,3′端终止

B.密码的第三位即 3′端碱基与反密码子的第 1 位即 5′端碱基配对具有一定的自由度,有时会出现多对一的情况

C.一种氨基酸只能有一种密码子

D.一种密码子只能代表一种氨基酸

6. DNA 指导下的 RNA 聚合酶,由 $\alpha,\alpha',\beta,\beta',\sigma$ 5 个亚基组成,其中与转录起动有关的亚基是(　　)。

A. α　　B. α'　　C. β　　D. β'　　E. σ

7.蛋白质的合成方向是(　　)。

A.从 C 端到 N 端　　B.从 N 端到 C 端

C.定点双向进行　　C.从 C 端、N 端同时进行

8.细胞内编码 20 种氨基酸的密码子总数为(　　)。

A. 16　　B. 64　　C. 20　　D. 61

四、判断改错(1.5 分 ×10)

1. 原核生物 DNA 的复制只有一个复制起点,真核生物有多个复制起点。（　）

2. 冈崎片断的合成需要以 RNA 为引物。（　）

3. 已发现一些 RNA 前体分子具有催化活性,可以准确地自我剪接,被称为核糖酶。（　）

4. DNA 的复制过程中,一条链延着 3′→5′方向进行,一条是延着 5′→3′方向进行的。（　）

5. 真核生物的各种 RNA 都必须经过剪切、修饰才能成为成熟的、有特定功能的大分子。（　）

6. 在转录过程中,只有其中的一条链作为模板链,又叫有意义链。（　）

7. 遗传密码指的是 mRNA 中核苷酸排列顺序与蛋白质中氨基酸顺序的关系。（　）

8. 一种 tRNA 只能识别一种氨基酸,一种氨基酸也只能对应一种 tRNA。（　）

9. 生物遗传密码具有通用性,即不论是病毒、原核生物还是真核生物都使用同一套密码。（　）

10. 在 mRNA 中,64 种密码子中的每一个都可以决定一种氨基酸。（　）

五、简答题(8 分 ×3)

1. 简述中心法则的意义。

2. 根据下列 DNA 单链:

5′ TCGGATCCAAGGTGG3′

(1) 试写出 DNA 复制时的另一条 DNA 单链。

(2) 转录成 mRNA 的顺序。

3. 分析:在 DNA 复制过程中,哪些措施保证着遗传信息传递的准确无误?

[知识拓展]

三位科学家因核糖体研究获诺贝尔化学奖

2009 年 10 月 7 日,瑞典皇家科学院在斯德哥尔摩宣布,英国剑桥大学科学家文卡特拉曼·拉马克里希南、美国科学家托马斯·施泰茨和以色列科学家阿达·约纳特因“对核糖体结构和功能的研究”而共同获得 2009 年诺贝尔化学奖。

生命体就像一个极其复杂而又精密的仪器,不同的“零件”在不同的岗位上各司其职,有条不紊。而这一切,就要归功于仿佛扮演着生命化学工厂中工程师角色的“核糖体”。具体而言,核糖体的工作,就是将 DNA 所含有的各种指令翻译出来,之后生成任务不同的蛋白质。例如,用于输送氧气的血红蛋白、免疫系统中的抗体、胰岛素等激素、皮肤的胶原质或者分解糖的酶等。人体内有成千上万种蛋白质,它们各自拥有不同的形式与功能,在化学层面上构建并控制着生命体。

图8.15 因核糖体研究而获奖的三位科学家

诺贝尔奖评委会介绍,三位科学家都采用了X射线蛋白质晶体学的技术,标识出了构成核糖体的成千上万个原子。这些科学家不仅让我们知晓了核糖体的“外貌”,而且在原子层面上揭示了核糖体功能的机理。“认识核糖体内在工作的机理,对于科学理解生命非常重要。这些知识可以立刻应用于实际。”

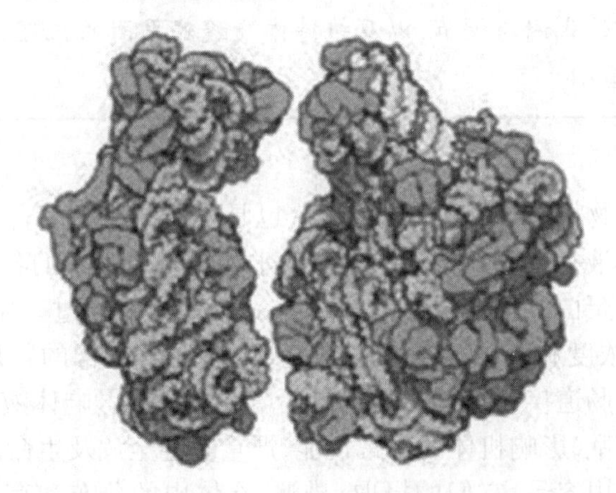

图8.16 核糖体的超微结构

基于核糖体研究的有关成果,可以很容易理解,如果细菌的核糖体功能得到抑制,那么细菌就无法存活。在医学上,人们正是利用抗生素来抑制细菌的核糖体从而治疗疾病的。三位科学家构筑了三维模型来显示不同的抗生素是如何抑制核糖体功能的。“这些模型已被用于研发新的抗生素,直接帮助减轻人类的病痛,拯救生命。”

第9章
水、无机盐代谢与酸碱平衡

本章导读：本章讲述水、无机盐在体内的代谢情况，内容包括体内水及部分无机盐的来源、排出与调节。通过学习，要求重点掌握体液的相关概念，体内钙、磷、钠、钾的代谢与调节，以及维持体液酸碱平衡的机理，为相关专业课程的学习打好基础。

水和无机盐是动物机体的重要组成部分，也是不可缺少的营养物质，对维持体液平衡起着重要作用。体液是指存在于动物体内的水和溶解于水中的各种电解质、低分子有机化合物和大分子的蛋白质等组成的一种液体。机体需要通过一定的调节机制来维持体液的容量、电解质浓度和酸碱度的相对恒定，以保证其正常的物质代谢和生命活动。临床上许多疾病如胃肠道疾病、创伤、感染与环境变化等会影响体液平衡，从而导致水盐代谢和酸碱平衡的紊乱，影响机体的正常机能，严重时甚至危及生命。

水盐代谢的主要内容是：它们的摄取、排泄、在体内的分布和存在形式、功能以及在体内的交换等。有些有机物和无机盐在体液中以离子状态存在，称为电解质。

9.1 体　液

9.1.1 体液的含量与分布

以细胞膜为界，把体液分为细胞内液和细胞外液。细胞内液是指存在于细胞内的液体，其中的化学组成与容量变化直接影响物质代谢和生理功能；存在于细胞外的体液称为细胞外液，细胞外液通常分为血浆和组织间液。汗液、尿液和消化液虽然也是细胞外液，但它们的性质与血浆和组织间液大不相同，是细胞外液的特殊部分，大量丢失时也可引起细胞外液容量的降低。

血浆可将氧气和营养物质运输到全身各组织，供组织摄取利用，同时又将组织细胞代谢的产物及分泌物（如激素和酶）等运输到其他组织或由排泄器官排泄。因此，血浆是体内外物质交换的媒介。组织间液填充于组织细胞周围，起着沟通血浆与细胞内液的作用。

正常成年动物体液总量约占体重的60%,其中细胞内液占40%,细胞外液占20%;细胞外液中,血浆约占体重的5%,组织间液约占体重的15%。动物体内体液的含量受动物的种属、年龄、营养体况的影响,如幼畜体液量高于成年家畜,瘦的家畜高于肥的家畜等。

9.1.2 体液的电解质含量与分布特点

1)体液电解质含量的表示方法

常用的体液中电解质浓度的表示方法主要有:

(1)毫克百分浓度

这种浓度是指每100 ml溶液中溶质的毫克数,常用毫克/100毫升(mg/100 ml)或%表示。现常用毫摩尔/升(mmol/L)表示。

(2)毫渗透摩尔浓度

溶液的渗透压大小主要取决于溶液的单位容积中溶质的有效粒子数目的多少,而与粒子的大小和化合价数等性质无关。所以,溶质的渗透能力就主要取决于溶质的浓度,称为渗透浓度。因其是10^{-3}数量级,故也称为毫渗透摩尔浓度,简称毫渗量,是指每升溶液中所含该物质的毫渗透摩尔数量,以毫摩尔/升(溶质为非电解质)或毫克离子/升(溶质为电解质)来计算。

2)体液电解质的分布及其特点

体液中的溶质,分为电解质和非电解质两类。非电解质包括尿素、葡萄糖等。电解质包括K^+、Na^+、HCO_3^-、Cl^-、Ca^{2+}、Mg^{2+}、Pr^-、HPO_4^{2-}、SO_4^{2-}及有机酸等。

电解质在细胞内、外液中的分布差异很大,其浓度和分布情况详见表9.1。

表9.1 体液各分区质的电解质含量(单位:mmol/L)

	阳离子					阴离子						
	Na^+	K^+	Ca^{2+}	Mg^{2+}	总数	Cl^-	HCO_3^-	HPO_4^{2-}	SO_4^{2-}	有机酸	Pr^-	总数
血浆	142	5	2.5	1	150.5	103	27	1	0.5	5	16	152.4
细胞间液	147	4	1.25	0.5	152.75	114	30	1	0.5	7.5	微量	153
细胞内液	15	150	1	13.5	179.5	1	10	50	10	—	63	134

从表9.1可以看出,体液各分区中的成分有以下特点:

①血浆、细胞间液、细胞内液中所含阳离子与阴离子种类基本相同,都含有K^+、Na^+、HCO_3^-、Cl^-、Ca^{2+}、Mg^{2+}、Pr^-、HPO_4^{2-}、SO_4^{2-}等。

②无论是细胞内液还是细胞外液,其中的阳离子和阴离子总量相等,体液呈电中性。

③细胞外液与细胞内液中电解质的分布差异很大。细胞外液的阳离子以Na^+为主,阴离子以Cl^-及HCO_3^-为主;而细胞内液的阳离子主要以K^+、Ca^{2+}为主,阴离子以蛋白质负离子和有机磷酸离子(以HPO_4^{2-}表示)为主。K^+和Na^+在细胞内外分布的显著差异,

一般认为是由于细胞膜上的“Na^+-K^+”泵作用的结果。“Na^+-K^+”泵在有 ATP 供能时，能主动把 Na^+ 排出细胞外，同时把 K^+ 吸入细胞内，以维持这种差异。细胞内外离子分布的差异对于生理活动具有重要的意义。

④细胞外液中，血浆与细胞间液两者之间的电解质分布及含量都比较接近，唯有蛋白质含量不同，血浆的蛋白质含量多于细胞间液。因此，血浆胶体渗透压高于细胞间液胶体渗透压，这对于血浆和细胞间质之间水的交换有重要意义。如果由于某种原因（如长期饥饿、慢性肾炎、肝功能严重障碍时），使血浆蛋白质含量明显降低，血浆胶体渗透压亦随之降低，细胞间液的水分就不能流入血液，引起组织水肿。

9.1.3 体液的交换

体液的交换主要指血浆、细胞间液和细胞内液等各部位体液之间的水、电解质和小分子有机物的交换。在动物的生命活动过程中，营养物质不断进入细胞内，细胞的代谢产物也不断输送到有关组织，再排出体外。这说明，体液各分区的成分不断相互交换。

1）血浆与组织间液交换

血浆与组织间液之间由毛细血管相隔，毛细血管壁为生物半透膜，血浆与组织间液中的小分子物质如葡萄糖、氨基酸、尿素和多种电解质能自由通过，而蛋白质不能自由通过（不是绝对的）。因此，造成血浆中蛋白质浓度高出组织间液几十倍，形成血浆与组织间液胶体渗透压差（约 2 933 Pa），通常称为血浆的有效渗透压。它是使水由组织间液回流到血液的动力，而血压是使水由血浆流向组织间液的动力。水在血浆与组织间液之间的交换取决于血管壁这两种压力的对比。

在正常情况下，毛细血管的动脉端血压大于血浆胶体有效渗透压，水由血管流向组织间液；而在毛细血管的静脉端则相反，有效渗透压大于静脉压，水必然由组织间液流入血液，由此保持水在血浆与组织间液流量的平衡。

2）细胞外液与细胞内液的交换

细胞内外液之间隔着一层细胞膜。细胞膜是一种半透膜，葡萄糖、氨基酸、尿素、肌酸、肌苷以及 CO_2、O_2、Cl^-、HCO_3^{2-} 等物质可自由通过，由高浓度向低浓度扩散，而 K^+、Na^+、Ca^{2+}、Mg^{2+} 和蛋白质不能自由通过。因此，造成细胞内外这些物质或离子分布的差别。细胞内液含较多的 K^+，而细胞外液含较多的 Na^+，由这些离子所形成的渗透压称为晶体渗透压。晶体渗透压的大小决定着水的流动方向。Na^+ 及对应的阴离子决定细胞外液的渗透压，而 K^+ 及其对应的阴离子决定细胞内液的渗透压。当细胞内外液渗透压发生变动时，靠水的流动来维持平衡。通常，细胞外液电解质较细胞内液易变动，当钠盐浓度增加，造成渗透压升高时，水即从细胞内液移向细胞外液；反之，当钠盐大量丢失，造成细胞外液渗透压降低时，水就由细胞外液流向细胞内。当然，除扩散之外，体内还有逆浓度差方向的主动转运。

9.2 水和电解质的代谢

9.2.1 水的生理作用

水是机体需要量最多且最重要的营养物质。体内的水小部分以自由水状态存在,大部分以结合水的形式存在。氨基多糖、蛋白质和磷脂等都可结合较多的水,形成细胞原生质的特殊形态。如心肌含水量高达70%以上,而且大部分是结合水。此外,水还具有促进物质代谢、调节体温、润滑等生理功能。基于以上原因,动物在禁水时一般比单纯禁食时死亡要快。

9.2.2 电解质的生理功能

机体内的电解质主要是指无机盐类。在机体的化学组成中,无机盐占体重的5%左右,大部分以结晶盐的形式构成骨盐,少部分以电解质的形式溶于体液中。如钠、钾在动物体内主要以氯化物、酸式碳酸盐和磷酸盐的形式存在,少部分与有机酸或蛋白质结合存在。体液中电解质的种类和浓度对维持体内环境恒定有着十分重要的作用,主要包括维持体液的渗透压平衡,参与体内酸碱平衡的调节,维持神经肌肉的正常兴奋性,作为酶的辅助因子或激活剂参与反应,参与或影响物质代谢。如 Na^+、K^+、Cl^- 在维持细胞渗透压平衡中起着主要作用。

9.2.3 钠的代谢

Na^+ 约50%存在于细胞外液,占细胞外液阳离子总量的90%,是维持细胞外液的渗透压及其容积的决定性因素;40% ~45%的 Na^+ 存在于骨骼中,其余存在于细胞内液中。Cl^- 主要存在于细胞外液和血浆中。Na^+ 的正常浓度对维持神经肌肉的正常应激性有主要作用。

在代谢过程中,Na^+ 类的离子不会由体内产生和消失,所以,体内 Na^+ 的含量主要由摄入和排出进行调节。

1)钠的摄入

动物体内 Na^+ 的来源主要由饲料摄入。草食动物以植物性饲料为主,而植物性饲料中含 K^+ 较多,含 Na^+ 很少,所以,饲料中须补充食盐;肉食动物采食动物性饲料,而动物性饲料中 Na^+ 较多,K^+ 较少,因此不需补充食盐。近年来,虽然营养学中进行了大量研究,但动物对 Na^+ 的确切需要量仍不清楚,其原因与钠的需要量受体内排出量的控制有关。而 Na^+ 的丢失量变化很大,与环境温度、使役强度以及饲料中其他离子尤其是 K^+ 的含量有关。在实际生产中,一般由饲料提供较多量的食盐,依靠 Na^+ 的排出机制来调节机体内的钠平衡。

2)钠的排出

体内 Na^+ 排出的途径有出汗、排粪和肾脏排出。但从粪便中排出的 Na^+ 极少,而出汗受环境温度和使役强度影响极大，Na^+ 排出的主要途径是经肾脏由尿排出。钠的排出是受机体严格的调节控制的，借以维持细胞外液的最适钠含量。钠的正常阈值为 110～130 mmol/L 血浆，当血浆中的 Na^+ 浓度低于此阈值时，尿中不再排出 Na^+。即肾脏对 Na^+ 的保留能力很强，肾脏对 Na^+ 是"多吃多排，少吃少排，不吃不排"。因此，即使动物较长时间进食低钠饲料，如果没有意外丢失，也不会出现低钠症状。由于 Na^+ 与 Cl^- 是从尿中排出基本上是相伴而行的，因此，临床上可检查尿液中氯化物的含量来判断机体是否是缺盐性脱水，并提示缺钠程度。

3)水、钠代谢紊乱

动物体内水、钠均会发生代谢紊乱或平衡失常，兽医临床上常见的体液失常一般是混合型的，即水、钠、钾以及其他电解质的平衡同时失常，结果引起体液容积、渗透压、pH 值以及主要电解质的浓度和分布发生变化。

(1)缺水性脱水

当机体缺水程度大于缺钠时，称为缺水，也叫高渗性脱水或原发性脱水。发生这种脱水的原因是水的摄入不足，如昏迷、高热时饮水不足以及各种疾病造成的上消化道麻痹、阻塞或兴奋等使动物出现饮水障碍。但因为存在抗利尿激素分泌量加大限制肾脏排水、消化道吸收断水初期残留的水及体内产生代谢水 3 方面的因素，所以，这种脱水是逐渐出现的。此时，可补充 5% 葡萄糖液来纠正。

(2)缺盐性脱水

钠缺乏的程度大于水时，称为缺盐性脱水或低渗性脱水。动物体内缺钠的原因主要是由于钠丢失过多而又得不到充分补充的结果。仅仅由于钠的摄入不足是不会引起缺钠的，因为肾脏具有很强的保钠能力。钠缺乏常常是因为消化道疾病造成的消化液严重丢失造成的，如严重的腹泻、呕吐等，而消化液的 Na^+ 浓度除胃液略低于血浆外，其余均与血浆相似。此时，由于水与钠同时丢失，血浆渗透压不高，因此动物没有渴感。如果导致严重的脱水，不及时抢救，动物可因脱水而很快死亡。

大量出汗也可引起体内钠的缺乏，但汗中 Na^+ 的浓度低于血浆，所以单纯由于出汗造成的脱水是高渗性的，此时动物有渴感。由皮肤大面积烧伤或开放性伤口的渗出，也可造成缺盐性脱水。此时，动物不能大量饮水，而需补 0.9% 的 NaCl 溶液纠正。

(3)等渗性脱水

水、盐等比例损失，称为等渗性脱水或混合性脱水，如一般性腹泻、呕吐及短时间饥饿而没有及时补充。等渗性脱水会造成体液容量减少，动物出现渴感，同时血压降低。

9.2.4 钾的代谢

K^+ 主要存在于细胞内液中(约 98%)，细胞外液中 K^+ 的浓度则很低。

1)钾的摄入

K^+ 是动物细胞内液中含量最多的阳离子，因饲料中的 K^+ 浓度都很高，所以只要正常进食，动物是不会缺钾的，尤其是草食动物。食入的 K^+ 大部分被小肠吸收，进入体内的 K^+ 只有少部分进入细胞内，其余迅速分布于细胞外液，细胞外液中的 K^+ 大部分可在 4

小时之内经肾脏排出。

2)钾的排出

绝大部分的 K^+ 由尿排出,此外也由消化液和汗液排出一部分。肾脏是排钾的主要器官,也是调节钾平衡的主要器官,即机体通过 K^+ 排出的多少来维持体内钾的平衡。肾脏对钾的排泄能力很强,在正常情况下,不论机体摄入 K^+ 多少,肾脏总是能很快地把血浆中的钾排掉,而不使细胞外液中 K^+ 的浓度升高。肾脏对 K^+ 的排出规律是"多吃多排,少吃少排,不吃也排"。因此,当摄入钾减少以致机体缺钾时,肾脏仍将继续排出一定量的 K^+,这时机体会出现缺钾症状。

3)钾的生理功能与代谢紊乱

(1)维持细胞的正常代谢

K^+ 是细胞内某些酶的激活剂,如丙酮酸激酶,Na^+、K^+-ATP 酶均需要 K^+ 作为激活剂。糖代谢与蛋白质代谢过程中均需要 K^+ 的参与,每合成 1 g 糖原就有约 0.15 mmol 的 K^+ 进入细胞内,每合成 1 g 蛋白质则有 0.45 mmol 的 K^+ 进入细胞内。同理,当分解代谢时,会有等量的 K^+ 从细胞内释放出来。因此,当动物处于大面积烧伤、严重创伤、缺氧等病理状态时,由于细胞大量被破坏,K^+ 从细胞内释放出来,致使血钾升高,出现高血钾。而当这些患畜处于恢复期时,因蛋白质合成加强,K^+ 由细胞外大量进入细胞内,会出现低血钾。

(2)在维持体液的酸碱平衡中起重要作用

血清钾的浓度低于正常时,称为低血钾。它可因钾的摄入减少而造成缺钾。因为当钾的摄入停止时,钾的排出不能立即停止,因而引起体内缺钾。当机体缺钾时,细胞内的 K^+ 外移,故血钾不一定明显降低。当动物不吃饲料而继续饮水,或注射无钾液体数天后,可出现明显的缺钾症状。此时,为换取 K^+,细胞外的 Na^+、H^+ 内移,导致出现碱中毒。即低血钾会伴有代谢性碱中毒,碱中毒会引发低血钾。

当血钾过高时,细胞外 K^+ 内移,细胞内 Na^+、H^+ 外移,出现酸中毒;同时,肾小管泌 K^+ 增加,泌 H^+ 降低,加重了高血钾性酸中毒。

此外,K^+ 还具有维持体液的渗透压、维持神经肌肉的正常兴奋性、维持心肌的正常机能等作用。如高血钾的主要危险就是心脏突然停跳在舒张期而死亡。

9.3 钙、磷代谢

9.3.1 钙、磷在体内的分布与生理功能

1)分布

钙和磷是组成机体的重要元素,约占机体无机盐总量的70%以上。体内99%以上的钙和 80% ~85% 的磷以羟磷灰石[$3Ca(PO_4)_2 \cdot Ca(OH)_2$]的形式存在于骨骼和牙齿中,以维持骨骼和牙齿的正常硬度。其他部分的钙主要分布于细胞外液(血钾和组织间液)中,细胞内的钙含量很少;其他部分磷则在细胞外液和细胞内分布。

2)生理功能

体液中的钙、磷含量虽然很少,但在维持机体的正常机能中却起着非常重要的作用。Ca^{2+}可降低神经肌肉的应激性,降低毛细血管及细胞膜的通透性,增强心肌的收缩;Ca^{2+}也是凝血因子之一,参与正常的凝血过程;Ca^{2+}还是许多酶的激活剂,并在细胞的信息传递中起主要作用,被认为是另一种第二信使。

骨骼外的磷起着更为广泛的作用,它参与构成细胞的结构物质,参与几乎所有重要有机物的合成和分解代谢;高能磷酸化合物在能量的释放、转移、储存和利用中起着极为重要的作用。此外,磷能以 $H_2PO_4^-$ 或 HPO_4^{2-} 的形式存在于体液中以及由尿中排出,从而对酸碱平衡起到重要的调节作用。关于有机磷化合物代谢,在前面几章已经作过讲述,本节只讲述无机磷代谢。

9.3.2 钙、磷的吸收与排泄

1)钙、磷的吸收

动物体内的钙、磷须由饲料供给,钙和无机磷不需消化即可在小肠吸收,特别是酸度大的十二指肠和空肠。有机磷则需经过酶水解为无机磷后,才能于小肠后段吸收。钙的吸收是主动吸收,而磷是伴随钙的吸收而被动吸收。

影响钙、磷吸收的因素很多,如钙、磷的存在形式,肠道 pH 值,饲料中钙、磷比例,维生素 D 含量,饲料中钙的含量及动物需要量,甲状旁腺素的作用及年龄等。

2)钙、磷的排出

(1)由粪排出

粪中排出的钙和磷大部分是饲料中未被吸收的钙、磷,小部分是随消化液分泌出来而未被吸收的钙、磷。

(2)由尿排出

钙和磷由尿排出是受到调控的。肾小球滤过的钙和磷大部分被肾小管重吸收。尿中排出的钙、磷受血浆中钙、磷浓度的影响,当血钙浓度低时排出较少,高时则尿钙稍有增加。牛尿中排出磷的量比其粪中排出的少很多,这和人正好相反,人的尿磷排出大于粪磷。差异产生的原因是草食动物排碱性尿,而碱性限制了钙和磷从尿中排出。

(3)由乳或蛋中排出

泌乳动物分泌的乳汁中含有显著量的钙和磷,且浓度高于血液。如乳中钙的浓度为血液的 12 ~13 倍,磷为 7 倍,镁为 6 倍左右。家禽由蛋中排出的钙量亦相当可观,如产蛋鸡由每枚蛋中排出约 2 克钙,相当于体内总钙量的 1/10。

9.3.3 血钙和血磷

1)血钙

正常成年动物血清钙的浓度平均约为 10 mg/100 ml,一般正常范围为 9 ~12 mg/100 ml(见表 9.2),但产蛋母鸡的血钙高达 27 ~44 mg/100 ml。青年动物的正常血钙浓度与成年相同。红细胞中含钙量极微。

血清中的钙以结合钙、络合钙和离子钙3种形式存在。

表9.2 正常动物血钙和无机磷浓度(mg/100 ml)

动 物	血钙平均值(血液部分*)	血磷平均值(血液部分)
蒙古马	10.2 (S)	3.72 (S)
奶牛(北京)	10.73 (S)	6.11 (S)
牛	7.4 (S)	3.9(小牛)(S)
绵羊	12.16 (S)	5.21 (S)
猪(2~3月龄)	10.47 (S)	4.65 (S)
哺乳仔猪	10.84 (S)	7.91 (S)
山羊	10.3 (S)	6.8~8.4 (B)
狗	10.16 (S)	3.2 (B)

注:*表示S为血清,P为血浆,B为全血。

(1)结合钙

一部分钙与血浆蛋白(主要是清蛋白)结合,称为结合钙。这部分钙不能透过毛细血管壁,所以也称为不扩散钙。结合钙占血钙总量的45%。

(2)络合钙

络合钙是与血中柠檬酸等有机酸结合的钙,可透过毛细血管壁。络合钙占总钙量的5%左右。

(3)离子钙

离子钙约占血钙总量的50%。离子钙可以透过毛细血管。在组织间液中主要是离子钙,其浓度与血浆中的Ca^{2+}浓度大致相同。

在上述3种形式的血钙中,只有离子钙直接发挥生理作用。例如,缺钙导致的手足抽搐,实际上是离子钙降低引起的。但3种存在形式之间可以相互转变,当离子钙浓度降低时,结合钙可逐渐释放出Ca^{2+},即:

$$\text{血浆蛋白结合钙} \underset{HCO_3}{\overset{H^+}{\rightleftharpoons}} \text{血浆蛋白} + Ca^{2+}$$

由上式可以看出,转变关系明显的受血液pH值的影响。当血液pH值下降时,促进结合钙解离,使血浆离子钙浓度升高;反之,当血液pH值升高时,离子钙与血浆蛋白、有机酸的结合作用增强,导致离子钙浓度降低。

2)血磷

血磷主要是指血浆中的无机磷酸盐(HPO_4^{2-}和$H_2PO_4^-$)所含的磷。正常成年动物血磷值为40~70 mg/L,幼畜一般较高。血磷随代谢的进行而在细胞内外转移,因此,细胞外液的磷并不反映体内总磷的增加或减少,而且调节的机制不如血钙调节有效。

血浆中钙、磷含量的相对稳定主要依赖于钙、磷的吸收与排泄,以及钙、磷在骨组织的沉积与骨盐溶解的相对平衡。

9.3.4 钙、磷在骨中的沉积和动员

和其他组织一样,骨也在不断地进行代谢,即不断地生成和降解。在骨生成时,钙、磷在骨中沉积;当骨降解时,钙、磷又从骨中动员出来。骨的这种代谢一方面是为了骨的生成和改造,另一方面则是为了维持血浆的正常恒定和机体的其他需要。例如,当血浆中钙、磷浓度高时,可向骨中沉积;血浆中钙、磷浓度低时,又可由骨中动员出钙、磷。

骨是由骨细胞、骨盐和有机质3部分组成。骨细胞包括3种,即成骨细胞、骨细胞和破骨细胞。骨细胞占骨中总体积的2%~3%。骨的化学组成中水分占20%~25%,骨盐占40%~50%,有机质占30%~40%。骨盐决定骨的硬度,有机质决定骨的弹性和韧性。骨中有机质的90%~95%为胶原蛋白,其余为蛋白多糖。

1)钙、磷在骨中的沉积——成骨作用

成骨作用包括两个过程,即有机骨母组织的生成和骨盐的沉积。

(1)有机骨母组织的生成

骨母组织主要由纤维状的胶原蛋白和包围在其周围的基质(主要是黏蛋白和黏多糖)组成。成骨细胞分泌原胶原及蛋白多糖等有机质,转移到细胞外后的原胶原在细胞周围生成胶原,随后聚合成胶原纤维。成骨细胞则被埋在有机质中,经一段时间后转化为骨细胞。

(2)骨盐的生成

骨盐主要以无定型的磷酸氢钙及柱状和纤维状的羟磷灰石形式存在。骨盐沉积于有机质上称为骨化(钙化)。骨盐的生成不单纯是骨盐的沉积,而是由成骨细胞参与的复杂生物学过程。

骨盐的沉积需要两个条件:一个是局部因素,即需要由成骨细胞的代谢活动产生可钙化的骨母组织;另一个是体液因素,即需要由体液供给充分的矿物质离子,其中主要是Ca^{2+}和PO_4^{3-}。细胞外液中Ca^{2+}和PO_4^{3-}的浓度积需要超过其溶解度积,才能沉淀为羟磷灰石结晶,现在一般认为,体液中Ca^{2+}和PO_4^{3-}的浓度积是超过其溶解度积的,因而是过饱和溶液。但由于细胞外液中存在某些起稳定作用的物质,如焦磷酸和多磷酸等,因此不发生沉淀。羟磷灰石的沉淀需要诱发物和起稳定作用的物质被破坏。胶原大概是诱发物,它诱发羟磷灰石结晶的生成。此外,成骨细胞还产生碱性磷酸酶,此酶也是焦磷酸酶,它催化焦磷酸的分解,促进了骨盐的沉积。

在钙化过程中,成骨细胞被包埋在致密骨的哈弗氏系的腔隙中,此时成骨细胞转变为骨细胞。有大量的小管道把这些腔隙连通起来,使得这个体系具有很大的表面积。由此可以理解,骨盐为何可迅速溶解释放出钙、磷的原因。

2)钙、磷由骨中动员的机制——溶骨作用

正常情况下,骨在生成的同时,也在进行着溶解,即原有的骨组织通过破骨细胞的积极活动而溶解,也称为骨的吸收。它包括有机骨母组织的降解和骨盐的溶解。

骨细胞和破骨细胞可向外分泌蛋白水解酶及若干种有机酸,如乳酸、柠檬酸等。蛋白水解酶可催化水解骨的有机质,而酸可促使骨盐溶解。破骨细胞产生的柠檬酸能与Ca^{2+}结合成可溶解而不解离的柠檬酸钙,使局部Ca^{2+}浓度降低,促使磷酸钙溶解。胶原

蛋白水解可生成特有的羟脯氨酸,释放入血后,可随尿排出。

成骨作用及溶骨作用不断交替进行,呈动态平衡状态,这就是骨的更新作用。这种作用可维持体液中钙的平衡 ,还可更新老化的骨组织。

骨组织的更新依赖于3种细胞(即成骨细胞、骨细胞和破骨细胞)的生成和转化。3种骨细胞均来源于未分化的间质细胞,它们的生成、转化受到维生素 D_3、甲状旁腺素(PTH)、降钙素(CT)等影响。

破骨细胞促进骨质溶解作用完成后,即转化为成骨细胞。成骨细胞具有促进成骨的作用,作用完成后,它可以转化为骨细胞;成骨细胞和骨细胞在骨降解时,都可转化为破骨细胞。甲状旁腺素可促进未分化间质细胞转化为破骨细胞,并抑制破骨细胞转化为成骨细胞;降钙素的作用与之相反,它抑制未分化的间质细胞转化为破骨细胞,促进破骨细胞转化为成骨细胞。维生素 D_3促进未分化间质细胞转化为破骨细胞。

3)钙、磷代谢的调节

血浆及其他细胞外液中钙的浓度总是维持在一个很狭窄的变动范围之内的,甚至是动物已经严重缺钙,只要其调节机能正常,骨中还有一定的储备,Ca^{2+}浓度仍会维持稳定。动物机体通过控制钙、磷的吸收,控制钙在骨中的沉积和动员以及由尿排出以维持血钙恒定。血浆中钙恒定时,磷的浓度在一般情况下也是恒定的。

现在认为,在调节血浆中 Ca^{2+}浓度的机制中,起主要作用的是体液中的钙与骨中钙的交换。包括两种机制:一种是血浆中 Ca^{2+}和易交换骨钙之间的物理化学平衡,它不依赖于激素的作用。通过这种作用可使血钙维持在 70 mg/L 左右的水平(正常为 100 mg/L)。另一种机制是在甲状旁腺素的作用下,把骨盐晶体中的钙(不易交换钙)动员出来,使血钙达到正常水平。而甲状旁腺素的分泌则受血浆中 Ca^{2+}浓度的控制。当血浆中 Ca^{2+}浓度低于正常水平时,甲状旁腺素分泌增加,于是从骨中动员钙以提高血浆中 Ca^{2+}浓度;而当血浆中 Ca^{2+}浓度偏高时,抑制甲状旁腺激素分泌,以控制骨盐的溶解。

此外,甲状旁腺素还具有促进尿中排磷量增加和肾小管对 Ca^{2+}的重吸收作用。总的结果是:使血钙增加,血磷降低。这是甲状旁腺素初期的、比较快的作用。随作用时间延长,会引起强烈的骨改造。此时,破骨细胞增殖并且活动增强,大量破坏骨质。继之成骨细胞也积极活动,以进行骨的重建。甲状旁腺素还能促进肾脏对维生素 D 的活化,使25-羟胆钙化醇转化为1,25-二羟胆钙化醇,后者可促进小肠对钙的吸收。

维持血钙浓度恒定的另一个重要激素是甲状腺分泌的降钙素。当血浆中 Ca^{2+}浓度高于正常水平时,促进降钙素的分泌。它抑制骨的吸收并促使钙在骨中沉积,抑制钙、磷在肾小管中的重吸收,因而使血钙降低。

维生素 D_3在肝脏转变为25-羟胆钙化醇,后者运至肾脏又转变为1,25-二羟胆钙化醇。它可促进小肠对钙、磷的吸收;促进肾脏对钙磷的重吸收;促进溶骨作用,使骨盐中的钙和磷进入血液。因此,缺乏维生素 D 时,骨的钙化不能正常进行。

9.4 酸碱平衡

9.4.1 体液的酸碱度

酸碱平衡是指体液特别是血液能经常保持 pH 值的相对恒定。动物正常的生理活动除需要适当的温度和渗透压等因素外,还需要保持适当的酸碱度。动物细胞外液(以血浆为代表)的 pH 值一般为 7.24 ~ 7.54,超出这个范围就是不正常的。如果高于 7.8 或低于 6.8 时,动物就会死亡。所以,将 pH 6.8 及 7.8 称为动物体液的 pH 极限值。

9.4.2 体内酸碱物质的来源

1)体内酸性物质的来源

体内酸性物质主要由代谢产生和由消化道吸收而来。代谢产生的酸分为挥发性酸和非挥发性酸两类。挥发性酸即碳酸,它是糖、蛋白质和脂肪等物质在体内氧化分解形成的 CO_2 和 H_2O,CO_2 进入血液后与水结合生成碳酸。因为碳酸又可在肺部变成 CO_2 呼出体外,所以称之为挥发性酸。

体内物质代谢产生硫酸(胱氨酸、甲硫氨酸代谢产生)、磷酸(核酸代谢产生)及一些有机酸(乳酸、尿酸等)。在正常情况下,乳酸等有机酸能继续氧化为二氧化碳和水,而硫酸、磷酸和尿酸等不能由肺呼出,主要由肾脏排出体外,所以称为非挥发性酸。

由肠道吸收的酸性物质主要来源于酸性饲料,如谷物类和籽实类饲料与一些药物。

2)体内碱性物质的来源

体内碱性物质的主要来源是碱性饲料,如青草、干草等,这些饲料中含有较多的钾、钠、钙等碱性元素,经肠道吸收后进入体内。体内氨基酸脱氨基作用也会产生碱性物质 NH_3,但由体内产生的碱性物质较少。

9.4.3 体液酸碱平衡的调节

家畜在正常的生命活动中,一方面不断由肠道吸收一些酸性和碱性物质,另一方面在代谢过程中不断产生各种不同的酸和碱。吸收的和产生的酸性及碱性物质均进入体液中,对体液的 pH 值产生影响。然而,动物体液的 pH 值总能维持在一个非常窄的范围内,即在正常生理条件下也并不会发生酸中毒或碱中毒。这说明,动物体内有强大而完善的调节酸碱平衡的机制。

机体通过体液的缓冲体系,由肺呼出二氧化碳,并由肾脏排出酸性或碱性物质来共同调节体液的酸碱平衡。

1)血液的缓冲作用

(1)血液中的缓冲体系

动物血液中的缓冲体系是由弱酸及其盐构成的,主要有以下 3 种:

①碳酸盐缓冲体系。由碳酸和碳酸氢盐(钠盐或钾盐)组成。体内有机物代谢的终

产物 CO_2溶于水生成碳酸,碳酸是弱酸,可解离为 HCO_3^-和 H^+。HCO_3^-主要与血浆中的 Na^+结合成 $NaHCO_3$或在红细胞中与 K^+生成 $KHCO_3$,分别构成 $NaHCO_3/H_2CO_3$和 $KHCO_3/H_2CO_3$缓冲体系。

②磷酸盐缓冲体系。在血浆中由 NaH_2PO_4和 Na_2HPO_4组成,在红细胞中由 KH_2PO_4和K_2HPO_4组成。磷酸盐缓冲体系在细胞内比细胞外更重要。

③血浆蛋白体系和血红蛋白体系。血浆中含有多种弱酸性蛋白质,它也可以形成相应的盐,从而构成 Na-蛋白质/H-蛋白质缓冲体系。血浆蛋白缓冲体系的缓冲能力较小,只有碳酸盐缓冲体系的 1/10 左右。

血红蛋白体系仅存在于红细胞中。血红蛋白(Hb)也是一种弱酸,与 O_2结合后生成的氧合血红蛋白(HbO_2)也是一种弱酸,它们在红细胞中均以钾盐的形式存在,分别构成血红蛋白缓冲体系 KHb/HHb 和氧合血红蛋白缓冲体系 $KHbO_2/HHbO_2$。

综上所述,将 3 种主要的缓冲体系总结如下:

血浆中, $\frac{NaHCO_3}{H_2CO_3}, \frac{Na\text{-}Pr}{H\text{-}Pr}, \frac{Na_2HPO_4}{NaH_2PO_4}$

红细胞中, $\frac{KHCO_3}{H_2CO_3}, \frac{KHbO_2}{HHbO_2}, \frac{KHb}{HHb}, \frac{K_2HPO_4}{KH_2PO_4}$

血液中各种缓冲体系的缓冲能力是不同的,具体见表 9.3。

表 9.3 血液中各缓冲体系的缓冲能力

缓冲体系	pH	缓冲能力**
$BHCO_3/H_2CO_3$	6.10	18.0
$KHbO_2/HHbO_2$	7.16	8.0
KHb/HHb	7.30	8.0
Na-蛋白质/H-蛋白质	*	1.7
B_2HPO_4/BH_2PO_4	6.80	0.3

注:* 血浆中含有数种 H-蛋白质,其 pH 值各不相同;

** 使每升血浆的 pH 自 7.4 降至 7.0 时,其所含各种缓冲体系所能中和 0.1 mmol/L 盐酸的毫升数。

由表 9.3 可以看出,在血液中的各种缓冲体系中,以碳酸—碳酸盐的缓冲能力最大,而且肺和肾调节酸碱平衡的作用又主要是调节血浆中碳酸和碳酸盐的浓度。因此,血浆中碳酸盐—碳酸缓冲体系是最重要的缓冲体系。磷酸盐也是一种很有效的缓冲体系,但它在血浆中的浓度比较低,实际效应较小。血浆中血浆蛋白缓冲体系所起的缓冲作用比磷酸盐缓冲体系大得多,但比红细胞内血红蛋白体系要小。此外,当酸或碱进入血液引起血浆 pH 值发生改变时,血浆中所有的缓冲体系都会发生相应的变化。由于血浆中碳酸盐缓冲体系是最重要的缓冲体系,它的变化反映体内酸碱平衡的状况,因此本节主要讨论此体系。

血浆的 pH 值与 $NaHCO_3/H_2CO_3$比值有关。正常情况下,$NaHCO_3$的浓度与 H_2CO_3浓度的比值总是 20∶1,此时 pH 值为 7.4。如果任何一方浓度发生改变,只要另一方也做相应的改变,维持比值为 20∶1 即可。所以,酸碱平衡调节的实质,就是通过多种途径调整血浆中$NaHCO_3$和H_2CO_3的浓度比值，以维持血液的正常pH值。

(2)**缓冲作用的原理**

进入血液的固定酸或固定碱可被体内各缓冲体系所缓冲，但最重要的是碳酸盐缓冲体系。

当固定酸(以HA表示)进入血液时，可立即被$NaHCO_3/H_2CO_3$体系缓冲。

$$HA + NaHCO_3 \longrightarrow NaA + H_2CO_3$$

反应的结果是消耗了HA，使强酸变成了酸性较弱的H_2CO_3，而H_2CO_3可经下列途径加以消除：

$$H_2CO_3 \longrightarrow H_2O + CO_2 \dashrightarrow CO_2 \text{ 经肺呼出}$$

$$H_2CO_3 + NaHPO_4 \longrightarrow NaH_2PO_4 + NaHCO_3$$

$$H_2CO_3 + Na\text{-}Pr \longrightarrow NaHCO_3 + H\text{-}Pr$$

这样，在肺和其他缓冲体系的共同作用下，消除了因中和固定酸而产生的H_2CO_3，又补充了消耗的$NaHCO_3$，保证了$NaHCO_3/H_2CO_3$的正常比值，因而血液pH值不会发生明显的改变。

当碱性物质进入血液时，H_2CO_3可以对其进行中和。

$$OH^- + H_2CO_3 \longrightarrow HCO_3^- + H_2O$$

结果，消耗了H_2CO_3，而生成碱性较弱的HCO_3^-，而HCO_3^-可经肾脏排出，消耗了的H_2CO_3可经肺调节得以补充。

由此可见，进入机体的酸性或碱性物质经过缓冲作用后，酸性物质虽被中和，但血液中$NaHCO_3$被消耗，H_2CO_3也增多；碱性物质被缓冲后，血液中$NaHCO_3$的浓度升高，而H_2CO_3浓度降低。这样，$NaHCO_3/H_2CO_3$的比值仍会有一定改变，pH值也相应发生一定的改变。然而，机体可通过肺和肾的调节，排出或保留H_2CO_3和$NaHCO_3$，以恢复血液中$NaHCO_3/H_2CO_3$的正常比值。

(3)**碱储**

在血浆中以碳酸氢盐缓冲体系为主，其中$NaHCO_3/H_2CO_3$又是20∶1，所以$NaHCO_3$是血浆中含量最多的物质。临床上，把100 ml血浆中所含$NaHCO_3$的量称为碱储，其单位通常以mmol/L来表示。动物的碱储越高，即血浆中$NaHCO_3$浓度越高，机体对酸的缓冲能力越强。

测定血浆中$NaHCO_3$的含量，通常是以每100 ml血浆中以HCO_3^-形式存在的CO_2毫升数来表示，称为CO_2结合力。临床上，常以CO_2结合力作为早期诊断血浆酸碱度变化的指标。

2)肺脏对酸碱平衡的调节作用

肺是动物机体气体交换的器官。血液中的血红蛋白可以把组织中的CO_2带到肺释放出去，同时将吸入的O_2带到各组织。

肺同时还是调节酸碱平衡的器官。肺通过调节CO_2释放量来调节体内的酸碱平衡。肺呼出CO_2受呼吸中枢的调节，而呼吸中枢的兴奋性又与血液中CO_2分压、O_2分压和H^+浓度有关。如延髓呼吸中枢对血液CO_2分压的变化非常敏感，CO_2分压的微小变化即可有效调节肺的通气深度和频率。当血液CO_2分压升高或H^+浓度升高时，呼吸中枢兴奋性增强,呼吸加深加快,使 CO_2 排出增多,最终使血浆 H_2CO_3 浓度降低;反之,当 CO_2 分压降低或 H^+ 浓度降低时,呼吸中枢兴奋性降低,呼吸变浅、变慢,CO_2 排出减少,使血浆中 H_2CO_3 浓度降低。

3)肾脏对酸碱平衡的调节作用

肾脏通过肾小管的重吸收作用和分泌作用排出酸性或碱性物质,以维持血浆的碱性和 pH 值的恒定。

(1)肾对血浆中 $NaHCO_3$ 浓度的调节

肾小管上皮细胞有分泌 H^+ 的能力,这种作用是与 Na^+ 的重吸收同时进行的。肾小管上皮细胞中有碳酸酐酶(CA),它催化 CO_2 和 H_2O 结合成 H_2CO_3,碳酸又可解离为 H^+ 和 HCO_3^-,即:

$$CO_2 + H_2O \xrightarrow{CA} H_2CO_3 \longrightarrow H^+ + HCO_3^-$$

肾小管(主要是近曲小管,远曲小管亦可)可主动的将 H^+ 排到管腔当中,而 HCO_3^- 仍留在细胞内。H^+ 与肾小管滤液中的 Na^+ 交换,Na^+ 进入肾小管上皮细胞中并与 H_2CO_3 解离出的 HCO_3^- 结合为 $NaHCO_3$,后者可自由通过基底膜,顺浓度梯度进入血液,实现了 HCO_3^- 的重吸收。而分泌到管腔中的 H^+ 可与肾小管滤液中的 HCO_3^- 结合为 H_2CO_3,当 H_2CO_3 浓度升高时,又会重新分解为 CO_2 和 H_2O。

$$H^+ + HCO_3^- \longrightarrow H_2CO_3 \longrightarrow CO_2 + H_2O$$

分解产生的 CO_2 可扩散回到肾小管上皮细胞中,再被利用以合成 H_2CO_3,再一次实现肾小管的泌 H^+ 作用。而 Na^+ 可来自 $NaHCO_3$、Na_2HPO_4、NaH_2PO_4 及 NaCl 等。

HCO_3^- 的重吸收作用决定于体液的 pH 值。当 pH 值降低时,肾小管排 H^+ 增加,HCO_3^- 的重吸收作用增强;而当 pH 值高时,肾小管排 H^+ 减少,HCO_3^- 的重吸收作用也就减弱。例如,当 H_2SO_4 进入体内,血浆 HCO_3^- 浓度降低,pH 值随之稍有降低。于是,肾小管细胞中的 H^+ 增加,其排出 H^+ 的量,不仅能把肾小球滤过的 HCO_3^- 全部重吸收回来,而且还要多排出一些 H^+ 以增加血浆中 HCO_3^- 的含量。肾脏多排出一个 H^+,即使血浆中增加一个 HCO_3^-,直到血浆的碱储恢复正常为止,其结果是尿液偏酸。肾脏同时还把 SO_4^{2-} 排出,所以总结果是把进入血浆的 H_2SO_4 全部排出,从而保持了血浆碱储的正常含量。当血浆的碱储恢复正常时,肺呼吸再减慢,多保留一些 CO_2,于是血浆中的 HCO_3^- 和 H_2CO_3 含量均恢复正常。

(2)泌氨作用

肾小管的泌氨作用,是肾脏调节酸碱平衡的另一种方式。当肾小管管腔液流经远端肾小管时,尿中氨的含量逐渐增加。排出的 NH_3 与 H^+ 结合生成 NH_4^+ 使尿的 pH 值升高。这种泌氨作用有助于体内强酸的排出。肾小管的泌氨作用与尿液的 H^+ 浓度有关。尿越呈酸性,NH_3 的分泌越快;尿越呈碱性,NH_3 的分泌就越慢。

肾小管分泌的 NH_3 大部分来自谷氨酰胺,少部分来自氨基酸的氧化脱氨基作用。肾上皮细胞中含有丰富的谷氨酰胺酶、谷氨酸脱氢酶和氨基酸氧化酶,它们分别使谷氨酰胺、谷氨酸和其他氨基酸脱氨。脱下的 NH_3 与 H^+ 结合成为 NH_4^+,NH_4^+ 与酸根离子结合成铵盐而排出体外。

$$NH_3 + H^+ \longrightarrow NH_4^+,\ NH_4^+ + A^- \longrightarrow NH_4A \dashrightarrow \boxed{排出}$$

(3) K^+ 的排泄与 K^+-Na^+ 的交换

肾远曲小管除泌 H^+ 作用外,还可排泄 K^+。排泄的 K^+ 也和肾小管管腔液的 Na^+ 进行交换,而且 K^+-Na^+ 交换与 H^+-Na^+ 交换有竞争作用。肾小管上皮细胞排 K^+ 增多时,泌 H^+ 则减少;泌 H^+ 增多时,排 K^+ 就会增多。当机体酸中毒时,由于体内 H^+ 浓度升高,肾小管泌 H^+ 就会增多,因而排 K^+ 就会减少。所以,酸中毒时常伴随高血钾。当机体碱中毒时,肾小管排 H^+ 减少,排 K^+ 就会增强,因而碱中毒时常伴随低血钾。当动物出现高血钾症时,由于血液中 K^+ 升高,导致肾小管排 K^+ 增多,泌 H^+ 减少,于是 H^+ 在体内聚积,故高血钾症常伴有酸中毒。与此相反,低血钾常伴有碱中毒。

在正常情况下,不同动物尿液的 pH 值是不同的。猫和狗一般排酸性尿,草食动物如牛和马则排碱性尿,猪因所喂饲料不同,尿的酸碱性不定,这是由于动物摄入饲料不同所致。食入高蛋白饲料的,蛋白质分解产酸(H_2SO_4,H_3PO_4 等)多,肾脏排出的 H^+ 也较多,因而尿液呈酸性。而植物性饲料尤其是干草中含有较多的钠盐或钾盐,这些物质在体内分解后产生较多的 $KHCO_3$ 或 $NaHCO_3$,因而肾小球滤液中 HCO_3^- 的含量也较多。在这种情况下,肾小管排出的 H^+ 不能把滤过的 HCO_3^- 全部重吸收,因而尿液中含有较多的 HCO_3^-,呈碱性。

综上所述,体液酸碱平衡主要是由血液缓冲体系、肺和肾的协同配合下完成的,三者缺一不可。血液缓冲体系作用快,但调节范围有限;肺的调节也较快,但只能调节血浆中的 H_2CO_3 浓度;肾能够真正的排出酸性或碱性物质,但它的调节较慢,所以单靠肾脏不能应对酸或碱的突然进入。因此,为维持体液酸碱平衡,缓冲体系、肺和肾的作用缺一不可。

9.4.4 体液酸碱平衡失调

在正常情况下,动物通过其调节机制保持着体液的 pH 值正常恒定,即 pH 为 7.24 ~ 7.54。当由于某种原因使体液的 pH 值超出 7.24 ~ 7.54 范围时,机体就会出现代谢紊乱。常将 $pH < 7.24$ 时,称为酸中毒;$pH > 7.54$ 时,称为碱中毒。引起体液 pH 值改变的原因大体上可分为两类:一类是由于肺功能失常影响了体内 CO_2 的排出,另一类是由于肺功能失常以外的其他原因引起的体液酸碱平衡失常。因此,可将体液酸碱平衡失常分为 4 种,即代谢性酸中毒、代谢性碱中毒、呼吸性酸中毒和呼吸性碱中毒。

1) 代谢性酸中毒

代谢性酸中毒是临床上最常见和最重要的酸碱平衡紊乱。产生的原因主要是体内产酸过多或丢碱过多,这两种情况都会引起血浆中 $NaHCO_3$ 含量减少,$NaHCO_3/H_2CO_3$ 的比值下降,相应使 pH 值降低。代谢性酸中毒时的代偿功能主要是肺增加换气率(呼吸加深、加快),以增加 CO_2 的排出,降低血液中 CO_2 分压。同时,肾小管增加对 H^+ 的排出及碳酸氢盐的重吸收,共同的作用使血液中 $NaHCO_3/H_2CO_3$ 比值趋于正常。

由于产酸过多引起的常见病例有:

①牛的酮病和羊的妊娠酮血症时,产生大量酮体在血液中蓄积,引起酸中毒。

②反刍动物饲喂不当,使瘤胃发生异常发酵,产生大量乳酸。

③休克病畜,由于循环障碍,糖的无氧分解加剧,产生大量乳酸和丙酮酸。

④丢碱过多,常见肠道疾病如持续大量腹泻,造成大量消化液丢失,而消化液中含有较多的 $NaHCO_3$。

2)代谢性碱中毒

主要是细胞外液中 $NaHCO_3$浓度增高,导致 $NaHCO_3/H_2CO_3$ 比值增高,血液 pH 值相应升高。代偿机能的作用,首先是由于呼吸中枢抑制,肺呼吸变浅、变慢,换气减少,血液中 CO_2保留较多,使 $NaHCO_3/H_2CO_3$的比值趋于正常。

常见的病例有:犬的连续呕吐,牛的十二指肠阻塞与真胃变位,错误地给动物灌服小苏打等。

3)呼吸性酸中毒

由于肺的通气或肺循环障碍,CO_2不能顺畅地排出而引起。呼吸性酸中毒时,血液中 CO_2分压升高,$NaHCO_3/H_2CO_3$ 的比值下降,pH 值降低。代偿功能是:肾排 H^+ 增加,$NaHCO_3$重吸收增强,因而可增加血浆中 $NaHCO_3$的浓度。

引起呼吸性酸中毒的原因有:广泛的肺部疾患,如肺水肿、严重的肺气肿、胸膜炎等;气胸、胸部外伤或药物引起的呼吸中枢抑制;使用挥发性麻醉剂等。

4)呼吸性碱中毒

呼吸性碱中毒是由于肺通气过度,肺排出 CO_2过多引起。呼吸性碱中毒时,血液中 $NaHCO_3$浓度降低,$NaHCO_3/H_2CO_3$比值升高。其代偿功能是:肾小管排 H^+减少,HCO_3^-重吸收减少,$NaHCO_3$的排出增加,所以可降低血浆中 $NaHCO_3$浓度。

呼吸性碱中毒主要见于疼痛或生理应激时引起的呼吸强度增加,如犬在高温条件下的过度换气。

当动物出现酸碱平衡失调时,可通过改善肺、肾的代谢功能,补碱(如 $NaHCO_3$等)和补充电解质(如 KCl)等方法进行纠正。

[本章小结]

①体内的溶液中溶解了多种无机盐和有机物质,以此构成体液。体液以细胞膜为界分为细胞内液和细胞外液。不同分区的体液之间可进行交换。

②体内水的主要来源是饮水,另外还包括饲料中的水和代谢水,动物通过渴中枢来调节饮水量的多少。体内的水主要通过肾脏排出,排出量主要受抗利尿激素和醛固酮的调控。呼吸、皮肤及粪便也可排出一部分水。

③Na^+主要存在于细胞外液。家畜体内的 Na^+主要来源于饲料中补充的食盐,尤其是草食动物饲料中更需补盐。Na^+排出的主要途径是通过肾脏由尿液排出,但肾脏对 Na^+的保留能力很强。此外,还可通过汗液、粪便排出 Na^+。当水、钠代谢紊乱时,需根据水或钠的缺失情况进行补充调节。

④K^+主要存在于细胞内液中。正常情况下,动物不需要补钾。绝大部分的 K^+由尿排出,此外,也由消化液和汗液排出一部分。K^+与糖代谢、蛋白质代谢过程及酸碱平衡

有关。

⑤钙和磷主要存在于骨骼和牙齿中，体液中的钙、磷含量很少，但体液中的钙、磷在维持机体的正常机能中却起着非常重要的作用。饲料中钙、磷的存在形式，钙、磷比例，维生素D需要量及肠道pH值等均会影响动物对钙、磷的吸收。钙、磷以骨盐的形式沉积于骨骼中，当血钙、血磷浓度降低时，骨盐会通过溶骨作用溶解后再回到血液中。

⑥动物体液的正常pH值为7.24～7.54。动物通过血液中的缓冲体系、肺脏呼吸和肾脏的排泄作用共同调节体液的酸碱平衡。体液酸碱平衡失常分为4种，即代谢性酸中毒、代谢性碱中毒、呼吸性酸中毒和呼吸性碱中毒。

[目标测试]

一、名词解释(4分×5)

碱储　体液　脱水　代谢性酸中毒　酸碱平衡

二、填空题(1分×20)

1. 细胞外液的阳离子以________为主，阴离子以________和________为主；而细胞内液的阳离子主要以________为主，阴离子以________为主。

2. 动物血浆的pH值一般为________，如果高于________或低于________，动物就会死亡。

3. 体内Na^+排出的途径有________、________和________排出。肾脏对K^+的________能力很强。

4. 草食动物饲料中必须补充食盐，其原因是________。

5. 体液酸碱平衡失常分为4种，即________、________、________和________。

6. 体液分为________和________，血浆是最重要的________。

三、选择题(2分×5)

1. 人体内下列哪种酸产量最多？(　　)。

A. 乳酸　B. 碳酸　C. 硫酸　D. 尿酸

2. 下列哪种物质是产碱物质？(　　)。

A. 肉类　B. 鱼类　C. 蛋类　D. 蔬菜和水果

3. 维持血浆渗透压的主要物质是(　　)。

A. 蛋白质　B. HPO_4^{2-}　C. 尿素　D. Na^+和Cl^-

4. 下列哪种溶液为等渗溶液？(　　)。

A. 5%葡萄糖　B. 10%葡萄糖　C. 0.97%氯化钠　D. 5%葡萄糖盐水

5. 下列哪种情况不会引起低血钾？(　　)。

A. 禁食　B. 呕吐　C. 腹泻　D. 严重烧伤

四、判断改错(2分×5)

1. 低血钾常伴随酸中毒。(　　)

2. 钙的吸收是主动吸收，而有机磷则需要经过酶水解为无机磷后，伴随钙的吸收而被动吸收。(　　)

3. 草食动物饲料中需要补充食盐，肉食动物不需要补充食盐。(　　)

4. 在正常情况下,不论机体摄入 K^+ 多少,肾脏总是能很快地把血浆中的钾排掉,而不使细胞外液中 K^+ 的浓度升高。 (　　)

5. 血清中的钙主要以离子钙的形式存在。 (　　)

五、简答题(40 分)

1. 血液中存在哪些缓冲体系?(10 分)

2. 机体是如何调节体液的酸碱平衡的?(15 分)

3. 比较细胞内液、细胞外液和血浆在溶质组成上的不同。(15 分)

[知识拓展]

人的酸性体质

最新的科学研究表明,人体的健康状况与其体液酸碱度有着极密切的关系。一般而言,体质强健、精力充沛的人,其体液始终保持弱碱性;体质较差、容易犯困乏力的人,其体液常常呈酸性。

一般认为,在心情平静、正常饮食的情况下,当个体的清晨静脉血的 pH 值连续 4 天低于 7.35,同时该个体的尿液、唾液的 pH 值连续 4 天分别低于 6.5(尿液)、6.8(唾液)时,该个体属于酸性体质。研究调查表明,发达国家约有 90% 的人是酸性体质,处于亚健康状态。中国人则得益于优秀的饮食文化和农村人口比例高的原因,使得酸性体质人口比例只占总人口的 50% ~60%,但目前有明显增加的趋势。在北美和欧洲,体质的酸碱性普遍为人们所关注,碱性体质已成为健康的代名词。

研究表明,酸性体液致病的原因在于:①导致酶促反应效率下降;②导致血液黏度上升,流动性下降;③导致细菌和真菌在体内过度活跃;④导致免疫系统的反应速度和敏感度下降;⑤会改变血红细胞的物理特性,影响血液微循环的效率。

偏酸性体质的生理表征有:①皮肤无光泽,脸上容易长出不明物;②香港脚或身上容易长湿疹;③容易疲劳,如稍做运动即感疲劳,一上车便想睡觉;④容易肥胖,下腹突出;⑤常出现便秘、口臭现象;⑥容易淤青;⑦四肢容易冰冷。

造成人体体液酸化加剧的原因包括 4 个方面,即环境污染、压力(如紧张、焦虑等)、不良生活习惯(如熬夜、吸烟、酗酒、缺少运动及过量运动等)和不合理的饮食(如过量的肉食、甜食等)。

为避免酸性体质,应注意以下几点:不熬夜,不吃宵夜,不可不吃早餐,不要吃太多精致食物,不要喝太多酒。总之,正常作息加上适当运动,配合合适的高纤维、碱性饮食,是改变酸性体质,远离疾病的法宝。

常见食物的酸碱性分类如下表所示:

分　类	食　物	注意事项
碱性程度较强的	葡萄、苹果、茶叶、海带、田螺、黑木耳等	茶类不宜过量，最佳饮用时间为上午9:00—11:00。
碱性程度中等的	大豆、胡萝卜、西红柿、菠菜、油菜、芹菜、榨菜、南瓜、蛋白、香蕉、桔子、草莓、柠檬、紫菜、大豆代乳粉等	
碱性程度较弱的	赤豆、萝卜、甘蓝菜、洋葱等蔬菜，豆腐等豆类制品，水果	
酸性程度较强的	蛋黄、乳酪、西式甜糕点、白糖、柿子等	
酸性程度中等的	火腿、鸡肉、猪肉、牛肉、鳗鱼、面包、小麦、奶油等	
酸性程度较弱的	大米、花生、玉米、油榨豆腐、海苔、泥鳅等	

第10章

现代生物技术在动物生产与实验室检测中的应用

本章导读:本章重点讲述分光光度技术、PCP技术、酶联免疫技术、离心分离技术、凝胶电泳技术、层析技术等现代生物技术的基本原理、方法及其在现代动物生产、实验室检测等方面的应用,并以工作任务为驱动设计实验项目,体现工与学结合,理论与实践结合,通过与生产及实验室工作紧密相关的实验,使学生掌握现代生物技术检测的方法和手段。

10.1 分光光度技术

利用紫外光、可见光、红外光和激光等测定物质的吸收光谱,利用对光谱吸收的差异,对物质结构进行定性、定量分析的方法,称为分光光度法或分光光度技术。该方法是现代生物化学研究工作中最基础的技术之一。分光光度法具有简单、快速、灵敏度高等特点,广泛应用于微量组分的测定。通常可测定含量在 $10^{-4} \sim 10^{-1}$ mg/L 的痕量组分。分光光度法如同其他仪器分析方法一样,也具有相对误差较大(一般为1% ~5%)的缺点。但对于微量组分测定来说,由于绝对误差很小,测定结果也是令人满意的。在现代仪器分析中,有60%左右采用或部分采用了这种分析方法。常用于氨基酸含量的测定、核酸含量的测定、蛋白质含量的测定、酶活力测定、矿物元素、生物大分子的鉴定、酶催化反应动力学的研究以及细菌生长浓度的定量等。

10.1.1 分光光度技术的基本原理

1)物质的颜色和光的关系

光是一种电磁波。自然光是由不同波长(400 ~700 nm)的电磁波按一定比例组成的混合光,通过棱镜可分解成红、橙、黄、绿、青、蓝、紫等各种颜色相连续的可见光谱。如把两种光以适当比例混合而产生白光感觉时,则这两种光的颜色互为补色(如图10.1)。

当白光通过溶液时,如果溶液对各种波长的光都不吸收,溶液就没有颜色。如果溶

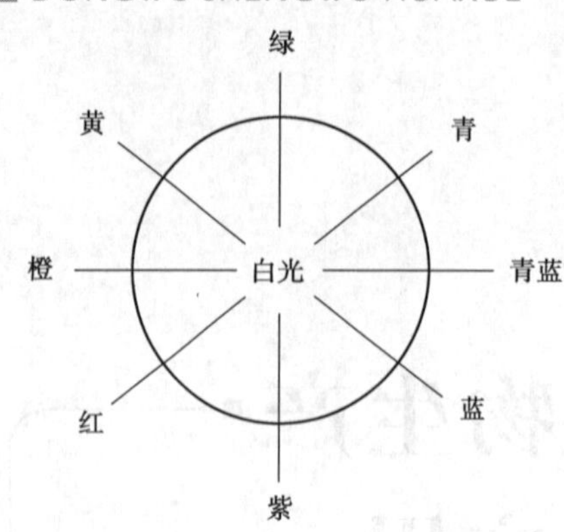

图 10.1　光的互补色示意图

液吸收了其中一部分波长的光，就呈现出透过溶液后剩余部分光的颜色。例如，我们看到 $KMnO_4$ 溶液在白光下呈紫红色，就是因为白光透过溶液时，绿色光大部分被吸收，而其他各色都能透过。在透过的光中除紫红色外都能两两互补成白色，所以 $KMnO_4$ 溶液呈现紫红色。同理，$CuSO_4$ 溶液能吸收黄色光，所以溶液呈蓝色。由此可见，有色溶液的颜色是被吸收光颜色的补色。吸收越多，则补色的颜色越深。比较溶液颜色的深度，实质上就是比较溶液对它所吸收光的吸收程度。表 10.1 列出了溶液的颜色与吸收光颜色的关系。

表 10.1　溶液的颜色与吸收光颜色的关系

溶液颜色		绿	黄	橙	红	紫红	紫	蓝	青蓝	青
吸收光	颜色	紫	蓝	青蓝	青	青绿	绿	黄	橙	红
	波长/nm	400 ~ 450	451 ~ 480	481 ~ 490	491 ~ 500	501 ~ 560	561 ~ 580	581 ~ 600	601 ~ 650	651 ~ 760

有些无色溶液，虽然对可见光无吸收作用，但所含的溶质可以吸收特定波长的紫外线或红外线。朗伯—比尔定律是分光光度技术分析的基础，这个定律阐明了有色溶液对单色光的吸收程度与溶液及液层厚度间的定量关系。

2）朗伯—比尔（Lambert-Beer）定律

当一束平行单色光（只有一种波长的光）照射有色溶液时，光的一部分被吸收，一部分透过溶液（如图 10.2）。

设入射光的强度为 I_0，溶液的浓度为 c，液层的厚度为 b，透射光强度为 I，则

$$\lg \frac{I_0}{I} = Kcb$$

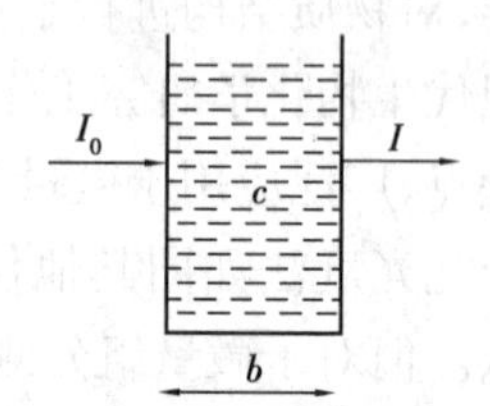

图 10.2　光吸收示意图

式中 $\lg I_0/I$ 表示光线透过溶液时被吸收的程度，一般称为吸光度（A）或消光度（E），又称光密度"OD"（Optical Density）。因此，上式又可写为：

$$A = Kcb$$

式中，K——吸光系数，是物质对某波长的光的吸收能力的量度。当溶液浓度 c 和液层厚度 b 的数值均为 1 时，$A = K$，即吸光系数在数值上等于 c 和 b 均为 1 时溶液的吸光度。K 越大，吸收光的能力越强，相应的分光度法测定的灵敏度就越高。对于同一物质和一定波长的入射光而言，它是一个常数。

b——样品光程（cm），通常使用 1.0 cm 的吸收池，$b = 1$ cm。

c——样品浓度（mol/L）。

由上式可以看出：吸光度 A 与物质的吸光系数"K"、物质的浓度"c"成正比。

比色法中常把 I/I_0 称为透光度，用 T 表示，透光度和吸光度的关系如下：

$$A = \lg \frac{I_0}{I} = \lg \frac{I}{T} = -\lg T$$

朗伯—比尔定律不仅适用于可见光,而且也适用于紫外和红外光区;不仅适于均匀、无散射的溶液,而且也适用于均匀、无散射的固体和气体。

10.1.2 分光光度计简介

分光光度技术使用的检测仪器称为分光光度计,该仪器能从含有各种波长的混合光中将每一单色光分离出来并测量其强度,并且灵敏度高,测定速度快,应用范围广。使用的光波范围是200~1 000 nm,其中紫外光区200~400 nm、可见光区400~760 nm、红外光区760~1 000 nm。分光光度计因使用的波长范围不同而分为紫外光区、可见光区、红外光区以及万用(全波段)分光光度计等。各种型号的紫外/可见分光光度计,无论是何种形式,基本上都由5部分组成:①光源;②单色器(包括产生平行光和把光引向检测器的光学系统);③样品室;④接收检测放大系统;⑤显示或记录器。

国产分光光度计常用的可见光系列有:721,722,723等型号,紫外/可见光系列有:751,752,753,754,756等型号,主要生产厂为上海分析仪器总厂等;进口的分光光度计常用的有瑞士KONTRON康强公司生产的UNICON 860型紫外/可见光分光光度计、德国耶拿(蔡司)公司生产的SPECORD 200型高档紫外/可见光分光光度计等。

不同型号的分光光度计使用方法有所差异,使用前一定要仔细阅读说明书,但基本都包括以下步骤:

①接通稳压器电源,待稳压器输出电压稳定至220 V后打开电源,仪器自动进入初始化。

②初始化约需时10 min,其内容包括:

A. 寻找零级光;

B. 建立基线;

C. 最后当显示器指示××nm时,表明仪器完成初始化程序,可进入检测状态。

③按要求输入各项参数,选择相应比色杯(玻璃或石英),将空白管、标准管及待测管依次放入比色皿架内,关上比样品室盖。

④以空白管自动调零。

⑤试样槽依次移至样品位置,待数据显示稳定后按“START/STOP”键,打印机自动打印所测数据。重复上述步骤,直到所有样品检测完毕。

⑥检测结束后应及时取出比色杯,并清洗干净放回原处,同时关上仪器电源开关及稳压器电源开关,做好使用情况登记。

工作任务1　双缩脲法测定动物血清中蛋白质含量

1. 任务背景

蛋白质是生物体和生物制品的重要组成部分,蛋白质含量直接关系到生物体代谢状况生物制品的质量,所以蛋白质的检测十分重要。目前蛋白质含量的检测,采用的国家标准是凯氏定氮法,此法的缺点:

①样品需要消化处理,时间长,测定过程烦琐。

②测定的是含氮化合物(其中包括一些非蛋白氮),结果为粗蛋白含量。

③适用于常量成分检测。双缩脲法测定蛋白质的含量,相对于凯氏定氮法,操作简单,具有快速、准确度高、灵敏度高等优点,是检测蛋白质含量常用的方法。

2. 任务目标

①学习722-型分光光度计的使用原理,练习其使用方法。

②掌握用双缩脲法测定蛋白质含量的原理和方法。

③查阅资料,了解双缩脲法测定蛋白质含量在生产实践中的应用。

3. 工作原理

具有两个或两个以上肽键的化合物皆有双缩脲反应。在碱性溶液中双缩脲与铜离子结合,形成复杂的紫红色复合物。而蛋白质及多肽的肽键与双缩脲结构类似,也能与铜离子形成紫红色配位化合物,其最大光吸收在540 nm处。吸光度A与蛋白质浓度成正比,而与蛋白质的相对分子质量及氨基酸的组成无关,该法测定蛋白质的浓度范围适于1~10 mg/ml。

4. 工作准备

准备项目	试剂及器材名称	试剂制备
试剂	双缩脲试剂	硫酸铜($CuSO_4 \cdot 5H_2O$)1.50 g;酒石酸钾钠5.00 g;H_2O 500.0 ml;10%的NaOH溶液(不含Na_2SO_4)300 ml;H_2O加至1 000 ml,此溶液可长期保存,如产生暗红色沉淀,则应废弃重配。
	标准蛋白质溶液	准确称取试剂级牛血清蛋白(或酪蛋白),用0.05 mol/L的NaOH溶液准确配成10 mg/ml浓度的标准蛋白溶液。

续表

准备项目	试剂及器材名称	试剂制备
仪器	722-型分光光度计	
	恒温水浴锅	
	容量瓶(10 ml)	
	移液管(2.00 ml,5.00 ml)	
材料	家畜血清	

5. 工作流程

样品处理⟶标准管制作与样品测定⟶数据处理

1)流程1:样品处理

家畜血清液用水稀释10倍,置于冰箱保存备用。

2)流程2:标准管制作与样品测定

取8支10 ml的容量瓶,按表10.2加入试剂,用蒸馏水稀释定容至刻度。

表10.2 双缩脲法测定蛋白质含量

管 号	0	1	2	3	4	5	样品1	样品2
蛋白质标准液(ml)	0	0.8	1.2	1.6	2.0	2.4	血清2 ml	血清2 ml
双缩脲试剂(ml)	5.0	5.0	5.0	5.0	5.0	5.0	5.0	5.0
蛋白质含量(mg/ml)	0	0.8	1.2	1.6	2.0	2.4		
A_{540}nm								

混合均匀,37 ℃水浴中放置20 min,以空白(0号管)调零点,于540 nm波长下用分光光度计测定各管吸光度A,填入表中。

3)流程3:数据处理

(1)标准曲线的绘制

①用坐标纸绘制标准曲线。以A_{540}为纵坐标(0~5号管),蛋白质浓度C为横坐标,绘制标准曲线。

②用Excel绘制标准曲线。

A.标准曲线的绘制。

新建Excel表格,在第一行依次输入标准溶液浓度,第二行依次输入标准溶液吸光度值——选中所得数据区——用鼠标单击“图表向导”插入图表——鼠标单击“标准类型”——“*XY*散点图”——选系列产生在“行”——点击“完成”(可视情况对图表进行编辑)。

B.得出计算公式,求出K值。

选中所绘图表——点击“图表”按钮——选“添加趋势线”——“选项”——选中设置

截距 =“0”“显示公式”“显示 R^2 值”——单击确定。即得到 XY 计算公式,公式前面所显示的数值即为 K 值,由 $A=KC$ 计算出所测样品溶液中蛋白质的浓度,R^2 值则可反映公式可靠性的高低。

(2)计算

将所测样品 1,2 的吸光度 A 取平均值计算,在标准曲线中查出或由公式计算出相对应的浓度,按下式算出血清样品蛋白质含量。

$$\text{血清样品蛋白质含量(mg/100 ml)} = \frac{Y \times N}{V/V'} \times 100$$

式中,Y——标准曲线查得或计算所得蛋白质得浓度(mg/ml);

N——稀释倍数;

V——所取血清样品的体积(ml);

V'——容量瓶定容后样品的体积(ml)。

6. 操作心得

①各种双缩脲试剂的配法、加量及室温静置时间均有差异。

②一旦标准曲线制定后,样品的测定则必须与标准曲线制定的条件一致,否则结果有差异。

③标准曲线的制作可以利用 Excel,其中 R 值在 0.999 以上,蛋白质浓度也可直接利用 Excel 进行计算。

④对于少量样品也可以采用标准管法进行测定,计算公式为:

$$\text{血清样品蛋白质含量(mg/100 ml)} = \frac{\text{测定管吸光度}}{\text{标准管吸光度}}\text{标准溶液浓度} \times \text{稀释倍数} \times 100$$

7. 思考题

干扰本实验的因素有哪些?

工作任务 2　紫外吸收法测定蛋白质含量

1. 任务背景

紫外光谱吸收法测定蛋白质含量是不需要任何试剂,将蛋白质溶液直接在紫外分光光度计中测定的方法。该操作方法由于受测定样本与标准蛋白中酪氨酸和色氨酸含量是否一致、样品中是否含有嘌呤、嘧啶等吸光物质的影响,常用做蛋白质粗略测定的依据。但是该测定方法具有操作方法简单、灵敏快速、样品可以回收、不消耗试剂、不受低浓度盐干扰等优点,在蛋白质和酶生化制备中广泛应用,特别是在柱层析分离中利用 280 nm紫外法检测来判断蛋白质吸附或洗脱情况是最常用的方法。

2. 任务目标

①理解紫外吸收法测定蛋白质含量的原理。

②熟练掌握用紫外分光光度计测定蛋白质含量的操作方法与计算。

③查阅资料，了解紫外分光光度法在实际生产检测中的应用。

3. 工作原理

由于蛋白质中存在着含有共轭双键的酪氨酸和色氨酸，因此蛋白质具有吸收紫外线的性质，最大吸收峰在 280 nm 波长处。在此波长范围内，蛋白质溶液的吸光度 A_{280} 与其浓度呈正比关系，可作定量测定。

4. 工作准备

准备项目	试剂及器材名称	试剂制备
试剂	标准牛血清白蛋白溶液(1 mg/ml)	准确称取 100 mg 牛血清蛋白，在 100 ml 容量瓶中加生理盐水至刻度。溶后分装，放于 –20 ℃冰箱保存。
	0.9% NaCl 溶液	
仪器	紫外分光光度计	
	容量瓶(10 ml)	
	移液枪(吸量管)	
材料	动物血清或者其他待测的蛋白质样品	

5. 工作流程

标准曲线绘制→样品中蛋白含量测定→数据处理

1) 工作流程 1：标准曲线的制备

取 6 支 10 ml 容量瓶按下表操作加入标准蛋白质溶液后，用蒸馏水稀释定容至 10 ml (如表 10.3)。

表 10.3 紫外吸收法测定蛋白质含量

管 号	1	2	3	4	5	6
标准蛋白质溶液/ml	0	1.0	1.5	2	2.5	3.0
蛋白质含量/(mg/ml)	0	0.10	0.15	0.20	0.25	0.30
A_{280}						

充分混匀，选用光程为 1 cm 的石英比色杯，在 280 nm 处测定各管的吸光度值。以蛋白质浓度为横坐标，吸光度为纵坐标绘出标准曲线作为定量的依据。

2)工作流程2:样品中蛋白质测定

①取待测蛋白质样品 2 ml 于 10 ml 容量瓶中,加上蒸馏水定容至刻度,混匀。按照上述方法测定 280 nm 处的吸光值,即可从标准曲线上测出蛋白质的浓度。

②其他方法。

将待测蛋白质溶液适当稀释,在 260 nm 和 280 nm 波长处分别测定光吸收值,然后利用 A_{280} 和 A_{260} 吸收差求出蛋白质的浓度。

Lowry-Kalckar 公式:蛋白质含量(mg/ml) = $1.45\ A_{280} - 0.74\ A_{260}$

Warbury-Christian:蛋白质含量(mg/ml) = $1.55\ A_{280} - 0.76\ A_{260}$

3)工作流程3:数据处理

①整理不同方法测定的结果。

②比较不同测定方法对同一待测样品测定结果的差异。

6. 操作心得

①若样品中含有核酸,会对结果出现较大干扰。核酸在 280 nm 处也有光吸收,它对 260 nm 紫外光的吸收更强。但蛋白质恰恰相反,在 280 nm 的紫外吸收值大于 260 nm 的紫外吸收值。利用他们这些性质,通过计算可以适当校正核酸对测定蛋白质含量的干扰。

②为提高蛋白质含量测定的误差,使测定样品与标准蛋白中酪氨酸和色氨酸的含量差异尽可能得小。

7. 思考题

①紫外吸收法测定蛋白质的优缺点是什么?

②可以采取什么措施使紫外吸收法测定蛋白质含量的数据尽可能接近真实值?

工作任务3　核酸的定量测定

1. 任务背景

核酸广泛存在于所有动物细胞、植物细胞和微生物内,生物体内的核酸常与蛋白质结合,形成核蛋白。核酸是生命的最基本物质之一。根据化学组成不同,核酸可分为核糖核酸,简称 RNA 和脱氧核糖核酸,简称 DNA。DNA 是储存、复制和传递遗传信息的主要物质基础,RNA 在蛋白质合成过程中起着重要作用。核酸的定量测定对许多基础研究和临床诊断具有重要意义。

2. 任务目标

①初步学会用定磷法测定核酸的原理和方法。

②进一步熟悉标准曲线绘制与分光光度计的使用方法。

③查阅资料,了解核酸常见的测定方法。

3. 工作原理

RNA 和 DNA 的平均含磷量分别为 9.5% 和 9.9%，故先将核酸消化成无机磷，再用钼蓝比色法测定其中磷的含量，便可计算出核酸的含量。

1）粗核酸的消化反应

$$\text{粗核酸} + H_2SO_4 \xrightarrow{\text{加热}} H_3PO_4 + (NH_4)_2SO_4 + CO_2\uparrow + SO_2\uparrow + SO_3\uparrow$$

消化后期加入数滴 H_2O_2，使碳、磷等氧化完全。由于生成的 H_3PO_4 在高温下脱水生成焦磷酸和偏磷酸，因此，再加入少量水，使之水解为磷酸。

2）定磷试剂的显色反应

在酸性条件下，定磷试剂中的钼酸与样品中的磷酸反应生成磷钼酸铵，再在还原剂抗坏血酸的作用下，被还原为钼蓝。

$$PO_4^{3-} + 3NH_4^+ + 12MoO_4^{2-} + 24H^+ \longrightarrow \underset{\text{磷钼酸铵（黄色）}}{(NH_4)_3PO_4 \cdot 12MoO_3} + 12H_2O$$

$$\text{磷钼酸铵} \xrightarrow{\text{还原剂}} \text{钼蓝}$$

4. 工作准备

准备项目	试剂及器材名称	试剂制备
试剂	标准磷溶液	将分析纯 KH_2PO_4 于 105 ℃烘至恒重后，在干燥器中冷至室温，然后准确称取 0.219 5 g（含磷 50 mg），溶于水中，定容至 50 ml（含磷量为 1 mg/ml），储于冰箱中待用，临用时再准确稀释 100 倍（含磷量为 10 μg/ml）。
	定磷试剂	3 mol/L H_2SO_4∶水∶2.5% 钼酸铵∶10% 抗坏血酸 = 1∶2∶1∶1（体积比）。临用时按上述顺序加试剂混匀。
	30% 过氧化氢	
	5 mol/L H_2SO_4	
仪器	722-型分光光度计	
	凯氏烧瓶（25 ml）	
	容量瓶（10 ml）	
	容量瓶（50 ml）	
	电炉	
	恒温水浴箱	
	吸量管（5 ml）	
	小漏斗	
材料	市售酵母核糖核酸或从酵母等材料中提取	

5. 工作流程

粗核酸样品液的制备⟶标准管制作与样品液的测定⟶数据处理

1)流程1:粗核酸样品液的制备

(1)粗核酸液配制

准确称取粗核酸样品0.2 g,用少量水溶解(如不溶可滴数滴5%氨水至pH=7),转移至50 ml容量瓶中,加水至刻度(含粗核酸4 mg/ml)。

(2)样品液消化

取两只25 ml凯氏烧瓶,一只中准确加入粗核酸样品0.5 ml,另一只中加入0.5 ml蒸馏水作为空白对照,然后在两个烧瓶中各加入1.5 ml 5 mol/L H_2SO_4 溶液,瓶中插一个小漏斗,放入通风橱内,在电炉上加热消化1~2 h。消化过程中颜色变化过程为黄褐—黑褐—黄褐—淡黄时,稍冷后加入2~3滴30% H_2O_2,继续加热至微黄色或无色透明为止。稍冷后,加入0.5 ml蒸馏水,再煮沸数分钟,使焦磷酸水解成磷酸。待消化液完全冷却后,移入50 ml容量瓶中定容备用。

2)流程2:标准曲线的制作和样品液的测定

(1)标准曲线绘制

取6支10 ml容量瓶,按表10.4加入试剂,用蒸馏水稀释至10 ml,摇匀,于45 ℃恒温水浴中保温15~20 min,取出冷却。以1号管为参比溶液,测定吸光度 A 值(660 nm波长)。以磷含量为横坐标,吸光度 A 为纵坐标,绘出标准曲线(如表10.4)。

表10.4 定磷法测定核酸含量标准曲线的绘制

管 号	1	2	3	4	5	6
标准磷液(ml)	0	0.4	0.6	0.8	1.0	1.2
定磷试剂(ml)	5.00	5.00	5.00	5.00	5.00	5.00
含磷量(mg/ml)	0	0.04	0.06	0.08	0.10	1.2
A_{660} nm						

(2)样品的测定

按表10.5配制样品溶液,以消化空白液为参比溶液,测定吸光度 A 值(660 nm波长)。

表10.5 样品的测定

管 号	1	2
消化空白溶液(ml)	5.00	0
消化核酸样品	0	5.00
定磷试剂(ml)	5.00	5.00
含磷量(mg/ml)		
A_{660} nm		

(3)无机磷的测定

若核酸样品含有游离的磷酸盐(一般购买的核酸试剂中,含磷酸盐很少,此步可不测定),需测定其含量。测定过程为:取未消化的粗核酸配制液(4 mg/ml)0.5 ml,于50 ml容量瓶中,加水至刻度。取此稀释液4.0 ml于试管中,加定磷试剂4.0 ml混匀,于45 ℃水浴中保温15~20 min,以标准1号管为空白进行吸光度的测定。由标准曲线查出或计算出无机磷的微克数,再乘以稀释倍数,即得每毫升样品中无机磷的含量。

3)流程3:结果处理

$$\text{RNA 含量} = (\text{总磷量} - \text{无机磷量}) \times \frac{100}{9.5}$$

若样品不含游离无机磷,则按下式计算:

$$\text{RNA} = \frac{\dfrac{\text{磷微克数}}{\text{测定时取消化液毫升数}} \times \text{稀释倍数} \times 10.5}{\text{样品质量}(\mu g)} \times 100\%$$

式中 10.5——磷与核酸的换算系数,即100/9.5=10.5。

6. 操作心得

①要求试剂及所有器皿清洁,不含磷。

②每管加样和测定均要求平行操作。

③消化溶液定容后务必上下颠倒混匀后再取样。

④各种试剂必须用移液管按顺序准确量取,移液管口用吸水纸擦净,溶液尽量加到试管下部,标准溶液要求用差量法。

⑤测定吸光值时,用一个比色杯装参比溶液调节分光光度计零点,另一个比色杯按照从低浓度到高浓度的顺序测定,切忌甩比色杯,将蓝色溶液撒在仪器和地面上。

7. 思考题

①实验所用的水质、试剂质量、定磷试剂的酸度对测定结果有什么影响?

②定磷法操作注意哪些操作环节?

工作任务4 动物可溶性糖的测定

1. 任务背景

生物组织中普遍存在的可溶性糖种类较多,常见的有葡萄糖、果糖、麦芽糖和蔗糖,它们为有机体生命过程中提供能量,或转化为其他物质。它们在生物体内的分布状况,可以反映生物体内糖类化合物的运转状况,在生命活动中具有重要作用。此外,水果、蔬菜、食品中可溶性糖含量的多少,也是鉴定其品质的重要指标。所以,可溶性糖含量的测定不仅是研究生物体代谢,而且也是临床诊断和食品检测中必不可少的一项分析技术。

2. 任务目标

①学会用3,5-二硝基水杨酸比色法测定还原糖的含量。

②熟练掌握绘制标准曲线的方法,巩固722型分光光度计的使用方法。

3. 工作原理

在NaOH和丙三醇存在的条件下,3,5-二硝基水杨酸(DNS)与还原糖共热后被还原生成氨基化合物。在过量的NaOH碱性溶液中此化合物呈橘红色,在540 nm波长处有最大吸收,在一定的浓度范围内,还原糖的含量与光吸收值呈线性关系,利用比色法可测定样品中的含糖量。

4. 工作准备

准备项目	试剂及器材名称	试剂制备
试剂	3,5 二硝基水杨酸(DNS)试剂	称取6.5 g DNS溶于少量热蒸馏水中,溶解后移入1 000 ml容量瓶中,加入2 mol/L氢氧化钠溶液325 ml,再加入45 g丙三醇,摇匀,冷却后定容至1 000 ml。
	葡萄糖标准溶液	准确称取干燥至恒重的葡萄糖200 mg,加少量蒸馏水溶解后,以蒸馏水定容至100 ml,即含葡萄糖为2.0 mg/ml。
	6 mol/L HCl	取250 ml浓HCl(35%~38%)用蒸馏水稀释到500 ml。
	碘—碘化钾溶液	称取5 g碘,10 g碘化钾溶于100 ml蒸馏水中。
	6 mol/L NaOH	称取120 g NaOH溶于500 ml蒸馏水中。
	0.1%酚酞指示剂	
仪器	722-型分光光度计	
	恒温水浴箱	
	容量瓶(10 ml,100 ml,1 000 ml)	
	吸量管(20 ml,5 ml,1 ml)	
	量筒(100 ml)	
	烧杯、大试管等	
材料	动物血液或肝脏	

5. 工作流程

样品中还原糖的提取⟶样品总糖的水解及提取⟶样品中糖含量的测定⟶数据处理

1)流程1:样品中还原糖的提取

准确称取2 g动物血液或肝脏,研碎,放在100 ml的烧杯中,加入约40 ml蒸馏水,混匀,于50 ℃恒温水浴中保温20 min,不时搅拌,使还原糖浸出。过滤,将滤液全部收集在50 ml的容量瓶中,用蒸馏水定容至刻度,即为还原糖提取液。

2)流程2:样品总糖的水解及提取

准确称取2 g动物血液或肝脏,研碎放在大试管中,加入6 mol/L HCl 10 ml,蒸馏水15 ml,在沸水浴中热0.5 h,取出1~2滴,置于白瓷板上,加1滴I-KI溶液以检查水解是否完全。如已水解完全,则不呈现蓝色。水解完毕,冷却至室温后加入1滴酚酞指示剂,以6 mol/L NaOH溶液中和至溶液呈微红色,并定容到100 ml,过滤取滤液10 ml于100 ml容量瓶中,定容至刻度,混匀,即为稀释1 000倍的总糖水解液,用于总糖测定。

3)流程3:样品中糖含量的测定

取10支10 ml容量瓶,编号后按表10.6加入试剂后,在沸水浴中加热5 min,立即用冷水冷却,用蒸馏水定容至10 ml,将各容量瓶溶液混匀后,以第一瓶为空白,在520 nm波长下比色。

表10.6 样品中糖含量的测定

项目	标准溶液试管号						样品管号				
管号 项目	1	2	3	4	5	6		还原糖		总糖	
								7	8	9	10
葡萄糖溶液(ml)	0	0.4	0.6	0.8	1.0	1.2	样品	1.0	1.0	1.0	1.0
蒸馏水(ml)	2.0	1.6	1.4	1.2	1.0	0.8		1.0	1.0	1.0	1.0
DNS试剂(ml)	1.0	1.0	1.0	1.0	1.0	1.0		1.0	1.0	1.0	1.0
含糖(mg/ml)	0	0.08	0.12	0.16	2.0	2.4					
加热	在沸水浴中加热5 min										
冷却	立即用冷水冷却										
蒸馏水(ml)	7	7	7	7	7	7	7	7	7	7	7
A_{520} nm											

4)流程4:数据处理

(1)标准曲线的绘制定

用Excel处理数据,得出标准曲线、含糖浓度与吸光度A的关系式,计算出含糖浓度C。

(2)按下式算出样品中还原糖的总糖的百分含量

$$还原糖(以葡萄糖计)\% = \left(C \times \frac{V}{m} \times 1\ 000\right) \times 100$$

$$总糖(以葡萄糖计)\% = \left(C \times \frac{V}{m} \times 1\ 000\right) \times 100$$

式中 C——还原糖或总糖提取液的浓度(mg/ml);
V——还原糖或总糖提取液的总体积(ml);
m——样品的重量(g);
1 000——g 换算成 mg。

6. 操作心得

①标准曲线制作与样品含糖量测定应同时进行,一起显色和比色。

②在检测过程中,检测人员必须熟练掌握具体操作步骤,把关键的步骤掌握好,使检测质量能够在可以控制的范围内,不受操作者个人影响。

7. 思考题

①还原糖与非还原糖在结构上的主要差异是什么?

②简述糖在动物体内的存在方式。

③实验中,空白管的主要作用是什么?

④糖测定过程中的干扰物质有哪些?如何除去?

工作任务 5 血清总脂的测定

1. 任务背景

血脂是血浆(清)中的中性脂肪(甘油三酯、胆固醇)和类脂(磷脂、糖脂、固醇、类固醇)的总称,它广泛存在于人体和动物体中,是生命细胞的基础代谢必需物质。血浆脂类含量虽只占全身脂类总量的极小一部分,但外源性和内源性脂类物质都需经血液运转于各组织之间。血脂在一般情况下,有一定的波动范围,反映生物体脂肪代谢的正常与否,是生物体多种疾病的检测指标。动物体在不同的生理条件下,血脂成分含量波动范围均较大,单凭一两种血脂成分的高低难以判断病理变化,因此,临床上常常采用早晨空腹时取血,测定血浆总脂含量。

2. 任务目标

①了解香草醛法进行血清总脂测定的原理,学会测定方法和结果计算。

②查阅相关资料,了解血清总脂的含量与生物体代谢之间的关系。

3. 工作原理

血清中的不饱和脂类与硫酸作用,水解后生成正碳离子。试剂中的磷酸与香草醛作用,产生芳香族磷酸酯,使醛基变成反应性增强的羰基。正碳离子与磷酸香草脂的羰基起反应,生成红色的醌类化合物。

4. 工作准备

准备项目	试剂及器材名称	试剂制备
试剂	香草醛溶液(0.6%)	称取香草醛 0.6 g,用蒸馏水溶解并稀释至 100 ml。储存于棕色瓶内,可保存 2 个月。
	总脂标准液(4 mg/ml)	精确称取纯胆固醇 400 mg,置于 100 ml 容量瓶内,用冰醋酸溶解并稀释至 100 ml。
	浓磷酸(AR)	
	浓硫酸(AR)	
仪器	722-型分光光度计	
	电炉	
	蒸锅	
	吸量管等	
	试管	
材料	动物血清	

5. 工作流程

正碳离子的生成──→醌类化合物的生成与吸光度测定──→数据处理

1)流程 1:正碳离子的生成

①取试管 3 支,按表 10.7 进行操作。

表 10.7 样品中总脂含量的测定

试 剂(ml)	空白管	标准管	测定管
血清	0	0	0.05
总脂标准液	0	0.05	0
浓硫酸	0	1.2	1.2

②充分混匀,置于沸水中加热 10 min,使脂类水解,并生成正碳离子,取出后冷水浴中冷却。

2)流程 2:显色反应与吸光度测定

接着按表 10.8 进行操作。

充分混匀,20 min 后,在 525 nm 波长处进行比色测定。用空白管调节零点,分别读取各管的吸光度。

表 10.8 样品中糖含量的测定

试　剂(ml)	空白管	标准管	测定管
吸取上述水解液于另一试管中	0	0.2	0.2
浓磷酸	3.0	2.8	2.8
0.6%香草醛溶液	1.0	1.0	1.0
吸光度 A			

3)流程 3:数据处理

$$\text{血清总脂(mg/100 ml)} = \frac{\text{测定管吸光度}}{\text{标准管吸光度}} \times 0.05 \times 4 \times \frac{100}{0.05} = \frac{\text{测定管吸光度}}{\text{标准管吸光度}} \times 100$$

式中,0.05——总脂标准溶液经两步稀释后的最终终浓度(mg/100 ml);

4——分光光度计所测定样品的总体积。

6. 操作心得

①血清总脂是血清中各种脂类物质的总称。本实验的显色强度与脂肪酸的饱和度有关,所以测定结果与所采用的参考标准物有关。一般认为,血清中的饱和脂类与不饱和脂类之比为 3:7,用胆固醇作为标准物,与上述情况比较接近。

②血清中脂质含量过多时,可用生理盐水稀释后再进行测定,并将结果乘以稀释倍数。

7. 思考题

①血脂在血液中的运输方式有哪些?

②香草醛测定血清总脂的原理是什么?

[知识拓展]

①饲料占养殖业生产成本的很大一部分,所以饲料中各种营养物质的合理搭配、各营养物质含量满足生物体正常代谢需求,是提高饲料中营养成分利用率,进而提高畜禽生产性能,实现养殖户增收节支的关键。饲料中通常都含有碳水化合物、蛋白质、脂肪、矿物质、维生素和水 6 大类物质,各营养物质含量是否达到国家标准要求,是生产工艺稳定的基础,是饲料质量的保障,所以饲料质量检测是饲料工业生产中的重要环节。查阅相关资料,利用分光光度技术,设计饲料中可溶性糖、脂类检测方案。

②蛋白质、糖类、脂类、核酸是生物体内的 4 大类基本物质,是生物体代谢的基础。其含量的稳定与否,可以反映生物体的代谢状况,其含量的增减可以作为相关疾病的临床诊断依据。查阅相关资料,一是了解 4 大类物质的常用检测方法都有哪些;二是了解各项指标的正常与否,与相应疾病的关系。

10.2 聚合酶链式反应（PCR）技术

PCR 技术，即聚合酶链式反应技术，又称基因体外扩增技术或核酸体外扩增技术，是用 DNA 聚合酶在体外大量扩增 DNA 片断的一种方法。它可以在一个简单的试管中，以极少量样品 DNA 做模板，在一对引物的引导下，通过聚合酶的反复作用，在几小时内将所需的 DNA 片段合成上百万倍。其基本原理类似于 DNA 的天然复制过程。PCR 反应由变性—退火—延伸 3 个基本反应步骤构成：

①模板 DNA 的变性。模板 DNA 经加热至 93 ℃左右一定时间后，使模板 DNA 双链或经 PCR 扩增形成的双链 DNA 解离，使之成为单链，以便它与引物结合，为下一轮反应作准备。

②模板 DNA 与引物的退火（复性）。模板 DNA 经加热变性成单链后，温度降至55 ℃左右，引物与模板 DNA 单链的互补序列配对结合。

③引物的延伸。DNA 模板—引物结合物在 TaqDNA 聚合酶的作用下，以 dNTP 为反应原料，靶序列为模板，按碱基配对与半保留复制原理，合成一条新的与模板 DNA 链互补的半保留复制链，重复循环变性—退火—延伸 3 过程，就可获得更多的"半保留复制链"，而且这种新链又可成为下次循环的模板。每完成一个循环需 2 ~4 min，2 ~3 h 就能将待扩目的基因扩增放大几百万倍。

PCR 反应具有以下特点：

①特异性强。PCR 反应的特异性决定因素为：引物与模板 DNA 特异正确的结合；碱基配对原则；Taq DNA 聚合酶合成反应的忠实性；靶基因的特异性与保守性。

②灵敏度高。PCR 产物的生成量是以指数方式增加的，能将皮克（$pg = 10^{-12} g$）量级的起始待测模板扩增到微克（$\mu g = 10^{-6} g$）水平。能从 100 万个细胞中检出一个靶细胞；在病毒的检测中，PCR 的灵敏度可达 3 个 RFU（空斑形成单位）；在细菌学中最小检出率为 3 个细菌。

③简便、快速。PCR 反应用耐高温的 Taq DNA 聚合酶，一次性地将反应液加好后，即在 DNA 扩增液和水浴锅上进行变性—退火—延伸反应，一般在 2 ~4 h 完成扩增反应。扩增产物一般用电泳分析，不一定要用同位素，无放射性污染、易推广。

④对标本的纯度要求低。不需要分离病毒或细菌及培养细胞，DNA 粗制品及总 RNA 均可作为扩增模板。可直接用临床标本，如血液、体腔液、洗嗽液、毛发、细胞、活组织等粗制的 DNA 扩增检测。

PCR 技术一经问世就被迅速而广泛地用于分子生物学的各个领域，是生物医学领域中的一项革命性创举和里程碑。它不仅可以用于基因的分离、克隆和核苷酸序列分析，而且可以用于突变体和重组体的构建，基因表达调控的研究，基因多态性的分析，遗传病和传染病的诊断，肿瘤机制的探索，法医鉴定等诸多方面，其发明者 Mullis 也因此荣获 1993 年诺贝尔化学奖。

RCR 技术主要应用的技术及仪器（如图 10.3）包括：

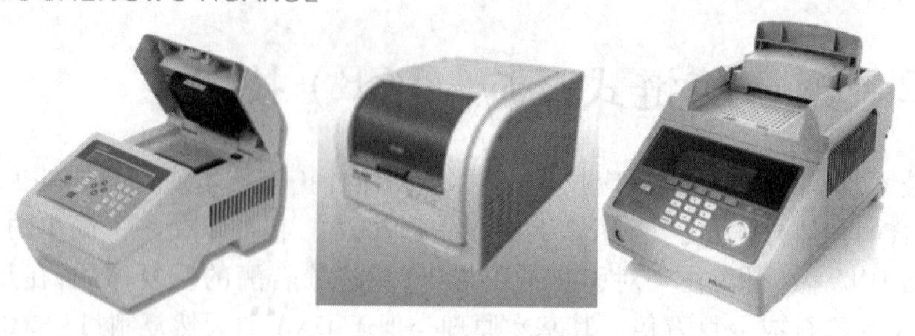

图 10.3　PCR 仪

①PCR 基因扩增仪。

PCR 基因扩增仪的设计均按照 DNA 变性、复性和延伸 3 个环节以及温度均恒、传导快和升降温迅速等原则,结合传感技术、微电子技术和电子计算机等技术发展而成的自动化和智能化的仪器设备。PCR 仪主要用于基因的扩增,是生物技术实验必备的精密仪器(如图 10.3)。虽然 PCR 基因扩增仪的生产厂家、型号很多,工作原理不尽相同,使用方法也不尽一致,但都具有向自动化和智能化发展的趋势,这对于使用者来说比较方便,只要参考说明书轻轻触动键钮,输入或改变扩增程序、反应时间、温度等,置入扩增样品,扩增仪就会自动完成整个扩增过程。现以目前常用的金属模块式 PCR 仪为例简要介绍其使用方法:A. 插上电源插头,打开 PCR 仪电源开关;B. 将加好样品的 PCR 管放入加热块上的样品管孔中;C. 拧紧 PCR 仪盖;D. 设置扩增程序,如变性温度、复性温度、延伸时间等;E. 按下开始键,PCR 仪就自动进行整个扩增过程;F. 扩增完成后,先按下停止键后打开盖子,取出样品管;G. 关闭仪器电源,最后拔掉电源插头。

②电泳技术及电泳仪(如图 10.4)。

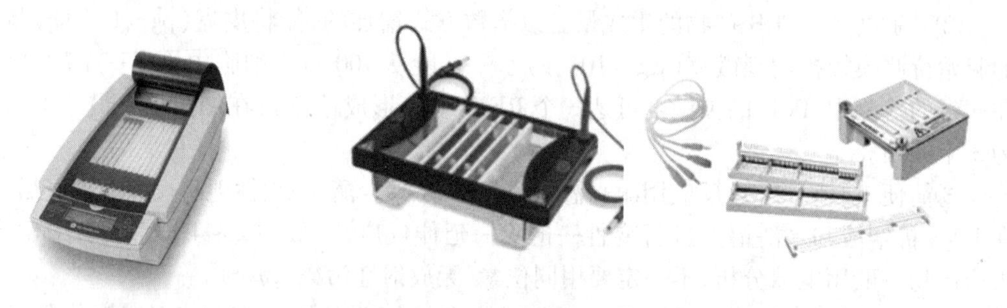

图 10.4　电泳仪

电泳是指带电粒子在电场中的定向运动,电泳技术是分子生物学研究不可缺少的重要分析手段。带电颗粒在单位电场强度下的泳动速度成为迁移率,影响带点颗粒迁移率的主要因素有:

A. 带电颗粒的性质,即净电荷数量,颗粒大小及形状。颗粒带净电荷多,直径小而近于球形,则泳动速度快;反之则慢。

B. 电场强度,也称电位梯度,一般电场强度越高,带电颗粒移动速度越快。根据电场强度大小,可将电泳分为常压电泳(电压在 100 ~ 500 V)和高压电泳(电压可高达500 ~ 1 000 V)。

C. 溶液的 pH。溶液的 pH 决定了带电颗粒解离的程度,也决定了物质所带净电荷的多少。

D. 溶液的离子强度，溶液的离子强度越高，带电颗粒泳动速度越慢；反之越快。在保持足够缓冲能力前提下，离子强度要求最小。通常缓冲液离子强度选择为 0.05 ~ 0.1 mol。

E. 电渗作用。在有支持物的电泳中，影响电泳的另一个重要因素是电渗作用。所谓电渗就是指在电场中，液体对固体支持物的相对移动。例如，在 pH8.6 时，血清蛋白质进行纸电泳时，r 球蛋白与其他蛋白质一样带负电荷，应该向正极移动，然而它却向负极方向移动，这就是电渗作用的结果。

电泳一般分为自由界面电泳和区带电泳两大类，自由界面电泳不需支持物，如等电聚焦电泳、等速电泳、密度梯度电泳及显微电泳等，这类电泳目前已很少使用。而区带电泳则需用各种类型的物质作为支持物，常用的支持物有滤纸、醋酸纤维薄膜、非凝胶性支持物、凝胶性支持物及硅胶-G 薄层等，分子生物学领域中最常用的是琼脂糖凝胶电泳。不同物质由于所带电荷及分子量的不同，因此在电场中运动速度不同。根据这一特征，应用电泳法便可以对不同物质进行定性或定量分析，或将一定混合物进行组分分析或单个组分提取制备，这在临床检验或实验研究中具有极其重要的意义。电泳仪正是基于上述原理设计制造的。电泳装置由电泳槽和电泳仪组成。电泳仪是为电泳技术提供电源的装置，电泳槽是电泳系统的核心部分，不同种类的电泳技术电泳槽类型不同，电泳技术的迅猛发展主要也是体现在电泳槽上。

③凝胶电泳成像系统。

凝胶成像即对 DNA/RNA/蛋白质等凝胶电泳不同染色（如考马氏亮蓝、银染）及微孔板、平皿等非化学发光成像检测分析。

凝胶成像系统可应用于蛋白质、核酸、多肽、氨基酸、多聚氨基酸等生物分子的分离纯化结果作定性分析。

目前凝胶成像厂家很多，市场上常见的凝胶成像如美国西盟国际（sim）品牌凝胶成像、日本 astron 凝胶成像等。

④凝胶电泳成像观察结果示例如图 10.5。

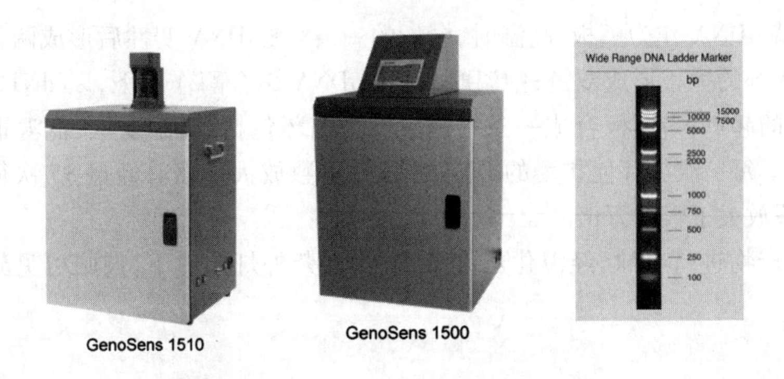

图 10.5 凝胶电泳成像系统及观察结果示例

工作任务6　猪圆环病毒 PCR 诊断

1.任务背景

传统的动物疾病诊断都是采用看、闻、问、摸的方法，这就要等到动物表现出明显的症状，才能初步判定疾病的类型。有时病症复杂了，还得经过很长一段时间的治疗性诊断，不仅错过了治疗的最佳时间，还会造成饲料和药品的浪费，甚至还会出现误诊。而PCR 技术不需要观察动物的外观表现，无论是在潜伏期还是爆发期，只要对动物的相应器官进行检测，在两个小时内就能准确判定出畜禽疾病的原因和种类。目前，这项技术已经成为动物疫病诊断和检验的重要方法，是确定某些疾病流行与确诊的权威依据。

猪圆环病毒(Porcine Circovirus，PCV)是迄今发现的一种最小的动物病毒。现已知PCV 有两个血清型，即 PCV1 和 PCV2。PCV1 为非致病性的病毒。PCV2 为致病性的病毒，它是断奶仔猪多系统衰竭综合征(Postweaning Multisystemic Wasting Syndrome，PMWS)的主要病原。PCR 方法是该病快速、简便、特异、准确的诊断方法。采用 PCV2 特异或群特异的引物从病猪的组织、鼻腔分泌物和粪便进行基因扩增，根据扩增产物的限制酶切图谱和碱基序列，确认是否感染 PCV。

2.任务目标

①掌握 PCR 扩增仪的使用技术。
②掌握凝胶电泳仪的使用技术。
③掌握成像仪的使用技术。
④掌握成像结果的判定。

3.工作原理

提取病料 DNA 作为模板，高温时，模板的一条双链 DNA 变性后形成两条单链；低温时，引物与互补的模板形成双链；中温时，在 TaqDNA 聚合酶作用下，以 dNTP 为原料，以引物为复制的起点，沿模板合成一条新链。每个循环包括：高温变性、低温退火、适温延伸 3 个过程。每一次循环使扩增的 DNA 片段拷贝数放大一倍。经过 35 次循环，使扩增的 DNA 片段放大了数百万倍。

将扩增产物进行电泳，经溴化乙锭染色后，在紫外灯照射下，肉眼可见到 DNA 片段的扩增带。

4. 工作准备

准备项目	试剂及器材名称	试剂制备
试剂:7份样本检测用量(阳性对照,B,E,J,K液于-20 ℃保存,其他试剂4 ℃保存)	PCV-1 阳性对照	350 μl
	PCV-2 阳性对照	350 μl
	A液:消化液	12 ml
	B液:蛋白酶 K	110 μl
	C液:酚/氯仿/异戊醇混合液	7 ml
	D液:异丙醇	6 ml
	F液:灭菌去离子水	650 μl
	J液:PCR 反应液	200 μl
	K液:TaqDNA 聚合酶	25 μl
	L液:矿物油	300 μl
	M液:50 倍 TAE 电泳缓冲液	20 ml
	N液:溴化乙锭溶液	200 μl
仪器	分析天平、水浴锅、台式高速离心机、真空干燥器、微波炉、组织研磨器	
	PCR 扩增仪	
	电泳仪、电泳槽、紫外凝胶成像仪(或紫外分析仪)	
	液氮或-70 ℃冰箱、-20 ℃冰箱	
	可调微量移液器(2 μl 、20 μl、200 μl、1 000 μl)	
	眼科剪、眼科镊、称量纸、20 ml 一次性注射器、0.2 ml 薄壁 PCR 管、1.5 ml 灭菌离心管、500 ml 量筒、500 ml 锥形瓶、吸头(10 μl、200 μl、1000 μl)。	
材料	病变动物组织、血样、琼脂糖、灭菌双蒸水	

5. 工作流程

样品制备⟶病毒模板 DNA 的提取与扩增⟶结果判定

1)流程1:样品制备

(1)样品采集

病死或扑杀的动物取有明显病变脏器的病变部位与健康部位交界处组织;待检活动物,用注射器取血 5 ml,4 ℃保存,送实验室检测。

(2)样品处理

每份样品分别处理。

①组织样品处理。称取待检病料 0.1 g 置组织研磨器中剪碎并研磨,加入 1 ml A 液继续研磨。取已研磨好的待检病料上清 100 μl 加入 1.5 ml 灭菌离心管中，再加入 500 μl A 液和 10 μl B 液,混匀后,置 55 ℃水浴中过夜。

②全血样品处理。待血凝后取血清放于离心管中,8 000 rpm 离心 5 min,取血清 100 μl,加入 500 μl A 液和 10 μl B 液,混匀后,置 55 ℃水浴中过夜。

③阳性对照处理。混匀后取 100 μl,加入 500 μl A 液和 10 μl B 液,混匀后,置 55 ℃水浴中过夜。

④阴性对照处理。取 F 液 100 μl,加入 500 μl A 液和 10 μl B 液,混匀后,置 55 ℃水浴中过夜。

2)流程 2:操作步骤

(1)病毒模板 DNA 的提取

①从水浴锅中取出已处理的样品,加 600 μl C 液(用 C 液之前不要晃动,不要吸到 C 液上层保护液),用力颠倒 10 次混匀,12 000 rpm 离心 10 min。

②取 500 μl 上清液置于灭菌离心管中,加入 500 μl D 液,混匀,置液氮中 3 min 或 -70 ℃冰箱中 30 min。取出样品管,室温融化,13 000 rpm 离心 15 min。

③弃上清液,沿管壁缓缓滴入 1 ml E 液,轻轻旋转一周后倒掉,将离心管倒扣于吸水纸上 1 min,再将离心管真空抽干或 50 ℃烘干 15 min(以无乙醇味为准)。

④取出样品管,用 30 μl F 液溶解沉淀,作为模板备用。

(2)PCR 扩增

每份总体积 20 μl,取 16 μl J 液(用前混匀),2 μl K 液,2 μl 模板 DNA。混匀,做好标记,加 L 液 20 μl 覆盖。扩增条件为 94 ℃ 3 min 后,94 ℃ 30 s,62 ℃ 45 s,72 ℃ 45 s,循环 35 次,72 ℃延伸 10 min。

3)流程 3:结果判定

(1)电泳

称 2 g 琼脂糖放于 500 ml 锥形瓶中,加入 50 倍稀释的 M 液 200 ml(取 4 ml M 液用双蒸水稀释至 200 ml),于微波炉中溶解,再加入 10 μl N 液混匀。在电泳槽内放好梳子,倒入琼脂糖凝胶,待凝固后将 PCR 扩增产物 15 μl 混合 3 μl O 液，点样于琼脂糖凝胶孔中，以 5 V/ cm 电压于 50 倍稀释的 M 液中电泳,紫外灯下观察结果。

(2)结果判定

PCV-1 阳性对照出现 652 bp 扩增带和 PCV-2 阳性对照出现1 154 bp扩增带、阴性对照无带出现(引物带除外)时，实验结果成立。被检样品出现 652 bp 扩增带为 PCV-1 阳性，出现 1 154 bp 扩增带为 PCV-2 阳性,否则为阴性。

6. 操作注意事项

①所有接触 PCV 病料的物品均应合理处理,以免 PCV 污染实验室。

②PCR 整个试验分 PCR 反应液配制区(配液区)、模板提取区、扩增区、电泳区。流程顺序为:配液区→模板提取区→扩增区→电泳区。严禁器材和试剂倒流。

③所有试剂应在规定的温度储存,使用时拿到室温下,使用后立即放回。

④N 液具有致癌性,小心操作。使用 A 液之前将其室温溶解为澄清透明。

⑤注意防止试剂盒组分受污染。使用前将装有 B,E,J,K 液的管子 5 000 rpm 离心 15 s,使液体全部沉于管底。

⑥PCV 和 PCR 诊断试剂应在 6 个月内用完。不同批次试剂盒的成分不要混用。

⑦操作过程中移液、定时等全部过程必须精确。

7. 思考题

①试述 PCR 扩增的原理。

②上述实验操作与圆环病毒(DNA 病毒)的 PCR 扩增步骤及蓝耳病毒(RNA 病毒)的操作是否与之相同?为什么?

10.3 酶联免疫(ELISA)技术

酶联免疫吸附试验(Enzyme Linked Immunosorbent Assay,ELISA)是利用抗原—抗体的免疫学反应和酶的高效催化底物反应的特点,应用酶标记的抗体(或抗原)在固相支持物表面检测未知抗原(或抗体)的方法,具有生物放大作用,反应灵敏,可检出浓度在纳克水平。

其基本原理是:

①使抗原或抗体结合到某种固相载体表面,并保持其免疫活性。

②使抗原或抗体与某种酶连接成酶标抗原或抗体,这种酶标抗原或抗体既保留其免疫活性,又保留酶的活性。在测定时,把受检标本(测定其中的抗体或抗原)、酶标抗原或抗体按不同的步骤与固相载体表面的抗原或抗体起反应。用洗涤的方法使固相载体上形成的抗原抗体复合物与其他物质分开,最后结合在固相载体上的酶量与标本中受检物质的量成一定的比例。加入酶反应的底物后,底物被酶催化变为有色产物,产物的量与标本中受检物质的量直接相关,借此反映出待检测的抗原或抗体量。

酶联免疫吸附试验中所使用的试剂都比较稳定,按照一定的实验程序进行测定实验结果,重复性好、准确性高、成本低、操作简便,可同时快速测定多个样品,不需要特殊的仪器设备。目前,ELISA 法测定技术已成为生物实验室的常规检测技术,被广泛用于生物学和医学科学的许多领域。

10.3.1 酶标仪

酶联免疫检测仪(ELISA Reader)又称酶标仪(如图 10.6)。是酶联免疫吸附试验的专用仪器,主要用于酶联免疫吸附试验(ELISA)中比色测定、数据计算及结果输出。其设计基本原理是朗伯—比尔定律,当一束平行单色光通过溶液时,吸光度与被测溶液的浓度成线性关系。

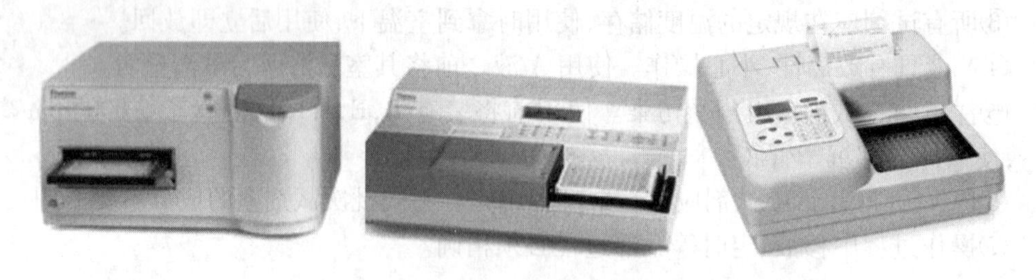

图 10.6　酶标仪

酶标仪由分光光度计和微处理机构成，其型号很多（图 10.6）。由于不同型号的酶标仪操作程序和功能均不相同，因此，使用前一定要仔细阅读该型号酶标仪的使用说明书。如××××型号酶标仪的具体操作程序：开机，机器运行自检；按模式键（MODE），选择所需要的模式，如双波长、单波长等；选择合适波长；按下报告键（REPORT），选择所需要的模式，如原始数据或光吸收值，选择空白测量，单孔空白测量或多孔空白测量；按下输入键（ENTER）；所需测量的微孔板放在读板架上，关门；按下开始键（START），此时显示屏就显示读数的进程，许多酶标仪还带有打印机或与打印机连用，读数完成后，可自行把数据打印出来；有的酶标仪还可与电脑相连，通过电脑进行各种操作。测定完成后，取出测量的微孔板，整理干净，最后关机，拔掉电源。

10.3.2　移液枪

移液枪常用于实验室少量或微量液体的移取，其规格不同，有 1 ~ 10 μl；10 ~ 50 μl；100 ~ 1 000 μl，如图 10.7。不同规格的移液枪配套使用不同大小的枪头，不同生产厂家生产的形状也略有不同，但工作原理及操作方法基本一致。移液枪属精密仪器，使用及存放时均要小心谨慎，防止损坏，避免影响其量程。

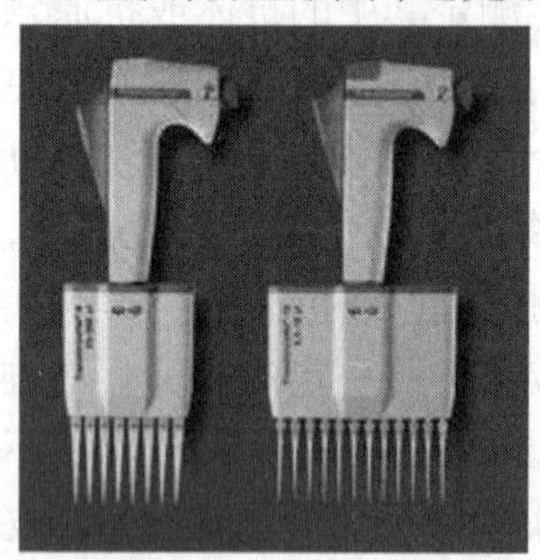

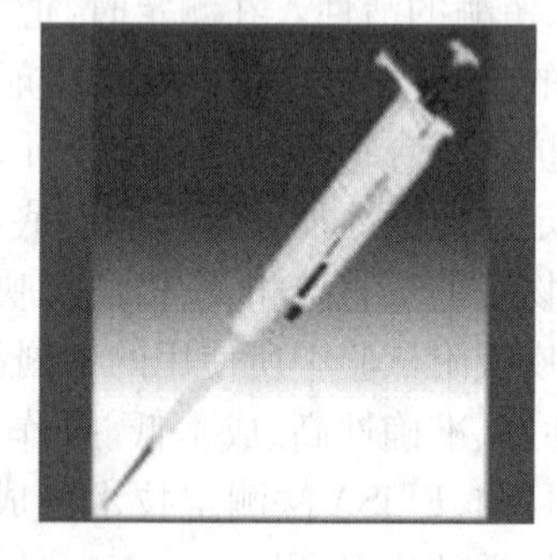

图 10.7　移液枪

工作任务 7　猪瘟抗体水平的 ELISA 检测

1. 任务背景

ELISA 检测技术在动物生产中被广泛应用于动物免疫抗体水平检测、饲料中有毒有害物质如三聚氰胺、瘦肉精、霉菌毒素等的测定。

猪瘟是一种具有高度传染性的疫病，是威胁养猪业的主要传染病之一，临床上发病主要以非典型猪瘟为主，症状比急性型温和，很难从症状上区分。因此，猪瘟疾病的实验室诊断非常重要，ELISA 实验是诊断猪瘟的一种常用方法。

2. 任务目标

①掌握酶标仪的使用技术。

②掌握 ELISA 检测猪瘟抗体水平的操作步骤及结果的判定。

3. 工作原理

ELISA 的基础是抗原或抗体的固相化及抗原或抗体的酶标记，基本原理有 3 条：

①通过蛋白和聚苯乙烯表面间的疏水性部分相互吸附，使抗原或抗体能以物理作用吸附于固相载体表面，并保持其免疫学活性。

②抗原或抗体可通过共价键与酶连接形成酶结合物，而此种酶结合物仍能保持其免疫学和酶学活性。

③酶结合物与相应抗原或抗体结合后，可根据加入底物的颜色反应来判定是否有免疫反应的存在，而且颜色反应的深浅与标本中相应抗原或抗体的量成比例。因此，可以按底物显色的程度显示试验结果。

4. 工作准备

准备项目	试剂及器材名称	试剂制备
	包被液（0.05 mol/L　pH 9.6 碳酸盐缓冲液）	$Na_2CO_3$1.59 g，$NaHCO_3$2.93 g，蒸馏水 1 000 ml。
试剂	缓冲液（0.01 mol　pH7.4PBS）	NaCl 8.0 g，$KH_2PO_4$0.2 g，Na_2HPO_4 2.9 g KCl 0.2 g，蒸馏水 1 000 ml。
	洗涤液（0.01 mol　pH7.4PBS-Tween 20）	Tween-20 0.5 ml，0.01 mol/ ml　pH 7.4 PBS1 000 ml。
	封闭液（1% 牛血清蛋白 BSA-PBS-T）	牛血清蛋白 BSA1.0 g，洗涤液 PBS-T100 ml。
	底物缓冲液（pH5.0 磷酸盐—柠檬酸盐缓冲液）	柠檬酸 4.665 6 g，$Na_2HPO_4$7.298 8 g，蒸馏水 1 000 ml。
	底物溶液（临用前新鲜使用，配后立即使用）	邻苯二胺（OPD）40 mg，30% $H_2O_2$0.15 ml，底物缓冲液 100 ml。
	终止液（2 mol/L H_2SO_4）	$H_2SO_4$22.2 ml，蒸馏水 177.8 ml。

续表

准备项目	试剂及器材名称	试剂制备
仪器	酶标仪	
	微量移液器(10 μl、200 μl 两种规格)	
	酶标板	
	可控温水箱	
材料	猪瘟病毒、羊抗猪酶标二抗、猪瘟阳性血清、猪瘟阴性血清、待检血清	

5. 工作流程

预包被板的制备──→样本检测──→结果判定

1)流程1:预包被板的制备

①包被。用pH9.6碳酸盐缓冲液稀释猪瘟病毒抗原至1 μg/ml,每孔加样100 μl,置于37 ℃温箱恒温包被2~3 h。

②洗涤。用洗涤液(PBS-T)将反应板洗涤3次,每次5 min,甩干。

③封闭。在每孔加封闭液200 μl,置37 ℃水浴锅恒温包被2~3 h。

④洗涤。用洗涤液(PBS-T)将反应板洗涤3次,每次5 min,甩干。

2)流程2:样本检测

①样本稀释。用样本稀释液将待检血清、阴、阳对照血清按1∶40稀释,如取5 μl血清与200 μl样本稀释液,充分混匀。

②加样反应。样本检测孔每孔分别加已稀释样本血清100 μl。同时,设阴性、阳性及空白对照各1孔。取阴性、阳性对照各100 μl分别加入反应孔内,空白对照孔仅加入100 μl样本稀释液。置于37 ℃水箱反应30分钟后甩去孔内液体,用洗涤液(PBS-T)将反应板洗涤3次,每次5 min,甩干。

③加酶反应。除空白对照孔外其余每孔加羊抗猪酶标二抗100 μl,37 ℃避光反应30分钟后甩去孔内液体,如上洗涤,拍干。

④显色反应。加底物溶液100 μl,混匀,避光反应10 min。

⑤终止反应。加2 mol/L H_2SO_4 溶液50 μl,混匀,终止反应。

3)流程3:结果判定

以空白对照调零用酶标仪于450 nm(620 nm作参比波长)读取O.D值,待检孔O.D值大于阴性2.1倍者为阳性。当阴性对照O.D值低于0.05时按0.05计算。

试剂储藏条件:4 ℃保存。

6. 注意事项

①未使用完的预包被板可密封4 ℃保存。

②试剂每次取出时先平衡至室温后使用。

③禁用自来水等其他水源。

7.思考题

①ELISA 检测抗体的原理?

②简述 ELISA 的检测步骤?

10.4 大分子分离技术

生物大分子包括多肽、酶、蛋白质、核酸(DNA 和 RNA)以及多糖等。生命科学的发展给生物大分子分离技术提出了新的要求。各种生化、分子研究都要求得到纯的以及结构和活性完整的生物大分子样品,这就使得其分离技术在各项研究中起着举足轻重的作用。生物大分子的制备具有几个主要特点:①生物材料的组成极其复杂;②生物大分子在生物体中含量少;③分离纯化的步骤繁多,流程长;④生物大分子极易失活(因此分离过程中如何防止其失活,就是生物大分子提取制备最困难之处)。这些都要求生物大分子的分离技术以此为依据,突破难点,优化分离程序,以获得符合要求的生物大分子样品。

生物大分子分离常用的技术有离心技术、层析技术、电泳技术等。

10.4.1 离心技术

离心技术是利用物体高速旋转时产生强大的离心力,使置于旋转体中的悬浮颗粒发生沉降或漂浮(当悬浮颗粒密度大于周围介质密度时,颗粒离开轴心方向移动,发生沉降;如果颗粒密度低于周围介质的密度时,则颗粒朝向轴心方向移动而发生漂浮),从而使某些颗粒达到浓缩或与其他颗粒分离的目的,是蛋白质、酶、核酸及细胞亚组分分离的最常用的方法之一,也是生化实验室中常用的分离、纯化或澄清的方法。

离心机(Centrifuge)是实施离心技术的装置。离心机的种类很多,按照使用目的,可分为两类,即制备型离心机和分析型离心机。前者主要用于分离生物材料,每次分离样品的容量比较大,后者则主要用于研究纯品大分子物质,包括某些颗粒体如核蛋白体等物质的性质,每次分析的样品容量很小。根据离心机转子转速大小的不同可分为普通离心机(最高转速不超过 6 000 rpm)、高速离心机(最高转速在 25 000 rpm 以下)和超速离心机(最高转速在 30 000 rpm 以上)3 类。实验室常用离心机主要是低速和高速离心机。

离心机属危险设备,在使用时一定要小心谨慎,离心样品必须配平,运转速度不能超过离心机的最大转速,在离心机未停稳的情况下不能打开盖门。

10.4.2 层析技术

层析技术是近代生物化学最常用的分离技术之一,它是利用混合物中各组分的理化性质(吸附力、分子形状和大小、分子极性、分子亲和力、分配系数等)的差异,在物质经过两相(一个固定相,一个流动相)组成的体系中,不断地进行交换、分配、吸附及解吸附等过程,可将各组分间的微小差异经过相同的重复过程而达到分离。配合相应的化学、电学和电化学检测手段,可用于定性、定量和纯化某种物质。层析法的特点是:分离率、灵敏度、选择性均很高的一种分离方法。尤其适合样品含量少,而杂质含量多的复杂生物样品的分析。固定相可以是固体也可以是被固体或凝胶所支持的液体;同样,流动相可以是液体也可是气体。

按分离相状态,层析技术可分为气相层析、液相层析、超临界层析 3 种,按层析的分离机理,层析技术可分为排阻层析、离子交换层析、吸附层析、分配层析、亲和层析、金属螯合层析、疏水层析、反向层析、聚焦层析等。常用的有以下几类:

1)吸附层析

固定相是固体吸附剂,利用各组分在吸附剂表面吸附能力的差别而分离。吸附剂的选择是否合适是吸附层析的关键。常用的吸附剂有硅胶、氧化铝、硅藻土、纤维素等。

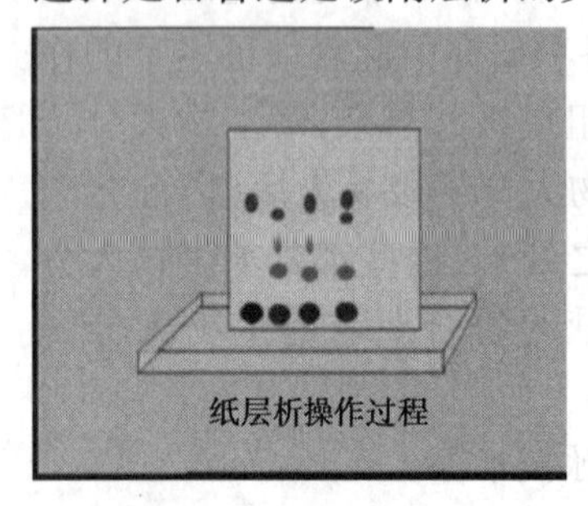

图 10.8　纸层析操作过程

2)分配层析

固定相为液体。被分离组分在固定相和流动相中不断发生吸附和解吸附的作用,在移动的过程中物质在两相之间进行分配。利用被分离物质在两相中分配系数的差异使物质分离。分配层析中常用滤纸为支持物,称为纸层析(如图 10.8)。

3)离子交换层析

固定相为离子交换剂,是一种高分子不溶物质。目前常用的有人工合成的树脂、纤维素、葡聚糖、琼脂糖等。利用固定相球形介质表面活性基团经化学键合方法,将具有交换能力的离子基团固定在固定相上面,这些离子基团可以与流动相中离子发生可逆性离子交换反应而进行分离的方法(如图 10.9)。

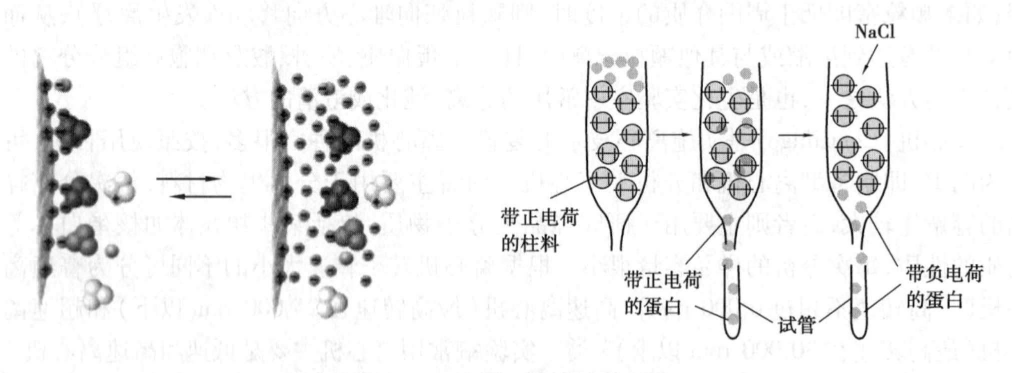

图 10.9　离子交换层析示意图

4)凝胶层析

固定相为多孔凝胶,常用做凝胶的载体物质有交联葡聚糖、聚丙烯酰胺和琼脂糖。凝胶的孔隙犹如“筛眼”。当被分离的物质流过凝胶柱时,分子大于凝胶“筛眼”范围的物质完全被排阻,不能进入凝胶颗粒内部,只能随着溶剂在凝胶颗粒之间流动,因此受到的阻滞作用小,流程短,流速快而先流出层析柱;分子小于“筛眼”的物质则可完全渗入凝胶颗粒的“筛眼”中,受到的阻滞作用大,流程长,流速慢,从层析柱中流出就较晚。从流出先后次序的不同即可达到分离和纯化被分离物质的目的。凝胶的这种特性又称分子筛效应。

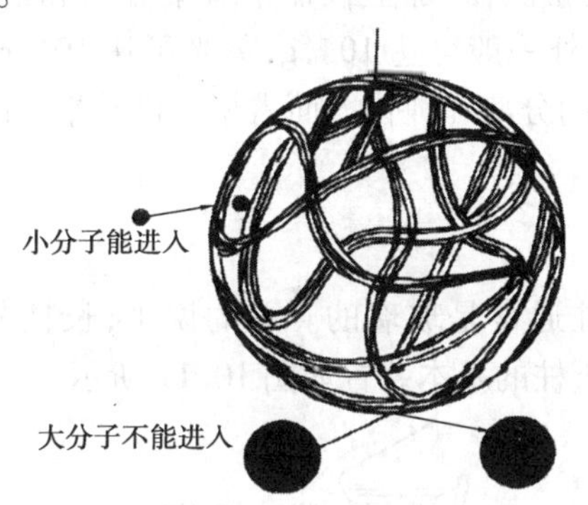

图 10.10　凝胶过滤层析过程示意图

5)亲和层析

在固定相载体表面偶联具有特殊亲和作用的配基,根据生物特异性吸附作用,固定相只能和一种待分离组分有高度特异性的亲和能力者结合,从而使其与无结合能力的其他组分分离。这种特异可逆结合的物质很多(如表 10.9)。如抗原与抗体、底物与酶、激素与受体等,生物分子间的这种特异亲和能力又叫亲和力。

表 10.9　亲和层析所用体系

常用配体	分离对象
酶	底物、抑制剂、辅酶
抗体	抗原、病毒细胞
核酸	互补碱基序列、组蛋白、核酸聚合酶、结合蛋白
激素	受体、载体蛋白
细胞	细胞表面特异蛋白

6)高效液相色谱法

高效液相色谱(HPLC)又叫高压、高速、近代液相柱色谱。HPLC 法的分离原理与经典色谱(即层析法)相同,主要是各种溶质在色谱柱中,差速迁移的结果。这种差速迁移现象,是样品在固定相和流动相之间分配不同所引起的。它是 20 世纪 60 年代中期才建立的一个高效快速分离化合物的方法,广泛地用在生物大分子的分离和纯化方面。在分离生物大分子时,HPLC 与经典的柱液相色谱比较具有以下 5 个优点:

①分辨率高。一根长 10 cm 的柱子可以分离十几种以上的物质。

②速度快。物质的分离与纯化一般在 1 h 内就可以完成,甚至只需要几分钟时间,其流速一般为 1 ~ 10 ml/min 或更高。

③重复性好。HPLC 在分析生物大分子时结果误差小于 5%。

④适用面广,灵活性强。几乎所有的生物大分子根据它们的性质差别(等电点、疏水

性、相对分子质量、电荷分布等)都可以使用不同的HPLC方法进行分离提纯,在一定的条件下,还可以保持极高的生物学活性,且极易回收。

⑤灵敏度高。HPLC已广泛采用高灵敏的检测器,加上仪器本身集分离和富集于一身,使生物大分子的最小检测下限非常低。紫外一般可达 10^{-7} g,荧光可达 10^{-9} g。这些是HPLC特有的优点,使它在近年生物大分子的分离和纯化方面占据了极其重要的地位。

7)柱层析法的一般技术

(1)层析柱

层析法固定相通常装在层析柱中,层析柱通常是玻璃的。总的说来,长柱分辨好。但大量物质的处理则用粗的柱比较适宜。层析柱的基本装置如图10.11所示。

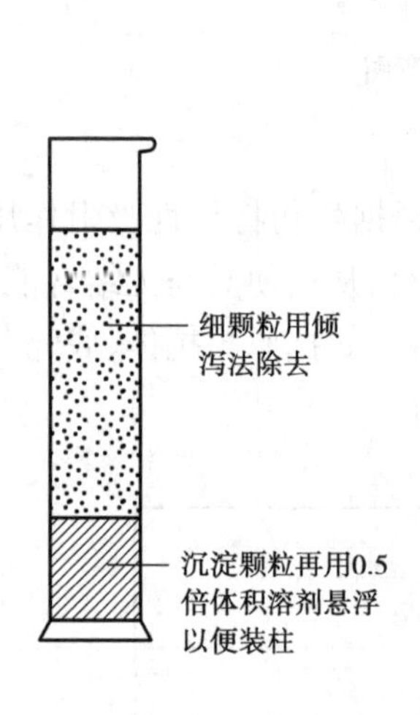

图10.11　柱层析基本装置

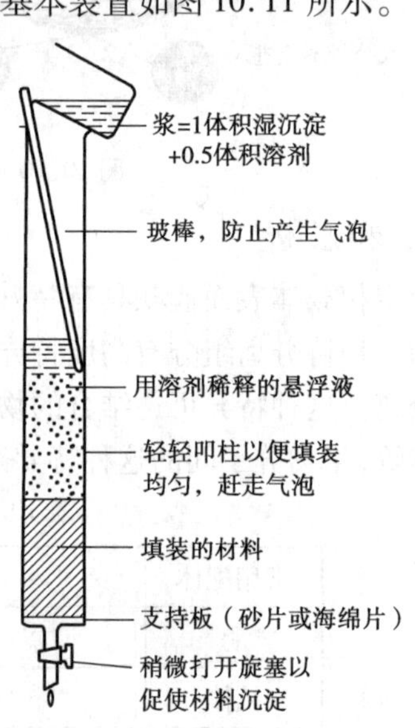

图10.12　柱层析装柱方法

(2)层析材料的准备

许多材料都可在层析法中使用。在装柱前这些材料要用溶剂平衡,另外还需作一些预处理。例如,凝胶层析材料需要溶胀,吸附剂需要加热或酸处理来活化,离子交换树脂需要用酸碱处理来得到所需的电离形式。

在用溶剂平衡时,先使材料沉淀,用倾泻法除去悬浮的细颗粒,否则由于细颗粒的堵塞,溶剂的流速将显著降低。

(3)装柱

层析柱的填装是先关闭出口,用溶剂灌注至1/3体积,并使支持板下的“死体积”不存有气泡,再慢慢地向溶剂中加浆状物,要小心地沿着玻棒倾注以防止气泡存留在柱内。让悬浮液沉淀,并放出过多的溶剂(如图10.12)。

为避免分层,最好一次装完,如需分几次填装,则在二次填装前应先在已经沉淀的表面用玻棒搅拌后再倾注。重复这个过程,直至装到需要的高度。用溶剂彻底洗涤层析柱后使液面降到比层析床表面略高一点。最后覆盖一张圆形滤纸或尼龙布,以免加样时扰乱床表面。

(4)**加样**

上柱前,先将样品溶解在溶剂里或对洗脱液透析,样品溶液的浓度应该尽可能高些,以减少样品溶液体积,使区带狭窄。将样品仔细加到层析床的表面,打开旋塞至液面与床面齐平,然后连接溶剂池,保持一定高度的液面。

(5)**洗脱**

用适当的洗脱液把各组分依次从柱上洗脱下来。使用洗脱法,上柱量不超过总柱容量的10%,溶剂与柱的相互作用比溶质与柱的相互作用弱,溶剂越过结合的分子,逐渐地将它们从柱上冲洗下来。在冲洗过程中各组分因为吸附力不同而逐渐分离。

在一个组分被洗脱后可以更换洗脱液,这就是所谓的分步洗脱。另外,还有一个可行的方法是逐渐改变溶剂的性质,形成一个离子强度、pH或极性的递增梯度从而使各组分依次被洗脱,这种方法称梯度洗脱,可以减少拖尾现象。

(6)**部分收集及分析**

柱的流出液可以用人工的方法收集到一系列试管中或使用部分收集器。这种装置能使每一管按照预定的时间或滴数收集流出液,然后自动移位,下一管再继续收集。

洗脱完毕后可选用各种适宜的方法将已收集的许多部分流出液进行定量分析,并画出洗脱物的量对流出液体积的洗脱曲线。每一部分的蛋白质或核酸的含量可以让流出液通过一个流动小室测定其280 nm或260 nm的光吸收来进行连续监测。

工作任务8　醋酸纤维薄膜电泳分离血清蛋白

1. 任务背景

醋酸纤维薄膜电泳法是应用固相介质的电泳技术之一。与聚丙酰胺凝胶电泳相比,虽然分辨率低,但具有操作简单、快速、费用低廉、无吸附、无拖尾、结果可靠等优点,目前已广泛用于分析检测血浆蛋白、脂蛋白、糖蛋白、胎儿甲种球蛋白、体液、脊髓液、脱氢酶、多肽、核酸及其他生物大分子,被誉为“简便快速的生化技术”,为生物学领域多学科采用,特别是对血清蛋白质的分析,应用巴比妥缓冲液体系的醋酸纤维薄膜电泳法已成为畜牧兽医的各种实验室必不可少的常规技术。

2. 任务目标

①学习醋酸纤维素薄膜电泳原理。

②掌握醋酸纤维素薄膜电泳分离血清蛋白的操作技术。

③学会分析电泳结果,并能够查阅相关资料说明检测结果的实践意义。

3. 工作原理

醋酸纤维薄膜电泳是用醋酸纤维薄膜作为支持物的电泳方法。它具有简便,快速,样品用量少,应用范围广,分离清晰,没有吸附现象等优点。目前已广泛用于血清蛋白、脂蛋白、血红蛋白、糖蛋白、多肽、核酸、同工酶及其他生物大分子的分析检测,是医学和临床检验的常规技术。

本实验以醋酸纤维素为电泳支持物,分离各种血清蛋白。血清中含有白蛋白、α-球蛋白、β-球蛋白、γ-球蛋白和各种脂蛋白等。各种蛋白质由于氨基酸组成、相对分子质量、等电点及形状不同,在电场中的迁移速度亦不同。以醋酸纤维素薄膜为支持物,血清在pH 8.6 的缓冲体系中电泳,染色后可显示 5 条区带。其中白蛋白的泳动速度最快,其余依次为 α_1-球蛋白、α_2-球蛋白、β-球蛋白及 γ-球蛋白。这些区带经洗脱后可直接进行光吸收扫描自动绘出区带吸收峰及相对百分比。

4. 工作准备

准备项目	试剂及器材名称	试剂制备
试剂	巴比妥缓冲液(pH 8.6,离子强度 0.07)	巴比妥 1.66 g,巴比妥钠 12.76 g,加水至 1 000 ml。置 4 ℃冰箱保存,备用。
	染色液	氨基黑 10B 0.5 g,甲醇 50 ml,冰醋酸 10 ml,蒸馏水 40 ml,混匀。
	漂洗液	95% 乙醇 45 ml,冰醋酸 5 ml,蒸馏水 50 ml,混匀。
	透明液	冰醋酸 25 ml,无水乙醇 75 ml,混匀。
仪器	醋酸纤维薄膜(2 cm × 8 cm)	
	电泳仪	
	电泳槽	
	点样器	
	培养皿、粗滤纸、铅笔直尺等	
材料	新鲜血清(未溶血)。	

5. 工作流程

醋酸纤维薄膜处理——→滤纸桥制作——→点样——→电泳——→染色——→漂洗与透明

1)流程 1:醋酸纤维薄膜处理

浸泡:用镊子取醋酸纤维薄膜 1 张(识别光泽面和无光泽面,并在角上用笔做上记号),小心平放在盛有缓冲液的平皿中,浸泡 30 min 左右。

2)流程 2:滤纸桥制作

根据电泳槽膜支架的宽度,裁剪尺寸合适的滤纸条。在两个电极槽中,各倒入等体积的电泳缓冲液,在电泳槽的两个膜支架上,各放两层滤纸条,使滤纸一端的长边与支架前沿对齐,另一端浸入电泳缓冲液中。当滤纸全部润湿后,用玻璃棒轻轻挤压在膜支架上的滤纸以驱赶气泡,使滤纸的一端能紧贴在膜支架上,即为滤纸桥。

3)流程3:点样

将浸透的薄膜从缓冲液取出,夹在两层粗滤纸内吸干多余的液体,然后平铺在玻璃板上(无光泽面朝上),使其底边与模板底边对齐。点样时,先在点样器上均匀地沾上血清,再将点样器轻轻地印在点样区内,使血清完全渗透至薄膜内,形成一定宽度、粗细均匀的直线。点样区距阴极端1.5 cm处(如图10.13)。

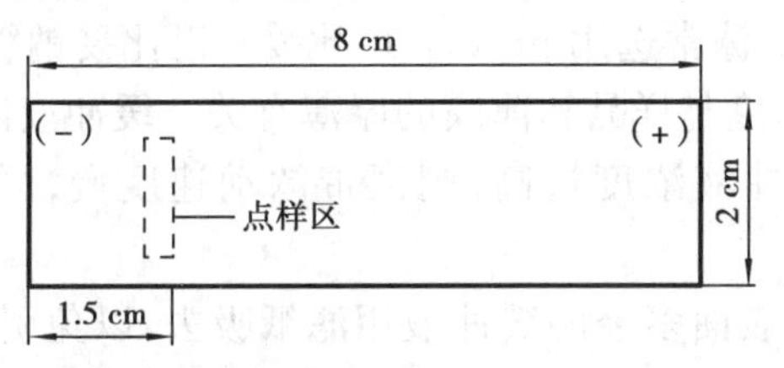

图10.13 醋酸纤维素薄膜规格及点样位置示意图
(虚线处为点样位置)

4)流程4:电泳

将点样端的薄膜平贴在阴极电泳槽支架的滤纸桥上(注意:点样面朝下),另一端平贴在阳极端支架上。盖上电泳槽盖,使薄膜平衡10 min。通电,调节电流强度0.4~0.6 mA/cm膜宽度,电泳时间为1~1.5 h。

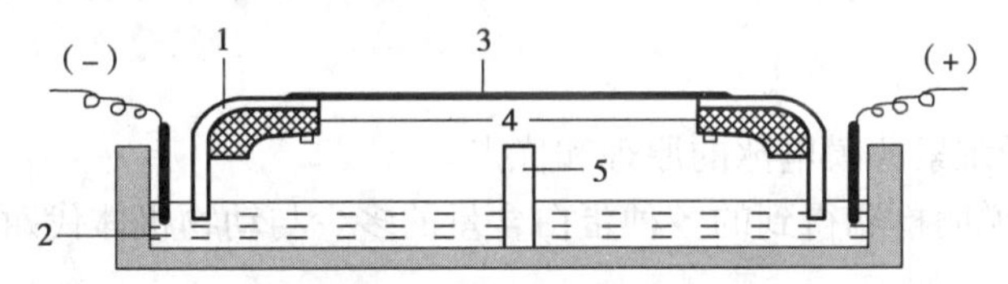

图10.14 醋酸纤维薄膜电泳装置示意图
1—滤纸桥;2—电泳槽;3—醋酸纤维素薄膜;4—电泳槽膜支架;5—电极室中央隔板

5)流程5:染色

电泳完毕后将薄膜取下,放在染色液中浸泡10 min。

6)流程6:漂洗与透明

①漂洗。将薄膜从染色液中取出后移至漂洗液中漂洗数次,直至背景蓝色脱净。取出薄膜放在滤纸上,用吹风机将薄膜吹干。

②透明。将脱色吹干后的薄膜浸入透明液中,浸泡2~3 min后,取出紧贴于洁净玻璃板上,两者间不能有气泡,干后即为透明的薄膜图谱(如图10.15)。

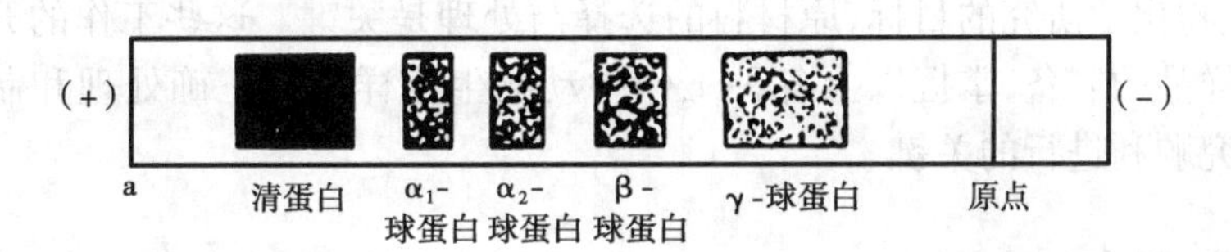

图10.15 血清蛋白醋酸纤维素薄膜电泳图谱置示意图

6. 操作心得

①市场上销售的醋酸纤维素薄膜均为干膜片，薄膜的浸润与选膜是电泳成败的关键之一。若飘浮于液面的薄膜在 15 ~ 30 s 内迅速润湿，整条薄膜色泽深浅一致，则此膜均匀，可用于电泳。

②醋酸纤维素薄膜电泳常选用 pH 8.6 巴比妥—巴比妥钠缓冲液，其浓度为 0.05 ~ 0.09 mol/L。选择何种浓度与样品和薄膜的厚薄有关。缓冲液浓度过低，则区带泳动速度快，区带扩散变宽；缓冲液浓度过高，则区带泳动速度慢，区带分布过于集中，不易分辨。

③点样时，应将薄膜表面多余的缓冲液用滤纸吸去，以免引起样品扩散。但不宜太干，否则样品不易进入膜内，造成点样起始点参差不起，影响分离效果。

④点样时，动作要轻、稳，用力不能太大，以免损坏膜片或印出凹陷影响电泳区带分离效果。

⑤电泳时应选择合适的电流强度，一般电流强度为 0.4 ~ 0.6 mA/cm 膜宽度。电流强度高，则热效应高；电流过低，则样品泳动速度慢且易扩散。

⑥作过程为防止指纹污染，应戴手套。

7. 思考题

①简述醋酸纤维素薄膜电泳的原理和优点。

②查阅资料，说明检测得到的各种蛋白含量的多少与动物机体代谢状况的关系。

工作任务 9　动物生化样品的制备

1. 任务背景

分析动物组织中某种物质的含量、探索物质代谢的过程和规律，是动物生物化学的常用研究方法。在实践中，经常选用全血、血浆、血清或者无蛋白血滤液等血液样品，进行特定蛋白或特定酶含量或图谱分析，研究相关组织代谢状况；也经常利用离体动物组织研究各种物质代谢途径和酶系的作用，或从组织中分离、纯化核酸、酶以及有意义的代谢物质进行研究。此外，从动物组织中提取纯化蛋白质、酶等生物大分子，应用于生产生活实践，是生物化学研究的目标，原材料的选择与处理是关键。这些工作的开展，都离不开动物生化样品的制备，掌握以上各种工作中动物生化样品的正确处理和制备方法，是保证生化研究顺利进行的关键。

2. 任务目标

①掌握动物生化样品制备的原理。

②掌握全血、血浆、血清、无蛋白血滤液的制备方法。

③掌握动物组织样品的制备方法。

④查阅资料,了解所制备的生化样品在实践研究中的应用。

3. 工作准备

准备项目	试剂及器材名称	试剂制备
试剂	抗凝剂:草酸钾(草酸钾)	先配成10%草酸钾或草酸钠溶液,吸取此溶液0.1 ml于试管中,转动试管,使其均匀分布在试管壁上,置80 ℃干燥箱内烘干,管壁呈白色粉末状,加塞备用。每管含草酸钾或草酸钠10 mg,可抗凝血液5 ml。在测定血钙时不适用。
	抗凝剂:草酸钾—氟化钠混合试剂	称取草酸钾6 g,氟化钠3 g,加蒸馏水至100 ml,分装在试管内,每管0.25 ml。80 ℃烘干后加塞备用,每管含混合剂22.5 mg,可抗凝血液5 ml。氟化钠可作为测定血糖时的良好抗凝剂,因其兼有抑制糖酵解作用,以免血糖分解。但氟化钠也能抑制脲酶,故用脲酶测定尿素时不能用。
	抗凝剂:肝素	将肝素配成1 mg/ml的水溶液,每管装0.1 ml,再横放蒸干(不超过50 ℃),备用。每管可抗凝血液5 ml。肝素抗凝血效果较好,但价格贵,尚不能普遍应用。
	抗凝剂:乙二胺四乙酸二钠盐	配成40 mg/ml乙二胺四乙酸二钠盐水溶液,每管分装0.1 ml,在80 ℃烘干备用。每管可抗凝血液5 ml。
	钨酸钠(10%)	此溶液应为中性或弱碱性,否则蛋白沉淀不完全。其校正方法是:取此溶液10 ml,加入0.1 mol/L硫酸溶液0.4 ml,再加入1%酚酞溶液1滴,溶液应呈粉红色。若呈紫红色,可加入0.1 mol/L硫酸溶液,若呈黄色,需加入0.1 mol/L氢氧化钠溶液,直到出现不褪色的粉红色的中性反应为止。计算出加入的酸或碱的量。
	硫酸溶液(0.1 mol/L)	
	硫酸溶液(2/3 mol/L)	
	氢氧化钠溶液(0.1 mol/L)	
	酚酞溶液(1%)	
仪器	离心机	
	绞肉机	
	组织捣碎匀浆机	
	注射器、针头、试管、试管架、烧杯、纱布、冰浴等	
材料	羊、兔、鸡等血液	

4. 工作流程

血液样品的制备——→组织样品的制备

1)流程1:血液样品的制备

(1)全血的制备

测定用的血液多由静脉采集,一般在饲喂前空腹采取,因为此时血液中化学成分含量比较稳定。采血所用针头、注射器、盛血容器要清洁干燥,接血时应让血液沿容器壁缓慢注入,以防溶血和产生泡沫。一般在血液取出后,迅速盛于含有抗凝剂的试管内,同时轻轻摇动,使血液与抗凝剂充分混合,以免形成凝血块。采集的全血如不立即进行实验,应储存于冰箱中。

(2)血浆的制备

由静脉采集的血液,放入装有抗凝剂的试管或离心管中,轻轻摇动,使血液与抗凝剂充分混合,以防止小血块的生成。在离心机中离心(2 000 r/min,10 min),血球下沉,上清液即为血浆。

(3)血清的制备

收集不加抗凝剂的血液,在室温下 5 ~ 20 min 即自行凝固,一般经过 3 h 后,血块收缩分出血清。为促使血清分出,必要时可离心分离,这样可缩短时间,并取得较多的血清。

血浆与血清成分基本相似,只是血清不含纤维蛋白。

(4)无蛋白血滤液的制备

生化分析要避免蛋白质的干扰,常将其中的蛋白质沉淀除去。分析血液成分时,也常除去蛋白质,制成无蛋白血滤液。例如,测定血液中的非蛋白氮、尿酸、肌酸等时,需先把血液制成无蛋白血滤液后,再进行分析测定。常用的血液蛋白质沉淀法有钨酸法、三氯醋酸法等,可根据不同的需要加以选择。

①钨酸法。钨酸钠与硫酸作用,生成钨酸,可使血红蛋白等凝固、沉淀,离心或过滤除去沉淀,即得无蛋白滤液。此种滤液还适用于测定非蛋白氮、肌酸、尿酸等。

A. 取 25 ml 锥形瓶 1 只,加入 7 ml 蒸馏水。

B. 用奥式吸管吸取 1 ml 混匀的抗凝血,擦去管外血液,将管插到 25 ml 锥形瓶的瓶底,缓慢地放出血液,勿使血液黏附于吸量管管壁。充分混匀,使红细胞完全溶血。

C. 加入 2/3 mol/L 硫酸 1 ml,随加随摇,再加入 1 ml 10% 钨酸钠溶液,随加随摇。加完后充分摇匀,血液由透明变成凝血块状,摇动到不再产生泡沫为止。放置 5 ~ 10 min,待沉淀,血液由鲜红色变为暗棕色。

D. 放置数分钟后用优质不含氮的干滤纸(以奈氏试剂试之不显黄色或棕色)过滤或离心,除去沉淀。如滤液不清,需重滤。过滤时在漏斗上盖一表面皿,以减少 Cu^{2+} 与空气的接触。用此法制得的无蛋白血滤液为 10 倍稀释的血滤液,即每毫升相当于 1/10 ml 全血,本法适用于葡萄糖、非蛋白氮、尿素氮、肌酸酐、氯化物等的测定。

②三氯醋酸法。三氯醋酸是一种有机酸,可使血液中蛋白质变性而形成不溶的蛋白质盐沉淀,其上清液为无蛋白血滤液。此溶液呈酸性,常用来测定无机磷等。

2)流程2:组织样品的制备

离体不久的组织,在适宜的温度及 pH 等条件下,可以进行一定程度的物质代谢,是测定相关物质的最佳时期。如果离体过久后,所含物质的量和生物活性都将发生变化。例如,组织中的某些酶在久置后会发生变性而失活,有些组织成分如糖原、ATP 等,甚至在动物死亡数分钟至十几分钟内,其含量即有明显的降低。因此,利用离体组织作代谢研究或作为提取材料时,必须在低温条件下,快速采集,并尽快地进行提取或测定。一般采用断头法处死动物,放出血液,立即取出实验所需之脏器或组织,去除外层的脂肪及结缔组织后,用冰冷的生理盐水洗去血液;必要时,也可用冰冷的生理盐水灌注脏器以洗去血液,再用滤纸吸干,即可做实验用。取出的脏器或组织,可根据不同的目的,用以下方法制成不同的组织样品。

(1)组织糜

将组织用剪刀迅速剪碎,或用绞肉机绞成糜状即可。

(2)组织匀浆

新鲜组织称取质量后剪碎,加入适当的匀浆制备液,用高速电动匀浆器或用玻璃匀浆管打碎组织。

常用的匀浆制备液有生理盐水、缓冲液、Krebs-ringer 溶液、0.25 mol/L 蔗糖等,可根据实验的不同要求,加以选择。

(3)组织浸出液

将上法制成的组织匀浆加以离心,其上清液即为组织浸出液。

5.操作心得

①采取血液时,一切用具(注射器、针头、试管等)皆需清洁干燥,取出血液也不能剧烈振摇,必须严格防止溶血。

②制备血清时,一方面,仪器要干燥以防溶血;另一方面,血块收缩后及早分离出血清,因为放置过久,血块中血球也可能溶血。如不及时使用,应储存于冰箱中。

③做无蛋白血滤液时,各液加妥后,摇匀不应有泡沫,否则表明蛋白质沉淀不完全;所得无蛋白血滤液均应是无色透明的液体,如呈粉红色,则说明蛋白质沉淀不完全。

6.思考题

①在进行血液样品的制备时,为防止溶血,应注意什么?

②血清与血浆在制备时有什么差异?

③钨酸法制备无蛋白血滤液的原理是什么?

工作任务10　牛乳中酪蛋白的制备

1. 任务背景

酪蛋白是乳蛋白质中最丰富的一类蛋白质，占乳蛋白的80% ~82%。酪蛋白不是单一蛋白质，是一类含磷的复合蛋白质混合物，以磷酸酯键与苏氨酸及丝氨酸的羟基相结合。酪蛋白还含有胱氨酸和蛋氨酸这两种含硫氨基酸，但不含半胱氨酸。酪蛋白在牛乳中的含量约35 g/L，比较稳定，利用这一性质可以检测牛乳中是否掺假。

2. 任务目标

①学习从牛奶中制备酪蛋白的原理和方法。

②掌握等电点沉淀法提取蛋白质的方法。

3. 工作原理

牛乳中主要含有酪蛋白和乳清蛋白两种蛋白质，其中酪蛋白占牛乳蛋白质的80%。酪蛋白是白色、无味的物质，不溶于水、乙醇及有机溶剂，但溶于碱溶液。牛乳在pH4.7时，酪蛋白等电聚沉后剩余的蛋白质统称乳清蛋白。乳清蛋白不同于酪蛋白，其粒子的水合能力强、分散性高，在乳中呈高分子状态。

本法利用等电点时溶解度最低的原理，将牛乳的pH调至4.7时，酪蛋白就沉淀出来。用乙醇洗涤沉淀物，除去脂类杂质后便可得到纯的酪蛋白。酪蛋白含量约35 g/L。

4. 工作准备

准备项目	试剂及器材名称	试剂制备
试剂	95%乙醇	
	无水乙醚	
	乙醇—乙醚混合液	V(乙醇)/V(乙醚)=1:1
	0.2 mol/L pH4.7的醋酸—醋酸钠缓冲液3 000 ml	A液：称取NaAc·$3H_2O$ 54.44 g，定容至2 000 ml。 B液：称取优级纯醋酸（含量大于99.8%）24.0 g定容至2 000 ml。 取A液1 770 ml，B液1 230 ml混合即得pH4.7的醋酸—醋酸钠缓冲液3 000 ml。

续表

准备项目	试剂及器材名称	试剂制备
器材	离心机	
	抽滤装置	
	精密 pH 试纸或酸度计	
	温度计	
	电炉	
	烧杯等	
材料	牛奶	

5. 工作流程

酪蛋白粗品的提取⟶酪蛋白样品纯化⟶数据处理

1)流程1:酪蛋白粗品的提取

将25 ml牛奶加热至40 ℃。在搅拌下慢慢加入预热至40 ℃、pH4.7的醋酸—醋酸钠缓冲液25 ml。用精密试纸或酸度计将pH值调至4.7。将上述悬浮液冷却至室温,离心15 min(3 000 r/min)。弃去清液,得酪蛋白粗制品。

2)流程2:酪蛋白样品纯化

①用水洗沉淀3次,离心10 min(3 000 r/min),弃去上清液。

②在沉淀中加入约10 ml乙醇,搅拌片刻,将全部的悬浊液转移至布氏漏斗中抽滤。用乙醇—乙醚混合液洗沉淀2次。最后用乙醚洗沉淀2次,抽干。

③将沉淀摊开在表面皿上,风干,得酪蛋白纯品。

3)流程3:数据处理

准确称重,计算酪蛋白含量(g/100 ml牛乳),并和理论含量(3.5 g/100 ml牛乳)相比较,求出实际得率。

$$\text{实际获得百分率}=\frac{\text{酪蛋白含量(g)}}{\text{10 ml 牛奶}}\times 100\%$$

6. 操作心得

①制备酪蛋白时,调节等电点一定要准确,最好用酸度计测定。

②使用乙醇和乙醚时,一定远离明火。

③为了使乳清中的蛋白质沉淀完全,可加适量碳酸钙。

④牛奶与缓冲液要预热,缓冲液要缓加缓搅。

⑤在滤纸上样品的脱脂过程要搅动,不得破滤纸。

⑥实验环境要保持空气流通,门窗要打开。

7. 思考题

①制备高产率纯酪蛋白的关键是什么?
②在酪蛋白制备时为什么要用醋酸缓冲液将 pH 调到 4.8?
③乙醚、乙醇的作用是什么?

工作任务 11 DNA 的分离制备

1. 任务背景

自 20 世纪 50 年代 Watson 和 Crick 提出 DNA 双螺旋模型以来,分子生物学技术得到了空前的发展。随着聚合酶链反应(PCR)技术的日趋成熟和完善,限制性片段长度多态法(RFLP)、随机扩增多态 DNA(RAPD)、微卫星(SSR)、扩增片段长度多态法(AFLP)等各种分子标记(Molecular Marker)技术如雨后春笋般地发展起来。这些分子标记技术在生态学、保护生物学以及遗传育种、基因图谱的构建、品种鉴定、生物遗传多样性等方面的研究中得到了广泛的应用。但无论采用哪种分子标记技术,都必须提取纯化结构完整的 DNA。

2. 任务目标

①学会用盐溶液法从动物组织中提取 DNA 的原理和操作技术。
②查阅相关资料,了解分子标记技术的种类与应用。

3. 工作原理

在生物体内,核酸和蛋白质往往结合为核蛋白的形式存在。DNA 核蛋白在 1 mol/L 氯化钠溶液中的溶解度很大(至少是纯水中的 2 倍)。利用这一性质,可将两类核蛋白分开。再利用蛋白质变性剂例如氯仿—异戊醇、十二烷基硫酸钠(SDS)、苯酚等处理核蛋白溶液,可使蛋白质变性除去,而 DNA(或 RNA)则留在溶液中。最后向溶液中加入乙醇,使 DNA(或 RNA)沉淀析出。

组成核酸分子的碱基,均具有一定的吸收紫外线的特性,最大吸收波长是 260 nm,吸收低谷在 230 nm。在 260 nm 紫外线下,A_{260} 相当于双链 DNA 浓度为 50 ug/L,可以此来计算核酸样品的浓度。分光光度法不但能确定核酸的浓度,还可以通过 A_{260}/A_{280} 估算核酸纯度。DNA 的比值为 1.8,RNA 的比值为 2.0。如 DNA 的比值高于 1.8,说明样品中含有 RNA,在实验过程中样品中的酚和蛋白质将会导致比值降低。

4. 工作准备

准备项目	试剂及器材名称	试剂制备
试剂	0.14 mol/L 氯化钠—0.05 mol/L pH7.0 的柠檬酸钠缓冲液	先配制 0.05 mol/L pH7.0 的柠檬酸钠缓冲液，再称取一定量固体氯化钠溶于此缓冲液中，使最终浓度为 0.14 mol/L。
	1 mol/L 氯化钠溶液	
	氯仿—异戊醇混合液	V(氯仿)/V(异戊醇)=9:1。
	80%乙醇，95%乙醇及无水乙醇	
仪器	普通离心机	
	玻璃匀浆器	
	解剖器具	
	台秤	
	真空干燥器	
	培养皿、量筒、烧杯、滴管等	
材料	鱼或其他动物（大白鼠、小白鼠、家兔等）肝脏	

5. 工作流程

组织匀浆的制备——→DNA 抽提——→DNA 的含量及纯度测定——→结果处理

1）流程1：组织匀浆的制备

将活鱼或其他动物杀死后，迅速取出肝脏，置于冰浴中的培养皿中，剔除结缔组织，用少量冰冷的 0.14 mol/L 氯化钠、0.05 mol/L pH7.0 柠檬酸钠缓冲液洗去血污。用滤纸吸干后称重，约取 20 g，剪碎后置玻璃匀浆器中，加入相当于 2 倍肝重的冰冷的 0.14 mol/L 氯化钠 -0.05 mol/L 柠檬酸钠缓冲液（约 49 ml），在冰浴中反复研磨，制成细胞匀浆。

2）流程2：DNA 抽提

①将肝细胞匀浆转移到离心管中，在 3 000 r/min 下离心 15 min，弃去上清液，所得沉淀再用 2 倍重量的上述缓冲液研磨并如前离心。如此重复 2 次。

②将细胞核沉淀转移到 100 ml 烧杯中，加入 6 倍重量的 1 mol/L 氯化钠溶液，充分搅匀，置于冰箱中过夜（最好放置 24～48 h），可得到半透明黏稠状液体（下面沉渣弃去），用滴管慢慢滴人 11 倍体积的冰冷蒸馏水中，此时有白色丝状物（DNA 核蛋白）析出，用玻棒搅起，沥干水分，再溶于 8 倍重量的 1 mol/L 氯化钠溶液中，迅速搅拌以加速溶解。

③将上述溶液倒入具磨口塞的 250 ml 试剂瓶内，加入等体积的氯仿—异戊醇混合液，剧烈振荡 5 min，转移到离心管内，在 3 000 r/min 下离心 15 min，这时可见到 3 层：上层是含有 DNA 和 DNA 核蛋白的水层，下层是氯仿—异戊醇有机溶剂层，中间夹着的是变

性蛋白质凝胶层。吸出上面的水层，再用氯仿—异戊醇如前进行脱蛋白，直至界面处不再出现蛋白质凝胶为止。量取水层体积后倒入2倍体积的冰冷的95%乙醇中，用玻棒搅起白色丝状物(DNA沉淀)，沥干，先用80%乙醇洗涤2次，再用无水乙醇洗涤1次，所得DNA少量溶于1 ml 2 mol/L氯化钠溶液中，留作定量或电泳用；其余沉淀置真空干燥器内干燥，称重。

3)流程3:DNA的含量及纯度测定

①吸取5 μL DNA样品，加水至1 ml(200倍稀释)，混匀后转入分光光度计的石英比色杯中。

②分光光度计先用1 ml蒸馏水校正零点，在260 nm处读出吸光值。

如果A_{260}/A_{280}比值大于1.8，说明存在RNA，可以考虑用RNA酶处理样品；如果该比值小于1.6，说明样品中存在蛋白质，应用酚/氯仿抽提以及氯仿单独抽提，之后用乙醇沉淀纯化DNA。

4)流程4:结果处理

①DNA样品的浓度按下式计算：

DNA样品的浓度 = A_{260} ×核酸稀释倍数×50/1 000。

②整理实验结果，总结实验经验。

6.操作心得

①为了防止组织中广泛存在的核酸酶的作用，全部操作应在低温(0~4 ℃)下进行，并在提取时加入酶的抑制剂，如柠檬酸盐、乙二胺四乙酸(EDTA)等金属离子络合剂，以抑制酶的活性。

②酚有腐蚀性，操作时应小心。若沾洒在皮肤上，应立即用水或70%酒精棉球擦洗。

③提取DNA时，需待纤维状DNA大分子充分吸出后，再用玻棒轻轻将其捞出来。

7.思考题

在提取DNA时应注意哪些问题?

工作任务12 肝糖原的提取与鉴定

1.任务背景

肝糖原的结构与支链淀粉相似，由葡萄吡喃糖按α,1→4糖苷键缩合而成，在肝糖分子中支链点之间的距离只有5个或6个糖单元，形成像树杈状的紧密结构。通式$(C_6H_{10}O_5)_n$，又称肝淀粉。

肝糖原是由许多葡萄糖分子聚合而成的多糖，以糖原的形式储存于肝脏。当机体需要时，便可分解成葡萄糖，转化为能量。一般肝中糖原含量约100 g。正常饮食能使肝糖原不断得到补充，以减少糖原异生作用，同时体内蛋白质亦可得到较好的保存。

肝糖原的合成和降解受激素（胰岛素）控制，在正常情况下，高等动物有合成和降解肝糖的能力，当激素控制失调，会导致糖尿病。所以肝糖原含量的测定在实践中具有重要的意义。

2. 任务目标

①通过实验，掌握糖原的提取与鉴定的方法。

②查阅资料，了解肝糖原在物质代谢中的重要意义及其与相关疾病之间的关系。

3. 工作原理

肝糖原是葡萄糖聚合后在肝脏中的储存形式，无还原性，与碘作用生成红色。肝组织匀浆中的蛋白质可被三氯醋酸沉淀，过滤后糖原仍留在滤液中，加入乙醇可使糖原沉淀下来。糖原可被酸水解生成葡萄糖，葡萄糖具有还原性，与班氏试剂作用生成砖红色沉淀。

4. 工作准备

准备项目	试剂及器材名称	试剂制备
试剂	三氯醋酸溶液（10%）	称取三氯醋酸 10 g 于烧杯中，用蒸馏水溶解，分次转移到 100 ml 容量瓶中定容。
	三氯醋酸溶液（5%）	称取三氯醋酸 5 g，用蒸馏水溶解后，定容至 100 ml 容量瓶中。 量取无水乙醇 95 ml，蒸馏水定容至 100 ml 容量瓶中。
	浓盐酸（HCl 相对密度为 1.19）	
	NaOH 溶液（20%）	称取 NaOH 20 g，蒸馏水溶解后稀释到 100 ml。
	碘液	称取碘 1 g、碘化钾 2 g，用 500 ml 蒸馏水溶解。
	班氏试剂	称取 $CuSO_4$ 17.3 g，加蒸馏水 100 ml，加热溶解。另取柠檬酸钠 173 g 及 $Na_2CO_3$100 g，加蒸馏水 700 ml，加热溶解，待冷却后将 $CuSO_4$ 溶液慢慢加入，混匀，用蒸馏水稀释至 1 000 ml，可长期保存。
仪器	普通离心机	
	托盘天平	
	电炉	
	研钵	
	pH 试纸	
	量筒、烧杯、试管等	
材料	动物肝脏	

5. 工作流程

肝组织匀浆液的制备⟶制取无蛋白匀浆液⟶糖原的提取⟶制备糖原溶液⟶鉴定糖原

1) 流程 1:肝组织匀浆液的制备

取刚刚放血致死的动物肝脏 1 g 迅速放入研钵中,加少量石英砂和 10% 三氯醋酸溶液 1 ml,初步研磨,然后再加 5% 的三氯醋酸 2 ml 研磨成匀浆。

2) 流程 2:制取无蛋白匀浆液

将匀浆转移到离心管中,在 2 500 r/min 的条件下离心 10 min,上清液即为无蛋白匀浆液。

3) 流程 3:糖原的提取

将无蛋白匀浆液转移到另一离心管中,加入等体积的 95% 乙醇,混匀,静置 10 min,糖原可呈絮状析出,在 2 500 r/min 的条件下离心 10 min,弃去上清液,离心管倒置滤纸上 1 ~ 2 min,剩余沉淀即为糖原。

4) 流程 4:制备糖原溶液

向离心管沉淀中加蒸馏水 1 ml,用玻棒搅拌使沉淀溶解,即得糖原溶液。

5) 流程 5:鉴定糖原

①显色反应。取试管 2 支按下表进行操作,并解释 2 管现象。

表 10.10　样品中糖含量的测定

试管号	糖原溶液(滴)	蒸馏水(滴)	碘液(滴)	现　象
1	10	—	1	
2	—	10	1	

②糖原酸解,鉴定葡萄糖。将剩余的糖原溶液转移到另 1 支试管中,加 3 滴浓盐酸,沸水浴 10 min。冷却,加 20% NaOH 溶液调至中性(pH 试纸检验),然后加入班氏试剂 2 ml,沸水浴 5 min。取出冷却,观察沉淀变化,解释现象。

6. 操作心得

①在肝糖原提取时,向上清液中加入 5 ml 95% 的乙醇后,务必注意混匀。由于上清液为水溶液,比重大于 95% 的乙醇,溶液分成两层。并且上清液已 3 ml 多,总量接近 9 ml,混匀操作比较困难,最好用倾倒混匀,也可用滴管或吸量管吸、吹混匀,或用玻璃棒搅拌混匀。

②糖原中葡萄糖螺旋链吸附碘产生的颜色与葡萄糖残基数的多少有关。葡萄糖残基在 20 个以下的会使碘呈现红色,20 ~ 30 个之间使碘呈现紫色,60 个以上的会使碘呈现蓝色。淀粉中分枝链较长,故呈蓝色,而肝糖原分枝中的葡萄糖残基在 20 个以下(通常 8 ~ 12 个葡萄糖残基),吸附碘后呈现红棕色。

③在做糖原水解液中葡萄糖的鉴定时,加班氏试剂不能过量,否则反应液呈黑色浑浊,观察不到应有的结果。

7. 思考题

①肝糖原提取的原理与注意事项是什么?

②查阅资料,了解肝糖原在生物体代谢中的重要意义。

工作任务13　血清免疫球蛋白分离、纯化与检测

1. 任务背景

免疫球蛋白(Immunoglobulin, Ig)是体液免疫的主要物质,能凝集细菌、中和细菌毒素,并能在体内其他因子的参与下彻底杀死细菌和病毒,增强机体的免疫功能,而且对机体无任何毒副作用。免疫球蛋白的含量代表着机体体液免疫的水平,并进一步代表着B细胞的功能。因此,测定血清Ig含量可以推知机体的体液免疫功能,某些疾病会引起的Ig过高和过低,血清Ig含量的测定可以诊断疾病。

从20世纪90年代开始,免疫球蛋白的应用与开发已经成为国内外学者研究的热点。大量研究结果表明,免疫球蛋白在提高仔畜免疫力、预防和治疗畜禽疾病方面已经显示了良好的效果。动物血液中含有丰富的免疫球蛋白,来源丰富且价格便宜,已经成为一种很好的制备免疫球蛋白的原材料。我国每年约有20亿kg的猪血资源,由于受诸多因素的限制,主要用作饲料添加剂或食用的"血豆腐"等低值处理品,利用率不到10%,而绝大部分猪血作为废弃物扔掉,不仅致使大量宝贵的猪血资源浪费,还造成了严重的环境隐患。

因此,血清中免疫球蛋白分离、纯化的研究一方面是机体免疫检测与治疗的需要,另一方面还可以促进我国猪血资源的转化与利用,达到增加效益,保护环境的目的。

2. 任务目标

①掌握综合运用盐析法、凝胶过滤法、离子交换层析等技术制备免疫球蛋白。

②掌握免疫球蛋白的含量、纯度检测方法。

③查阅资料了解血清免疫球蛋白分离纯化的研究进展和免疫球蛋白应用现状。

3. 工作流程

硫酸铵盐析法分离免疫球蛋白——→DEAE-Sephadex A-50柱纯化免疫球蛋白G——→考马斯亮蓝法测定免疫球蛋白G含量——→SDS-聚丙烯酰胺凝胶电泳检测免疫球蛋白纯度。

1)工作流程1:硫酸铵盐析法分离免疫球蛋白

(1)工作原理

中性盐类能破坏溶液中蛋白质分子表面的同种电荷和水化膜,从而使蛋白质从溶液中凝聚沉淀析出。但沉淀不同的蛋白质所需盐类的浓度不同。50%饱和的硫酸铵能使血清中的球蛋白沉淀,而33%饱和的硫酸铵则使γ-球蛋白沉淀,据此可将两者分离。

(2)工作准备

准备项目	试剂及器材名称	试剂制备
试剂	饱和硫酸铵溶液	取500 ml蒸馏水加热至70~80 ℃,将400 g硫酸铵溶于其中,搅拌20分钟,冷却。待硫酸铵结晶沉于瓶底,其上清即为饱和硫酸铵。在使用前用28%氨水调pH为7.0。
	1% $BaCl_2$ 溶液	
	纳氏液	取HgI 115.00 g;KI 80.00 g;加 H_2O 至500.00 ml溶解后过滤,然后再加20% NaOH溶液500.00 ml,混合即可。
仪器	离心机	
	透析袋	12 000D
材料	猪血清	

(3)工作步骤

①取20 ml血清,加生理盐水20 ml,再逐滴加入$(NH_4)_2SO_4$饱和溶液10 ml,使其成20% $(NH_4)_2SO_4$溶液,边加边搅拌,充分混合后,静置30 min。

②3 000 r/min离心20 min,弃去沉淀,以除去纤维蛋白。

③在上清液中再加$(NH_4)_2SO_4$饱和溶液30 ml,使成50% $(NH_4)_2SO_4$溶液,充分混合,静置30 min。

④3 000 r/min离心20 min,弃上清。

⑤于沉淀中加20 ml生理盐水,使之溶解,再加$(NH_4)_2SO_4$饱和溶液10 ml,使其成33% $(NH_4)_2SO_4$溶液,充分混合后,静置30 min。

⑥3 000 r/min离心20 min,弃上清,以除去白蛋白。重复步骤5,2~3次。

⑦用10 ml生理盐水溶解沉淀,装入透析袋。

⑧透析除盐,在水中透析过夜,再在生理盐水中于4 ℃透析24 h,中间换液数次。

以1% $BaCl_2$检查透析液中的SO_4^{2-}或以纳氏试剂检查NH_4^+(取3~4 ml透析液,加试剂1~2滴,出现砖红色即认为有NH_4^+存在),直至无SO_4^{2-}或NH_4^+出现为止。也可采用SephadexG25或电透析除盐。

⑨离心去沉淀(去除杂蛋白),上清液即为粗提IgG(即γ球蛋白,如以36%的饱和硫酸铵沉淀血清的产物即为优球蛋白,Euglobin,含γ球蛋白)。

(4)操作心得

①蛋白质的浓度。盐析时,溶液中蛋白质的浓度对沉淀有双重影响,既可影响蛋白质沉淀极限,又可影响蛋白质的共沉作用。蛋白质浓度愈高,所需盐的饱和度极限愈低,

但杂蛋白的共沉作用也随之增加,从而影响蛋白质的纯化。故常将血清以生理盐水作对倍稀释后再盐析。

②离子强度。各种蛋白质的沉淀要求不同的离子强度。例如,硫酸铵饱和度不同,析出的成分就不同,饱和度为50%时,少量白蛋白及大多数拟球蛋白析出;饱和度为33%时γ球蛋白析出。

③盐的性质。最有效的盐是多电荷阴离子。

④pH值。一般说来,蛋白质所带净电荷越多,它的溶解度越大。改变pH改变蛋白质的带电性质,也就改变了蛋白质的溶解度。

⑤温度。盐析时温度要求并不严格,一般可在室温下操作。血清蛋白于25 ℃时较0 ℃更易析出。但对温度敏感的蛋白质,则应于低温下盐析。

⑥蛋白质沉淀后宜在4 ℃放3 h以上或过夜,以形成较大沉淀而易于分离。

2)工作流程2:DEAE-Sephadex A-50柱纯化免疫球蛋白G

(1)工作原理

DEAE-SephadexA-50(二乙基氨基乙基-葡聚糖A-50)为弱碱性阴离子交换剂。用NaOH将CL^-型转变为OH^-型后,可吸附酸性蛋白。血清中的γ球蛋白属于中性蛋白(等电点为pH6.85~7.5),其余均属酸性蛋白。在pH7.2~7.4的环境中,酸性蛋白均被DEAE-SephadexA-50吸附,只有γ球蛋白不被吸附。因此,通过柱层析γ球蛋白便可在洗脱中先流出,而其他蛋白则被吸附在柱上,从而便可分离获得纯化的IgG。DEAE-SephadexA-50柱层析是离子交换层析的一种。

(2)工作准备

准备项目	试剂及器材名称	试剂制备
试剂	0.1M PB, pH7.4	
	0.5M NaOH	
	0.5M HCl	
	2M NaCl	
仪器	层析玻璃柱(1.3×40 cm)	
	紫外分光光度计	
	滴管	
	玻棒等	
材料	盐析提取后的IgG粗品	

(3)工作步骤

①DEAE-Sephadex A-50预处理。

称DEAE-Sephadex A-50(下称A-50)5 g,悬于500 ml蒸馏水,1 h后倾去上层细粒。按每克A-50加0.5N NaOH 15 ml的比例,将A-50浸泡于0.5N NaOH中,搅匀,静置30 min,装入布氏漏斗(垫有2层滤纸)中抽滤,并反复用蒸馏水抽洗至pH呈中性;再以

0.5N HCl 同上操作过程处理，最后以 0.5N NaOH 再处理一次。处理完后，将 A-50 浸泡于 0.1M，pH7.4 PB 中过夜。

②装柱。

A. 将层析柱垂直固定于滴定铁架上，柱底垫一圆尼龙纱，出水口接一乳胶或塑料管并关闭开关。

B. 将 0.1M，pH7.4 PB 沿玻璃棒倒入柱中至 1/4 高度，再倒入经预处理并以同上缓冲液调成稀糊状的 A-50。待 A-50 凝胶沉降 2 ~ 3 cm 厚时，启开出水口螺旋夹，控制流速 1 ml/min，同时连续倒入糊状 A-50 凝胶至所需高度。

C. 关闭出水口，待 A-50 凝胶完全沉降后，柱面放一圆形滤纸片，以橡皮塞塞紧柱上口，通过插入橡皮塞之针头及所连接的乳胶或塑料管与洗脱液瓶相连接。

③平衡。启开出水口螺旋夹，控制流速 12 ~ 14 滴/min，使约 2 倍床体积的洗脱液流出。并以 pH 计与电导仪分别测定洗脱液及流出液之 pH 值与离子强度是否相同。达到一致时关闭出水口，停止平衡。

④加样及洗脱。启开上口橡皮塞及下口螺旋夹，使柱中液体缓慢滴出，当柱面液体与柱面相切时，立即关闭出水口，以毛细滴管沿柱壁加入样品（体积应小于床体积的 2%，蛋白浓度以小于 100 mg 为宜）。松开出水口螺旋夹使柱面样品缓慢进入柱内，至与柱面相切时，立即关闭下口，以少量洗脱液洗柱壁 2 ~ 3 次；再放开出水口，使洗液进入床柱，随后立即于柱面上加入数毫升洗脱液，紧塞柱上口，使整个洗脱过程成一密闭系统。并控制流速 12 ~ 14 滴/min。

⑤收集。开始洗脱的同时就以试管进行收集，每管收集 3 ~ 5 ml，共收集 10 ~ 15 管。

⑥测蛋白。以 751-G 型紫外分光光度计分别测定每管 OD280 nm，与 OD260 nm，按前述公式计算各管蛋白含量。并以 OD280 nm 为纵坐标，以试管编号为横坐标，绘制洗脱曲线。

⑦合并、浓缩。将洗脱峰的上坡段与下坡段各管收集液分别进行合并，以 PEG（MW6000）洗缩至所需体积，加入 0.02% NaN_3 防腐剂，于 4 ℃保存备用。

⑧A-50 凝胶的再生。在柱上先以 2M NaCl 洗柱上的杂蛋白至流出液的 OD280 nm 小于 0.02，再以蒸馏水洗去柱中盐。然后按预处理过程将 A-50 再处理一遍即达再生。近期用时泡于洗脱缓冲液中 4 ℃保存；近期不用时，以无水酒精洗 2 次，再置 50 ℃温箱烘干，装瓶内保存。

（4）**操作心得**

①柱的选择：从理论上说，只要柱足够长，就可获得理想的分辨率，但由于层析柱流速同压力梯度有关，柱长增加使流速减慢，峰变宽，分辨率降低。柱的直径增加，使液体流动的不均匀性增加，分辨率明显下降。

②纯化过程必须严格控制洗脱缓冲液的 pH 及离子强度。样品与 A-50 凝胶必须用洗脱缓冲液彻底平衡后，才能进行柱层析。

③所装的柱床必须表面平整，无沟流及气泡，否则应重装。

④洗脱过程中应严格控制流速，且勿过快。

⑤上样的体积要小，浓度不宜过高。

⑥加样及整个洗脱过程中，严防柱面变干。

3)工作流程3:考马斯亮蓝法测定免疫球蛋白G含量

(1)工作原理

考马斯亮蓝G-250染料,最大吸收峰的位置在465 nm。在酸性溶液中与蛋白质结合形成复合物,溶液的颜色由棕黑色变为蓝色,最大吸收峰改变为595 nm。通过测定595 nm处光吸收的增加量可知与其结合蛋白质的量。其显色原理为染料与蛋白质中的碱性氨基酸(特别是精氨酸)和芳香族氨基酸残基相结合。

考马斯亮蓝染色法的突出优点是:灵敏度高,测定快速、简便,干扰物质少。此法的缺点是:由于各种蛋白质中的精氨酸和芳香族氨基酸的含量不同,因此考马斯亮蓝染色法用于不同蛋白质测定时有较大的偏差,在制作标准曲线时通常选用γ球蛋白为标准蛋白质,以减少这方面的偏差;仍有一些物质干扰此法的测定,如去污剂、十二烷基硫酸钠(SDS)等。

(2)工作准备

准备项目	试剂及器材名称	试剂制备
试剂	考马斯亮蓝试剂	称取考马斯亮蓝G-250 100 mg溶于50 ml 95%乙醇中,加入100 ml 85%磷酸,用蒸馏水稀释至1 000 ml。
	标准蛋白质溶液	准确称取0.10 g牛血清蛋白,用0.15 mol/L NaCl稀释至1 000 ml,配制成1 000 μg/ml标准蛋白溶液。
仪器	722-型分光光度计	
	容量瓶	
	移液管	
材料	待测蛋白质溶液(动物血清)	

(3)工作步骤

①样品处理。样品使用前用0.15 mol/L NaCl稀释200倍。

②标准管制作与样品测定。取8个10 ml的容量瓶,按表10.11进行操作。

表10.11 考马斯亮蓝染色法测定蛋白质含量

容量瓶编号	0	1	2	3	4	5	样品1	样品2
标准蛋白溶液(ml)	0	0.2	0.4	0.6	0.8	1.0	血清1.0	血清1.0
考马斯亮蓝染料(ml)	5.0	5.0	5.0	5.0	5.0	5.0	5.0	5.0
蛋白质浓度(100 μg/ml)	0	20	40	60	80	100		
A_{595}								

将每个容量瓶中的溶液定容后混匀,室温放置3 min以上,以空白(0号管)调零点,于595 nm波长下用分光光度计测定各管吸光度A,填入表中。

③数据处理。在以前原有分光光度技术的基础上,独立制作标准曲线、计算蛋白质含量。

(4)**操作心得**

①在试剂加入后 5 ~ 20 min 内测定光吸收,因为在这段时间内颜色是最稳定的。

②考马斯亮蓝染色能力强,比色杯不洗干净会影响光吸收值,不可用石英杯测定。

③测定后,蛋白—染料复合物会有少部分吸附于比色杯壁上,必须用棉花蘸乙醇将比色杯洗干净。

④样品蛋白质含量应在 10 ~ 100 μg 为宜,大量的去污剂会严重干扰测定。

4)工作流程 4:SDS—聚丙烯酰胺凝胶电泳检测免疫球蛋白纯度

(1)**工作原理**

SDS-聚丙烯酰胺凝胶电泳(Sodium Dodecyl Sulphate-Polyacrylamide Gel Electrophoresis, SDS-PAGE)是目前用于测定蛋白质亚基分子量的常规方法。十二烷基硫酸钠(Sodium Dodecyl Sulfate,SDS)是一种阴离子去污剂,带有很强的负电荷,能够与蛋白质结合而使其变性、解聚,失去原有的空间构象,特别是在强还原剂如巯基乙醇或二硫苏糖醇(Dithiothreitol,DTT)存在下,蛋白质分子内的二硫键被还原打开,致使蛋白质全部变成更松散和伸展结构的多肽链,与 SDS 充分结合形成带负电荷的蛋白质-SDS 复合物。复合物所带的负电荷大大超过了蛋白质分子原有的电荷量,这就消除和掩蔽了不同蛋白质之间原有的电荷差异。而且在水溶液中蛋白质-SDS 复合物的形状近似一个长椭圆形棒,短轴长度均基本形同,但长轴长度与蛋白质的相对分子质量成正比。因此,蛋白质的电泳迁移率仅取决于相对分子质量大小。在蛋白质相对分子质量 10 000 ~ 200 000范围内,电泳迁移率与相对分子质量的对数呈线性关系。将已知相对分子质量的标准蛋白电泳迁移率(即蛋白质的泳动距离除以示踪指示剂的泳动距离)与相对分子质量的对数作图,可绘制出一条标准曲线。在相同条件下,只要测得未知蛋白的电泳迁移率,即可从标准曲线上求出其近似相对分子质量。

蛋白质 SDS-PAGE 常用于蛋白质分子量的测定,蛋白质纯度的分析,蛋白质浓度的检测,免疫印迹(Western Blot)的第一步,蛋白质修饰及免疫沉淀蛋白的鉴定等。

(2)**工作准备**

准备项目	试剂及器材名称	试剂制备
试剂	30% 丙烯酰胺储存液	29.2 g 丙烯酰胺,0.8 g 双丙烯酰胺,加蒸馏水至 100 ml,储存于棕色瓶中,4 ℃保存 1 个月左右。(注意:未聚合的丙烯酰胺有神经毒性,须在通风橱内小心操作)。
	4 × 分离胶缓冲液 100 ml	75 ml 2mol/L Tris-HCL(pH8.8),4 ml 10% SDS,21 ml 蒸馏水,可在 4 ℃存放数月。
	4 × 浓缩胶缓冲液 100 ml	50 ml 1mol/L Tris-HCL(pH6.8),4 ml 10% SDS,46 ml 蒸馏水,可在 4 ℃存放数月。
	10% 过硫酸铵,5 ml	0.5 g 过硫酸铵, 加 5 ml 蒸馏水, 新鲜配置), -20 ℃保存 1 个月左右。
	10%(w/v)SDS	10 g SDS 加蒸馏水 100 ml, 室温保存。
	10% TEMED	0.1 ml TEMED , 加 0.9 ml 蒸馏水。

续表

准备项目	试剂及器材名称	试剂制备
试剂	2×上样缓冲液(10 ml)	0.6 ml 1 mol/L Tris-HCL(pH6.8),4 ml 50%的甘油,2 ml 10% SDS, 2 ml 1 mol/L 二硫苏糖醇(DTT),1 ml 1%溴酚蓝,0.9 ml蒸馏水,可在4 ℃存放数周,或在-20 ℃保存数月。
	5×电泳缓冲液	15.1 g Tris碱,72 g甘氨酸,50 ml 10% SDS加蒸馏水至1 L,pH 8.3。
	考马斯亮蓝染色液	1.0 g考马斯亮蓝R-250,450 ml甲醇,100 ml冰醋酸,450 ml蒸馏水定容至1 000 ml。
	考马斯亮蓝脱色液	100 ml甲醇,100 ml冰醋酸,800 ml蒸馏水。
仪器	微型凝胶电泳装置	
	电泳电源	
	100 ℃沸水浴装置	
	Eppendorf管	
	微量注射器	
	摇床	
材料	纯化后IgG	

(3)工作步骤

①分离胶的制备。

A. 凝胶中丙烯酰胺的百分比浓度(x%)与蛋白质的分辨范围。

B. 分离胶的配方。30%丙烯酰胺储存液、4×分离胶缓冲液、蒸馏水、10%过硫酸铵、TEMED灌制分离胶。

C. 分离胶的灌制。

第一,按说明书组装好凝胶模具,对于Bio-Rad微型凝胶系统,在上紧夹具之前,必须确保两块凝胶玻璃板和底部的封胶橡胶条紧密接触,避免漏胶。

第二,将30%丙烯酰胺储存液与4X分离胶缓冲液以及蒸馏水在一个小烧杯中混合。

第三,加入过硫酸铵和TEMED后,轻轻搅拌混匀(凝胶会很快聚合,操作要迅速)。

第四,将凝胶溶液用吸管沿长玻板壁缓慢加入制胶模具中,避免产生气泡。凝胶液加至约距前玻璃板顶端1.5 cm(距梳子齿约0.5 cm),接着在分离胶溶液上轻轻覆盖约1 cm高的蒸馏水以封胶。约30 min后,若在分离胶与水层之间可见一个清晰的界面,表明凝胶已聚合。

②浓缩胶的配方。5%的浓缩胶4 ml,用于Mini-ProteinⅢ型电泳槽

③浓缩胶的灌制。

A. 向一侧倾斜制胶模具,吸掉覆盖在分离胶上的水;将30%丙烯酰胺储存液与4X浓缩胶缓冲液及蒸馏水在小烧杯内混合,加入过硫酸铵和TEMED,轻轻搅拌使其混匀。

B. 将浓缩胶溶液用吸管加至分离胶上面,直至前玻璃板的上缘。

C. 迅速将点样梳插入凝胶内,直至梳齿的底部与前玻璃板的上缘平齐。待凝胶聚合(约30 min)后,小心拔出点样梳。

④预电泳。将1X电泳缓冲液加入内外电泳槽,使凝胶的上下端均能浸泡在电泳缓冲液内;接通电源,上槽为负极,下槽为正极,80 V预电泳3~5 min。

⑤样品制备/上样/电泳。将20 μl蛋白质样品与20 μl 2×上样缓冲液,在Eppendorf管中混合,100 ℃加热3~5 min;离心5~10 s,用微量注射器或移液器将样品(弃沉淀)缓慢滴入凝胶梳孔中;继续低电压(80 V)电泳至样品进入分离胶,再将电压调至150 V,保持恒压电泳,直至染料迁移至凝胶的底部(对于两块60 mm×80 mm×0.75 mm的凝胶,约需50 min),电泳结束。小心撬开玻璃板,凝胶便贴在其中一块板上;切去浓缩胶和某一胶角(作标记)。

⑥染色与脱色。将凝胶浸入考马斯亮蓝染色液中,置摇床上缓慢震荡30 min以上(染色时间需根据凝胶厚度适当调整)。取出凝胶在水中漂洗数次,再加入考马斯亮蓝脱色液、震荡。凝胶脱色至大致看清条带约需1 h,完全脱色则需更换脱色液2~3次,震荡达24 h以上。

凝胶脱色后可通过扫描、摄录等方法进行蛋白质定量检测。

(4)操作心得

①凝胶不聚合的可能原因有:

A. 试剂质量差,应使用电泳级别的试剂。

B. 过硫酸铵和TEMED的量不够或失活,可增加剂量或重配新鲜的储存液。

C. 凝胶聚合时温度太低,应以室温为宜。

②上样时,样品不能沉到加样孔底部,可能是上样缓冲液中甘油含量不足;或是加样孔底部留有聚合的丙烯酰胺。

③经过煮沸的样品虽然可以在-20 ℃保存数周,但若反复冻融会导致蛋白质的降解。从-20 ℃取出的样本,上样前应先升至室温,确保SDS沉淀溶解。

④注意避免电泳条带弯曲畸变:

A. "微笑"现象(如图10.6所示),可能是因为凝胶中间部分温度过高,降低电压便可得到改善。

B. "皱眉"现象,常常是因为凝胶底部有气泡或聚合不均匀。

C. "拖尾""纹理"现象,则多为样品溶解不佳,增加蛋白样品的溶解度并离心除去不溶性颗粒即可克服。

D. "晕轮"效应(Holo Effect)多为加样过量所致。

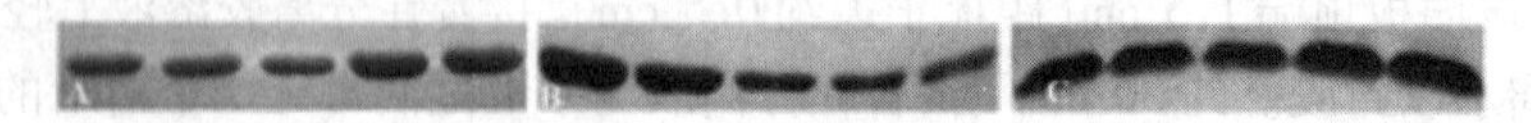

图10.16 电泳条带弯曲畸变

⑤非特异性的染色主要是由于未溶解的染料的沉积而成,应将染料溶液过滤后再用。

⑥如果电泳后将对蛋白质进行定量检测,需要特别注意:已知和未知样品必须使用相同的溶剂系统、相同的浓度、相同的加样量,并在同一块凝胶上电泳和染色。

4. 思考题

①层析法分离蛋白质的种类有哪些？机理分别是什么？
②凝胶层析的注意事项是什么？
③双缩脲法测定蛋白质含量的原理是什么？
④蛋白质的分辨范围为什么与凝胶中丙烯酰胺的浓度有关？
⑤如何克服 SDS-PAGE 中遇到的条带弯曲畸变现象？
⑥以本人具体工作为例，谈谈该项目的注意事项。

[知识拓展]

①蛋白质的提取和纯化方法有多种，常常需要几种方法联合使用才能得到较高纯度的蛋白质样品。超氧化物歧化酶(SOD)，是一种源于生命体的活性物质，能消除生物体在新陈代谢过程中产生的有害物质，对人体不断地补充 SOD 具有抗衰老的特殊效果，已经广泛应用于化妆品、食品添加等行业。猪血中含有丰富的 SOD，请查阅 SOD 相关资料，设计猪血 SOD 的提取工艺及检测方法。

②免疫球蛋白在提高仔畜免疫力、预防和治疗畜禽疾病方面已经取得了良好的效果，请查阅相关资料，以本任务提取的免疫球蛋白为原料，设计畜禽用免疫球蛋白类制剂的开发思路与工作方案。

10.5 常规化学检测技术

现代生物检测技术，是建立在常规化学检测技术和方法之上的，其工作的开展，离不开常规化学仪器的辅助，同时，化学检测也可以为进一步借助仪器进行检测提供定性或定量的依据。除前面所介绍的仪器和检测方法外，在生物化学实验中，还经常用到以下仪器：

10.5.1 电热恒温水浴锅

电热恒温水浴锅(槽)用于恒温、加热、消毒及蒸发等。常用的有 2 孔、4 孔、6 孔和 8 孔，工作温度从室温至 100 ℃。

1) 使用方法

严格按照说明书操作。

2) 注意事项

①水浴锅内的水位绝对不能低于电热管，否则电热管将被烧坏。
②控制箱内部切勿受潮，以防漏电损坏。
③初次使用时，应加入与所需温度相近的水后再通电，并防止水箱内无水时接通电源。
④使用过程中应注意随时盖上水浴槽盖，防止水箱内水被蒸干。

⑤调温旋钮刻度盘的刻度并不表示水温，实际水温应以温度计读数为准。

10.5.2　电子分析天平

电子分析天平结构紧凑，性能优良，感量 1 mg 或 0.1 mg，自动计量，数字显示，操作简便。清除键可方便消去皮重，适于累计连续称量。

1）使用方法

严格按照说明书操作。

2）注意事项

①被称量物质的温度应与室温相同，不得称量过热或有挥发性的试剂，尽量消除引起天平显示值变动的因素，如空气流动、温度波动、容器潮湿、振动及操作过猛等。

②开、关天平的停动手钮，开、关侧门，放、取被称物等操作，动作都要轻、缓，不可用力过猛。

③调零点和读数时必须关闭两个测门，并完全开启天平。

④使用中如发现天平异常，应及时报告指导老师或实验工作人员，不得自行拆卸修理。

⑤称量完毕，应随手关闭天平，并做好天平内外的清洁工作，做好实验仪器使用登记。

10.5.3　常用化学分析仪器

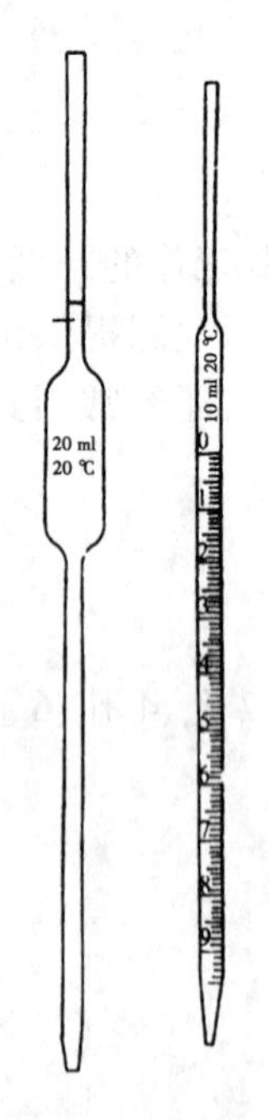

图 10.17　移液管和吸量管

1）移液管和吸量管

移液管和吸量管都是用来准确移取一定体积的溶液的量器（如图 10.17）。移液管是一根中部径较粗、两端细长的玻璃管，其上端有一环形标线，表示在一定温度下移出液体的体积，该体积刻在移液管中部膨大部分上。常用的移液管有 5 ml、10 ml、20 ml、25 ml、50 ml 等规格。吸量管是刻有分度的玻璃管，也叫刻度吸管，管身直径均匀，刻有体积读数，可用以吸取不同体积的液体，比如将溶液吸入，读取与液面相切的刻度，然后将吸量管溶液放出至适当刻度，两刻度之差即为放出溶液的体积。常用的有 0.1 ml、0.5 ml、1 ml、2 ml、5 ml、10 ml 等规格，其准确度较移液管差些。移液管和吸量管均为量出式量器，两者的洗涤方法和使用方法基本相同。

（1）洗涤方法

先用自来水冲洗一下，如果有油污，可用洗液洗，吸取洗液的方法与移液时相同。用洗耳球吸取洗液至球部约 1/3，用右手食指按住管上口，放平旋转，使洗液布满全管片刻，将洗液放回原瓶。用自来水冲洗，再用蒸馏水润洗内壁 2～3 次，每次将蒸馏水吸至球部的 1/3 处，方法同前。放净蒸馏水后,可用吸水纸吸去管外及管尖的水。

如果内壁油污较重,可将移液管放入盛有洗液的量筒或高型玻璃缸中,浸泡 15 min 至数小时,再以自来水和蒸馏水洗涤。

(2)**使用方法**

用移液管吸取溶液前,要先将管尖水分吹出,用少量待吸液润洗内壁 3 次,方法同上。要注意先挤出洗耳球中空气再接在移液管上,并立即吸取,防止管内水分流入试剂中。吸移溶液时,左手持洗耳球,右手大拇指和中指拿住移液管上部(标线以上,靠近管口),管尖插入液面以下(不要太深,也不要太浅,1 ~ 2 cm),当溶液上升到标线或所需体积以上时,迅速用右手食指紧按管口,将移液管取出液面,右手垂直拿住移液管使管紧靠液面以上的烧杯壁或容量瓶壁,微微松开食指并用中指及拇指捻转管身,直到液面缓缓下降到与标线相切时,再次紧按管口,使溶液不再流出。把移液管慢慢地垂直移入准备接受溶液的容器内壁上方。左手倾斜容器使它的内壁与移液管的尖端相靠,松开食指让溶液自由流下(如图 10.18)。待溶液流尽后,再停 15 s 取出移液管。不要把残留在管尖的少量液体吹出,因为在校准移液管体积时,没有把这一部分液体算在内。但如果管上有“吹”“快吹”等字样时,则要将最后残留在管尖的液体吹出,一般多见于吸量管。有些吸量管的刻度刻到管尖嘴的上面,没有刻到底,使用时要特别注意。移液管和吸量管在使用时,一定要注意保持垂直,管尖流液口必须与倾斜的器壁接触并保持不动,并视不同情况处理放液后残留在管尖的少量液体。

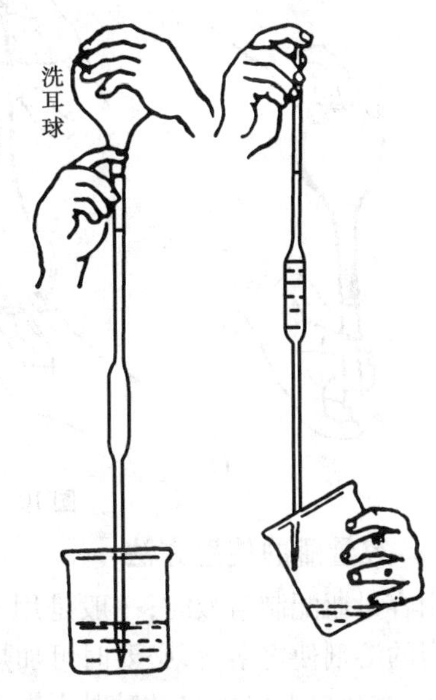

图 10.18 移液管的使用

2)容量瓶

容量瓶是细颈梨形的平底玻璃瓶,由无色或棕色玻璃制成,带有磨口玻璃塞或塑料塞,瓶颈上有一体积环形标线,瓶上一般标有它的容积和标定时的温度。当加入容量瓶的液体体积充满至标线时,瓶内液体的体积和瓶上标示的体积相同。常用的容量瓶有多种规格,如 10 ml、25 ml、50 ml、100 ml、250 ml、500 ml、1 000 ml 等,也有不同的精度。容量瓶是一种量入式容量仪器,它主要用于将精密称量的物质准确地配成一定体积的溶液,或将准确体积的浓溶液稀释成一定体积的稀溶液,这种过程通常称为定容。在稀释溶液时,容量瓶常和移液管配合使用。

(1)**容量瓶的准备**

容量瓶使用前,必须检查是否漏水。检漏时,在瓶中加自来水至标线附近,盖好瓶塞,用一手食指按住塞子,另一手用指尖顶住瓶底边缘,倒立 2 min,如图 10.19(a),观察瓶塞周围是否渗水,如不渗水,将瓶直立,转动瓶塞 180°后,再倒转试漏一次。检查不漏水后,可进行洗涤。容量瓶洗涤时,如有油污,可用合成洗涤剂浸泡或用洗液浸洗。用洗液洗时,先控去瓶内水分,倒入 10 ~ 20 ml 洗液,转动瓶子使洗液布满全部内壁,然后置数分钟,将洗液倒回原瓶。再依次用自来水、蒸馏水洗净,要求内壁不挂水珠。用蒸馏水润洗时应循“少量多次”的原则。

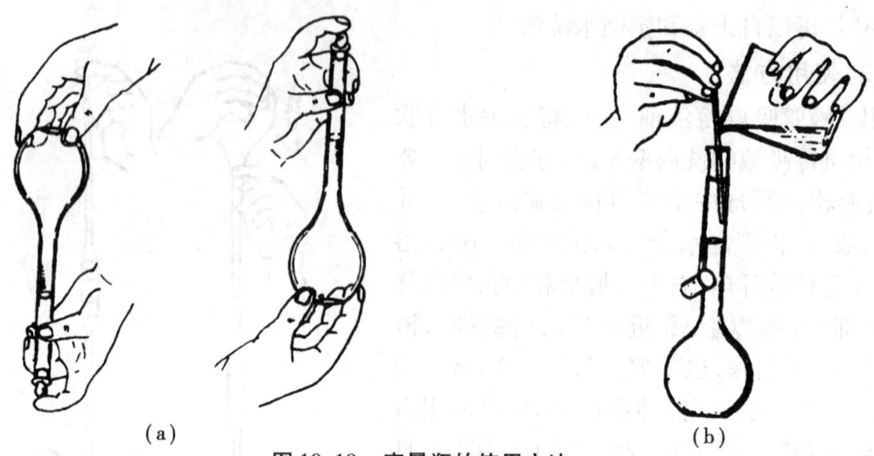

图 10.19 容量瓶的使用方法

(2)**容量瓶的使用方法**

用容量瓶配制溶液时,一般是用分析天平将样品准确称量在小烧杯中,加入少量水或适当的溶剂使之溶解,必要时可加热。待全部固体溶解并冷却后,一手拿玻璃棒,一手拿烧杯,在瓶口上慢慢将玻璃棒从烧杯中取出,并将它插入瓶口(玻棒尖靠住容量瓶内壁,但不要与瓶口接触),再让烧杯嘴紧贴玻璃棒,慢慢倾斜烧杯,使溶液沿着玻璃棒流下,如图 10.19(b)。倒完溶液后,将烧杯沿玻棒轻轻向上提,同时慢慢将烧杯直立,使烧杯和玻璃棒之间附着的液滴流回烧杯中,再将玻璃棒末端残留的液滴靠入瓶口内。在瓶口上方将玻璃棒放回烧杯内,但不得将玻璃棒靠在烧杯嘴一边。用少量蒸馏水淋洗烧杯 3~4 次,洗出液按上法全部转移入容量瓶中,这一操作称为定量转移。然后用蒸馏水稀释。稀释到容量瓶容积的 2/3 时,将容量瓶直立,轻轻振荡(不要盖上瓶塞),使溶液初步混合,继续加蒸馏水稀释至近标线时,等候 1~2 min,改用滴管或用洗瓶逐滴加水至弯月面最低点恰好与标线相切,这一操作可称为定容。(注意:定容时溶液的温度与室温要相同)。定容以后,盖上容量瓶塞,将瓶倒立,待气泡上升到顶部后,在倒置状态时水平摇动几周,再倒转过来,如此反复多次(至少 10 次),直到溶液充分混匀。综上所述,用容量瓶配制溶液的过程可概括为:称量、溶解、转移、稀释、定容、混匀。

将较浓溶液稀释为一定体积的稀溶液时,浓溶液不能经过烧杯而是用移液管或吸量管直接转移入容量瓶,再用蒸馏水稀释、定容,混匀。

容量瓶中不宜长期存放溶液,如保存溶液则应转移到试剂瓶中,试剂瓶应预先干燥或用少量该溶液润洗 3 次。

工作任务 14　淀粉酶活性观察

1. 任务背景

淀粉是葡萄糖以 α-1,4 糖苷键及 α-1,6 糖苷键联结的高分子多糖,是人类和动物的重要食物,也是动物饲料中的重要成分。淀粉酶是催化分解淀粉的酶的总称,它存在于动物的唾液和小肠中,催化淀粉水解为麦芽糖,是淀粉进入能量代谢的初级反应,淀粉酶对淀粉的分解作用是人和动物利用淀粉的依据,淀粉酶活性的观察与测定,具有重要的理论和应用研究的意义。

2. 任务目标

①进一步理解酶的作用条件,掌握检查淀粉酶活性及专一性的原理和方法。
②掌握电热恒温水浴锅的使用方法。

3. 工作原理

1)影响酶活性的因素

酶的催化作用受温度、pH 值、激活剂和抑制剂的影响。通过观察这些因素对淀粉酶水解淀粉反应速度的影响,掌握此酶的最适温度为 37 ~40 ℃,最适 pH 为6.8,氯离子为激活剂,铜离子为抑制剂。

淀粉酶水解淀粉的过程及遇碘所呈的颜色如下:

反应过程: 淀粉—紫糊精—红糊精—无色糊精—麦芽糖
↑ ↑ ↑ ↑ ↑
遇碘后显色:蓝色 紫色 红色 无色 无色

2)酶的专一性

酶具有高度专一性。淀粉和蔗糖无还原性,唾液淀粉酶只水解淀粉生成有还原性的麦芽糖,但不能催化蔗糖水解。用斑氏试剂检查糖的还原性时,麦芽糖使 Cu^{2+} 还原为 Cu_2O 砖红色沉淀,而蔗糖不能使 Cu^{2+} 还原,故无砖红色沉淀。

还原糖(RCHO) + $Cu(OH)_2$→小分子羧酸混合物 + $Cu_2O\downarrow$(砖红色)

4. 工作准备

准备项目	试剂及器材名称	试剂制备
试剂	0.5%淀粉液	取可溶性淀粉 0.5 g,加水少许拌成糊状,倾入 100 ml 沸水中,搅匀,取上清液备用。临用时配制。
	0.5%蔗糖溶液	
	3.1% $CuSO_4$ 溶液	
	碘化钾—碘溶液	称取碘化钾 2 g 及碘 1 g,溶于 200 ml 水中,使用前稀释 5 倍。
	斑氏试剂	称取无水 $CuSO_4$ 17.4g 溶于 100 ml 热水中。称取柠檬酸钠 173 g 及无水 Na_2CO_3 100 g 与 600 ml 水共热溶解,冷却至室温后,再慢慢倾入 $CuSO_4$ 溶液,混匀。用蒸馏水稀释至 1 000 ml。可长期保存。

续表

准备项目	试剂及器材名称	试剂制备
试剂	缓冲溶液	A 液：0.2 mol/L 磷酸氢二钠溶液。称取 35.62 gNa_2HPO_4 溶于水，并定容至 1 000 ml。 B 液：0.1 mol/L 柠檬酸溶液。称取 19.212 g 无水柠檬酸溶解并定容至 1 000 ml。 pH5 缓冲溶液：取 A 液 10.30 ml 加 B 液 9.70 ml。 pH6.8 缓冲溶液：取 A 液 15.44 ml 加 B 液 4.56 ml。 pH8 缓冲溶液：取 A 液 19.44 ml 加 B 液 0.56 ml。
	0.5% NaCl 溶液	
仪器	恒温水浴箱	
	试管和试管架、烧杯、漏斗、比色板、研钵	
材料	纱布、石英砂	

5. 工作流程

酶液的提取——→酶活性的检验——→结果分析

1）流程 1：酶液的提取（可任选一种）

（1）唾液淀粉酶的制备

用水漱口 2 次，然后含一口蒸馏水 1 min 左右，吐入小烧杯中，如浑浊可用 2 层纱布过滤，取滤液 10 ml 加水 1 ~ 3 倍，备用。

（2）植物淀粉酶的制备

称取 1 ~ 3 g 萌发的大麦或小麦种子（芽长 1 cm 左右），置于研钵中，加少量石英砂（或河沙），磨成匀浆，倒入 50 ml 量筒中，加水至刻度，混匀后在室温（20 ~ 25 ℃）下放置，每隔 3 ~ 4 min 摇动 1 次，放置 15 ~ 20 min 后，取上清液或过滤，取滤液备用（若酶液过浓，可稀释 5 ~ 10 倍使用）。

2）流程 2：酶的活性检验

（1）温度对酶活性的影响

取 4 支试管，编号后，按表 10.12 分别加入淀粉和稀释唾液（或种子酶液），立即分别放入下表对应的冰浴和两种水浴中。

①在比色板各孔中置碘液 1 滴，每隔 1 ~ 2 min 用滴管从第 3 管中取反应液 1 滴，滴入比色板一孔中，观察颜色变化。每次取反应液之前，都应将滴管洗净后方可使用（为什么?）。

待检查到碘液颜色不变时，取出第 4 管冷却后，再取出第 1 管，2 管同时各加入碘液 1 滴，观察颜色有何变化?

②取出第 2 管置于 37 ~ 40 ℃水浴中，10 min 后，加入 2 滴碘液，其颜色与第 1 管比

较,有何变化?

表 10.12 温度对酶活性的影响

管号	淀粉/ml	稀释酶液/ml	水温/℃	颜色
1	3	1	0	
2	3	1	0	
3	3	1	37 ~ 40 ℃	
4	3	1	90 ℃	

(2)pH 对酶活性的影响

取 3 支试管,编号后按表 10.13 加入试剂,混匀,置于 37 ~ 40 ℃水浴中。每隔 1 ~ 2 min 用滴管从 3 种反应液中各取出 1 滴,滴入比色板碘液中,观察 3 种反应液颜色变化的快慢。

表 10.13 pH 对酶活性的影响

管号	淀粉液/ml	pH5 缓冲液/ml	pH6.8 缓冲液/ml	pH8 缓冲/ml	酶液/ml	颜色变化
1	3	1	0	0	1	
2	3	0	1	0	1	
3	3	0	0	1	1	

(3)酶的激活和抑制

取 4 支试管按表 10.14 加入试剂后置于 37 ~ 40 ℃水浴中。每隔 1 ~ 2 min 用碘液在比色板上检查第 2 管一次,待碘液颜色不变时,再用同样的方法检查第 3 管的反应液数次。观察钠离子对反应速度有无影响,最后取出第 1 管,加入 2 ~ 3 滴碘液,颜色如何?如颜色太深,加水稀释观察。

表 10.14 酶的激活和抑制

管号	淀粉液/ml	1% $CuSO_4$/ml	0.5% NaCl/ml	酶液/ml	反应速度/快、慢
1	2	1	0	1	
2	2	0	1	1	
3	2	0	0	1	

(4)酶的专一性

取 2 支试管,按表 10.15 加入试剂后,将试管放入 37 ~ 40 ℃水浴中,保温 10 min 左右,取出后向各管加入斑氏试剂 1 ml,放入沸水中煮沸 5 ~ 6 min,观察现象。

表 10.15 酶的专一性

管号	淀粉液/ml	蔗糖液/ml	酶液/ml	现象
1	2	0	1	
2	0	2	1	

3)流程3:结果分析

根据实验操作认真填写上面各项表格,并对结果作出分析。

6. 问题与思考

①酶的本质是什么?有哪些特性?

②本实验中,为什么温度的控制是实验成败的关键?

[目标测试]

一、名词解释(2分×8)

层析　电泳　酶活性　酶单位　蛋白质沉淀作用　盐析　PCR　酶联免疫反应

二、填空(1分×14)

1. 通常可用紫外分光光度法测定蛋白质的含量,这是因为蛋白质分子中的________、________、________3种氨基酸的共轭双键有紫外吸收能力。

2. 移液枪在每次实验后应将刻度调至________,让弹簧回复原型以延长移液枪的使用寿命,并严禁吸取________。

3. 使用离心机时,如有噪音或机身振动时,应立即________,并且离心管须对称放入套管中,防止机身振动,若只有一支样品管,则另外一支要用________代替。

4. 测定蛋白质浓度的方法主要有________、________、________。

5. 酶学实验淀粉溶液+________水解可以经糊精水解为麦芽糖,该实验利用了碘与________溶液呈蓝色的原理。

6. 血糖的测定采用的方法是________,分光光度计应设定波长为________。

三、选择(2分×5)

1. 用下列方法测定蛋白质含量,哪一种方法需要完整的肽键?(　　)。

A. 双缩脲反应　B. 凯氏定氮　C. 紫外吸收　D. 考马斯亮蓝

2. 肽键在下列哪个波长具有最大光吸收?(　　)。

A. 215 nm　B. 260 nm　C. 280 nm　D. 340 nm

3. SDS凝胶电泳测定蛋白质的相对分子量是根据各种蛋白质(　　)。

A. 在一定pH值条件下所带的净电荷的不同

B. 分子大小不同

C. 分子极性不同

D. 溶解度不同

4. 蛋白质用硫酸铵沉淀后,可选用透析法除去硫酸铵。硫酸铵是否从透析袋中除净,你选用下列哪一种试剂检查?(　　)。

A. 茚三酮试剂　B. 奈氏试剂　C. 双缩脲试剂　D. Folin-酚试剂

5. 用生牛奶或生蛋清解救重金属盐中毒是依据蛋白质具有(　　)。

A. 胶体性　B. 黏性　C. 变性作用　D. 沉淀作用

四、简答题(5分×8)

1. 简述盐析沉淀分离的原理及分段盐析。
2. 简述PCR技术的原理和主要特点。
3. 试述牛乳中制备酪蛋白的原理和方法。
4. 若样品中含有蛋白质和核苷酸等杂质,如何排除干扰?
5. 简述酶联免疫技术的原理及其在动物生产中的主要应用。
6. 简述醋酸纤维素薄膜电泳的原理、优点及其在实践中的应用。
7. SDS-聚丙烯酰胺凝胶电泳的原理、操作步骤及注意事项。
8. 血糖、血脂的测定原理与方法是什么?简述测定这些指标的实践意义。

五、论述题(10分×2)

1. 蛋白质分离和纯化的一般方法有哪些?设计一种蛋白分离纯化工艺的基本思路是什么?
2. 根据自己学习的情况,谈一谈对动物生物化学所学各项技能的认识及其在实践中的应用。

附　录

附录1　生物化学实验室规则

1. 生物化学实验室规则

①自觉遵守课堂纪律，维护实验课堂秩序，不迟到，不早退，不大声谈笑。

②实验前认真预习实验内容，熟悉本次实验的目的、基本原理、操作步骤和实验技能，思考该实验与当前的课堂学习的关系。

③实验过程中要听从指导老师的指导，谨记注意事项，严格认真地按操作规程进行实验，仔细观察，并注意与同组同学的配合。

④实验数据和现象应随时记录在专用的实验记录本上。实验结束时，实验记录必须送交指导老师审阅后方可离开实验室。实验报告应该在下次实验开始前交给指导老师。

⑤精心爱护各种仪器，随时保持仪器的清洁。使用仪器应在教师的指导下进行，不得随意乱动，玻璃仪器轻拿轻放，如发生故障，应立即停止使用并报告指导老师。

⑥公用仪器、药品用后放回原处。不得用个人的吸管量取公用药品，多取的药品不得重新倒入原试剂瓶内。公用试剂瓶的瓶塞要随开随盖，不得混淆。

⑦实验完成后应将仪器洗净，置于实验柜中并排列整齐。如有损坏须说明原因，进行登记，经指导老师同意后方可补领。

⑧实验过程中要保持桌面整洁。实验课本放在工作区附近，但不要放在工作区以内。清洁的器具和使用过的器具要分开摆放。

⑨保持台面、地面、水槽内及室内整洁，不得随意乱扔杂物，含强酸、碱及有毒的废液应倒入废液缸。书包及与实验无关的物品放在规定的地方。

⑩离开实验室前应该检查水、电、煤气是否关严，严防发生安全事故。

2. 生物化学实验室安全与防护常识

1) 实验室安全

在生物化学实验中，经常要与有腐蚀性，易燃、易爆性和毒性很强的化学药品及有潜在危害性的生物材料直接接触，经常要用到水、电，因此，安全操作是一个至关重要的问题。

①熟悉实验室水阀门及电闸门所在处。离开实验室时,一定要将室内检查一遍,应将水、电、气的开关关好。

②熟悉如何处理着火事故。在可燃液体燃烧时,应立刻转移着火区内的一切可燃物质。酒精及其他可溶于水的液体着火时,可用水灭火;乙醚、甲苯等有机溶剂着火时,应用石棉布或砂土扑灭。

③了解化学药品的警告标志。

④实验操作过程中凡遇到能产生烟雾、有毒性或腐蚀性气体时,应在通风橱中进行。

⑤使用毒性物质和致癌物质必须根据试剂瓶上标签说明严格操作,安全称量、转移和保管。操作时应戴手套,并在通风橱中进行。沾过毒性、致癌物的容器应单独清洗、处理。

⑥废液,特别是强酸和强碱不能直接倒在水槽中,应先稀释,然后倒入水槽,再用大量自来水冲洗水槽及下水道。

⑦生物材料如微生物、动物组织和血液都可能存在细菌和病毒感染的潜在危险,因此处理各种生物材料必须谨慎、小心,做完实验后必须用肥皂、洗涤剂或消毒液洗净双手。

2)实验室应急处理

在生物化学实验中,如发生受伤事故,应立即采取适当地急救措施:

①如不慎被玻璃割伤或其他机械损伤,应先检查伤口内有无玻璃或金属等物碎片,然后用硼酸水洗净,再涂擦碘酒或红汞水,必要时用纱布包扎。若伤口较大或过深,应迅速在伤口上部和下部扎紧血管止血,送医院诊治。

②轻度烫伤时一般可涂上苦味酸软膏。如果伤处红痛(一级灼伤),可擦医用橄榄油;若皮肤起泡(二级灼伤),不要弄破水泡,防止感染;若烫伤皮肤呈棕色或黑色(三级灼伤),应用干燥无菌的消毒纱布轻轻包扎好,急送医院治疗。

③皮肤不慎被强酸、溴、氯气等物质灼伤时,应用大量自来水冲洗,然后再用5%的碳酸氢钠溶液洗涤。

④酚触及皮肤引起灼伤,可用酒精洗涤。

⑤酸、碱等化学试剂溅入眼内,先用自来水或蒸馏水冲洗眼部,如溅入酸类物质则可再用5%碳酸氢钠溶液仔细冲洗;如溅入碱类物质,可以用2%硼酸溶液冲洗,然后滴入1～2滴油性护眼液起滋润保护作用。

⑥若水银温度计不慎破损,必须立即采取措施回收,防止汞蒸发。若不慎被汞蒸气中毒时,应立即送医院救治。

⑦煤气中毒轻微时,应到室外呼吸新鲜空气;严重中毒者应立即送到医院救治。

⑧生化实验室内电器设备较多,如有人不慎触电,应立即切断电源,在没有断开电源的情况下,千万不可徒手去拉触电者,应该用木棍等绝缘物质使导电物和触电者分开,然后对触电者施行抢救。

附录2　常用生物化学试剂的配制

1. 生物化学试剂配制的注意事项

①称量要精确，特别是在配制标准溶液、缓冲溶液时，更应注意严格称量，有特殊要求的，如干燥、恒重、提纯等要按规定进行。

②一般溶液都应用蒸馏水或离子交换水配制，有特殊要求的除外。

③化学试剂的分级和选择。化学药品有不同的纯度级别，并在包装盒上标明。不同供应商对纯度等级的命名不同，目前没有统一的标准。通常根据实验要求选择不同规格的化学试剂。

一般化学试剂的分级见附录表1。

附录表1

规格 标准	一级试剂	二级试剂	三级试剂	四级试剂	生化试剂
我国标准	保证试剂 GR 绿色标签	分析纯 AR 红色标签	化学纯 CP 蓝色标签	实验试剂 化学用 LR	BR 或 CR
纯度和用途	纯度最高，杂质含量最小试剂，适用于最精确分析及科研工作。	纯度较高，杂质含量较低，适用精确的微量分析工作，为实验室分析广泛使用。	质量略低于二级试剂，适用于一般的微量分析实验，包括要求不高的工业分析和快速分析。	纯度较低，但高于工业用的试剂，适用于一般性检验。	根据说明使用

另外还有一些规格，如：纯度很高的光谱纯，层析纯；纯度较低的工业用，药典纯（相当于四级）等。

④试剂应根据需要量配制，一般不宜过多，以免积压浪费，过期失效。

⑤试剂（特别是液体）一经取出，不得放回原瓶，以免因量器或药勺不清洁而玷污整瓶试剂。取固体试剂时，必须使用洁净干燥的药匙。

⑥配制试剂所用的玻璃器皿，都要清洁干净。存放试剂的试剂瓶应清洁干燥。

⑦试剂瓶上应贴标签，写明试剂名称、浓度、配制日期及配制人。

⑧试剂用后要用原瓶塞塞紧，瓶塞不得沾染其他污物或玷污桌面。

⑨有些化学试剂极易变质，变质后不能继续使用。

2. 常用溶液浓度的单位及计算

生物化学实验中常用的浓度单位有：

1）质量分数（%）

即每100 g溶液中所含溶质的克数。

$$质量分数 = \frac{溶质的质量}{溶液的质量} \times 100\%$$

$$溶液的质量(g) = 溶质(g) + 溶剂(g)$$

2)体积比浓度(%)

每100 ml溶液中所含溶质的毫升数,一般用于配制溶质为液体的溶液,如各种浓度的酒精溶液。

3)物质的量(mol)和物质的量浓度(mol/L)

物质的量浓度(mol/L):即每升溶液所含有溶质的物质的量。

$$物质的量溶度 = \frac{溶质的物质的量}{溶液体积(L)}$$

例如,配制0.2 mol/L碳酸钠溶液500 ml(Na_2CO_3的式量为105.99)。

配制步骤:

①算出要配制的溶液中所需要的药品的质量。如果所用药品含有结晶水,在计算所需药品时,也应把结晶水计算在内。

Na_2CO_3的质量 $=0.2 \times 500 \times 10^{-3} \times 105.99 = 10.599\ 0$ g

②准确称取所需的药品10.599 0于小烧杯中,加少量水溶解,必要时可加热、搅拌,使药品彻底溶解,再冷却至室温。

③用玻棒引流至500 ml容量瓶中,用水冲洗原烧杯,并将洗液引流入容量瓶中,重复冲洗3次。加水到所需刻度线以下,改用胶头滴管或洗瓶加水至凹液面达到刻度线。

④盖上瓶塞,充分混匀后,将溶液转移到试剂瓶中,贴好标签备用。

4)质量体积比浓度

单位容积溶液中所含溶质的质量。例如存在于提取物中的蛋白质或核酸,维生素、血清免疫球蛋白等生物活性化合物等,其浓度常以质量体积比浓度表示,如g/L、mg/L等。

附录3　常用缓冲溶液的配制

1.邻苯二甲酸氢钾—盐酸缓冲液(0.05 mol/L)

X ml 0.2 mol/L 邻苯二甲酸氢钾 + Y ml 0.2 mol/L HCl,再加水稀释到20 ml。

pH(20 ℃)	X	Y	pH(20 ℃)	X	Y
2.2	5	4.670	3.2	5	1.470
2.4	5	3.960	3.4	5	0.990
2.6	5	3.295	3.6	5	0.597
2.8	5	2.642	3.8	5	0.263
3.0	5	2.032			

注:邻苯二甲酸氢钾相对分子质量=204.23。

0.2 mol/L邻苯二甲酸氢溶液含40.85 g/L。

2. 磷酸氢二钠—柠檬酸缓冲液

pH	0.2 mol/L Na_2HPO_4/ml	0.1 mol/L 柠檬酸/ml	pH	0.2 mol/L Na_2HPO_4/ml	0.1 mol/L 柠檬酸/ml
2.2	0.40	10.60	5.2	10.72	9.28
2.4	1.24	18.76	5.4	11.15	8.85
2.6	2.18	17.82	5.6	11.60	8.40
2.8	3.17	16.83	5.8	12.09	7.91
3.0	4.11	15.89	6.0	12.63	7.37
3.2	4.94	15.06	6.2	13.22	6.78
3.4	5.70	14.30	6.4	13.85	6.15
3.6	6.44	13.56	6.6	14.55	5.45
3.8	7.10	12.90	6.8	15.45	4.55
4.0	7.71	12.29	7.0	16.47	3.53
4.2	8.28	11.72	7.2	17.39	2.61
4.4	8.82	11.18	7.4	18.17	1.83
4.6	9.35	10.65	7.6	18.73	1.27
4.8	9.86	10.14	7.8	19.15	0.85
5.0	10.30	9.70	8.0	19.45	0.55

注：Na_2HPO_4 相对分子质量 = 141.98；0.2 mol/L 溶液为 28.40 g/L。

$Na_2HPO_4 \cdot 2H_2O$ 相对分子质量 = 178.05；0.2 mol/L 溶液为 35.61 g/L。

$C_6H_8O_7 \cdot H_2O$ 相对分子质量 = 210.14；0.1 mol/L 溶液为 21.01 g/L。

3. 柠檬酸—氢氧化钠—盐酸缓冲液

pH	钠离子浓度/(mol/L)	柠檬酸/g $C_6H_8O_7 \cdot H_2O$	氢氧化钠/g NaOH	盐酸/ml HCl(浓)	最终体积/L
2.2	0.20	210	84	160	10
3.1	0.20	210	83	116	10
3.3	0.20	210	83	106	10
4.3	0.20	210	83	45	10
5.3	0.35	245	144	68	10
5.8	0.45	285	186	105	10
6.5	0.38	266	156	126	10

注：使用时，可以每升中加入 1 g 酚，若最后 pH 值有变化，再用少量 50% 氢氧化钠溶液或浓盐酸调节，冰箱保存。

4. 柠檬酸—柠檬酸钠缓冲液(0.1 mol/L)

pH	0.1 mol/L 柠檬酸/ml	0.1 mol/L 柠檬酸钠/ml	pH	0.1mol/L 柠檬酸/ml	0.1 mol/L 柠檬酸钠/ml
3.0	18.6	1.4	5.0	8.2	11.8
3.2	17.2	2.8	5.2	7.3	12.7
3.4	16.0	4.0	5.4	6.4	13.6
3.6	14.9	5.1	5.6	5.5	14.5
3.8	14.0	6.0	5.8	4.7	15.3
4.0	13.1	6.9	6.0	3.8	16.2
4.2	12.3	7.7	6.2	2.8	17.2
4.4	11.4	8.6	6.4	2.0	18.0
4.6	10.3	9.7	6.6	1.4	18.6
4.8	9.2	10.8			

注:柠檬酸 $C_6H_8O_7 \cdot H_2O$ 相对分子质量 210.14;0.1 mol/L 溶液为 21.01 g/L。

柠檬酸钠 $Na_3C_6H_5O_7 \cdot 2H_2O$ 相对分子质量 294.12;0.1 mol/L 溶液为 29.41 g/L。

5. 乙酸—乙酸钠缓冲液(0.2 mol/L)

pH/18 ℃	0.2 mol/L NaAc/ml	0.3 mol/L HAc/ml	pH/18 ℃	0.2 mol/L NaAc/ml	0.3 mol/L HAc/ml
2.6	0.75	9.25	4.8	5.90	4.10
3.8	1.20	8.80	5.0	7.00	3.00
4.0	1.80	8.20	5.2	7.90	2.10
4.2	2.65	7.35	5.4	8.60	1.40
4.4	3.70	6.30	5.6	9.10	0.90
4.6	4.90	5.10	5.8	9.40	0.60

注:$NaAc \cdot 3H_2O$ 相对分子质量 = 136.09。

0.2 mol/L 溶液为 27.22 g/L。

6. 磷酸盐缓冲液

1) 磷酸氢二钠—磷酸二氢钠缓冲液(0.2 mol/L)。

pH	0.2 mol/L Na_2HPO_4/ml	0.2 mol/L NaH_2PO_4/ml	pH	0.2 mol/L Na_2HPO_4/ml	0.2 mol/L NaH_2PO_4/ml
5.8	8.0	92.0	7.0	61.0	39.0
5.9	10.0	90.0	7.1	67.0	33.0
6.0	12.3	87.7	7.2	72.0	28.0
6.1	15.0	85.0	7.3	77.0	23.0
6.2	18.5	81.5	7.4	81.0	19.0
6.3	22.5	77.5	7.5	84.0	16.0
6.4	26.5	73.5	7.6	87.0	13.0
6.5	31.5	68.5	7.7	89.5	10.5
6.6	37.5	62.5	7.8	91.5	8.5
6.7	43.5	56.5	7.9	93.0	7.0
6.8	49.5	51.0	8.0	94.7	5.3
6.9	55.0	45.0			

注：$Na_2HPO_4 \cdot 2H_2O$ 相对分子质量 = 178.05；0.2 mol/L 溶液为 35.61 g/L。
$Na_2HPO_4 \cdot 2H_2O$ 相对分子质量 = 358.22；0.2 mol/L 溶液为 71.64 g/L。
$Na_2HPO_4 \cdot 2H_2O$ 相对分子质量 = 156.03；0.2 mol/L 溶液为 31.21 g/L。

2) 磷酸氢二钠—磷酸二氢钾缓冲液(1/15 mol/L)。

pH	1/15 mol/L Na_2HPO_4/ml	1/15 mol/L KH_2PO_4/ml	pH	1/15 mol/L Na_2HPO_4/ml	1/15 mol/L KH_2PO_4/ml
4.92	0.10	9.90	7.17	7.00	3.00
5.29	0.50	9.50	7.38	8.00	2.00
5.91	1.00	9.00	7.73	9.00	1.00
6.24	2.00	8.00	8.04	9.50	0.50
6.47	3.00	7.00	8.34	9.75	0.25
6.64	4.00	6.00	8.67	9.90	0.10
6.81	5.00	5.00	8.18	10.00	0
6.98	6.00	4.00			

注：$Na_2HPO_4 . 2H_2O$ 相对分子质量 = 178.05；1/15 mol/L 溶液为 11.876 g/L。
KH_2PO_4 相对分子质量 = 136.09；1/15 mol/L 溶液为 9.078 g/L。

7. 磷酸二氢钾—氢氧化钠缓冲液(0.05 mol/L)

X ml 0.2 mol/L K_2PO_4 + *Y* ml 0.2 mol/L NaOH 加水稀释至 20 ml。

pH/20 ℃	X/ml	Y/ml	pH/20 ℃	X/ml	Y/ml
5.8	5	0.372	7.0	5	2.963
6.0	5	0.570	7.2	5	3.500
6.2	5	0.860	7.4	5	3.950
6.4	5	1.260	7.6	5	4.280
6.6	5	1.780	7.8	5	4.520
6.8	5	2.365	8.0	5	4.680

8. 巴比妥钠—盐酸缓冲液(18 ℃)

pH	0.04 mol/L 巴比妥钠溶液/ml	0.2 mol/L 盐酸/ml	pH	0.04mol/L 巴比妥钠溶液/ml	0.2 mol/L 盐酸/ml
6.8	100	18.4	8.4	100	5.21
7.0	100	17.8	8.6	100	3.82
7.2	100	16.7	8.8	100	2.52
7.4	100	15.3	9.0	100	1.65
7.6	100	13.4	9.2	100	1.13
7.8	100	11.47	9.4	100	0.70
8.0	100	9.39	9.6	100	0.35
8.2	100	7.21			

注:巴比妥钠盐相对分子质量 =206.18;0.04 mol/L 溶液为 8.25 g/L。

9. Tris—盐酸缓冲液(0.05 mol/L,25 ℃)

50 ml 0.1 mol/L 三羟甲基氨基甲烷(Tris)溶液与 *X* ml 0.1 mol/L 盐酸混匀后,加水稀释至 100 ml。

pH	X/ml	pH	X/ml
7.10	45.7	8.10	26.2
7.20	44.7	8.20	22.9
7.30	43.4	8.30	19.9
7.40	42.0	8.40	17.2
7.50	40.3	8.50	14.7
7.60	38.5	8.60	12.4
7.70	36.6	8.70	10.3
7.80	34.5	8.80	8.5
7.90	32.0	8.90	7.0
8.00	29.2		

注:三羟甲基氨基甲烷(Tris)相对分子质量 =121.14。

0.1 mol/L 溶液为 12.114 g/L。Tris 溶液可从空气中吸收二氧化碳,使用时注意将瓶盖严。

10. 硼酸—硼砂缓冲液(0.2 mol/L 硼酸根)

pH	0.05 mol/L 硼砂/ml	0.2 mol/L 硼酸/ml	pH	0.05 mol/L 硼砂/ml	0.2 mol/L 硼酸/ml
7.4	1.0	9.0	8.2	3.5	6.5
7.6	1.5	8.5	8.4	4.5	5.5
7.8	2.0	8.0	8.7	6.0	4.0
8.0	3.0	7.0	9.0	8.0	2.0

注:硼砂 $Na_2B_4O_7 \cdot H_2O$,相对分子质量=381.43;0.05 mol/L 溶液含 19.07 g/L。
硼酸 H_3BO_3,相对分子质量=61.84;0.2 mol/L 溶液为 12.37 g/L。
硼砂易失去结晶水,必须在带塞的瓶中保存。

11. 甘氨酸—氢氧化钠缓冲液(0.05 mol/L)

X ml 0.2 mol/L 甘氨酸 + *Y* ml 0.2 mol/L 氢氧化钠加水稀释至 200 ml。

pH	*X*	*Y*	pH	*X*	*Y*
8.6	50	4.0	9.6	50	22.4
8.8	50	6.0	9.8	50	27.2
9.0	50	8.8	10.0	50	32.0
9.2	50	12.0	10.4	50	38.6
9.4	50	16.8	10.6	50	45.5

注:甘氨酸相对分子质量=75.07;0.2 mol/L 溶液为 15.01 g/L。

12. 硼砂—氢氧化钠缓冲液(0.05 mol/L 硼酸根)

X ml 0.05 mol/L 硼砂 + *Y* ml0.2 mol/L NaOH 加水稀释至 200 ml。

pH	*X*	*Y*	pH	*X*	*Y*
9.3	50	6.0	9.8	50	34.0
9.4	50	11.0	10.0	50	43.0
9.6	50	23.0	10.1	50	46.0

注:硼砂 $Na_2B_4O_7 \cdot 10H_2O$ 相对分子质量=381.43;0.05 mol/L 溶液为 19.07 g/L。

13. 碳酸钠—碳酸氢钠缓冲液(0.1 mol/L)

Ca^{2+}、Mg^{2+}存在时不得使用。

pH		0.1 mol/L Na_2CO_3/ml	0.1 mol/L $NaHCO_3$/ml
20 ℃	37 ℃		
9.16	8.77	1	9
9.40	9.12	2	8
9.51	9.40	3	7
9.78	9.50	4	6
9.90	9.72	5	5
10.14	9.90	6	4
10.28	10.08	7	3
10.53	10.28	8	2
10.83	10.57	9	1

注:$Na_2CO_3 \cdot 10H_2O$ 相对分子质量=286.2;0.1 mol/L 溶液为28.62 g/L。

$NaHCO_3$ 相对分子质量=84.0;0.1 mol/L 溶液为8.40 g/L。

目标测试题参考答案

第1章　蛋白质

一、名词解释

两性电解质:既可以得到质子(H^+)形成带正电荷的阳离子,也可以失去质子(H^+)形成带负电荷的阴离子,这种具有双重解离性质的物质被称为两性电解质。

氨基酸等电点:在某一 pH 条件下,氨基酸分子中所带正电荷与负电荷数相等,净电荷为零数量相等,此时溶液的 pH 的称为该氨基酸的等电点。

肽:两个或两个以上氨基酸通过肽键共价连接形成的聚合物。根据组成氨基酸残基数目的多少,可分为寡肽和多肽。

α-螺旋:是指多肽链主链骨架围绕螺旋的中心轴一圈一圈地上升而形成的螺旋式构象, 是蛋白质二级结构中最常见的一种构象。

电泳:带电离子在电场的作用下,向相反电极移动的现象。

盐析:在蛋白质溶液中加入大量的中性盐(如硫酸铵、硫酸钠、氯化钠等),不仅可以破坏蛋白质的水化膜,还可以中和其所带的电荷,使蛋白质从溶液中沉淀析出的现象称为盐析。

复性:蛋白质变性后在适当条件下可以恢复折叠状态,并恢复全部或部分的生物活性的现象。

蛋白质变性作用:天然蛋白质受到某些物理、化学的因素影响后,其分子空间构象发生改变或被破坏,致使生物学活性丧失,并伴随一些理化性质的改变,这种现象称为蛋白质变性。

盐溶:在蛋白质水溶液中,加入少量的中性盐,会增加蛋白质分子表面的电荷,增强蛋白质分子与水分子的作用,从而使蛋白质在水溶液中的溶解度增大,这种现象称为盐溶。

二、填空

1. 氮　16%

2. 氨基酸　肽

3. $NH_2—\underset{\underset{H}{|}}{\overset{\overset{R}{|}}{C}}—COOH$　脯　甘

4. 缬氨酸　蛋氨酸　异亮氨酸　苯丙氨酸　亮氨酸　色氨酸　苏氨酸和赖氨酸

5. 蛋白质分子表面形成水化膜　蛋白质分子表面带有同性电荷

6. 维持其高级结构的次级键及空间结构的破坏　生物学活性丧失

7. 纤维状蛋白质　球状蛋白质　活性蛋白　非活性蛋白　简单蛋白质　结合蛋白质

8. 色氨酸　酪氨酸　苯丙氨酸

9. 凯氏定氮法　双缩脲法　考马斯亮蓝法

10. 负　正　正　负

三、选择题

1. C　2. C　3. A　4. C　5. C　6. A　7. B　8. A　9. D　10. B　11. B　12. A　13. A　14. B　15. B

四、简答题

1. 答:蛋白质有一级、二级、三级和四级结构。蛋白质一级结构是空间结构的基础,特定的空间构象主要是由蛋白质分子中肽链和侧链 R 基团形成的次级键来维持,在生物体内,蛋白质的多肽链一旦被合成后,即可根据一级结构的特点自然折叠和盘曲,形成一定的空间构象。一级结构相似的蛋白质,其基本构象及功能也相似,例如,不同种属的生物体分离出来的同一功能的蛋白质,其一级结构只有极少的差别,而且在系统发生上进化位置相距越近的差异越小。蛋白质多种多样的功能与各种蛋白质特定的空间构象密切相关,蛋白质的空间构象是其功能活性的基础,构象发生变化,其功能活性也随之改变。蛋白质变性时,由于其空间构象被破坏,故引起功能活性丧失,变性蛋白质在复性后,构象复原,活性即能恢复。

2. 答:蛋白质是大分子,其大小在胶体溶液的颗粒直径范围之内,是一种稳定的胶体溶液。蛋白质分子不能通过半透膜,而无机盐等小分子化合物能自由通过半透膜。利用这一特性,可以采用透析的方法进行蛋白质溶液的脱盐与浓缩。

3. 答:蛋白质的沉淀有可逆和不可逆沉淀两种。可逆性沉淀为盐析、等电点沉淀、低温快速乙醇沉淀;不可逆沉淀常有生物碱试剂沉淀、重金属盐沉淀等。可逆沉淀作用常用于制备具有生物活性的酶制剂、抗体蛋白等蛋白质制品。不可逆沉淀作用常用于在生物制品提取过程中的除杂质。

第 2 章　核酸

一、名词解释

DNA 的变性:在某些理化因素作用下,互补碱基之间的氢键断裂,DNA 的双螺旋结构分开,成为两条单链的 DNA 分子,即改变了 DNA 的二级结构,但并不破坏一级结构,分子量不变。

分子杂交:不同来源的多核苷酸链间,经变性分离、退火处理后,若有互补的碱基顺序，就能发生杂交形成 DNA—DNA 杂合体，甚至可以在 DNA 和 RNA 间进行杂交。

增色效应：双螺旋分子中碱基处于双螺旋的内部，使光的吸收受到压抑，其值低于等摩尔的碱基在溶液中的光吸收，变性后，氢键断开，碱基堆积力破坏、碱基暴露，于 260 nm 处对紫外光的吸收就明显升高，这种现象称为增色效应。

DNA 分子的一级结构：是指在其多核苷酸链中脱氧核苷酸之间的连接方式、组成以及排列顺序。

Tm 值：通常将 50% 的 DNA 分子发生变性时的温度称为解链温度或熔点，一般用"Tm"符号表示（Melting Temperature）。DNA 中 G—C 含量越高，Tm 值越高，成正比关系。

二、选择题

1. C　2. A　3. D　4. C　5. C　6. A　7. B　8. A　9. A　10. B

三、填空

1. DNA　RNA　细胞核　细胞质　dAMP　dGMP　dCMP　dTMP　AMP　GMP　CMP　UMP

2. mRNA　tRNA　rRNA　tRNA　rRNA

3. ATP　cAMP 和 cGMP

四、简答题

1. 答：(1)DNA 分子由两条反向平行（一条链的走向为从 5′到 3′，另一条链是从 3′到 5′）的多核苷酸链组成。两条链均为右手螺旋并缠绕同一个假想轴。

(2)两条链上的碱基原子处在同一平面上，并通过氢键连接互相配对。碱基配对有一定规律：G 和 C 配对；A 和胸腺嘧啶 T 配对。

(3)双螺旋 DNA 分子从头到尾的直径相同，为 2 nm。毗邻碱基对平面间的距离是 0.34 nm。双螺旋每一转含 10 对碱基，每转高度为 3.4 nm。

(4)双螺旋结构的主要稳定因素在双螺旋内，横向稳定靠两条链互补碱基间的氢键，纵向则靠碱基平面间的堆积力，后者为主要稳定因素。

2. 答：化学组成：DNA 由 dAMP、dGMP、dCMP、dTMP 线性连接而成；RNA 由 AMP、GMP、CMP、UMP 线性连接而成。

大分子结构：DNA 分子常为双链结构，包括一级结构、二级结构、三级结构；RNA 分子为单链线形分子，可自身回折形成局部双螺旋，进而折叠形成三级结构。

生物学功能：DNA 作为遗传物质，通过复制将遗传信息由亲代传递给子代；RNA 的功能与遗传信息的表达有关，如转录、翻译；某些病毒的基因组为 RNA，此外，RNA 还有催化功能。

3. 答：(1)结构：RNA 主要是单链结构，在同一条链的局部区域可卷曲形成双链螺旋结构，或称发夹结构。不同的 RNA 分子其双螺旋区所占比例不同。RNA 在二级结构的基础上还可以进一步折叠扭曲形成三级结构。除了 tRNA 外，几乎全部细胞中的 RNA 与蛋白质形成核蛋白复合物。

mRNA 的分子结构呈直线型，绝大多数真核细胞 mRNA 在 3′末端有一个多磷酸腺苷"尾"结构。

tRNA 的一级结构多由 70 ~ 90 个核苷酸组成。有些区域经过自身回折形成双螺旋结构，呈现三叶草式二级结构，已知的 tRNA 的三级结构均为倒 L 型。

rRNA 分子量最大,结构相当复杂,具有类似三叶草型的二级结构。

(2)功能: mRNA 作为蛋白质生物合成的模板,将 DNA 的遗传信息传递给核糖核蛋白体。

tRNA 在蛋白质生物合成中,翻译氨基酸信息,并将活化的氨基酸转运到核糖核蛋白体上参与多肽链的合成。

rRNA 与蛋白质组成的核蛋白体,是蛋白质生物合成的主要场所。

第3章 酶与维生素

一、名词解释

酶的活性中心:由必需基团形成,具有特定空间结构,能直接结合底物并催化底物转变为产物的空间区域称为酶的活性中心。

竞争性抑制:抑制剂结构与底物相似,能竞争性地与酶的活性中心结合,占据底物结合的位点,使底物与酶结合的机会下降,从而引起酶活性受到抑制。

同工酶:存在于同一种属或同一生物个体中催化同一反应,而分子结构、理化性质、生物学性质均不相同的一组酶分子。

激活剂:在酶促反应中,凡是能使酶原转变为酶或提高酶活性的物质都称为激活剂。

抑制剂:凡能使酶活力下降,但不引起酶蛋白变性的物质叫作酶的抑制剂。

维生素:维持机体正常机能所必需的一类小分子有机化合物。

酶活力单位:在最适条件下(25 ℃),每分钟内催化 1 μmol 底物转化为产物的酶量为一个酶活力单位。

别构酶:有些酶分子表面除了具有活性中心外,还存在被称为调节位点(或变构位点)的调节物特异结合位点,调节物结合到调节位点上引起酶的构象发生变化,导致酶的活性提高或下降,具有上述特点的酶称为别构酶。

最适温度:使酶促反应速度达到最大时的温度称为最适温度。

正协同效应:当酶与调节物结合后,使酶的构象发生改变,这种新的构象大大地促进了酶对底物的亲合性,从而更有利于后续分子与酶的结合,这种作用称为正协同效应。

二、填空

1. 由生物活细胞合成的具有催化功能的生物大分子　蛋白质　催化的高效性　高度的专一性　反应条件温和　酶的活性受多种因素调节　高度的不稳定性

2. 底物结合部位　催化部位　底物专一性　催化能力

3. 酶蛋白　辅助因子　决定酶的专一性和高效性　决定酶促反应的类型

4. 维生素 D　维生素 K　维生素 A　维生素 E

5. 维生素 B_2　传递氢和电子　维生素 B_3　参与体内酰基转移反应

6. 每毫克酶蛋白所具有的酶单位　高

7. 辅基　辅酶　辅基

三、判断题

1. ×　2. ×　3. ×　4. ×　5. √　6. √　7. ×　8. ×　9. √　10. ×

四、选择题

1. A　2. A　3. D　4. D　5. C　6. B

五、问答题

1. 答:无活性的酶的前体称为酶原。

酶原的存在具有重要的生理意义。这既可以避免细胞产生的蛋白酶对细胞进行自身消化,防止细胞自溶,又可以使酶原在到达指定部位或在特定条件下发挥作用,保证体内代谢的正常进行。例如,血管内凝血酶以凝血酶原的形式存在,能防止血液在血管内凝固而形成血栓,当创伤出血时,大量凝血酶原被激活为凝血酶,促进了血液凝固,防止大量出血。

2. 答:影响酶促反应速度的因素有以下6个方面:

底物浓度影响:在底物浓度很低时,反应速度随底物浓度的增加而增加,两者成正比关系。

酶浓度的影响:在底物浓度充足,而其他条件固定的条件下,酶促反应速度与酶浓度成正比。

pH的影响:大部分酶的活力受pH值的影响,在一定的pH范围内酶催化活性最强。

温度的影响:当其他条件不变时,在一定的温度内,随着温度的升高,酶促反应速度加快。

激活剂的影响:在酶促反应中,激活剂能使酶原转变为酶或提高酶活性。

抑制剂的影响:抑制剂与酶分子上的某些必需基团反应,引起酶活力下降,甚至丧失,但并不使酶变性。

3. 答:维生素A与暗视觉有关。维生素A在醇脱氢酶作用下转化为视黄醛,11-顺视黄醛与视蛋白上赖氨酸氨基结合构成视紫红质,后者在光中分解成全反式视黄醛和视蛋白,在暗中再合成,形成一个视循环。维生素A缺乏可导致暗视觉障碍,即夜盲症。

4. 答:有机磷化合物能与动物体内胆碱酯酶活性中心丝氨酸上的羟基牢固结合,从而抑制胆碱酯酶的活性,使神经传导物质乙酰胆碱堆积,引起一系列神经中毒症状,如心律变慢、肌肉痉挛、呼吸困难等,严重时可导致动物死亡。

5. 答:一些细菌在生长繁殖时,不能利用环境中的叶酸,只能在体内利用对氨基苯甲酸在二氢叶酸合成酶的催化下合成二氢叶酸,再进一步合成四氢叶酸,参与核酸和蛋白质的合成。磺胺类药物与对氨基苯甲酸结构相似,可竞争性地与细菌体内二氢叶酸合成酶的活性中心结合,抑制细菌二氢叶酸合成酶,从而抑制细菌生长和繁殖,达到治病消炎的效果。人和动物可利用食物中的叶酸,因而代谢不受磺胺类药物的影响。

第4章　生物膜结构和功能

一、名词解释

细胞膜:是指包围在细胞最外表的一层薄膜。

细胞器:细胞内的内质网、线粒体、高尔基体、溶酶体、胞内体和分泌泡等的总称。

胞内膜:指构成各种细胞器的内膜系统。

胞吞作用:是通过细胞膜内陷形成囊泡,称胞吞泡,将外界物质裹进并输入细胞的过程。

被动运输:是指通过简单扩散或协助扩散实现物质由高浓度向低浓度方向的跨膜运送。运送过程不需要细胞提供代谢能量,动力来自运送物质的浓度梯度。

主动运输:是物质依靠转运蛋白,逆浓度梯度进行的跨膜运输方式。此过程需要消耗能量。主动运输的能量来自 ATP 的水解。

二、填空题

1. 细胞膜、胞内膜　进行氧化磷酸化,合成 ATP,为细胞生命活动提供直接能量　线粒体嵴　使内膜的表面积大大扩增

2. 膜脂、膜蛋白　膜糖类

3. 脂质双层　外在膜蛋白　膜内在蛋白　暴露在质膜的外表面

4. 被动运输　主动运输　胞吞与胞吐　主动运输　简单扩散　协助扩散

5. 低　高　胞吞作用　胞吐作用

6. 吞噬

7. 糖蛋白　糖脂

三、判断题

1. √　2. ×　3. √　4. ×　5. √　6. ×

四、选择题

1. A　2. C　3. B　4. B　5. A

五、问答题

1. 答:生物膜的化学组成主要包括

(1)膜脂,是生物膜的基本组成成分,其中的磷脂构成了膜脂的基本成分;真核细胞膜上的胆固醇在调节膜的流动性,增加膜的稳定性以及降低水溶性物质的通透性等都起着重要作用。

(2)膜蛋白赋予细胞膜非常重要的生物学功能。

(3)膜糖脂包括糖蛋白和糖脂,它们与细胞的抗原结构、受体、细胞免疫反应、细胞间信号传导和相互识别、血型及细胞癌变等均有密切关系。

2. 答:生物膜对物质的运送主要有 3 种途径,即被动运输、主动运输和胞吞与胞吐作用。

被动运输是指通过简单扩散或协助扩散实现物质由高浓度向低浓度方向的跨膜运送。运送过程不需要细胞提供代谢能量,动力来自运送物质的浓度梯度;主动运输是物质依靠转运蛋白,逆浓度梯度进行的跨膜运输方式。此过程需要消耗能量,主动运输的能量来自 ATP 的水解;真核细胞通过胞吞作用和胞吐作用完成大分子和颗粒性物质的跨膜运送,如蛋白质、多核苷酸、多糖等。此过程也需要消耗能量。

3. 答:Na^+-K^+泵镶嵌在脂质双层中,由两个亚基构成,它有两种互变的构象 A 和 B。当构象 A 结合 Na^+后,促进 ATP 水解,使 Na^+-K^+泵由构象 A 变为构象 B。构象 B 向外侧开口,内侧关闭,与 Na^+的亲和力降低,使 Na^+释放到膜的外侧;构象 B 结合了 K^+又变回构象 A,将 K^+释放到细胞内。完成整个循环。每个循环消耗 1 个 ATP 分子,泵出 3 个钠离子和泵进两个钾离子。

动物细胞靠 ATP 水解供能驱动 Na^+-K^+泵工作,结果造成脂膜两侧的 K^+、Na^+不均匀分布,有助于维持动物细胞的渗透平衡。细胞的生命活动也需要这种特定和相对稳定的离子浓度。

第5章　生物氧化与糖代谢

一、名词解释

生物氧化:是指糖、蛋白质及脂肪等有机物在动物体细胞内氧化分解为 CO_2 和 H_2O 并释放能量的过程。

糖异生:非糖物质(如丙酮酸、乳酸、甘油、生糖氨基酸等)转变为葡萄糖的过程。

呼吸链:在有氧氧化过程中,代谢底物脱下的氢通过线粒体内膜上一系列酶、辅酶或辅基所组成的传递体系的传递,最终与被激活的氧负离子结合生成水,这个传递体系称为呼吸链。

糖酵解途径:又叫无氧氧化途径,是指葡萄糖或糖原在无氧条件下分解能释放能量的过程。

糖的有氧氧化:糖的有氧氧化指葡萄糖或糖原在有氧条件下氧化成水和二氧化碳的过程,是糖氧化的主要方式。

二、填空题

1. 细胞质　葡萄糖　丙酮酸
2. 乙酰辅酶 A　草酰乙酸　柠檬酸
3. 4　3　NAD　1　FAD
4. 葡萄糖　糖原　酮体　葡萄糖
5. 乳糖　糖异生
6. NAD　FAD　被激活的氧　水

三、选择题

1. D　2. D　3. B　4. C　5. C　6. B　7. C　8. D　9. C　10. A　11. C　12. B　13. B　14. D

四、判断题

1. ×　2. ×　3. √　4. ×　5. ×　6. ×　7. ×　8. ×　9. √　10. ×

五、简答题

1. 答:新陈代谢是指生物体在生命活动过程中不断地与外界环境进行的物质和能量的交换,以及生物体内物质和能量的转化过程,是活细胞中全部有序的化学变化的总称。

其特点为:

(1)新陈代谢在温和的条件下进行,由酶催化完成,具有可调节性。

(2)步骤繁多、彼此协调,逐步进行,有严格顺序性。

(3)新陈代谢过程伴随着能量的转化。

(4)动物机体不同,则新陈代谢表现完全不同。

(5)物质代谢是指生物体与外界环境之间物质的交换和生物体内物质的转变过程。

(6)能量代谢是指生物体与外界环境之间能量交换和生物体内能量转变的过程。

2. 答:糖酵解产生的丙酮酸在有氧条件下,经特定的载体转运进入线粒体内,在线粒体中继续氧化分解,并逐步释放出所含能量,由于此过程首先由乙酰 CoA 与草酰乙酸缩合生成含有3个羧基的柠檬酸,再经4次脱氢和2次脱羧过程,最后又回到了草酰乙酸,形成一个循环,所以将该过程称为三羧酸循环。

三羧酸循环的生物学意义为:大量供能;糖、脂肪、蛋白质代谢枢纽;物质彻底氧化的途径;为其他代谢途径供出中间产物。

六、论述题

略。

第6章　脂类代谢

一、名词解释

β-氧化:从脂肪酸的羧基端β-碳原子开始,碳链逐次断裂,每次产生一个二碳化合物,即乙酰辅酶A,所以称为β-氧化。

酮体:脂肪酸在肝细胞中不完全氧化产生的中间产物,包括乙酰乙酸、β-羟丁酸和丙酮,统称为酮体。

酮病:在有些情况下,如长期饥饿、高产乳牛初泌乳及绵羊妊娠后期,肝中产生的酮体多于肝外组织的消耗量,易造成酮体在体内积存,形成酮病。

血脂:血浆中所含的脂类统称为血脂,包括脂肪、磷脂、胆固醇及其酯和游离脂肪酸。

血浆脂蛋白:脂类与血浆中的蛋白质结合起来进行运输的形式。

二、填空题

1. 血脂　血浆脂蛋白　高密度脂蛋白
2. 脂肪酸的活化　β-氧化　TCA 循环　二氧化碳和水　ATP
3. 肝脏　肝脏以外的组织细胞　酮
4. 油　脂肪　高级脂肪酸　甘油
5. 糖代谢　吸收的乙酸
6. 饲料　机体的合成　乙酰 CoA　肝脏　胆汁酸
7. 脱氢　加水　再脱氢　硫解　$NADH + H^+$　$FADH_2$　乙酰辅酶 A　2

三、判断题

1. √　2. √　3. ×　4. √　5. √

四、选择题

1. A　2. B　3. C　4. B　5. B

五、简答题

1. 答:酮体主要在肝细胞线粒体中由β-氧化生成的乙酰 CoA 缩合而成,但肝细胞中没有分解酮体的酶,因此酮体不能在肝脏中分解,必须转运(酮体极易透出肝细胞进入血液)到肝外组织分解供应能量。

生理意义:酮体是脂肪酸在肝脏不完全氧化分解时产生的正常中间产物,是肝脏输出能源的一种形式,具有重要的生理意义。

当机体缺少葡萄糖时,需要动用脂肪供应能量。肝脏分解脂肪酸生成的酮体,因分子较小、易溶于水、便于运输,而能快速供肝外组织利用。而且肌肉组织对脂肪酸的利用能力有限,因此,可优先利用酮体以节约葡萄糖;大脑不能利用脂肪酸,却能利用显著量的酮体。

2. 答:纤维素在反刍动物瘤胃中发酵产生低级挥发性脂肪酸,主要是乙酸、丙酸和丁酸。此外,许多氨基酸脱氨基后也产生奇数碳原子脂肪酸。长链奇数碳原子脂肪酸经

β-氧化,最后生成丙酰 CoA 时,就不再进行β-氧化,而是被羧化生成甲基丙二酸单酰 CoA,继续进行代谢。反刍动物体内的葡萄糖,约有 50% 来自丙酸的异生作用,其余大部分来自氨基酸。可见丙酸代谢对于反刍动物是非常重要的。

3. 答:胆固醇在体内并不被彻底氧化分解为二氧化碳和水,而是经氧化、还原转变为其他含环戊烷多氢菲母核的化合物,其中大部分进一步参与体内代谢,或被排除体外。

(1)血液中一部分胆固醇被运送到组织,是构成细胞膜的组成成分。

(2)转变为维生素 D_3。胆固醇经修饰后转化为 7-脱氢胆固醇,后者在动物皮下经紫外光照射转变为维生素 D_3。

(3)转化为类固醇激素。胆固醇在肾上腺皮质细胞中可转变为肾上腺皮质激素;在睾丸中可转变为睾酮等雄性激素;在卵巢中可转变为孕酮等雌性激素。

(4)合成胆汁酸。这是胆固醇在体内代谢的主要去路。机体合成的约 2/5 的胆固醇转化为胆汁酸。胆汁酸的钠盐或钾盐随胆汁经胆道排入小肠,促进脂类的乳化,既有利于肠道脂肪酶的消化作用,又有利于脂类及脂溶性维生素的吸收。

进入肠道的胆汁酸又可被肠壁细胞重新吸收,经门静脉运回肝脏,形成胆盐的"肝肠循环",以使胆汁酸再被利用。

第 7 章　蛋白质的降解和氨基酸代谢

一、名词解释

蛋白质水解酶:能催化蛋白质分子肽键水解的酶,称为蛋白质水解酶。

肽酶:能从多肽链的一端水解肽键,每次切下一个氨基酸或一个二肽的酶,又称肽链端切酶。

脱氨基作用:在酶的催化下,氨基酸脱掉氨基的作用称脱氨基作用。

转氨基作用:在转氨酶的催化下,将某一氨基酸的 α-氨基转移到另一种 α-酮酸的酮基上,生成相应的 α-酮酸和另一种氨基酸的作用。

联合脱氨基作用:转氨基作用与 L-谷氨酸氧化脱氨基作用联合起来进行的脱氨方式。

鸟氨酸循环:尿素的生成过程是从鸟氨酸开始,中间生成瓜氨酸、精氨酸,最后精氨酸水解生成尿素和鸟氨酸,形成了一个循环反应过程,称这一过程称为鸟氨酸循环。

生糖氨基酸:在动物体内经代谢可以转变成葡萄糖的氨基酸称为生糖氨基酸。包括丙氨酸、半胱氨酸、甘氨酸、丝氨酸、苏氨酸、天冬氨酸、天冬酰胺、蛋氨酸、缬氨酸、精氨酸、谷氨酸、谷氨酰胺、脯氨酸和组氨酸。

生酮氨基酸:在动物体内只能转变成酮体的氨基酸称为生酮氨基酸,包括亮氨酸和赖氨酸。

生糖兼生酮氨基酸:在动物体内既可转化成糖又可转化成酮体的氨基酸,包括色氨酸、苯丙氨酸、酪氨酸等芳香族氨基酸和异亮氨酸。

血氨:机体代谢产生的氨和消化道中吸收来的氨进入血液后,即为血氨。

二、填空题

1. 氧化脱氨　联合脱氨

2. 磷酸吡哆醛　磷酸吡哆胺

3. NAD^+　$NADP^+$
4. 丙酮酸　糖代谢
5. 谷氨酰胺
6. 肝脏　鸟氨酸循环　尿素　尿酸
7. 乙酰辅酶 A
8. 丙氨酸　甘氨酸　丝氨酸　苏氨酸　半胱氨酸

三、选择题

1. C　2. D　3. B　4. B　5. A　6. C

四、简答题

1. 答:α-酮酸的具体代谢有3种去路:

(1)氨基化。

(2)转变成糖和脂类。

(3)氧化供能。

2. 答:氨的来源:(1)氨基酸及胺的脱氨基作用。

(2)嘌呤、嘧啶等含氮物的分解。

(3)可由消化道吸收一些氨,即肠内氨基酸在肠道细菌作用下产生的氨和肠道尿素经肠道细菌尿素酶水解产生的氨。

(4)肾小管上皮细胞分泌的氨,主要是谷氨酰胺水解产生的。

氨的去路:

(1)合成某些非必需氨基酸,并参与嘌呤、嘧啶等重要含氮化合物的合成。

(2)可以在动物体内形成无毒的谷氨酰胺。

(3)形成血氨。

(4)通过转变成尿酸(禽类)、尿素(哺乳动物)排出体外。

3. 答:动物体内脱氨基作用产生的氨及消化道吸收的氨,对机体都是有毒物质,特别是对神经系统有害,脑组织尤为敏感。但正常机体不发生氨堆积现象,是因为体内有一整套除去氨的代谢机构,使血氨的来源和去路保持恒定。尿素是哺乳动物排除氨的主要途径,生成过程经鸟氨酸循环完成。

4. 答:(1)变成蛋白质和多肽。

(2)转变成多种含氮生理活性物质,如嘌呤、嘧啶、卟啉和儿茶酚胺类激素等。

(3)进入代谢途径,大多数氨基酸脱去氨基生成氨和α-酮酸,氨可转变成尿素、尿酸排出体外,而生成的α-酮酸则可以再转变为氨基酸,或是彻底分解为二氧化碳和水并释放能量,或是转变为糖或脂肪作为能量的储备。

五、论述题

1. 答:(1)消化吸收过程:动物必须每天从饲料中获得一定数量的蛋白质,以满足机体对蛋白质的需要。而饲料蛋白质在消化道中需逐步消化转变成氨基酸才能被吸收利用。蛋白质在胃中首先在蛋白酶作用下,初步水解为蛋白脲和蛋白胨,以及少量氨基酸,这些脲、胨和未被水解的蛋白质进入小肠,在胰液中的肽链内切酶(胰蛋白酶、糜蛋白酶、弹性蛋白酶等)和肽链端切酶(羧肽酶 A、羧肽酶 B 等)的作用下,逐步水解为氨基酸和寡肽(2~6个氨基酸残基组成),寡肽又在小肠黏膜细胞内,由氨肽酶和羧肽酶进一步分解为氨基酸和二肽，二肽在肠黏膜细胞中被二肽酶最终分解为氨基酸，氨基酸的吸收主要在小肠中进行。一般肠黏膜细胞只能吸收氨基酸和少量二肽或三肽。被吸收的二肽及三肽大部分在肠黏膜细胞中又被水解为氨基酸，少部分也可进入血液。吸收后的氨基酸经门静脉进入肝脏，再通过血液循环运送到全身组织进行代谢。

(2)代谢过程

①参与体组织合成。

②通过转氨基作用、脱氨基作用、联合脱氨基作用进行代谢，生成氨和α-酮酸。

③α-酮酸的去路。

④氨的去路。

第8章　核酸和蛋白质的生物合成

一、名词解释

中心法则：在DNA分子上，核苷酸的排列顺序储存着生物有机体的所有遗传信息，在细胞分裂时通过DNA的复制，将遗传信息由亲代传递给子代；在后代的个体发育过程中，遗传信息从DNA转录给RNA，并指导蛋白质合成，以执行各种生物学功能，使后代表现出与亲代相似的遗传性状。这生物遗传信息的流动规律称为“中心法则”。

在RNA病毒中发现遗传信息也可存在于RNA分子中，RNA能以自己为模板复制出新的病毒RNA，还能以RNA为模板合成DNA，将遗传信息传递给DNA，这一过程称为逆转录，为中心法则的补充。

DNA的半保留复制：DNA的复制是指以亲代DNA为模板合成子代DNA的过程。在此过程中，每个子代DNA分子的双链中一条链来自于亲代DNA分子，另一条链为新合成的，这种复制方式称为半保留复制。

转录：在RNA聚合酶或转录酶的催化下，以DNA分子中的任一条链为模板，以NTP(N主要为A,U,C,G)为原料，按碱基互补配对规律，合成RNA的过程叫转录。

逆转录：某些病毒核酸以RNA为模板，根据碱基配对原则，按照RNA的核苷酸顺序(其中U与A配对)合成DNA。这一过程称为逆(反)转录。

翻译：mRNA是蛋白质合成的直接模板，mRNA是由4种核苷酸构成的多核苷酸，蛋白质是由20种氨基酸构成的多肽长链，mRNA与蛋白质之间的信息传递就好像从一种语言翻译成另一种语言，所以把mRNA为模板指导合成蛋白质的过程称为翻译。

二、填空题

1. DNA碱基顺序发生突然而永久的变化，结果使DNA的转录和翻译也随之变化，而表现出异常的遗传特征　点突变　DNA分子中某一个碱基发生变化　一个或多个碱基对缺失　在DNA分子中插入一个或多个碱基　一个或几个碱基对的位置被置换

2. 复制　转录　翻译　中心法则

3. C　N　5′　3′

4. AUG　GUG　UAA　UAG　UGA

5. 氨基酸的活化　核糖体循环　肽链合成后的加工修饰

6. RNA　DNA

7. 内含子　外显子

三、选择题

1. B　2. C　3. C　4. D　5. C　6. E　7. A　8. D

四、判断改错

1. √　2. √　3. √　4. ×，DNA 的复制过程中，只能延着 5′→3′方向进行。　5. √　6. ×，在转录过程中，只有其中的一条链作为模板链，又叫反意义链。　7. √　8. ×，一种 tRNA 只能识别一种氨基酸，一种氨基酸可以对应多种 tRNA。　9. √　10. ×，在 mRNA 中，61 种密码子用作 20 种氨基酸编码。

五、简答题

1. 答："中心法则"总结了生物体内遗传信息的流动规律，揭示了遗传的分子基础，不仅使人们对细胞的生长、发育、遗传、变异等生命现象有了更深刻的认识，而且以这方面的理论和技术为基础发展了基因工程，给人类的生产和生活带来了深刻的革命。

2. 答：(1)3′AGCCTAGGTTCCACC5′

(2)5′UCGGAUCCAAGGUGG3′

3. 答：(1)DNA 双螺旋结构的稳定性，使核酸中的碱基处于疏水环境中，避免了外界物质的影响，从而保证遗传信息的稳定。

(2)在复制过程中，严格的碱基互补配对，基本保证了遗传信息传递的稳定性；

(3)DNA 聚合酶具有模板依赖性，同时具有较强的纠错功能；

(4)再经细胞内错配修复机制，可使错配率大大下降，进而保证了信息传递的准确性。

第 9 章　水、无机盐代谢与酸碱平衡

一、名词解释

碱储：在血浆中以碳酸氢盐缓冲体系为主，临床上把 100 ml 血浆中所含 $NaHCO_3$ 的量称为碱储，通常以毫克当量/升(mmol/L)表示。动物的碱储越高，即血浆中 $NaHCO_3$ 浓度越高，机体对酸的缓冲能力越强。

体液：存在动物体内的水和溶解于其中多种无机盐和有机物质所组成的一种液体。

脱水：当机体丢失的水量超过其摄入量而引起体内水量缺乏时，称为脱水。

代谢性酸中毒：代谢酸中毒是临床上常见和最重要的一种酸碱平衡紊乱现象。产生的原因主要是体内产生酸过多或丢碱过多，两种情况都可以引起血浆中 $NaHCO_3$ 减少，$NaHCO_3/H_2CO_3$ 比值下降，使血液 PH 值下降。

酸碱平衡：是指体液，特别是血液，通过缓冲体系保持 PH 值的相对恒定。

二、填空题

1. Na^+　Cl^-　HCO_3^-　K^+　PO_4^{3-}

2. 7.24～7.54　7.8　6.8

3. 出汗　排粪和肾脏　排泄能力

4. 植物性饲料中含 K^+ 较多，含 Na^+ 很少

5. 代谢性酸中毒　代谢性碱中毒　呼吸性酸中毒和呼吸性碱中毒

6. 细胞内液和细胞外液　细胞外液

三、选择题

1. B　2. D　3. D　4. A　5. D

四、判断改错

1. ×,低血钾常伴随碱中毒　2. √　3. √　4. √

5. ×,血清中的钙以结合钙、络合钙和离子钙 3 种形式存在。

五、简答题

1. 答:(1)碳酸盐缓冲体系。由碳酸和碳酸氢盐(钠盐或钾盐)组成。体内有机物代谢的最终产物 CO_2 溶于水生成碳酸,碳酸是弱酸,可解离为 HCO_3^- 和 H^+,HCO_3^- 主要与血浆中的 Na^+ 结合成 $NaHCO_3$ 或在红细胞中与 K^+ 生成 $KHCO_3$。分别构成 $NaHCO_3/H_2CO_3$ 和 $KHCO_3/H_2CO_3$ 缓冲体系。

(2)磷酸盐缓冲体系。在血浆中由 NaH_2PO_4 和 Na_2HPO_4 组成,在红细胞中由 KH_2PO_4 和 K_2HPO_4 组成。磷酸盐缓冲体系在细胞内比细胞外更重要。

(3)血浆蛋白体系和血红蛋白体系。血浆中含有多种弱酸性蛋白质,它也可以形成相应的盐,从而构成 Na-蛋白质/H-蛋白质缓冲体系。血浆蛋白缓冲体系的缓冲能力较小,只有碳酸盐缓冲体系的 1/10 左右。

2. 答:家畜在正常的生命活动中,一方面不断由肠道吸收一些酸性和碱性物质,另一方面,在代谢过程中不断产生各种不同的酸和碱。吸收和产生的酸性及碱性物质均进入体液中,对体液的 pH 产生影响。然而,动物体液必须维持在一个非常窄的范围内,正常生理条件下,也并不会发生酸中毒或碱中毒,这说明动物体内有强大而完善的调节酸碱平衡的机制。

机体通过体液的缓冲体系,由肺呼出二氧化碳,和由肾脏排出酸性或碱性物质来共同调节体液的酸碱平衡。

3. 答:(1)细胞外液与细胞内液中电解质的分布差异很大。细胞外液的阳离子以 Na^+ 为主,阴离子以 Cl^- 及 HCO_3^- 为主;而细胞内液的阳离子主要以 K^+、Ca^{2+} 为主,阴离子以蛋白质负离子和有机磷酸离子(以 HPO_4^{2-} 表示)为主。K^+ 和 Na^+ 在细胞内外分布的显著差异,一般认为是由于细胞膜上的"Na^+-K^+"泵作用的结果,"Na^+-K^+"泵在有 ATP 供能时,能主动把 Na^+ 排出细胞外,同时把 K^+ 吸入细胞内,以维持这种差异。细胞内外离子分布的差异对于生理活动具有重要的意义。

(2)细胞外液中,血浆与细胞间液两者之间的电解质分布及含量都比较接近,唯有蛋白质含量不同,血浆的蛋白质含量多于细胞间液。因此,血浆胶体渗透压高于细胞间液胶体渗透压,这对于血浆和细胞间质之间水的交换有重要意义。如果由于某种原因(如长期饥饿、慢性肾炎、肝功能严重障碍时),使血浆蛋白质含量明显降低,血浆胶体渗透压亦随之降低,细胞间液的水分就不能流入血液,引起组织水肿。

第 10 章　现代生物技术在动物生产与实验室检测中的应用

略。

参考文献

[1] 翟中和,王喜忠,丁明孝. 细胞生物学[M]. 北京:高等教育出版社,2000.
[2] 北京农业大学. 动物生物化学[M]. 2 版. 北京:农业出版社,1996.
[3] 曹正明. 生物化学[M]. 2 版. 北京:中国农业出版社,2001.
[4] 齐顺章. 动物生物化学[M]. 北京:农业出版社,1998.
[5] 张喜南. 动物生物化学[M]. 北京:北京高等教育出版社,1993.
[6] 张洪渊. 生物化学教程[M]. 2 版. 成都:四川大学出版社,1994.
[7] 刘莉. 动物生物化学[M]. 北京:中国农业出版社,2001.
[8] 王镜岩,朱圣庚,徐长法. 生物化学[M]. 3 版. 北京:高等教育出版社,2002.
[9] 夏未铭. 动物生物化学[M]. 北京:中国农业出版社,2006.
[10] 黄平. 生物化学[M]. 北京:人民卫生出版社,2004.
[11] 周顺伍. 动物生物化学[M]. 3 版. 北京:中国农业出版社,2004.
[12] 罗纪盛,等. 生物化学简明教程[M]. 3 版. 北京:高等教育出版社,1999.
[13] 北京市农业学校. 动物生物化学[M]. 北京:中国农业出版社,1996.
[14] 宋思扬,楼士林. 生物技术概论[M]. 2 版. 北京:科学出版社,2003.
[15] 丛峰松. 生物化学实验[M]. 上海:上海交通大学出版社,2005.
[16] 朱金娈,邹晓庭. 蛋鸡脂肪肝综合征的病因及其发病机理[J]. 中国兽医杂志,2004(03):28-30.